水电工程节能降耗分析应用研究

中国电建集团华东勘测设计研究院有限公司 编著
任金明 金珍宏 吴关叶 周垂一 陈永红 吴 迪 等

中国水利水电出版社
www.waterpub.com.cn

内 容 提 要

本书以资料收集和数据分析为主，通过对涉及水电工程的节能降耗政策、法律法规及技术标准的分析、总结，针对我国水电工程节能降耗存在的问题及实际情况，结合工程案例对工程建设及运行的能耗分析、能耗量计算、节能措施、节能效果综合评价方法、节能评估等问题进行了研究和探讨。

本书可供从事水电工程设计、施工的技术人员和管理人员使用，也可供其他相关专业部门和高等院校师生参考。

图书在版编目（CIP）数据

水电工程节能降耗分析应用研究 / 任金明等编著
. -- 北京：中国水利水电出版社，2015.5
ISBN 978-7-5170-3283-0

Ⅰ. ①水… Ⅱ. ①任… Ⅲ. ①水利水电工程－节能－
研究 Ⅳ. ①TV

中国版本图书馆CIP数据核字(2015)第126053号

书　　名	**水电工程节能降耗分析应用研究**	
作　　者	中国电建集团华东勘测设计研究院有限公司 任金明　金珍宏　吴关叶　周垂一　陈永红　吴迪　等	编著
出版发行	中国水利水电出版社 （北京市海淀区玉渊潭南路1号D座　100038） 网址：www.waterpub.com.cn E-mail：sales@waterpub.com.cn 电话：(010) 68367658（发行部）	
经　　售	北京科水图书销售中心（零售） 电话：(010) 88383994、63202643、68545874 全国各地新华书店和相关出版物销售网点	
排　　版	中国水利水电出版社微机排版中心	
印　　刷	北京纪元彩艺印刷有限公司	
规　　格	184mm×260mm　16开本　19印张　451千字	
版　　次	2015年5月第1版　2015年5月第1次印刷	
印　　数	0001—2000册	
定　　价	**66.00元**	

前　言

　　节约能源是国家发展经济的一项长远战略方针，也是我国的一项长期基本国策。我国人口众多，能源资源相对不足，人均拥有量远低于世界平均水平，能源问题已成为制约经济和社会发展的重要因素。《中华人民共和国国民经济和社会发展第十一个五年规划纲要》提出了"十一五"期间单位国内生产总值能耗降低 20% 左右，主要污染物排放总量减少 10% 的约束性指标。《中华人民共和国国民经济和社会发展第十二个五年规划纲要》提出了到 2015 年单位国内生产总值二氧化碳排放比 2010 年下降 17% 的目标要求，节能减排任重而道远。

　　水电站利用水能发电，水能为可再生能源，属高效清洁能源，水力发电可减少原煤的直接使用，减少了温室气体排放量，对改善环境具有深远的意义。水电等清洁可再生能源的开发是建设资源节约型、环境友好型社会的必然选择。近年来，我国正处于工业化和城镇化加快发展阶段，能源消耗强度较高，消费规模不断扩大，给大中型及巨型水电站的开发建设提供了契机，水电站在建工程数量及规模不断扩大，水电站工程建设及工程运行的能耗亦在持续增加，节能降耗工作开始提到重要议程。随着《固定资产投资项目节能评估和审查暂行办法》《固定资产投资项目节能评估工作指南》等政策、法规陆续颁布，与水电工程节能降耗相关的《水电工程可行性研究节能降耗分析篇章编制暂行规定》（水电规科〔2007〕0051 号）、《水电工程可行性研究报告编制规程》（DL/T 5020—2007）等相关的规程及规范性文件也相继颁布。此外，《水利水电工程节能设计规范》（GB/T 50649—2011）、《水电工程节能降耗分析设计导则》（NB/T 35022—2014）已正式颁布并实施。通过近年来的努力，水电行业的节能降耗在设计、施工、设备选择、运行、管理维护等方面积累了一定的经验，也存在着一些不足。为此，需要构筑一个平台供行业间交流与提高，为设计、施工及管理人员提供一些相关的法律法规及规范性文件、能耗计算方法、工程能源消耗参数等具有工程应用价值的技术资料，整体提高水电行业节能降耗水平。为顺利推进《水电工程节能降耗分析设计导则》在水电行业的实施，开展水电工程节能降耗分析应用研究是必要的。

　　水电工程的能耗分为工程建设及工程运行两大阶段。水电站工程建设期一般较长，从几年到十几年，工程建设的能耗主要分为施工生产过程能耗、施工辅助生产系统能耗、生产性建筑物能耗及施工营地能耗。不同施工阶段施工项目不同，所投入的设备亦各不相同，另外为满足工程建设的需要，还会设置一些临时施工工厂设施和风、水等供应系统以及施工期生活、办公配套设施等，这些工厂设施及系统的运行都会产生能耗且能耗值是一个动态值。水电站工程运行的能耗主要分为生产性能耗和非生产性能耗与损耗。

本书共分12章，以资料收集和数据分析为主，通过收集整理涉及水电工程的节能降耗政策、法律法规及技术标准，针对我国水电工程节能降耗存在的问题及实际情况，结合工程案例对工程建设及运行的能耗分析、能耗量计算、节能措施、节能效果综合评价方法、节能评估等问题进行了研究和探讨。

本书由任金明、金珍宏、吴关叶、周垂一、陈永红、吴迪等编著。其他参编人员为江汉仁、徐蒯东、邱绍平、江亚丽、骆育真、刘加进、龚英、曹磊、金晓华、古文东、熊立刚、张伟、韩华超。

本书在编写过程中，国家能源局科技司，水电水利规划设计总院，中国水电工程顾问集团公司，中国水利水电建设集团公司，中国长江三峡集团公司，国电大渡河流域水电开发有限公司，武汉大学，中国电建集团北京、西北、中南、成都、贵阳、昆明、华东勘测设计研究院有限公司等单位的专家提出了宝贵的意见和建议，国内水电工程设计、施工单位对本书第10章的编写提供了大量的工程实例及素材。两年来，经历了编制提纲细目、调查收集资料、撰写草稿、统稿、审查、审订和定稿等编审阶段。本书得以出版，是全体编审人员共同努力、辛勤劳动的结果。在这里特别向参加本书编审的单位和个人表示衷心的感谢。

由于我们的水平所限，书中的缺点、错误和疏漏在所难免。如各篇章内容深度繁简不一；工程建设期能耗分析及节能措施叙述偏细，而工程运行内容还不够充实；以及某些资料、数据归纳整理尚欠系统完整等。我们诚恳地希望广大读者给予批评指正，以便今后在充实新内容时修改提高。

编　者

2015 年 4 月

目　录

第1章 综　　述

1.1　水电工程节能降耗分析应用研究背景

1.1.1　概况

节约能源是国家发展经济的一项长远战略方针，也是我国的一项长期基本国策。我国人口众多，能源资源相对不足，人均拥有量远低于世界平均水平，能源问题已经成为制约经济和社会发展的重要因素。与发达国家相比，我国能源效率水平偏低是不争的事实。据国家能源局统计的数据，2012 年，我国万元 GDP 能耗为 0.76tce，大约是日本和德国的 6 倍，欧盟的 5 倍，美国的 3.5 倍。不仅与发达国家相比存在巨大差距，我国能源效率甚至低于同为发展中国家的巴西和印度，分别比巴西和印度高出了 150％和 20％。《中华人民共和国国民经济和社会发展第十一个五年规划纲要》（以下简称《"十一五"规划纲要》）提出了"十一五"期间单位国内生产总值能耗降低 20％左右，主要污染物排放总量减少 10％的约束性指标。《中华人民共和国国民经济和社会发展第十二个五年规划纲要》（以下简称《"十二五"规划纲要》）提出了到 2015 年单位国内生产总值二氧化碳排放比 2010 年下降 17％的目标要求，节能减排任重而道远。

水电站利用水能发电，水能为可再生能源，属高效清洁能源，水力发电可减少原煤的直接使用，减少了温室气体排放量，对改善环境具有深远的意义。水电等清洁可再生能源的开发是建设资源节约型、环境友好型社会的必然选择。近年来，我国正处于工业化和城镇化加快发展阶段，能源消耗强度较高，消费规模不断扩大，给大中型及巨型水电站的开发建设提供了契机，水电站在建工程数量及规模不断扩大，水电站工程建设及工程运行的能耗亦在持续增加，节能降耗工作开始提到重要议程。

《水电工程可行性研究节能降耗分析篇章编制暂行规定》（水电规科〔2007〕0051 号）施行至今已有数年，积累了大量基础资料和宝贵数据。为推进《水电工程节能降耗分析设计导则》（NB/T 35022—2014）的顺利实施，专门开展了水电工程节能降耗分析应用研究。

1.1.2　水电工程节能降耗分析现状

1. 国内水电工程节能降耗分析现状

水电行业节能降耗作为独立篇章专门研究的规定始于 2007 年，整体起步晚于国内其他行业。水电工程的能耗分为工程建设及工程运行两大阶段。

水电站工程建设期一般较长，从几年到十几年，工程建设的能耗主要分为建筑材料能耗、建筑物能耗、施工生产过程能耗、施工辅助生产系统能耗、生产性建筑物能耗及施工营地能耗。不同施工阶段施工项目不同，所投入的设备亦各不相同，消耗的能源种类有所差异。

水电站工程运行的能耗主要分为生产性能耗和非生产性能耗与损耗。

国内目前针对水电行业节能降耗分析研究的专业性书籍很少，可参考性资料缺乏，无论是工程建设还是工程运行能耗指标和能耗量的计算方法尚属空白。从各个科研院所编制完成的节能降耗篇来看，其能耗统计值相差很大，缘于没有编制指标和能耗量的计算规范，用以统一计算方法和取值。另外，能耗值统计计算后与之对应用来评估节能与否的标准也比较模糊，没有形成规范的评估方法。总体情况是：基础性的研究工作跟不上与之相关标准的落实。为此，收集水电行业的主要用能设备、单位工程量（产品）能耗指标，提供能耗计算方法及行之有效的节能措施并提供节能效益分析评估的方法，是目前需要迫切解决的问题。

《中华人民共和国节约能源法》自 1998 年 1 月 1 日开始实施以来，水电行业在设计、施工、设备选型、运行、维护等方面都积累了一定的经验。现行的《水电工程可行性研究报告编制规程》（DL/T 5020—2007）中已列入了节能降耗分析篇，水电水利规划设计总院还以水电规科〔2007〕0051 号文颁布了《水电工程可行性研究节能降耗分析篇章编制暂行规定》，国家发展和改革委员会（以下简称国家发展改革委）以〔2010〕6 号令颁布了《固定资产投资项目节能评估和审查暂行办法》，国家节能中心于 2011 年 8 月发布了《固定资产投资项目节能评估工作指南》。此外，《水利水电工程节能设计规范》（GB/T 50649—2011）已于 2011 年 12 月实施，《水电工程节能降耗分析设计导则》（NB/T 35022—2014）也已正式颁布，并于 2014 年 11 月实施。

2. 国外水电工程节能降耗分析现状

近年来，随着全球能源形势的日益严峻，能源价格的日益攀升，各行业的节能降耗已成为许多国家尤其是发达国家非常关注的重要领域。

与水电工程相关行业，如水泥行业，日本利用废弃物发展环保水泥，意大利开发出高科技环保水泥，荷兰加工电厂飞灰代替水泥；建筑业，美国发布国家强制性节能标准，法国改善房屋结构和利用自然能源，德国鼓励老建筑现代化节能改造，瑞典推行鼓励节能住宅的优惠政策。照明业，美国制定发光二极管（LED）长期发展政策，日本 LED 新产品层出不穷，荷兰抢占全球世界 LED 市场。汽车制造业，美国优惠税收政策推广混合动力汽车，欧盟先进柴油车在市场上获大众支持，日本政府补贴政策推广混合动力汽车。

由于能源的发展与环境保护之间有着紧密的关系，世界上多数国家都将环境保护作为能源战略的重要目标。针对这一理念，发达国家在电力行业，倡导"绿色电力"，并取得了突飞猛进的发展，如美国明确企业绿色电力购买量，英国实施绿色能源战略，德国 3 年投入 40 亿欧元研发绿色能源以及韩国推行"绿色电力定价"体制等。

此外，国外制定了绿色水电认证制度。瑞士是世界上单位面积水电产量最高的国家之一，水电开发对天然河流生态系统的影响受到广泛关注。瑞士联邦水科学技术研究院（Swiss Federal Institute of Aquatic Science and Technology，EAWAG）通过多年的案例研究和实践，2001 年提出了绿色水电认证的技术框架，建立了绿色水电认证的标准。自 2001 年以来，该标准已经成功应用于瑞士 60 多个水电工程，并且被欧洲绿色电力网确定为欧洲技术标准向欧盟其他国家进行推广。

低影响水电认证由美国低影响水电研究所（Low Impact Hydropower Institute，LIHI）进行，低影响水电认证旨在帮助识别和奖励那些通过采取措施将其对环境的影响降至最低程度的水电站大坝，使其在市场上能够以"低影响水电"的标志进行营销，从而通过市场激励机制来鼓励业主采取有效措施减少水电站大坝对生态与环境的不利影响，LIHI的认证程序也可以帮助能源消费者选择他们希望支持的能源产品和水电生产方式。截至 2007 年 1 月，LIHI 已经对 23 项水电工程进行了认证，并且开始推广到加拿大。

单纯就水电工程节能降耗分析方面，从目前已收集到的资料看，国外这方面资料不多，尚难系统阐述国外水电工程节能降耗方面的具体做法。

1.1.3 研究目的和必要性

1. 推进《水电工程节能降耗分析设计导则》实施的需要

为贯彻落实《中华人民共和国节约能源法》和其他有关节能政策，根据国家能源局《关于下达 2010 年第一批能源领域行业标准制（修）订计划的通知》（国能科技〔2010〕320 号）的要求，水电水利规划设计总院于 2010 年委托中国电建集团华东勘测设计研究院有限公司负责《水电工程节能降耗分析设计导则》的制定工作。

水电行业节能降耗作为独立篇章专门研究的规定始于 2007 年，整体起步晚于国内其他行业。《水电工程可行性研究阶段节能降耗分析和审查暂行规定》（水电规计〔2007〕0001 号）施行至今已有数年，积累了大量基础资料和宝贵数据，通过 2 年多的努力，中国电建集团华东勘测设计研究院有限公司编制完成了《水电工程节能降耗分析设计导则》（NB/T 35022—2014），日前已正式颁布，并已于 2014 年 11 月实施。为顺利推进《水电工程节能降耗分析设计导则》（NB/T 35022—2014）在水电行业的实施，开展水电工程节能降耗分析应用研究是必要的。

2. 科学合理的设计需要

水电能源是目前发展比较成熟的可再生能源和清洁能源。大力发展包括水能、核能、风能等在内的非化石能源发电技术是未来电力行业节能减排的重要措施。

水电工程的节能降耗分析，理论及实用性均较强，并且涉及多个专业，技术复杂。对其进行应用研究，可在《水利水电工程节能设计标准》（GB/T 50649—2001）、《水电工程可行性研究报告编制规程》（DL/T 5020—2007）节能降耗分析篇、《水电工程节能降耗分析设计导则》（NB/T 35022—2014）的配套指导下，结合水电工程实际，进一步标准化节能降耗分析及评估方法，深化节能降耗相关理论，总结凝练节能降耗技术，使节能设计的原则、技术要求协调统一，并进一步推动节能技术的应用和发展。

1.2 主要研究内容

1. 节能降耗的政策、法律法规和规程规范研究

节能降耗的政策、法律法规和规程规范研究主要从以下几个方面展开。

（1）国家层面的相关法律法规和规程规范。

（2）国务院相关部委的法规和规程规范。

（3）与水电行业有关的规范性文件等。

2. 水电工程工程建设节能降耗分析

工程建设能耗分析着重研究：施工生产过程、施工辅助生产系统及施工营地等项目的主要用能设备、能耗种类、能耗分布点、负荷水平，并制定统一的能耗计算方法，计算单位工程量（产品）能耗、能耗总量及分年度能耗量。

3. 水电工程工程运行节能降耗分析

工程运行能耗分析着重研究：生产辅助系统、生产性建筑物及办公、生活设施等项目的主要用能设备、能耗种类、能耗分布点，并制定统一的能耗计算方法，计算单位产品能耗、年度能耗量及电站运行期（一般为 40～50 年）内的能耗总量。

4. 水电工程节能技术及措施的切入点研究

节能技术及措施的切入点研究主要从以下几个方面展开。

（1）工程规划与总布置的节能设计。

（2）建筑物节能设计。

（3）机电及金属结构节能设计。

（4）施工节能设计。

（5）工程管理节能设计。

从上述 5 个方面阐述工程节能措施、非工程节能措施、建筑物节能、管理节能、设备节能及施工节能等实际运用实例。

5. 水电工程节能效益分析

探讨节能效益分析的方法，提出有实际运用价值的工程建设、工程运行能耗指标的计算方法并提出相应的节能评估标准。宏观评价工程项目是否符合国家、地方关于节能减排的法律、法规的要求，对工程的总体布置、施工组织、机电设备选型及运行中采用的节能技术及措施等进行综合评价，是否满足节能降耗的结论，为节能效益分析提供数据支持。

1.3　研究方法、难点及创新点

1. 研究方法

本书以资料收集和数据分析为主，在水电水利规划设计总院指导下，调查研究水电行业工程建设及工程运行的主要用能设备、耗能指标以及能源利用效率。根据工程实例，着力于提出一些具有工程实际应用价值的能耗计算统计方法。研究技术路线为：

（1）技术难点的提出及分析。根据《水电工程可行性研究报告编制规程　节能降耗分析篇》（DL/T 5020—2007）和《水电工程可行性研究节能降耗分析篇章编制暂行规定》《固定资产投资项目节能评估和审查暂行办法》《固定资产投资项目节能评估工作指南》等相关规程及规范性文件的要求，结合已颁布实施的《水利水电工程节能设计规范》（GB/T 50649—2011）和《水电工程节能降耗分析设计导则》（NB/T 35022—2014），对水电工程节能降耗应用中的重点及难点进行系统分析，提出需要解决的核心问题。

（2）结合行业现状，进行广泛调研。调研主要分两个方面：一是查阅类似工程文献资料；二是调研水电工程现场实际情况。

（3）在充分掌握第一手资料的基础上，针对应用研究中存在的技术难点进行剖析，提出相应的解决办法。

（4）实践应用，验证分析。将研究成果适时反馈于工程实际，并不断修改完善。

（5）形成实际操作应用指南，并提出需进一步研究的问题建议。

2. 技术难点

技术难点主要有以下几方面。

（1）水电工程节能降耗分析应用的研究属水电行业新开拓的领域，欠缺以往的经验积累，同行业参考资料少。

（2）水电工程规模大、各工程相异性大、情况复杂、施工工期长、技术要求高，导致无论是工程建设还是工程运行，其节能降耗分析需要统计的分项工程、生产系统及设备多，计算方法繁琐，统计分析难度大。

（3）水电工程节能降耗技术方案及措施涉及专业面广，需与工程建设、运行管理实际紧密结合，不同工程项目需制定与之相适应的相关分析及研究方法，有共性之处，但更多的是特性，为此，需收集的工程资料广泛。

（4）我国地域辽阔，各地区社会、经济环境差异大。目前已有的设计规范中，对能耗值节能与否的评估标准仅有原则性的规定，需要着力研究与水电工程相适应的具有实际可操作性的相关节能评估方法。

3. 主要创新点

主要创新点有以下几方面。

（1）在系统收集与分析我国现行节能降耗政策、法律法规及技术标准的基础上，进一步明确和细化了水电工程节能降耗分析依据及工作要求。

（2）国内首次系统地进行了水电工程节能降耗分析方法研究，提出了一套切实可行的水电工程建设与运行能耗计算及取值的方法，促进了水电工程节能降耗分析的技术进步。

（3）根据水电工程综合节能效益评价要求，通过对不同类型水电工程节能降耗案例分析，为水电工程节能降耗分析提供了具有实际应用价值的方法。

（4）国内首次编制了《水电工程节能降耗分析篇章编制指南》，促进了水电工程节能降耗分析实际操作过程中的标准化、规范化。

（5）系统分析归纳了 10 余项水电工程实用节能技术，取得了 3 项实用新型专利，促进了行业节能降耗技术发展。

1.4 研究目标

1. 预期目标

预期目标主要有以下几方面。

（1）通过研究工作，为《水电工程节能降耗分析设计导则》（NB/T 35022—2014）在行业内的实施提供技术支撑。

（2）以科技读物的形式形成水电工程节能降耗分析应用指南，引领水电工程节能降耗分析设计工作。

（3）促进水电工程可行性研究节能降耗分析工作，提高行业整体技术水平。

2. 主要技术经济指标

通过本书的出版及《水电工程节能降耗分析设计导则》（NB/T 35022—2014）的实施，更好地促进水电行业的节能降耗，从而获得更好的能源利用效益。同时也为水电行业的节能降耗分析及固定资产投资项目节能评估的编制提供直接的素材，更好地落实水电工程节能设计标准。针对水电工程工程建设及工程运行提出可行的节能降耗措施，节约不可再生能源，提高能源利用效率。

第2章 节能降耗的内涵及基本方法

2.1 能源概论

2.1.1 能源概况

2.1.1.1 能源与能

能源（energy sources）是自然界中能为人类提供某种形式能量的物质资源，是人类赖以生存的物质。通常凡是能被人类加以利用以获得有用能量的各种来源都可以称为能源。能源亦称能量资源或能源资源。

能源是能量的来源或源泉，是能量的载体。能量，简称为能，是物质的属性，是作功的能力，是物质运动的度量。任何物质都离不开运动，如机械运动、分子热运动、电磁运动、化学运动、原子核与基本粒子运动等，相应于不同形式的运动，能量分为机械能、热能、电能、光能、磁能、化学能、声能、分子内能、原子能等。

当物质的运动形式发生转换时，能量的形式同时发生转换，能量可以在物质之间发生传递，这种传递过程即作功或传递热量。例如，河水冲击水力发电机的过程，就是河水的机械能传递给发电机，并转换为电能。能量是一种标量，常用单位为尔格、焦耳、千瓦小时等，和功的单位相同。

能源是物质，因它们自身的物质结构和组成的不同，而具有不同的能量，这些能量是由组成物质的属性所决定的。

2.1.1.2 能源特性

各种能源都有着各自的特性，若从整体及能源的使用与管理角度上看，能源有以下共同特性。

（1）必要性和广泛性。能源是人类进行一切活动所必须消耗的（包括直接的和间接的）物质。随着社会的发展，能源的用途将越来越多，人们使用能源的必要性和广泛性也就越来越突出。

（2）连续性和波动性。能源不同于其他物质资源，它在生产过程中必须保证供应连续性，即不可间断性，如电力、自来水等。如果供应中断，即使是短暂时间，也会迫使生产停顿，甚至造成严重事故。此外，能源的使用又具有波动性，使用量的多少，会随着生产负荷的大小、气温的变化等因素而变化。

（3）一次性和辅助性。一般来讲，能源只能使用一次，使用过后，原来的实体立即消失，通常不能反复使用，这就是能源的一次使用性，它是由过程的不可逆性所决定的。能源作为燃料动力来说，在产品生产中的作用是改变物质的形态和性能，满足生产工艺所要求的条件，而并不构成产品的实体，在生产过程中发挥辅助性功能。

（4）替代性和多用性。无论哪种能源都可产生能，各种能源形态之间在一定的条件下可以相互转换，因而各种能源在使用上具有替代性。对于同一种生产活动，可以选用不同的能源。

多用性是能源的又一特点，大多数能源既可作为燃料动力使用，又可作为原料、辅助材料使用，而同一能源的不同用途，所得到的经济效果是不同的。

（5）不易储存性。某些经过加工后的能源，如电、蒸气等，由于它们的生产过程就是使用过程，在目前的技术条件下储存的手段有限。因此，它们在生产和使用过程中，具有不易储存的特点，这就要求它们的生产、输送、使用等过程在时间上一致，数量上基本平衡，否则，就会造成能源的浪费。

2.1.1.3　能源分类

世界上能源的种类很多，为了便于了解各种能源的形成、特点和相互关系，便于能源的利用和管理，有必要从不同的角度对能源进行分类。

能源的分类方法一般有以下几种。

（1）按能源的利用方式分类。按能源的利用方式可将能源分为一次能源和二次能源两大类。一次能源是指直接取自自然界未经加工转换而直接加以利用的能源，它包括：原煤、原油、天然气、核能、太阳能、水能、风能、波浪能、潮汐能、地热能、生物质能和海洋温差能等。一次能源可按其来源的不同划分为来自地球以外的、地球内部的、地球与其他天体相互作用的 3 类。来自地球以外的一次能源主要是太阳能。

（2）按能源利用的反复性分类。按能源利用的反复性，一次能源又可分为再生能源和非再生能源。非再生能源将随着不断地开发利用，总有一天会消耗殆尽。目前，世界各国的能源总产量和总消费一般均指一次能源而言。一次能源的分类见表 2.1。

表 2.1　　　　　　　　　　　　一 次 能 源 分 类

按利用反复性分 按成因分	再 生 能 源	非 再 生 能 源
第一类能源（来自地球以外，主要是太阳）	太阳能 水能 风能 海洋动能 波浪动能 雷电能 宇宙射线能	无烟煤 烟煤 褐煤 泥煤 石煤 原油 天然气 油页岩 油砂
第二类能源（来自地球内部）	地热能 火山能 地震能	核燃料
第三类能源（来自地球和其他天体的作用）	潮汐能	

凡由一次能源经过转化或加工制造而产生的能源称为二次能源，如电力、蒸汽、煤气、汽油、柴油、重油、液化石油气、酒精、沼气、氢气和焦炭等。水力发电虽是由水的

落差转换而来，但一般均作为一次能源。

2.1.1.4　能源消费

1. 能源的计量单位

世界各国各行各业所消费的能源品种繁多，计量单位也各不相同。国际上常用的能源计算单位有焦耳（J）、英热单位（Btu）、千卡（kcal）、吨标准煤（tce）、桶油当量（boe）、吨油当量（toe）、标准立方米天然气当量（m³gas）、千瓦小时（kW·h）、千瓦年（kW·a）等。

能量单位的定义如下。

焦耳——米·千克·秒制中的能量单位。1 千克物体按 1 米每秒速度移动时，具有 1/2 焦耳的动能，同样，1 牛顿的力移动 1 米距离时，所消耗的能量（所做的功）为 1 焦耳，符号为 J。

卡路里——计算热能的单位。卡路里有两种量值：千卡（kcal）和克卡（cal）。1 千克水温度升高 1℃时，所需要的能量称为 1 千卡，亦称为大卡。1 克水温度升高 1℃时，所需要的能量称为克卡。

英热单位——类似卡路里的英制单位。1 磅水温度升高 1°F 时，所需要的能量称为 1 英热单位，符号为 Btu。

千瓦小时、千瓦年——根据功率乘时间确定的一种能量单位。如果 1 千瓦的速率持续消耗能量 1 小时，那么消耗能量的总数为 1 千瓦小时，简记为 kW·h；如果 1 千瓦的速率持续消耗能量 1 年，那么消耗能量的总数为 1 千瓦年，简记为 kW·a。

燃料单位——使用某种单位，即煤以吨计、石油以吨或桶计、天然气以立方米计，来表示单位燃料的有效能含量。吨煤当量（吨标准煤，英文简写为 tce）、桶油当量（英文简写为 boe）、吨油当量（英文简写为 toe）、标准立方米天然气当量（英文简写为 m³gas）都是为了便于宏观统计，人为假设的“标准煤”“标准油”和“标准气”由于燃料质量等因素影响，各国标准有些差别。

为便于实际使用，表 2.2～表 2.6 列出了常用能量单位换算表以及能量与能源之间的换算，便于彼此折算。

表 2.2　　　　　　　　　　　　　　常用能量单位换算表

焦耳 （J）	吨标准煤 （tce）	吨油当量 （toe）	桶油当量 （boe）	立方米天然气 （m³gas）	千瓦小时 （kW·h）	千卡 （kcal）	英热单位 （Btu）
1	34.1208×10^{-12}	23.88×10^{-12}	163.43×10^{-12}	25×10^{-9}	2.778×10^{-7}	238.846×10^{-6}	947.817×10^{-6}
29.3076×10^{9}	1	0.7	4.7896	751.8799	8141	7×10^{6}	27.7797×10^{6}
41.868×10^{9}	1.4286	1	6.8423	1074.1141	11630	10×10^{6}	39.6853×10^{6}
6.119×10^{9}	0.2088	0.1461	1	156.9816	1699.7222	146.498×10^{3}	5.8×10^{6}
38.9791×10^{6}	1330×10^{-6}	930.999×10^{-6}	6370.174×10^{-6}	1	10.8275	9309.9981	36.947×10^{3}
3.6×10^{6}	122.835×10^{-6}	85.984×10^{-6}	5.883×10^{-4}	9.236×10^{-2}	1	859.8452	3412.3223
4186.8	142×10^{-9}	100×10^{-9}	6.84×10^{-9}	107.411×10^{-6}	1163×10^{-6}	1	3.9685
1055	35×10^{-9}	25×10^{-9}	172×10^{-9}	27.065×10^{-6}	293.055×10^{-6}	0.2520	1

表 2.3 联合国能源折煤当量系数

项　目	折标准煤系数	项　目	折标准煤系数
原油	1.429	凝析油	1.512
天然气液	1.542	其他天然气液	1.512
汽油	1.500	油页岩	0.314
煤油	1.474	薪柴	0.333
喷气燃料	1.474	木炭	0.986
柴油	1.450	甘蔗渣	0.264
燃料油	1.416	水电和风电	0.123
液化石油气	1.554	核电	0.372
天然汽油	1.532	地热电	1.228

表 2.4 燃料热值与折煤当量换算表

项　目	平均低位发热量		折标准煤系数	
	单　位	数　值	单　位	数　值
原煤	kJ/kg（kcal/kg）	20908（5000）	kgce/kg	0.714
洗精煤	kJ/kg（kcal/kg）	26344（6300）	kgce/kg	0.900
洗中煤	kJ/kg（kcal/kg）	836（2000）	kgce/kg	0.2857
煤泥	kJ/kg（kcal/kg）	8363～12545（2000～3000）	kgce/kg	0.2857～0.428
焦炭	kJ/kg（kcal/kg）	28435（6800）	kgce/kg	0.971
原油	kJ/kg（kcal/kg）	41816（10000）	kgce/kg	1.4286
燃料油	kJ/kg（kcal/kg）	41816（10000）	kgce/kg	1.4286
汽油	kJ/kg（kcal/kg）	43070（10300）	kgce/kg	1.471
煤油	kJ/kg（kcal/kg）	43070（10300）	kgce/kg	1.471
柴油	kJ/kg（kcal/kg）	42652（10200）	kgce/kg	1.457
液化石油气	kJ/kg（kcal/kg）	50179（12000）	kgce/m³	1.714
煤厂干气	kJ/m³（kcal/m³）	45998（11000）	kgce/m³	1.571
天然气	kJ/m³（kcal/m³）	38931（9310）	kgce/m³	1.330
焦炉煤气	kJ/m³（kcal/m³）	16726～17981（4000～4300）	kgce/m³	0.5714～0.6143
发生炉煤气	kJ/m³（kcal/m³）	5227（1250）	kgce/m³	0.178
重油催化裂解煤气	kJ/m³（kcal/m³）	19235（4600）	kgce/m³	0.657
重油热裂解煤气	kJ/m³（kcal/m³）	35544（8500）	kgce/m³	1.214
焦炭制气	kJ/m³（kcal/m³）	16308（3900）	kgce/m³	0.557
压力气化煤气	kJ/m³（kcal/m³）	15054（3600）	kgce/m³	0.514
水煤气	kJ/m³（kcal/m³）	10454（2500）	kgce/m³	0.357
煤焦油	kJ/kg（kcal/kg）	33453（8000）	kgce/kg	1.1429
粗苯	kJ/kg（kcal/kg）	41816（10000）	kgce/kg	1.4286
人粪	kJ/kg（kcal/kg）	18817（4500）	kgce/kg	0.643

续表

项 目	平均低位发热量		折标准煤系数	
	单 位	数 值	单 位	数 值
牛粪	kJ/kg (kcal/kg)	13799 (3300)	kgce/kg	0.471
猪粪	kJ/kg (kcal/kg)	12545 (3000)	kgce/kg	0.429
羊、驴、马、骡粪	kJ/kg (kcal/kg)	15472 (3700)	kgce/kg	0.529
鸡粪	kJ/kg (kcal/kg)	18817 (4500)	kgce/kg	0.463
大豆秆、棉花秆	kJ/kg (kcal/kg)	15890 (3800)	kgce/kg	0.543
稻秆	kJ/kg (kcal/kg)	12545 (3000)	kgce/kg	0.429
麦秆	kJ/kg (kcal/kg)	12545 (3500)	kgce/kg	0.500
玉米秆	kJ/kg (kcal/kg)	15472 (3700)	kgce/kg	0.529
杂草	kJ/kg (kcal/kg)	13799 (3300)	kgce/kg	0.471
树叶	kJ/kg (kcal/kg)	14635 (3500)	kgce/kg	0.500
薪柴	kJ/kg (kcal/kg)	16726 (4000)	kgce/kg	0.571
沼气	kJ/m³ (kcal/m³)	20908 (5000)	kgce/m³	0.714

注 低位发热量是燃料完全燃烧，而燃烧产物中的水蒸气仍以气态存在时所放出的热量。低位发热量接近实际可利用的燃料发热量，所以在热力计算中均以低位发热量作为计算依据。

表 2.5   **耗能工质能源等价值**

品 种	单 位	折标准煤系数
新 水	kgce/t	0.0857
软 水	kgce/t	0.4857
除氧水	kgce/t	0.9714
压缩空气	kgce/m³	0.0400
鼓 风	kgce/m³	0.0300
氧 气	kgce/m³	0.4000
氮气（做副产品时）	kgce/m³	0.4000
氮气（做主产品时）	kgce/m³	0.6714
二氧化碳气	kgce/m³	0.2143
乙 炔	kgce/m³	8.3143
电 石	kgce/kg	2.0786

表 2.6   **各种能源折算标准煤系数**

能 源 名 称	单 位	折标准煤系数	等 价 值	备 注
原煤	kgce/kg	0.7143		
焦炭	kgce/kg	0.9714		
汽油	kgce/kg	1.4714		
柴油	kgce/kg	1.4571		
煤油	kgce/kg	1.4714		

续表

能　源　名　称	单　　位	折标准煤系数	等　价　值	备　　注
重油（燃料油）	kgce/kg	1.4286		
电力	kgce/（kW·h）	0.1229	0.4040	
天然气	kgce/m³	1.2360		
焦炉煤气	kgce/m³	0.6143		
液化石油气（气态）	kgce/m³	3.0000～3.4290		
液化石油气（液态）	kgce/kg	1.5430～1.7140		
蒸汽	kgce/kg	0.0943		0.4MPa 的 饱和蒸汽
热力	kgce/MJ	0.0341		

注　1. 1tce 热值为 29.27MJ。

　　2. 电力的热值一般有两种计算方法：一种是按理论热值计算，另一种是按火力发电煤耗计算。每种方法各有各
　　　的用途。理论热值是按每度（kW·h）电本身的热功当量 860kcal 即 0.1229kgce 计算的。按火力发电煤耗计
　　　算，每年各不相同，为便于对比，以国家统计局每度电折 0.4040kgce 作为今后电力折算标准煤系数。

2. 能源的储量、生产及消费

能源储量数据对人类未来的发展及能源政策的制定有着重要的参考意义，但根据对各种资料的研究分析，关于四大常规能源石油、煤炭、天然气、水能的储量数据不同的资料会有不同的表述，必须对此引起注意，否则会引起数据的矛盾。尤其是有些资料对储量没有作特别的说明，更会引起不同资料之间数据上的互相矛盾。一般而言，对石油、煤炭、天然气的储量常有地质储量、探明储量、技术可采量、经济可采量、剩余可采量等数据。地质储量的数据最大，是地质范围内可能存在的储量；探明储量是目前已经探明的储量，和地质储量相比数据大大缩小；技术可采量是在地质储量中凭目前的技术可以开采的量；经济可采量是指经济合理条件下可以开采的量，和技术可采量相比，数据也有所下降，因为有许多尽管技术上可以开采，但经济上不合理。如埋藏深度过深的煤炭，尽管技术上开采没有问题，但为开采这些煤炭付出的代价比获取的煤炭价值还大，这在经济上是不合理的，不属于经济可开采的储量。石油和天然气的经济可采量的含义和煤炭经济可采量的含义相仿。

对于水能储量主要有理论蕴藏量、技术可开发量、经济可开发量。对于水能理论蕴藏量世界各国有不同的计算方法和标准，中国和苏联等国家水能理论蕴藏量是按河流平均年径流量和河道落差进行计算，但有些国家是按平均降水量和地面坡降计算。两种不同的方法得到的水能理论蕴藏量是不同的，有时甚至有较大的差别。例如，日本的水能理论蕴藏量，若按平均降水量和地面坡降进行计算，其水能理论蕴藏量为 717.6（TW·h）/a；若按河流平均年径流量和河道落差进行计算，其水能理论蕴藏量为 284.6（TW·h）/a，前者为后者的 2.5 倍，可见不同的计算方法，数量相差较大。经济可开发水能资源是指在经济合理的条件下可开发利用的水能资源，一般在技术可开发水能资源的基础上，根据造价、淹没损失、输电距离等条件，选择技术上可行、经济上合理的水电站进行统计，可以得出经济可开发水能资源。经济上的合理性并不是一成不变的，是随各国的能源资源状

况、能源价格、技术水平、电力市场和政府对可再生能源的政策的变化而变化，因此经济可开发水能资源的统计各个时期会有所不同。

从历史的进程来看，目前埋于地下的石油、天然气、煤炭等一次能源均来自太阳能，而在再生能源中太阳能占 99.44%，而水能、风能、地热能、生物能等占不到 1%。在非再生能源中，利用海水中氘资源聚变产生的核能（人造太阳能）几乎占 100%，煤炭、石油、天然气、裂变核燃料加起来也不足以千万分之一。因此，世界能源储量最多的是太阳能，从长远的角度看，人类使用的能源归根到底要依靠太阳能，太阳能是人类永恒发展的能源保证。

目前人类使用的能源最主要的还是不可再生能源，如煤炭、石油、天然气和裂变核燃料等，它们约占能源总消费量的 90%，再生能源如水能、植物燃料等只占 10% 左右。

3. 世界一次能源总体分布格局

目前世界一次能源总体分布格局是长期不断发展而形成的，这种格局在短期内会有局部变化，但不会有大的改变。世界各种能源的储量、产量和消费量分布极不平衡，主要集中在某些地区和少数国家。从剩余可采储量看，石油主要分布中东地区，天然气主要分布在苏联和中东地区，煤炭大多分布在亚太、北美和欧洲地区。从产量看，石油产量中东地区占有优势，天然气主要产自北美和苏联地区，煤炭主要产自亚太和北美地区。从消费看，石油消费以北美、亚太和欧洲地区为主，天然气消费量主要集中在北美和苏联地区，煤炭消费以亚太和北美地区为主。核电消费主要在欧洲和北美地区，水电消费主要在北美、欧洲和亚太地区。位于世界前十位国家的含量和消费量在世界总量中占有较大份额，其中有些国家占明显优势，如委内瑞拉、沙特阿拉伯的石油储量、俄罗斯的天然气储量、美国的能源消费量等。中国煤炭储量在世界上排名第三，仅次于美国和俄罗斯，中国是目前世界上最大的煤炭生产和消费国，但中国的天然气无论储量、产量还是消费量都处在相对落后的位置。

2009 年，世界一次能源消费结构为石油 32.9%、煤炭 27.2%、天然气 20.9%、水电 2.3%、核电 5.8%。但是不同地区或不同国家的能源消费结构有较大差异，反映了各地区的能源结构及经济发展程度。

据 BP 最新发布的《世界能源统计回顾 2011》数据显示：2010 年，中国一次能源消费总量超过美国，跃居世界第一。一次能源消费总量世界前十位的国家依次是中国、美国、俄罗斯、印度、日本、德国、加拿大、韩国、巴西、法国。从总量来看，中国是能源消费大国，但是人均消费量低，而且消费结构不合理，一次能源以煤为主，油气在一次能源结构中的比例偏低。据国家统计数据库的资料，2000—2010 年中国能源消耗结构详见表 2.7。

按照国际可比口径统计，2009 年，我国一次能源消费结构中煤炭所占比重比美国高约 45%，比日本高约 46%，比世界平均水平高约 40%；油气所占比重比美国低 42%，比日本低 39%，比世界平均水平低约 34%，我国与世界主要国家和地区一次能源消费结构对比见表 2.8。

表 2.7   2000—2010 年中国能源消耗结构

年 份	占能源消费总量的比重/%			
	煤 炭	石 油	天 然 气	水电、核电、风电
2000	67.8	23.2	2.4	6.7
2001	66.7	22.9	2.6	7.9
2002	66.3	23.4	2.6	7.7
2003	68.4	22.2	2.6	6.8
2004	68.0	22.3	2.6	7.1
2005	69.1	21.0	2.8	7.1
2006	69.4	20.4	3.0	7.2
2007	69.5	19.7	3.5	7.3
2008	70.2	18.8	3.6	7.4
2009	70.4	17.9	3.9	7.8
2010	68.0	19.0	4.4	8.6

表 2.8   我国与世界主要国家和地区一次能源消费结构对比   %

国家/地区	煤 炭	石 油	天 然 气	水电、核电、风电等
美国	22.5	37.1	24.7	15.7
欧盟	16.4	34.9	25.0	23.7
日本	21.4	42.4	17.1	19.1
俄罗斯	14.7	21.3	54.0	10.0
印度	41.9	23.8	7.3	27.0
中国	67.2	16.9	3.4	12.5
世界	27.2	32.9	20.9	19.0

注 表中数据来源于国际能源机构（IEA），与中国国家统计局发布的数据略有差异，为 2009 年数据。

尽管中国的煤炭、石油和水能的储量在总量上居世界前十的地位，其中水能储量居世界第一，但中国的人均能源储量低于世界平均水平，如石油大约是世界人均储量的 9.7%，煤炭为世界人均储量的 61%，天然气仅为世界人均储量的 6.3%。即使是在世界上总是遥遥领先的水能理论蕴藏量，中国的人均蕴藏量也不及世界人均水平，只有世界人均蕴藏量的 72.7%。由此可见，中国整体的人均能耗储量在世界上属于偏低水平。总的看来，我国能源系统有以下特点。

（1）能源资源总量多，人均少，人均耗能及人均电力都大大低于世界平均水平。

（2）能源资源赋存分布不均，能源资源、能源生产与经济布局不协调。煤炭资源主要赋存于华北、西北地区，水力资源主要分布在西南地区，石油、天然气资源主要赋存于东部、中部、西部地区和海域。而我国主要能源消费区集中在东南沿海经济发达地区，资源赋存与能源消费地域存在明显差别。因此，北煤南运、西电东送、西气东输成了长期格局。

（3）消费结构不合理，能源结构仍以煤炭为主，煤炭消耗占能源总消耗的 60% 以上；

而且第二产业仍然是能源消费的主要部分，这导致了能耗高、能源利用效率低（只有大约33%，美国为50%以上）、能源浪费和严重的环境污染；电力峰谷差日益增加，能源供应系统抗风险能力不足。

（4）能源消耗中几乎全部依靠常规能源，石油的消费与发达国家相比相差很大。

（5）煤炭生产以地方和集体煤矿为主，原煤入选率低，大多数煤炭未经洗选，高灰分、高硫分的煤直接加以使用，而且掺杂含假严重，造成严重污染。

作为以煤炭为主要消费能源的中国，应该合理调能源结构，控制煤炭消费总量，控制发电用煤，减少炼焦用煤，减低煤炭直接燃烧比例。扩大天然气利用，用燃气锅炉替代燃煤、燃油锅炉。必须大力发展煤的高效、清洁、低碳排放转换技术。积极发展燃气联合循环发电，超临界、超超临界蒸汽参数发电技术，热电联产及多联供技术。另外，还要积极探索新的安全堆型发电关键技术，提高核废料处理的安全性及再利用性。推广风力发电技术，解决大容量新型风电机组研制与国产化。推广燃料电池发电技术，低价、高效、长寿新型光伏发电技术；生物质气化、液体燃料、发电技术；太阳能、沼气技术；光热利用新技术（发电、制冷等）；中低温能源利用、热泵等节能技术。

4. 水能

水能是自然界广泛存在的一种能源，也是常规能源中唯一的可再生能源，但它一般不能被直接使用，需通过建立水电站将其转换为二次能源——电能。水能资源和其他能源相比，具有许多优势，如水能资源地理分布广泛，大约150个国家拥有水能资源，全世界约70%经济可行的水能资源尚未开发，其中大部分位于发展中国家；水电开发技术成熟，能源转换率高，一般超过90%；水电的峰荷发电特征使得作为基本荷载的其他电力能够得到更加充分的利用；尽管与其他电站替代方案相比较而言，水电站的早期投资较大，但其具有运行成本最低和使用寿命长的优势；作为多功能综合水利项目的一部分，水力发电可以对诸如灌溉、供水、航道改善和娱乐等水利项目的其他重要功能和设施等提供资助。尽管水能资源具有以上优势，但水能资源的利用必须建坝，而建坝可能所产生的各种问题必须加以高度重视，否则可能带来严重问题，如移民问题、对泥沙和河道的影响、对大气的影响、水体变化带来的影响、对鱼类和生物物种的影响、对文物和景观的影响、地质灾害、溃坝等民生与生态问题都必须预先加以重视和解决。

人类利用水能资源修坝发电的过程经历了4个阶段：第一阶段为技术制约阶段；第二阶段为投资制约阶段；第三阶段为市场制约阶段；第四阶段为生态制约阶段。目前世界上有一股公众反对水电项目开发建设的潮流，这股潮流尤其针对的是水库蓄水式大型水坝建设项目。对此，有专家提出了生态水电概念，做到"人天和谐"，使水电成为更好的可再生的永不枯竭的清洁能源。

水能储量问题相对于石油、煤炭、天然气要困难和复杂一点，并且其不同年份数据的变化也相对较大，不同资料由于统计口径的不同也会有较大的变化。水能储量主要有理论蕴藏量、技术可开发量、经济可开发量。我国国土辽阔，河流众多，径流丰沛，落差巨大，蕴藏着丰富的水能资源。不管是水能资源的理论蕴藏量，还是可能开发的水能资源，中国在世界各国中均居第一位。我国对水能资源理论蕴藏量进行过5次调查研究工作：1950年第一次公布的数字为1.49亿kW、1300TW·h；1955年第二次公布的数字为

5.445 亿 kW、4760TW·h；1958 年第三次公布的数字为 5.8326 亿 kW、5110TW·h；1980 年第四次公布的数字为 6.76 亿 kW、5922TW·h；2005 年第五次公布的数字为 6.944 亿 kW、6082.9TW·h。应当说中国水能资源理论蕴藏量的计算从一开始就比较规范，是统一按河流平均年径流和河道落差进行计算的，几次普查数字的增加都是由于增加了河流的条数和河流的长度，另一个因素是河流径流量资料的增加相应的精度提高。目前我国水能资源开发利用程度较低。根据 2005 年我国水能资源复查的结果，我国水电经济可开发装机容量为 4 亿 kW，技术可开发容量为 5.4 亿 kW。发达国家水电开发率一般在 60% 以上，而截至 2011 年年底，我国水电开发率仅为 43% 左右，开发潜力巨大。

我国从 1949 年到如今的 60 多年中，水电在世界水电界的地位发生了巨大的变化。从一个水电小国一跃而成为世界水电第一大国。据 2005 年我国公布的数据，我国水能理论蕴藏量 60829 亿（kW·h）/a，技术可开发量 24740 亿（kW·h）/a，经济可开发量 17534 亿（kW·h）/a，三项指标均居世界第一位。60 多年来中国在水电建设上也取得了举世瞩目的成就，赢得了许多世界第一，中国常规水电站的装机容量居世界第一，中国小水电装机容量居世界第一，中国微水电的发展规模居世界第一，中国长江三峡水电站的建设规模居世界第一，中国目前正在建设的水电站总规模居世界第一，中国水电勘测、设计、科研、施工力量居世界第一。中国已公布的技术可开发、经济可开发水能资源已经遥遥领先于世界所有国家，从发展趋势来看，中国水电稳居世界水电第一的地位是稳固的，中国水电的一举一动对世界水电起着举足轻重的影响，中国应当以世界第一水电大国的形象引领世界水电建设的新潮流。

2.1.1.5　能源消费与国民经济发展

能源是国民经济发展的基础，同时也是提高人民物质生活的重要条件。能源消费随着国民经济的发展不断增长，社会生产和生活对能源的依赖日益加强。现代化的企业、城市和乡村，如果没有能源，生产就要停顿，社会生活便会陷入瘫痪状态。

近几十年来，世界经济发展很快，许多国家高速度地实现了现代化，与能源的大规模开发及充分有效利用分不开。一般来说，一个国家的国民生产总值的增长和它的能源消费量的增加大致成正比关系。1950—1975 年，在工业发达国家中，日本能源消费量增长最快，平均每年增长 8.8%，它的国民生产总值也增长最快，平均每年增长 8.7%；英国的能源消费增长最慢，平均每年为 1.2%，它的国民生产总值也增长最慢，平均每年只有 2.6%。就同一个国家来说，不同时期也是如此。日本在 20 世纪 60 年代能源消费量增长速度最快，平均每年为 12.2%，国民生产总值的增长速度也最快，平均每年为 10.8%；70 年代由于能源危机，能源消耗量增长最慢，平均每年为 3%，国民生产总值的增长速度也最慢，平均每年只有 5.4%。我国 1953—1978 年这一期间，能源消费增长速度高于国民经济的增长速度，年平均的能源消耗系数为 1.24。第一个五年计划时期为 1.54；第二个五年计划时期为 18.8；国民经济调整时期（1962—1966 年）为 0.32；"文化大革命"时期（1966—1976 年）为 1.25；粉碎"四人帮"后的经济恢复时期（1976—1978 年）为 0.81。因此，能源的生产水平和消费水平，是衡量一个国家的国民经济发展情况和人民生活水平高低的重要指标。

为便于实际运用对比，常常需要对国民经济发展与能源消费量的关系进行定量分析。

例如，用平均生产 1t 钢、1kW·h 电、1t 合成氨、1t 塑料等的单位综合能耗来表示。像生产 1t 合成氨需要 2.5～3.0 tce，生产 1t 塑料则平均需要 3.0tce。这就是工业生产与能源消费之间最综合、最简单的一种定量关系。因为它反映了一种产品在生产过程中直接消耗的能量，而这些能量，不论消耗的是煤、是电或是油，一般都折合成标准煤来计算。

生产一种产品除直接消耗能量外，还间接消耗能量。例如，生产电扇，在制造电动机、风扇叶片、外壳、支架、开关以及喷漆和电镀时，所消耗的煤、电、石油制品等各种能源，都是在生产过程中直接消耗的能源，但制造电扇是需要硅钢片、生铁、铜线、铝、塑料、油漆、绝缘材料等，其他部门生产这些产品时，都需要消耗一定数量的各种能源，这些均属于间接消耗的能源。直接能耗量加上间接能耗量就等于生产一种产品的全部能耗量。

能源消费量与国民经济发展的关系，一直是国内外学者广泛关注的问题。新的研究成果不断涌现。研究能源消费与国民经济发展之间的关系，通常采用能源消耗量与国民经济总产量两个指标作对比。能源消耗系数和单位产值能耗都是反映能源消费与总产值相对关系的指标。我国的国民经济总产值指标是指国民经济中物质生产领域一定时期内的产品价值，其计算范围包括农业、工业、建筑业以及流通领域中有关产品运输、保管、分类、包装等经济活动价值，并不包括不创造新价值的服务性行业的收入。因此，同总产值对比的能源消费量指标，应该相应地采用生产性能源消费量指标。如果采用包括非生产性能源消费在内的总能源消费量指标，必然会影响计算数据的可靠性。非生产性能源消费在能源消费中占的比重越大，则其可靠性就越差。引用国外的数据必须注意指标计算范围与我国的差别性。西方资本主义国家采用的与总产值进行对比的能源消耗指标包括生产性能源消耗和非生产性能源消耗两部分；总产值的计算范围，即包括了产品生产的价值，又包括了服务性行业的收入。显然，指标含义和计算范围不同，口径不一，计算出来的结果是不能相比的。

为了研究分析国民经济发展和能源消费量之间的相互关系，常常使用单位产值能耗、能源消费弹性系数等指标。

1. 单位国内生产总值（GDP）能耗

单位 GDP 能耗是指一定时期内一个国家或地区的全社会综合能耗与生产总值之比，一般用"tce/万元 GDP"，通常用式（2.1）表达：

$$Q = E/P \qquad\qquad (2.1)$$

式中：Q 为某期间单位产值能耗；E 为某期间能源消费量；P 为某期间国民经济产值。

不同年份进行比较研究时，需将 GDP 进行折算，一般以某一年的不变价进行折算，表 2.9 是 2006—2011 年我国能源生产、消费与 GDP 增长速度，表 2.10 是 2005 年及"十一五"期末各省（自治区、直辖市）的 GDP 及万元 GDP 能耗数据。

单位生产总值综合能耗越低，说明使用能源所产生的经济效益越高。单位 GDP 能耗是利用外汇汇率折算的单位 GDP 能耗对能源使用效率进行比较的基本指标，是一国发展阶段、经济结构、能源结构和设备技术工艺和管理水平等多种因素形成的能耗水平与经济产出的比例关系。它可从投入和产出的宏观比较来反映一个国家（或地区）的能源经济效率，具有宏观参考价值。

表 2.9　　　　　　　　2006—2011 年能源生产、消费与国内生产总值增长速度

年份	国内生产总值增长速度/%	能源生产增长速度/%	电力生产增长速度/%	能源消费增长速度/%	电力消费增长速度/%	能源生产弹性系数	电力生产弹性系数	能源消费弹性系数	电力消费弹性系数
2006	12.7	7.4	14.6	9.6	14.6	0.58	1.15	0.76	1.15
2007	14.2	6.5	14.5	8.4	14.4	0.46	1.02	0.59	1.01
2008	9.6	5.4	5.6	3.9	5.6	0.56	0.58	0.41	0.58
2009	9.2	5.4	7.1	5.2	7.2	0.59	0.78	0.57	0.78
2010	10.4	8.1	13.3	6.0	13.2	0.78	1.28	0.58	1.27
2011	9.3	7.1	12.0	7.1	12.1	0.76	1.29	0.76	1.30

注　表中数据来源于《中国能源统计年鉴 2012》。

表 2.10　　　　　　　　各省（自治区、直辖市）GDP 及万元 GDP 能耗表

省（自治区、直辖市）	2005 年水平		"十一五"期末
	GDP/亿元	万元 GDP 能耗/tce	万元 GDP 能耗/tce
北京	6060	0.80	0.58
天津	3633	1.11	0.83
河北	10110	1.96	1.58
山西	4000	2.95	2.24
内蒙古	3832	2.48	1.92
辽宁	7920	1.83	1.38
吉林	3614	1.65	1.15
黑龙江	5510	1.46	1.16
上海	9144	0.88	0.71
江苏	18000	0.92	0.73
浙江	13365	0.90	0.72
安徽	5375	1.21	0.97
福建	6487	0.94	0.78
江西	4070	1.06	0.85
山东	18468	1.28	1.03
河南	10535	1.38	1.12
湖北	6000	1.51	1.18
湖南	6237	1.40	1.17
广东	21701	0.79	0.66
广西	4063	1.22	1.04
海南	903	0.92	0.81
重庆	3049	1.42	1.13
四川	7385	1.53	1.28
云南	3400	1.73	1.44

省（自治区、直辖市）	2005 年水平		"十一五"期末
	GDP/亿元	万元 GDP 能耗/tce	万元 GDP 能耗/tce
贵州	1910	2.81	2.25
陕西	3674	1.48	1.13
甘肃	1894	2.26	1.80
宁夏	525	4.14	3.31
青海	543	3.07	2.55
新疆	2680	2.11	1.73
全国水平	22638 亿美元	1.22	0.98

改革开放以来，我国能源利用的经济效益得到大幅度的提高。按 2000 年不变价计算，我国每万元 GDP 的能耗从 1980 年的 4.28tce 下降到了 2000 年的 1.45tce，20 年时间单位产值能耗下降 66%。但是与国外发达地区相比，差距还很大，按照 2001 年我国单位 GDP 消耗能源计算，能耗强度约为日本的 6.58 倍，德国的 4.49 倍，美国的 3.65 倍，巴西的 2.35 倍，与世界平均水平相比，中国单位 GDP 能耗是世界的 3.4 倍，是世界上产值能耗最高的国家之一。

随着技术的进步和新型工业化战略的实施，我国的能源利用效率将进一步提高。预计到 2020 年，按 2000 年的价格计算，我国万元 GDP 能耗可达到 0.5tce，与目前世界的平均水平相当。

2. 能源消费弹性系数

能源消费弹性系数是指某期间能源消费量的平均增长率与某期间国民经济产值的平均增长率之间的比值，通常用式（2.2）表达：

$$C = \frac{\Delta E / E}{\Delta P / P} \tag{2.2}$$

式中：C 为能源消费弹性系数；ΔE 为某期间能源消费增加量；ΔP 为某期间国民经济产值增长量。

能源消费弹性系数是反映单位国民经济产值增长率的变化所引起能源消费增长率变化的状况，这个数值若等于 1，说明能源消费增长率与国民经济产值增长率相等；若大于 1，说明能源消费增长率大于国民经济产值增长率；若小于 1，说明能源消费增长率小于国民经济产值增长率。以上为常规现象。

如果出现 $C = 0$，即能源消费量不增加，而国民经济产值继续增长，或者 C 为负数，即能源消费量下降而国民经济产值还继续增长的情况，则是一种非常规现象。

这种非常规现象可由下述一些原因引起。

（1）调整了经济和产品结构，或者调整了重工业与轻工业比例。

（2）采取了创造性的能源利用措施。

（3）前期的技术落后，管理水平低下，能源消耗或浪费很大，此后抓了节能工作，填补了管理漏洞，于是出现能耗不增加产值却上升的现象。

能源消费弹性指数是一个使用方便，综合性强，能概括多种因素的指标。它与经济结构、能源利用效率、生产产品的质量、原材料消耗、运输以及人民生活水平需要等因素相关。因而通过对能源消费弹性系数的分析，可以探讨能源消费增长速度与国民经济发展中的一些规律。

能源消费与经济增长关系的研究一直是能源经济学的一个热点问题。近30年来，国内外学者在这一领域做了大量的实证性工作，但是迄今为止依然没有形成共识，许多分歧和争议仍然存在。

3. 协整分析方法和 Granger 因果检验

国内有学者以 1978—2005 年间我国能源消费总量和 GDP 的数据为基础，运用协整分析方法和 Granger 因果检验对中国能源消费与经济增长的关系进行的实证研究表明：

（1）能源消费和 GDP 之间存在着协整关系，也就是说尽管在短期内，能源消费与 GDP 之间存在波动关系，但是从长期来看，能源消费与经济增长之间存在长期稳定的均衡关系。

（2）通过 Granger 因果关系检验可知，能源消费 EC 是国内生产总值（GDP）的 Granger 原因，我国能源消费的增加直接导致 GDP 的增加。但是，GDP 并不是能源消费 EC 的 Granger 原因。这说明在最近几年，国家能源政策的调整取得了重大成绩，能源利用效率在不断提高，经济增长对能源的依赖也在逐渐减小。

1980—2000 年，我国实现了 GDP 翻两番而能源消费仅翻一番的成就。这20年期间中国 GDP 年均增长率高达 9.7%；而相应的能源消费量年均仅增长 4.6%，远低于同期经济增长速度，能源消费弹性系数仅为 0.47。但是近年来，由于钢铁、水泥、电解铝等高耗能行业迅速扩张，2002 年，我国能源消费弹性系数提高至 0.660，2003 年和 2004 年，能源消费弹性系数进一步上升，分别为 1.528 和 1.598。2005 年我国提出：到 2020 年，力争能源消费翻一番甚至更低的水平，实现国内生产总值比 2000 年翻两番的目标。因此，应加强节能措施，提高能源利用效率，把能源消费弹性系数控制在 0.5 以下。

2.1.1.6　能源的转换

能源转换应该说仅指能量形式的转化，如热能转化为机械能、机械能转化为电能、电能又转化为热能、机械能等。也就是说能源在一定条件下能够转换成人们所需要的各种形式的能量。例如，煤炭加热到一定的温度，就和空气中的氧气化合而燃烧，放出大量的热量。人们可以直接利用热来取暖，也可用热来生产蒸气，用蒸气推动蒸汽机转变为机械能或推动汽轮发电机转变成电能；电能又可通过电动机、电灯或电灶等转换为机械能、光或热量。又如太阳能，当阳光照射到集热器中，使水加热可供取暖或供应热水，也可产生蒸气发电；太阳能还可以直接通过光电池转换为电能。再如流水推动水轮机可产生机械能，也可以通过水轮发电机转换为电能；石油制品汽油、柴油，在内燃机中燃烧转换为机械能，可驱动汽车和拖拉机；风力吹动风力发动机，在农村可以拖动水泵抽水，也可以带动发电机发出电力。图 2.1 示出了各种主要能源的常规转换方式。

目前实际用量最大的 3 种能量形式——热能、机械能、电能，都是可以通过一定的设

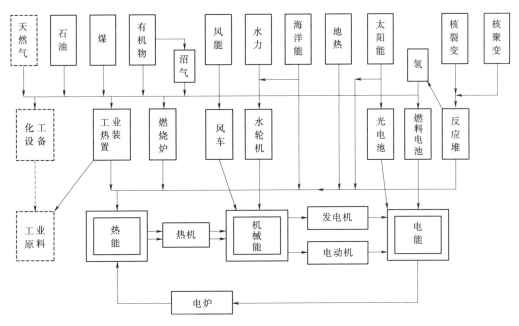

图 2.1　能源的常规转换方式

备，如热机等相互转化的。因为大多数一次能源都先经过热的形式，或直接使用或通过热机转化为机械能和电能使用。因而在能量转换系统中，各种炉子和热机是中心部分。炉子主要是锅炉、工业窑炉，热机主要是蒸汽机、汽轮机、内燃机等。

在上述 3 种能量形式中，电能是最理想的使用形式。电不仅比较容易通过电动机或电炉等再转化为机械能和热能，而且输送方便，污染小。但由于在大多数情况下，将能源转换为电能需要经过热能这样一个早间阶段，在转换过程中，能源损耗较大。例如，通过中间的热能阶段把矿物燃料转换为电能，其总效率只有50%。因而若将能源直接转换为电能的话，将大大提高能源的利用率。

石油和天然气由于它们易于处理，两种燃料所含的污染性杂质较少，而且排除这些污染杂质的方法也相对简单，因此这两种燃料得到了日益广泛的应用。但是这两种燃料的储量在日益减少，终会使用殆尽。鉴于石油这样的液态燃料和天然气这样的气态燃料所具有的优越性，人们企图将煤、油页岩和沥青砂转变为液态或气态燃料的兴趣越来越大。为此，这些新的能源转换方式将会使人类获得更多的可用能。

能源转换的几种形式及其效率见表 2.11。

表 2.11　　　　　　　　　　　　　能源转换的几种形式及其效率

能源转换 全过程	转换 阶段	（能源转换） 输入能源形式	（能源转换） 输出能源形式	目前达到的 最佳效率/%	可能达到的 最高效率/%
应用矿物燃料发电	1	煤或油的化学能	所产生蒸汽的热能	85～95	100
	2	蒸汽热能	转动透平的机械能	40～48	63
	3	转动透平的机械能	电能	95～98	100
	总体	煤或油的化学能	电能	32～42	63

能源转换 全过程	转换 阶段	（能源转换） 输入能源形式	（能源转换） 输出能源形式	目前达到的 最佳效率/%	可能达到的 最高效率/%
水力发电	1	水落差产生机械能	转动透平的机械能	85～90	100
	2	转动透平的机械能	电能	95～98	100
用矿物或化学燃料 以燃料电池产生电能	1	燃料的化学能	电能	50	80～100
光电池（光生伏打） 发电	1	太阳光辐射能	电	20	93
太阳能加热	1	太阳光辐射能	约 100℃ 的热能	30～60	100
电阻加热	1	电	任何温度的热能	100	100
气体加热	1	气体的化学能	直到约 100℃ 的热能	80～85	100
燃料经由内燃机产 生机械能（如汽车）	1	燃料的化学能	燃烧气体的热能	95	100
	2	燃烧气体的热能	发动机转动部分的机械能	32～44	75～85
光合成	1	太阳光辐射能	植物组织内的化学能	2～3	95

2.1.2　能源利用效率

能源是国民经济的命脉，能源与人民生活和人类的生存环境休戚相关，在社会可持续发展中起着举足轻重的作用。随着经济的快速发展和人民生活水平的不断提高，对能源的需求量也迅速增加，经济发展面临的能源约束矛盾和能源环境问题将更加突出。然而，当前我国能源利用效率低、能源消费结构不合理、可再生能源开发利用比例低、能源安全利用水平不高、能源使用所带来的环境污染等问题，严重制约了我国未来经济社会可持续发展的空间。

为了解决能源利用中存在的问题，实现能源和环境的可持续发展，国家制定了一系列能源战略和政策，而这些政策的制定，需要对我国能源利用现状有一个明确的认识。因此，开展能源利用效率的研究及综合评估显得尤为重要。

传统意义上的能源效率研究及评估只是就能源论能源，是单一的能源利用效率评价系统，忽视了能源—经济—环境之间的内在联系。因此，科学的能源利用效率的评价系统应将经济和环境作为评价因子纳入。

1. 能源利用效率评价指标

目前国内比较常用的能源利用效率评价指标主要有以下几个。

（1）能源系统评价指标。

1）单位 GDP 能耗。相关概念及统计数据见本书 2.1.1 节。

2）能源结构指标。主要是指一定时期内，一个国家或地区煤炭、石油、天然气、电力等消耗量占一次能源消耗量的比重。另外与该类指标相类似的有"能源结构比例"，是指一定时期内消耗的煤炭、石油、天然气、核能、水电之间的比例。

一个国家或地区的能源消费水平及其结构特点也是衡量经济社会发展水平的一个重要标志。

2002 年，世界一次能源消费构成中煤炭、原油、天然气、核能、水电之比为 25.5：37.5：24.3：6.5：6.3，而我国一次能源消费构成中煤炭、原油、天然气、核能、水电之比为 66.5：24.6：2.7：0.6：5.6。

我国以煤为主的能源结构，不仅是能源利用效率低下，经济效益差的重要因素之一，而且也是造成我国环境污染的主要原因。因此，我国提高能源利用效率要致力于改善能源结构，注重能源结构的调整和优化，优先发展水电、加快发展核电、积极发展新能源和可再生能源。

3）能源消费弹性系数。相关概念及统计数据见 2.1.1 节。

4）能源效率。目前，国际上用于比较分析的能源效率是能源生产、中间环节的效率与终端使用效率的乘积，这一方法是进行国际能源效率比较可比性较强又比较准确的方法。1980—2000 年，我国包括能源加工、转换、储运和终端利用各个环节在内的能源效率由 26% 提高到 33%，但仍比世界先进水平低 10 个百分点左右。

能源效率也是反映我国节能潜力的重要指标。我国能源效率与国外的差距表明，节能潜力巨大。根据有关单位研究，按单位产品能耗和终端用能设备能耗与国际先进水平比较，目前我国的节能潜力约为 3 亿 tce。国家发展改革委编制的《节能中长期专项规划》提出：2003—2010 年年均节能率为 2.2%，形成的节能能力为 4 亿 tce；2003—2020 年年均节能率为 3%，形成的节能能力为 14 亿 tce。为了实现该目标，我国的能源效率必须大幅提高，到 2020 年达到或接近国际先进水平。

5）能源安全度。国家能源安全度 i＝能源供给量/能源需求量。若 $i \geqslant 1$，说明能源供给是安全的；若 $i < 1$，说明能源供给不安全，应采取相应的对策，如增加投资、扩大生产能力、开发替代能源产品、发展新能源、控制进出口和节能等，确保能源的安全供应。

近年来，我国能源供给相对紧张，能源安全问题已经成为国家安全的重要问题。2002 年，我国能源安全度为 0.974，能源供给偏紧张。石油安全更是关乎中国能源安全的核心问题。我国从 1983 年开始使用进口石油，当年进口量为 905 万 t，1994 年转变为净进口国，进口量逐年增加，2001 年原油产量 1.65 亿 t，进口 6490 万 t，占消费量的 30%。根据有关专家预测，到 2010 年和 2020 年中国石油产需缺口将分别达到 1.55 亿～1.87 亿 t 和 2.4 亿～2.95 亿 t，石油供应对外依存度分别为 46.3%～52.3% 和 55.8%～62.1%。

（2）经济系统评价指标。

1）能耗减量化指标。

a. 单位工业增加值能耗。单位工业增加值能耗指一定时期内，一个国家或地区每生产一个单位的工业增加值所消耗的能源，是工业能源消费量与工业增加值之比。

b. 第三产业单位增加值能耗。第三产业单位增加值能耗指一定时期内，一个国家或地区每生产一个单位的第三产业增加值所消耗的能源，是第三产业能源消费量与第三产业增加值之比。

2）产业结构指标。

a. 第二产业占 GDP 比重。第二产业占 GDP 比重指一定时期内，一个国家或地区第二产业增加值与同期内该国家或地区生产总值之比。

b. 第三产业占 GDP 比重。第三产业占 GDP 比重指一定时期内，一个国家或地区第三产业增加值与同期内该国家或地区生产总值之比。

产业结构对能源消耗有很大影响，从 2002 年开始，我国的单位 GDP 能耗又出现了上升趋势，其主要原因是高耗能行业发展过快，第二产业所占比重过大。2004 年，中国的国民生产总值达到了 136515 亿元，GDP 增长率为 9.5%，中国的经济总量正呈现出急剧增长的趋势。但是，在全部 GDP 中，中国第一产业、第二产业和第三产业的比例是 15：52：33。低耗能的第三产业（产值能耗为第二产业产值能耗的 43%）所占比重仅为 33%，与发达国家产业结构比例 2：34：64 相比，存在相当大的差距。产业结构不合理是导致我国能源利用效率低的主要原因之一。近年来，第二产业占 GDP 比重为 50% 左右，所消耗的能源却达到 70% 左右，其中高能耗产业比例惊人，如冶金、化工、电力、有色、建材等5 个高耗能行业，占到工业用电量的 60% 以上。2003 年钢铁产量超过 2.22 亿 t，水泥产量达到 8.62 亿 t，中国是世界上钢铁铜的头号消费大国。

由以上数据分析表明，如果不改变产业结构，我国的能源利用效率将很难有所提高，由此引发的社会经济问题也会日趋严峻。

（3）环境系统评价指标。

1）污染物减量化指标。

a. 单位工业增加值废气排放量。单位工业增加值废气排放量指一定时期内，一个国家或地区每生产一单位的工业增加值所排放的工业废气，是工业废气排放量与工业增加值之比。

b. 工业二氧化硫去除率。工业二氧化硫去除率指一定时期内，一个国家或地区工业二氧化硫去除量与同期内该国家或地区工业二氧化硫排放量和去除量的和之比。

c. 工业烟尘去除率。工业烟尘去除率指一定时期内，一个国家或地区工业烟尘去除量与同期内该国家或地区工业烟尘排放量和去除量的和之比。

2）污染物排放强度。污染物排放强度是指一定时期内，一个国家或地区的污染物排放量与生产总值之比。本指标选取二氧化硫和烟尘作为评价因子，是由于二氧化硫和烟尘主要来源于燃料（如煤和石油）的燃烧，据统计，2000 年燃煤排放的二氧化硫和烟尘分别占全国总排放量（1995 万 t 和 1165 万 t）的 90% 和 70% 左右。因此，二氧化硫和烟尘排放强度是反映能源利用对环境污染程度的重要指标。本指标尚未选取氮氧化物因子作为评价指标，是因为目前我国对氮氧化物的研究还不够深入，也没有对氮氧化物排放量进行统计，今后，随着对氮氧化物研究的进一步深入，也将纳入指标体系。

随着我国环境保护力度的加大，近年来二氧化硫和烟尘排放强度呈逐年降低的趋势。2002 年，二氧化硫和烟尘排放强度分别为 18.3kg/万元和 9.6kg/万元，与 1999 年相比，分别降低了 19% 和 31.9%。但是由于高耗能行业的无序发展，2003 年以来，我国大部分地区出现电力严重短缺的现象，于是各地纷纷上马火电项目，致使燃煤燃油消耗量大量增加，二氧化硫排放强度又出现反弹现象，2003 年上升为 18.4kg/万元。

3）废弃物再利用指标。工业固体废弃物综合利用率指一定时期内，一个国家或地区工业固体废物综合利用量与同期内该国家或地区工业固体废物产生量之比。

2. 能源利用效率的综合评估系统

能源—经济—环境组成的能源利用效率综合评估系统中，能源系统的能源利用效率起着基础性和决定性的作用。只有能源结构得到优化，能源的加工转化率得到提高，能源资源本身才能真正得到有效利用。

但是如果仅局限于此，就是单纯地就能源论能源，忽视了能源在整个社会经济中的地位和作用，也忽视了能源利用对环境造成的影响。因此，我们还需要考虑经济系统和环境系统的能源利用效率。

经济系统的能源利用效率反映了能源作为一种生产要素，参与经济活动过程中的配置效率。这种配置效率不仅与各个产业的特征相关，即不同产业的增加值能耗不尽相同，而且还与产业结构相关，即不同的产业结构组合得到的总体能源利用效率也不尽相同。该系统跳出了能源单纯作为物理要素的范围，反映的是整个经济发展过程中能源的整体利用程度，与社会生产活动密切相关，进一步扩大了能源利用效率的评价范围。

能源的利用一方面推动了经济的发展，另一方面也造成了对环境的影响。因此，环境系统的能源效率从能源的环境效应角度出发考察了能源利用的结果，从而更加突出了能源—经济—环境系统的整体性。

可见，要想提高我国综合能源利用效率，就必须从能源、经济和环境等方面综合考虑，在重视优化能耗结构和创新能源利用技术的同时，还要十分重视产业结构的调整，重视经济结构对能源利用的影响，同时节能减排，减少能源利用对环境的负面影响，真正实现能源、经济、环境整体的可持续发展。

2.1.3 能源与污染

能源是人类赖以生存和发展最重要的一种资源，是一国经济社会发展和人民生活改善的重要物质基础，开发和利用能源资源始终贯穿于社会文明发展的整个过程。随着大规模工业化进程的开展，世界能源工业得到了迅速发展。特别是世界经济进入全新发展时代，能源工业无论从数量还是质量上都取得了空前的快速进步。然而，能源在其开采、输送、加工、转换、利用和消费的整个生命周期中，都直接或间接地改变着地球上的物质平衡和能量平衡，必然对生态系统产生各种影响，成为环境污染的主要根源，引起局部的、区域性的、乃至全球性的环境问题。

能源对环境的污染是指人类直接或间接地向环境排放超过其自净能力的物质或能量，从而使环境的质量降低，对人类的生存与发展、生态系统和财产造成不利影响的现象。能源污染可归纳为空气污染、水污染、热污染及放射性污染等。

1. 空气污染

能源对环境污染最严重的是对空气的污染。由于化石燃料的大量消耗，全世界每年向大气排放各种污染物，如粉尘、二氧化硫、一氧化碳、氮氧化物、碳氢化合物、铅等。

上述各种污染物造成的危害有"酸雨""温室效应""城市热岛效应""臭氧层破坏""光化学烟雾"大气中粉尘及一氧化碳含量增加等。

煤燃烧后产生的气体（SO_x、NO_x、CO_x）及烟尘排放到空气中造成空气污染，其中的 SO_x 及 NO_x 在云层中溶于水滴形成酸雨，落到地面使土壤及水源酸化，破坏水中及陆地上生态环境，影响人类及动植物生存与其他气体吸收红外线并反辐射到大气层中产生温室效应。

空气污染对人类特别是其呼吸器官产生极有害的影响，使人感到不舒适、生病甚至死亡。空气污染及酸雨对植物损害使农作物产量大减，包括直接影响及间接影响如土壤酸化。酸雨也使河、湖水源污染，如果水的 pH 值低到一定数值以下，将使水生动植物特别是渔业生产的产量大减。

汽车发动机的排气是城市空气污染的主要来源，而且其排放高度处于人的呼吸带对人类健康危害极大。排放物主要有 CO、CO_x、SO_x、NO_x、HC、甲醛和微粒等。某些化学活性较强的 HC 与 NO_x 在太阳光照射下，会引起光化学作用而形成光化学烟雾，这种烟雾刺激眼睛和咽喉。微粒吸入肺部后会引起气管炎、肺炎、心脏病等疾病，微粒中还有致癌物质。排气中的铝对中枢神经起破坏作用，对儿童危害尤大。

空气污染影响房屋建筑，硫酸能腐蚀金属结构、电器及砖石，硝酸腐蚀涂料使油漆消失。大气污染降低能见度，影响交通及运输安全。CO_x 在大气中聚集产生温室效应，若排放量按照现有速度增长，到 2030 年全球大气温度将至少升高 3℃，甚至可能达到 6℃，造成气候变化、海平面升高及巨浪狂风等，并由此造成更多更大的经济财产等损失。

2. 水污染

水是地球上最丰富的物质，也是重要用处最多的物质之一，它是生命组织不可缺少的成分，农业、工业和人类文明的分布也与它密切相关。

确定水污染源比确定空气污染源，通常要困难得多。水污染源可能来自地下管道、排出的废水、污水系统的地下渗漏，或者还可能来自雨水冲洗下来的空气污染物。而且，一旦污染物进入水体，它们常常和水本身，或与存在于水中的其他污染物中的某一种发生化学反应。

因为水有那么多的作用，所以我们对水污染物所下的定义，只与水的某种特定的应用有关。当水不适合作某种待定用途的时候，我们就定义它被污染了，如被定义为受污染的饮用水，只是不适合饮用完全可以用做灌溉用水或发电厂的冷却水。

油田勘探开采过程中的井喷事故、采油废水、钻井废水、洗井废水、处理人工注水产生的污水的排放；炼油废水排放；海上石油的大规模开采、储藏和运输，造成了海水的严重污染。

据有关资料统计，目前约有占全球地表水径流总量 14％以上的水体遭到严重污染，而世界上约有 20 亿人的饮用水得不到保证。因此，人类面临的水污染问题是十分严重的，发展控制水污染的技术迫在眉睫。

3. 热污染

热污染是指由于人类的活动给环境增加的热量。热污染会破坏自然水域的生态平衡。火电厂和核电站是热污染的主要来源。例如，火电厂煤中所含能量的 60％左右是以热的形式释放到电厂附近的环境中去的，其中 10％～15％排入大气，而另外的 45％～50％则通过冷却水排入水体。而核电站能量中除 35％左右转换为电能外，所有其余的 65％左右都将进入冷却水中。

因此，能源的利用必然会带来大气和水体的热污染。提高电厂和一切用热设备的热效率，不仅能量有效利用率提高，而且由于排热量减少，对环境的热污染也可随之减轻。

目前消除热污染的方法主要是利用大气和海洋来进行稀释热量，对于大规模的热污染问题，唯一的解决办法是限制储存性能源利用的过分增长。

4. 放射性污染

放射性是指不稳定原子核自发放出 α、β、γ 射线的现象。天然存在的放射性同位素能自发放出射线的特性，称为"天然放射性"；而通过核反应，由人工制造出来的放射性同位素的放射性，称为"人工放射性"。放射性在工业、农业和医疗各方面的应用，具有极重要的价值和很广泛的用途，但人类或其他生物受到过量的放射性物质辐射后，可能会引起各种放射病甚至死亡，必须加以保护。

过量辐射对于人体可能引起 3 类损伤：急性身体损伤、延迟性躯体损伤和遗传损伤。

核能的潜在危险极大，在开发利用过程中，核能对环境的污染主要来自两个阶段：核燃料生产和辐射后燃料的处理。由于人类无论何时何地都处于各种来源的天然放射性辐射之中，通常燃料生产过程的放射性污染较轻，一般不构成严重危害。但它毕竟对人体有害，故仍须予以充分注意。

目前核能利用的主要形式是裂变能。核燃料的基本原料是铀，铀的生产过程包括地质勘探、铀矿开采、选矿、水冶加工，最后精制得到浓缩铀。在核燃料生产中，铀矿山和铀水冶厂是主要污染源。从这里排出的废物，虽然放射性水平低，但排放量大，分布广。铀矿山产生的放射性废物有废水、废气、固体废物。铀矿山废水不仅含有氡、铀及其衰变子体，而且有其他共生的有害化学物质。水冶厂的废物性质随矿石成分、水冶流程、使用的化学药剂不同而变化，对环境的影响程度也随之不同。水冶厂的液体废物主要有贫铀溶液，其中放射性物质最危险的是镭。废水中还含有其他化学物质，如硫酸根、硝酸根、有机溶剂等。酸废水排入河流造成的危害往往比放射性物质更严重。

值得注意的是，人们最常关注的核能对环境的影响实际上是核事故问题。1986 年 4 月 26 日发生的切尔诺贝利核事故，是核电发展史上一次惨重的灾难，对电站工作人员、事故抢救人员以及周围居民和环境造成严重损害。近年来很多国家都发展了新一代更加安全的核电站。当然，不论怎样，核电站的安全运行都是必须重点关注的问题。

2.2 节能的内涵及必要性

2.2.1 节能的内涵

简单地说，节能就是节约能源。就狭义而言，节能就是节约石油、天然气、电力、煤炭等能源；而更为广义的节能是节约一切需要消耗能量才能获得的物质，如自来水、粮食、布料等。但是节约能源并不是不用能源，而是善用能源，巧用能源，充分提高能源的使用效率，在维持目前的工作状态、生活状态、环境状态的前提下，减少能量的使用。1998 年开始实施的《中华人民共和国节约能源法》第三条对节能的定义如下："节能是指加强用能管理，采取技术上可行、经济上合理以及环境和社会可以承受的措施，减少从能源生产到消费各个环节中的损失和浪费，更加有效、合理地利用能源。"

分析《中华人民共和国节约能源法》中对节能的定义，我们可以发现该法从管理、技术、经济、环境和社会 4 个层面对节能工作给出了全面的定义。

首先是从管理层面指出节能工作必须从管理抓起，加强用能管理，向管理要能源。国家通过制定节能法律、政策和标准体系，实施必要的管理行为和节能措施；用能单位注重提高节能管理水平，运用现代化的管理方法，减少能源利用过程中的各项损失和浪费；杜绝在各行各业中存在的能源管理无制度、能源使用无计量、能源消耗无定额、能源节约奖励制度不落实的现象，从管理环节抓好节能工作。

其次是从技术的层面指出节能工作必须是技术上可行，也就是说节能工作必须符合现代科学原理和先进工艺制造水平，它是实现节能的前提。任何节能措施，如果在技术上不可行，它不仅不具有节能效果，甚至还会造成能源的浪费、环境的污染、经济的损失，严重的还可能造成安全事故等。

再次是从经济的层面指出节能工作必须是经济上合理。任何一项节能工作必须经过技术经济论证，只有那些投入和产出比例合理，有明显经济效益项目才可以进行实施。否则，尽管有些节能项目具有明显的节能效果，但是没有经济效益，也就是节能不节钱，甚至是节能费钱就没有实施的必要。

最后是从环境保护和可持续发展的角度指出任何节能措施必须是符合环境保护的要求、安全实用、操作方便、价格合理、质量可靠并符合人们生活习惯的，如果某项节能措施不符合环保以及安全、质量等方面要求，或者不符合人们的生活习惯，那么，即使经济上合理，也不能作为法律意义上的节能措施加以推广。夏时制是一项非常有效的节能措施，实行夏时制可以充分利用太阳光照，节约照明用电，现在好多国家特别是西方发达国家都在实行。而在我国实施一段时间后，就停了下来，没有推开。主要原因是我国横跨许多时区，如果全国统一，会对某些地区的人们生活带来不便；如果全国不统一，那对人们坐飞机、火车等出行带来十分的不便，夏时制所带来的节能效果将被这些无效的工作所消耗，综合的社会效果，很可能是不节能，甚至是浪费能量，这也是最后在我国停止实施夏时制的原因之一。

各行各业对节能的定义也有不同的阐述，如由化学工业出版社出版的《化工节能技术手册》中，对化工企业节约能源的定义是：在满足相同需求或达到相同生产条件下使能源消耗减少（即节能），能源消耗的减少量即为节能量。在这个定义中，必须注意到在化学工业节能中必须满足两个前提条件中的一个，否则就不是节能。例如，在某工艺中每小时需要 1.0MPa 的水蒸气 1t，如果你通过减少水蒸气的流量或减少压力从而使消耗的能量减少，就认为是节能了，这就错了，因为它没有满足相同的需求。

自从 20 世纪 70 年代发生世界全球性的石油危机以来的 30 多年来，建筑节能的含义经历了 3 个不同的阶段：第一阶段是建筑中节约能源（energy saving in building），也就是在房屋的建造过程中节约能源；第二阶段是建筑中保持能源（energy conservation in building），也就是在建筑中减少能源的散失；第三阶段是建筑中提高能源利用率（energy efficiency in building）。就一般而言，建筑节能是指在建筑材料生产、房屋建筑施工及使用过程中，合理地使用、有效地利用能源，以便在满足同等需要及达到相同目的的条件下，尽可能降低能耗，以达到提高建筑舒适性和节省能源的目标。建筑物的节能是一项综合性的措施。

就水电工程而言，其利用水能发电，本身就具有节能的特点；加之大多数工程规模巨大、建设用能品种多、技术复杂、生命周期长、环境敏感性强等，也赋予了节能更多的内涵。在规划设计阶段，水电工程节能是根据电力系统对供电质量的要求，研究具有较好调节性能的梯级开发方案，以提高水能开发利用程度；同时在规划坝址、水工建筑物设计方案比选、设备及材料选取以及工程建设时的施工工艺、设备配套选择等充分考虑节能、节地、节约资源等要求。总之，在建设及运行阶段，水电工程节能在保证质量、安全等基本要求的前提下，通过科学管理和技术进步，最大限度地节约资源与减少对环境的负面影响，实现"四节一环保"（节能、节地、节水、节材和环境保护）的绿色施工理念。

节能工作必须从能源生产、加工、转换、输送、储存、供应，一直到终端使用等所有的环节加以重视，对能源的使用做到综合评价、合理布局、按质用能、综合利用、梯级用能，在符合环保要求并具有经济效益的前提下高效利用好能源。

2.2.2 节能的必要性及意义

人类目前正在大规模使用的石油、天然气、煤炭等矿石资源是非再生能源，就目前已探明的储量而言，势必有枯竭之日。据《BP 世界能源统计（2006 版）》资料介绍，以目前探明储量计算，全世界石油还可以开采 40.6 年，天然气还可以开采 65.1 年，煤炭还可以开采 155 年。即使以最乐观的态度，再过 200 年，地球上可开采的矿石资源将消耗殆尽，到时人类如何面对，将是一个关乎全人类生存的严峻问题。可再生能源主要是自然界中一些周而复始的自然现象而获取的能源，如水能、风能、潮汐能、太阳能等能源，但获取这些能源有些需要较大的初始投资，有些则存在供给不稳定及能密度不高的缺点。综上所述，人类如果无节制地滥用能源，不仅有限的不可再生能源将加速消耗，即使是可再生能源也无法满足人类对能源日益的增加，将给人类带来毁灭性灾难。正如美国科学家麦克科迈克所说："如果不及早采取'开源节流'的有效措施，总有一天，能量的消耗将大于各种来源的能源总量，而这一天或迟或早都要来到，谁也不能例外。"因此从现在开始，节约能源，善用能源，提高能源利用率及单位能源产生的综合经济效益是目前在能源消耗过程中必须解决的现实问题。世界各国把节能视为一独立能源，称为第五大能源，前面的四大常规能源分别为煤炭、石油、天然气和水力。

我国是一个能源比较丰富的国家，能源生产总量居世界第二位，仅次于美国，如果单纯从总量上来说确实如此。如我们的煤炭储量、水利资源等确实位居世界前列，但考虑到我们庞大的人口基数，我国的人均能源储量远远低于世界平均水平。我国整体的能源使用效率相对于发达国家是严重偏低，只相当于节能水平最高国家的 50%左右，无论是我们的单位国民生产总值还是钢铁、化肥等单位产量所消耗的能量都大大高于发达国家的平均水平。面对人均能源储量偏低且单位产值能源消耗偏高的现实，节约能源不仅是一件十分迫切的任务，而且是一项大有作为的事业。据有关资料介绍，如果采取有效的节能措施，提高能量的有效利用率 10%，则通过节能得到的能源数量将达到目前世界上使用的水能、核能之和，如果能源有效利用率提高 20%左右，节约的能源数量将达到目前已知的世界上天然气储量。目前，我国的能源整体利用率约为 30%，节能的潜力非常巨大。如按中等发达国家的能源利用效率来计算，我国现在完全可以在能源消费零增长的条件下实现经济增长，逐步达到发达国家的经济发展水平，这是何等令人鼓舞的消息。

然而，现实情况是十分残酷的，要提高我国整体能源的利用率，达到或接近国际先进水平，仍需要我们付出艰巨的努力。能源危机迫近的信号正在我国时隐时现，华东、华南地区的电荒、全国局部范围内的油荒、气荒以及国际原油价格不断突破历史新高，给我们敲响了警钟。国际因能源问题引发的各种冲突日益增多，能源问题已不是一个国家的经济问题这么简单，它已是涉及国家安全的战略问题。更何况我国正处在由温饱型向小康型及富裕型社会转变的进程，人均的能源消耗量将不断增加，如果不节约能源，不采取节能措施，试想一下，如果我们仍保持目前较低的能源利用率，而人均能源消耗的水平达到发达国家的水平，到那时，我们的能源总需求量将是目前的 10 倍以上，这是一个较为可怕的数字。尽管我们可以开发新的能源以及通过进口来弥补能源缺口，这不仅需要消耗大量的外汇，也影响到国家的能源安全。因此，节约能源、提高能源利用率，不仅仅是经济问题，还是涉及国家战略安全的大问题。

节约能源、提高能源利用率，可在相同 GDP 的情况下，降低能源消耗的总量，减少二氧化碳的排放量，对保护地球环境、建立和谐社会也具有积极的社会意义。综上所述，节能工作是解决能源供需矛盾的重要途径，是从源头治理环境污染的有力措施，也是经济可持续发展的重要保证。

如前言中所述，我国正处于经济快速发展阶段，水电站在建工程数量及规模不断扩大，因此水电站工程建设及工程运行的能耗亦在持续增加。水电站开发系利用可再生能源的工程，但在建设过程中由于大量消耗了能源，以至于一定程度上减弱了节能作用。国家发展改革委在 2006 年下发的《关于加强固定资产投资项目节能评估和审查工作的通知》中强调，固定资产投资项目节能评估和审查工作是加强节能工作的重要组成部分，对合理利用能源、提高能源利用效率，从源头上杜绝能源的浪费，以及促进产业结构调整和产业升级具有重要意义；国家发展改革委审批、核准和报请国务院审批、核准的固定资产投资项目，可行性研究报告或项目申请报告必须包括节能分析篇（章）。水电水利规划设计总院随后在 2007 年下发了《水电工程可行性研究节能降耗分析篇章编制暂行规定》，规定中强调需合理开发利用水能资源，在工程建设和运行管理中节约能源。因此，水电工程的节能是十分必要的。

2.3　节能的层次及准则

2.3.1　节能的层次

通过前面对节能工作的定义及内容的介绍，可以对节能工作有一个大致的了解，但在具体的工作中，为了更好地展开节能工作，可将节能工作分成不同的层次，在不同的层次，节能工作的着重点各有不同。

如按照节能工作的简易程度，节能工作可分为以下 4 个层次。

（1）不使用能源这是一个最简单易行的节能工作，如不开车外出，不用空调。目前世界上和我国有些大城市设立的无车日就属于不使用能源来达到节能减排目的的这个层次的节能工作，但这个层次节能工作的实际效果不一定十分理想，还不是真正意义上的节能，对节能工作的宣传教育意义大于实际的节能效果，其主要目的还是引起人们对节能工作的重视，使人们认识到，如果没有能源将会给人们工作和生活带来的不便，从而更加自觉地节约能源。

（2）降低能源的使用质量这是一个比较可行的节能方法，如通过降低驾车的速度来减少汽油的消耗，当然这个速度的减少是相对于高速行驶而言，它通过行车时间的增加来换取能源消耗的减少，对于那些对时间要求不是十分紧迫的情况而言是可行的，但当时间价值大于所节约的能源价值时，该方法就显得不可行。另外像降低热水器温度、提高空调房间设定的温度在不影响基本生活质量的前提下，适当降低一点生活的舒服程度就可以带来一定的节能效果，这在某些情况下是值得推广的一种节能方法。

（3）通过技术手段提高能源使用效率这一层次的节能工作属于目前正在采用的真正意义上的节能工作，通过各种技术手段，在不改变生产、生活质量的前提下，减少能源的消耗。开发和推广应用先进高效的能源节约和替代技术、综合利用技术及新能源和可再生能源利用技术。加强管理，减少损失浪费，提高能源利用效率。例如，前面提及的驾车问题，在所用时间不变、甚至减小情况下，通过提高发动机的燃烧效率或改进汽车结构使能源的消耗减少。

（4）通过调整经济和社会结构提高能源利用效率这是一个最高层次的节能工作，主要通过调整产业结构、产品结构和社会的能源消费结构，淘汰落后技术和设备，加快发展以服务业为主要代表的第三产业和以信息技术为主要代表的高新技术产业，用高新技术和先进适用技术改造传统产业，促进产业结构优化和升级换代，提高产业的整体技术装备水平。但经济和社会结构的调整和转型必须结合各地的实际情况，选择合理的替换产业和社会能源消费模式，否则不顾各地的实际情况，全部都上马某一种认为是能源使用效率高、社会效益好的项目可能适得其反。对于这一层面的节能工作，目前已有许多文献阐述了它对节能工作的重要性及节能效果，但我们认为有一个问题需要引起大家注意。大家都调整了产业结构，原来的产业是否真的不需要了，如果还是需要，只不过将其从发达地区转移到了不发达地区，从城市转移到了乡村，那么从全社会的角度来看，能源使用效率不仅没有提高，甚至可能是降低了。所以，产业结构调整必须是全面系统地分析各地的实际情况，并结合技术手段的应用，在调整产业结构的同时，将原产业（如果全社会仍需要）转移至更加适合其发展的区域，并利用新的节能技术，提高该产业的能源使用效率。

节能的不同层次也可根据能源不同状态的转化关系划分为4个不同的层次，不同的层次涉及不同的设备及相应的节能方法和措施。以燃料能源的转换过程为例，它可以经历5种不同的状态到达终端使用，其间在4个不同的层次上可以展开节能工作，具体见表2.12。

表 2.12 　　　　　　　　　　　　　能源转换过程的不同状态

能源状态	质量（燃料）	热（蒸汽）	动　力	电	光或动力
转换过程	利用热量产生蒸汽	利用蒸汽产生动力	利用动力发电	利用电力发光或带动电机转动	
相关设备	锅炉	汽轮机	发电机	光源设备或电机	
主要节能手段			热电联产	节能灯及变频电机	

在能源的实际应用过程中，不一定要经历以上4个不同的转换阶段。有经历一个阶段就达到终端用户的，如工业使用的窑炉及日常使用的燃气热水器，利用燃料燃烧产生的热量直接使目标物体升温，这个目标物体可以是砖坯、钢锭、自来水等。这时节能的关键就是最大限度地将燃料燃烧产生的能量转移到目标物体上，提高燃料的燃烧效率。当能源最

终经历多个转换阶段到达终端用户时，就必须在每一个转换阶段注意节能工作，因为此时总的能源使用效率是每一个转换阶段能源使用效率的乘积，只要其中一个转换环节出了问题，就会影响整体的能源使用效率。

2.3.2　节能的准则

准则就是标准和原则，目前世界和我国均出台了不少节能的标准，如 1997 年全国人民代表大会（以下简称全国人大）通过，1998 年实施的《中华人民共和国节约能源法》；2005 年全国人大通过，2006 年 1 月 1 日实施《中华人民共和国可再生能源法》；国家经济贸易委员会 1999 年 3 月 10 日公布并实施的《重点用能单位节能管理办法》；国家经济贸易委员会、国家发展计划委员会 2001 年 1 月 8 日公布并实施的《节约用电管理办法》；国家发展计划委员会、国家经济贸易委员会、建设部、国家环境保护总局 2000 年 8 月 25 日公布并实施的《关于发展热电联产的规定》。

除了国家层面上的法律规定之外，还有各种层面的有关节能的标准，主要有《公共建筑节能设计标准》（GB 50189—2005）、《民用建筑节能设计标准》（JGJ 26—1995）、《汽车节油技术评定方法》（GB/T 14951—1994）、《汽车节熊产品使用技术条件》（JT/T 306—1997）、《节能产品评价导则》（GB/T 15320—2001）。

2007 年国务院发分布了《民用建筑节能条例（草案）》，该草案共分 6 章，包括总则、新建建筑节能、既有建筑节能、建筑用能系统运行节能、法律责任和附则。对于民用建筑节能的概念、意义、具体做法和操作准则都进行了相关规定。草案明确定义所谓民用建筑节能，即指在保证居住建筑、国家机关办公建筑和其他公共建筑使用功能和室内热环境质量的前提下，降低民用建筑使用过程中能源消耗的活动。

为减少能源消耗，欧盟在 2006 年重新制定并实施新的终端能源效率和能源服务准则，并要求各成员国根据新的准则，在 2007 年 6 月 30 日前制定出相应的行动计划，以实现欧盟到 2016 年，每年的能源消耗减少 9％的目标，共有 9 个欧盟国家参与了新的节能准则的制定。参与欧盟新节能准则制定的德国乌伯塔尔研究所能源和气候政策组负责人斯蒂芬·托马斯认为，欧盟将节能放在最优先的地位，因为它是应对能源价格不断攀升最经济、最有效的手段，同时通过创新技术的应用，将保障能源安全和创造新的就业。交通领域的燃料消耗也有很大的节能空间，乌伯塔尔研究所建议在汽车上也引入能源消耗等级标识，新型汽车必须达到欧盟平均燃料消耗标准；对燃料、轮胎和驾驶方式也提出新的要求，以达到节约驾驶，另外还需集中投资铁路和其他有轨交通建设，进一步实施能源税收改革。

日本是世界上最典型的"资源小国、经济大国"。不仅能源的 80％需要进口，且煤炭、铁矿石及有色金属等多种原材料都需要进口。1973 年第一次石油危机后，日本将重要的能源和工业资源的石油战略放到首位，制定了《节能法》，实施节能制度，推广节能设备，加快节能技术研发，并先后颁布了《企业节能准则》《汽车燃料标准》《建筑节能准则》以及《居民房屋节能准则》等，从工业、交通运输到商民两用设施，全面展开节约资源运动，将节约意识渗透到国民心中。

从技术层面来看，节能工作应该遵循的基本原则为：①最大限度地回收和利用排放的能量；②能源转换效率最大化；③能源转换过程最小化；④能源处理对象最小化。

以上 4 个基本原则对节能工作具有指导意义。例如，最大限度地回收和利用排放的能量原则，提示梯级利用能源，尽可能减少排放到环境中去的能量。能源转换效率最大化原则提示每一次能源状态的转换尽可能采用目前最先进的技术，提高能源转换效率。能源转换过程最小化提示在利用能源的时候，如果可以直接利用，尽量减少能量的转换次数。例如，需要利用热量加热物体时，尽量利用燃料直接燃烧获取热量，避免利用经过燃料二次转换得到的电力。能源处理对象最小化原则要求对处理的对象在进行能源处理前尽量减量，如建筑大楼的中央空调系统，应做到根据房间有无人员及人员的多少开启该房间的空调，而不是整栋大楼要么开启，要么关闭。目前中央空调或集中供暖系统采用智能控制自动对需要制冷或供暖的对象进行处理，以达到能源处理对象最小化从而达到节能的工作正在引起人们的广泛兴趣。

2.4　节能的方法及措施

2.4.1　节能的方法和措施划分

在工业、交通、建筑、人民日常生活中，需要因地制宜地采用适合各自应用领域的节能措施。如在建筑领域大量利用节能材料，合理安排照明系统及空调系统。

节能的方法和措施在不同层面和不同角度有不同的划分方法。如果从能源转换及回收利用的角度来看，节能工作的方法可分为：①燃料燃烧的合理化；②加热、冷却和传热的合理化；③防止辐射、传热等因素的热损失；④废热回收利用；⑤热能向动力转换的合理化；⑥防止电阻等造成的电力损失；⑦电力向动力和热转换的合理化。

以上7个方面涉及工业、建筑、交通等主要节能领域，如燃料燃烧的合理化方法既涉及工业领域的锅炉燃料燃烧也涉及交通领域的汽车发动机燃料燃烧，而防止电阻等造成的电力损失是电力部门在大电力输送以及在建筑物内电力输送时均应该注意的节能方法。

如果从节能工作的深浅程度及广度，节能工作的方法和措施可以分为：①管理节能方法；②技术节能方法；③产业结构调整节能方法；④需求侧节能管理方法；⑤合同管理节能方法。

2.4.2　节能的潜力与节能途径

我国是一个能源比较丰富的国家，能源生产总量居世界第二位，仅次于美国。我们的煤炭储量、水力资源等确实位居世界前列，但我们是一个有着13亿人口的大国，我国的人均能源储量远远低于世界平均水平且单位产值能耗偏高，另外我国整体的能源使用效率相对于发达国家也是严重偏低的，我国的能源整体利用率约为30％，只相当于节能水平最高国家的50％，与发达国家相比，我们的能源是严重浪费了。因此，我国的节能潜力非常大。

我国能源利用率不高的原因，主要有：①设备落后，技术陈旧；②管理水平较低；③结构不合理。

针对能源浪费的原因，节能途径可分为"技术途径""管理途径""结构途径"等。

1. 技术途径

技术途径主要有以下几方面。

（1）改造落后的耗能设备。能量的转换和使用，都是通过设备来实现的，因而能量的有效利用水平，很大程度上取决于能源流程中每个生产环节所使用的设备的性能与质量。改造落后设备，制造高效节能设备，合理使用耗能设备，是节能技术途径的主要方面。

我国的设备技术装备较落后，许多设备能耗高效率低，急待更新改造。尤其是工业锅炉、工业窑炉、中低压发电机组、电动机、水泵、风机、空压机、工业电炉、电焊机及交通工具等用量大、涉及面广的主要耗能设备，更要抓紧更新改造。近年来，我国在工业锅炉大型化、火电机组近代化、工业炉窑高效化等投入了较大的技术力量，迈出了可喜的一步，取得了大量的科技成果。

除对落后的耗能设备进行改造外，合理使用耗能设备，也是节能的一个重要方面。即使设备设计得很先进、效率很高，但如果安排不好，运用不当，也要多耗能源，而在我国设备较落后的情况下，影响更大。

（2）改革落后工艺。连续生产流程中出现的冷冷热热、干干湿湿的现象，会造成能源的浪费。如果改进生产工艺，实行流水作业，避免"冷热病""干湿病"，减少中间环节的热损失，就可大大节约能源。

（3）改进操作。技术操作水平的高低也是影响能源消耗的一个因素。

（4）改善资源质量。煤炭产品质量的高低，直接影响到煤炭的消耗量和运输的节能，以及热能利用效率的提高和煤炭资源的充分利用。如采用洁净煤技术便是提高煤炭产品质量的有效方法。

（5）能量的回收利用。回收的能量有两种利用方式：一种是热利用，如通过燃烧、换热器、加热等设备去预热燃料、空气、物料，以及干燥物品、生产蒸气、供应热水等；另一种是动力利用，即把回收能量通过动力机械转换为机械能输出，对外作功，主要是通过蒸汽、燃气、水力透平等设备，带动水泵、风机、压缩机等直接对外作功，或带动发电机转换为电力，如余热发电。

（6）能量的分级利用。能源在工业部门除用于发电和少量作原煤外，绝大部分用于直接燃烧和生产蒸汽。合理有效地使用蒸汽，是企业节能的重要方面。

（7）加强绝热保温。工矿企业的用热数量大，加强用热设备的绝热保温，减少散失热量，是节能的有效措施，也是改善车间环境的重要措施。

绝热保温的具体措施很多，最常用的办法有适当加厚保温材料、增加绝热层数、选用高质量的绝热材料等。

2. 管理途径

管理途径主要有以下几方面。

（1）杜绝"跑、冒、滴、漏"。浪费往往从点滴开始，"跑、冒、滴、漏"不仅造成损失，而且污染严重。

（2）合理分配能源。能源使用不合理所带来的浪费，比起能源使用合理但未充分利用所带来的浪费更为严重，因而能源的合理利用是管理途径节能的一个重要问题。合理分配能源就是依据能源的品种、质量及生产工艺对能源的要求，来合理安排能源的使用。

（3）合理组织生产。生产组织不合理，造成生产环节不平衡是造成浪费的又一主要因素。例如，各工序之间的生产能力及其利用程度不平衡；供能与用能环节不协调；原料供应脱节，造成设备停机或空转等。

（4）减少物资积压。积压的原材料、半成品、超出实际需要的机器设备、厂房等都是能源的间接浪费，而且所占用物资的加工程度越深，生产这些物资所消耗的能源就越多，成品所含物化能源多于半成品，半成品所含物化能源又多于原材料。因而必须尽可能减少物质积压。

（5）合理安排运输。运输安排不当不仅直接浪费能源，而且还会影响生产与其他工作的进行，造成能源的间接浪费，合理安排运输是一项系统工程，包括时间问题、路线问题、效率问题、装运问题等。

3. 结构途径

结构途径主要有以下几方面。

（1）产业结构的调整。为科学地、明确地反映产业结构变化对能源消耗的影响，可把单位产值能源高于工业平均能耗的工业称为耗能型工业，把低于工业能耗的工业称为省能型工业。当两者的比例发生变化时，必然对能源消耗产生影响。因而就存在一个优化组合问题，使产业结构在满足各方面需要的前提下达到最佳状态。

（2）产品结构调整。不同的产品对能源需要量差别很大，无论重工业产品或是轻工业产品都是如此。从单位产值能耗的综合能耗看，不同产品之间的能耗可能相差好几倍，甚至几十倍。如果产品结构不合理，会导致产品的品种规格不对路，需求不平衡，造成积压浪费，这也就等于积压了生产这些产品的能源。所以应通过产品结构调整，使所包含在产品中的能源都能发挥其社会效益。

（3）企业组织结构、技术结构和地区结构的调整。在企业组织结构调整方面，需要加强生产的专业化和连续化。根据不同的情况，采取各种有效的联合形式，组织更多的专业化公司。

在技术结构调整方面，主要是要大力采用节能的新技术和新工艺，淘汰旧技术、旧工艺。

在地区结构的调整方面，主要是把部分耗能型工业的工厂转移到能源富裕的地区或矿产资源就近地区，以改革不合理的工业布局。这样，可将调剂下来的用于运输的能源投放到省能型工业中，同时减轻运输压力，节省了能源。

总之，我国所面临的能源状况是严峻的，现实也是残酷的，要提高我国的能源利用率，达到或接近国际先进水平，仍需我们付出艰苦的努力。

节约能源，提高能源利用率，可在相同的 GDP 的情况下，降低能源消耗总量，减少二氧化碳的排放量，对保护地球环境、建立和谐社会也具有积极的社会意义。因此，节能工作是解决能源供需矛盾的重要途径，是从源头治理环境的有力措施，是经济可持续发展的重要保证。

2.5 节能技术经济评价

2.5.1 节能技术评价的必要性

尽管目前有多种节能技术，但其中可能混杂着一些不理想的节能方案，甚至是一些不科学的节能方法，如所谓的水变油技术、永动机技术，经现代科学证明都是不可能实现的。而有些节能技术，就项目本身看确实有节能的效果，但如果为了达到该节能效果在其他方面所付出的代价远远大于节能所带来的效果，那么这些节能技术也没有实施的必要。甚至是目前我们正在实施的某些节能项目也有可能是节能不节钱、节能节钱不环保、短期节能效益长期环境污染或对潜在的危险无法评定。所以必须对节能技术进行全面的、综合的评价，方能在众多的节能方案中挑选技术上可行、经济上合理、环境污染最小化、社会效益最大化的节能方案。目前对节能技术的评价常用方法有能源使用效率评价、经济效益评价、生命周期评价。其中，能源效率评价着重评价能源转化利用过程中的技术因素方面，主要体现在能源的高效转化及充分利用上，如利用节能灯代替白炽灯用于照明，可大大提高能源的使用效率；同样具有涡轮增压的汽车发动机其能源使用效率比普通的汽车发动机高。但是节能技术评价不能光看技术上的节能指标，还要重视经济效益。同样对于节能灯节能技术，节能灯能节能这是毋庸置疑的，但在同样的照明亮度下，节能灯的经济效益如何需要进行评价。因为节能灯的价格远远高于普通白炽灯的价格，如果由于使用节能灯节能所带来经济效益无法抵消节能灯本身比普通白炽灯增加的购买费用，人们就不会使用这种节能技术，除非另有原因。所以针对目前家电、建筑、工业领域各种标榜节能的技术，人们必须保持清醒的头脑，需考虑各种节能技术所付出的代价和其节能所带来效益之间的关系，如果代价大于效益，说得多动听的节能技术就目前而言也没有实施的必要。除了对节能技术方案进行技术上、经济上评价外，随着环境污染的加剧，人们对环境重视程度的提高，从节能方案的全生命周期进行评价，力争节能方案对环境的各种影响至最低。

2.5.2　资金的时间价值

一个技术方案的经济效益，所消耗的人力、物力和自然资源，最后都是以价值形态，即资金的形式表现出来的。资金运动反映了物化劳动和活劳动的运动过程，而这个过程也是资金随时间运动的过程。因此，不仅要着眼于技术方案资金量的大小（资金收入和支出的多少），而且也要考虑资金发生的时间。资金是运动的价值，资金的价值是随时间变化而变化的，是时间的函数，随时间的推移而增值，其增值的这部分资金就是原有资金的时间价值。其实质是资金作为生产经营要素，在扩大再生产及其资金流通过程中，资金随时间周转使用的结果。

资金的时间价值是客观存在的，生产经营的一项基本原则就是充分利用资金的时间价值并最大限度地获得其时间价值，这就要加速资金周转，早期回收资金，并不断从事利润较高的投资活动；任何资金的闲置，都是损失资金的时间价值。但货币具有时间价值并不意味着货币本身能够增值，而是因为货币代表着一定量的物化劳动，并在生产和流通中与劳动相结合，才产生增值。只有作为社会生产资金（或资本）参与再生产过程，才会带来利润，得到增值。因此，货币时间价值也称资金时间价值。

资金时间价值是以利息、利润和收益的形式来反映的，通常以利息和利息率两个指标表示。

2.5.3　资金等值计算

资金有时间价值，即使金额相同，因其发生的时间不同，其价值就不相同。反之，不同时点绝对不等的资金在时间价值的作用下却可能具有相等的价值。这些不同时期、不同数额但其"价值等效"的资金称为等值，又称等效值。常用的等值计算公式主要有终值和现值计算公式。

现值（记为 P），是指资金发生在（或折算为）某一特定时间序列起点时的价值。也就是说，现值是为了将来得到更多的资金而现今投入的资本。然而，现值并非一定指现今投入的资本，除现今的投资外亦可以是指以前或以后投入的一笔资金，它以核算的目的而异。显然，同等数量的一笔资金在相同的利率条件下，择定的时点不同其现值是不一样的，不同的时点的现值不能相互比较。项目的成本效益分析中，在没有特别说明的情况下，现值大都是指现今投入的资本。

终值（记为 F），是指资金发生在（或折算为）某一特定时间序列终点时的价值。也可以表述为，投入资金后在将来得到的偿还和获得的利润，也就是为获得资金增值而现今投入资本后在将来最终获得的本和利，它表明现今投入的资本在将来的价值。与现值一样，择定的时点不同，同一笔资金在相同利率下的终值大小是不一样的。不同的时点的终值不能相互比较。

现值与它考虑资金时间价值后的终值互为等值，它们可相互比较。

1. 计算资金时间价值的基本方法

计算资金时间价值的基本方法有两种：单利法和复利法。

（1）单利法。单利法是每期的利息均按原始本金计算利息的方法，不论计息期数为多少，只有本金计利息，利息不再计利息，每期的利息相等。单利计息的计算公式为

$$I = Pin \tag{2.3}$$

式中：I 为第 n 期末利息；P 为本金；n 为计算期数；i 为利率。

n 个计息期后的本利和为

$$F_n = P + Pni = P(1 + ni) \tag{2.4}$$

（2）复利法。用复利法计算资金的时间价值时，不仅要考虑本金产生的利息，而且要考虑利息在下一个计息周期产生的利息，以本金与各期之和为基数逐期计算本利和。

设本金为 P，每一计息周期利率为 i，计息期数为 n，每一期产生的利息为 I，本金与利息之和为 F。第 n 期末本利和为

$$F_n = P(1 + i)n \tag{2.5}$$

第 n 期末，P 产生的利息为

$$I_n = P(1 + i)n - P \tag{2.6}$$

2. 资金等值计算的基本公式

（1）一次支付类型。一次支付又称整付，是指所分析的系统的现金流量，无论是流入还是流出均在某一个时间点上一次发生。

1）一次支付终值公式：

$$F = P(1 + i)^n \tag{2.7}$$

这就是一个已知现值（P）、计息次数（n）、折现率（i），求终值（F）的公式。式（2.7）中，$(1 + i)^n$ 称为复利终值系数，记为 $(F/P, i, n)$。因此，式（2.7）又可写为

$$F = P(F/P, i, n) \tag{2.8}$$

在实际应用中，为了计算方便，按照不同的利率 i 和计息次数 n，分别计数出 $(1 + i)^n$ 的值（终值系数），排列成一个表，称为终值系数表。在计算时，根据 i 和 n 的值，查

表得出终值系数后与 P 相乘即可求出 F 的值。

2）一次支付现值公式：

$$P=F(1+i)^{-n} \tag{2.9}$$

这就是一个已知现值（F）、计息次数（n）、折现率（i），求终值（P）的公式。式（2.9）中 $(1+i)^{-n}$ 称为复利现值系数，记为（P/F，i，n）。因此，式（2.9）又可写为

$$P=F(P/F,i,n) \tag{2.10}$$

在实际应用中，为了计算方便，按照不同的利率 i 和计息次数 n，分别计数出 $(1+i)^{-n}$ 的值（现值系数），排列成一个表，称为现值系数表。在计算时，根据 i 和 n 的值，查表得出现值系数后与 F 相乘即可求出 P 的值。

（2）等额支付类型。等额支付是指所分析的系统中，现金流入与现金流出不是集中在某一时间点，而是在连续的多个时间点上发生，形成一个现金流序列，并且在这个序列的现金流量数额大小是相等的。

1）等额年金终值公式：

$$F=A\frac{(1+i)^n-1}{i} \tag{2.11}$$

这是一个在年利率 i 的情况下，连续从第一年到第 n 年每年年末支付一笔等额的资金 A，求 n 年后由各年资金的本利和累计而成的总值（F），即已知 A、i、n 求 F。$\frac{(1+i)^n-1}{i}$ 称为年金终值系数，记为（F/A，i，n），因此式（2.11）又可写为

$$F=A(F/A,i,n) \tag{2.12}$$

2）等额年金现值公式：

$$P=A\frac{(1+i)^n-1}{i(1+i)^n} \tag{2.13}$$

式（2.13）的含义是，在 n 年内每年等额收支一笔资金 A，在利率为 i 的情况下，求此等额年金收支的现值总和，即已知 A、i、n 求 P。$\frac{(1+i)^n-1}{i(1+i)^n}$ 称为年金现值系数，记为（P/A，i，n），因此式（2.13）又可写为

$$P=A(P/A,i,n) \tag{2.14}$$

3）偿债基金公式：

$$A=F\frac{i}{i(1+i)^{-n}-1} \tag{2.15}$$

式（2.15）的含义是，为了筹集 n 年后所需的一笔资金，在利率为 i 的情况下，求每个计息期末应存储的金额，即已知 F、i、n 求 A。$\frac{i}{i(1+i)^n-1}$ 称为偿债基金系数，记为（A/F，i，n），因此式（2.15）又可写为

$$A=F(A/F,i,n) \tag{2.16}$$

4）等额资金回收公式：

$$A=P\frac{i(1+i)^n}{(1+i)^n-1} \tag{2.17}$$

式（2.17）的含义是，期初一次投资数额为 P，欲在 n 年内将投资全部收回，则在利率为 i 的情况下，求每年应等额回收资金，即已知 P、i、n 求 A。$\dfrac{i(1+i)^n}{(1+i)^n-1}$ 称为资金回收系数，记为 $(A/P,i,n)$，因此式（2.17）又可写为

$$A=P(A/P,i,n) \tag{2.18}$$

2.5.4 节能方案经济评价的基础

在确定节能技术或节能措施的效果时，首先必须确定一个大的前提，那就是不管采用何种节能技术或措施必须具有相同的状态比较标准，否则无法确定节能效果的好坏。

对节能措施除考核其技术是否先进可靠外，还需要分析其方案在经济上是否合理，投入资金发挥效益如何，节能作用如何。国家财力有限，一定要求所投资金发挥最大效益，投入到收效最高的项目或经济性最优的方案中去。

节能措施的技术经济分析，就是要在措施实现以前全面考察其在技术上的可行性与经济效益的优劣，进行方案比较，确定投资方向，避免由于盲目性而造成人力、物力、财力上的浪费。

世界公认节能是排在常规能源之后的第五能源。我国对节能工作非常重视，每年有大批项目上马，要投入大量资金。为了取得预期的经济效果，使决策科学化，必须对节能措施的经济分析给以足够重视。分析方法，一般按下述步骤进行：首先建立不同技术方案，分析各种方案在技术性能和经济性方面的优劣及影响其经济性的各种因素；其次找出经济指标与各有关因素之间的关系，经数学计算，求解指标的最优方案；最后综合分析做决策。

节能投资的目的，不仅要收到节约燃料、电力、水等资源的效果，还要有好的投资效益。应在满足生产、生活的各项正常要求条件下，取得节能效果。进行不同的方案经济效益计息和比较时，起码要满足下述前提条件。

（1）每个方案都具有足够的可靠性。

（2）每个方案都具有允许的工作条件。

（3）每个方案都能满足相同的需要。

（4）各方案都不会产生危及其他或污染环境的后果。

经济效益计算往往局限于本部门或本系统范围内，对社会效益的影响则需上级部门进行量化比较，由于物价结构存在不合理性，计算结果也必然受此不合理性影响。

由于投资多少、影响范围和时间不同，经济效益计算的繁简程度也不相同。对于可行性研究的初期阶段或项目较小、补偿期很短时，可采用计算投资回收时间的补偿期法。此法未考虑投资的利息，或对不同项目投资时相互间的横向比较以及对其他方面的影响。在进行两个或几个方案间的比较时，可采用计算费用法。对于较大型的项目和经济寿命较长的项目（10 年以上），就需要进行包括时间因素和利率因素在内的计算方法。对投资超过 1000 万元，使用寿命超过 15 年的大型项目，就需要进行更详尽的综合分析，并用动态分析方法计算出投产后 10～15 年的财务平衡情况，以便于逐年逐项审查其资金偿还能力，并供最初做决策时参考。

2.5.5 节能方案评价方法

节能方案评价方法主要有以下几种。

（1）简单补偿年限法。该方法是最简单、最基本的经济分析方法。它只考虑节能措施投入资金，在多长时间内可以由节能创造的直接经济效益收回。对资金的利息，以及节能的社会效益等全未予考虑。计算公式为

$$N = \frac{I_P}{A} \tag{2.19}$$

其中
$$A = A_E - W$$

式中：I_P 为节能措施一次性投资费用，元；A 为节能措施形成的年净节约费用，元；N 为节能措施原投入资金的回收年限，年；A_E 为年节约能源费用；W 为节能技术而增加的维修费用。

该法判断单个方案可行的依据是回收年限 N 既要小于标准补偿年限 N_b，又要小于设备的使用寿命 N_S。多个方案评价时，回收年限小者为较优方案。

国家根据国民经济发展资金合理运用原则，对投入不同设备都规定有对应的标准回收年限 N_b（标准补偿年限）。当无法取得 N_b 的确切数据时，对电类设备可按 $N_b = 5$ 年考虑，其他根据其使用寿命对照电类设备寿命适当假定 N_b 值。

（2）标准补偿年限内的计算费用法。两种或更多节能措施方案，其技术条件既满足要求，又符合 $N_S > N_b$ 条件，可采用计算费用法进行经济分析。设有 3 种方案，其计算费用分别为 C_1、C_2、C_3，计算公式为

$$C_1 = \frac{I_{P1}}{N_{b1}} + S_1 \tag{2.20}$$

$$C_2 = \frac{I_{P2}}{N_{b2}} + S_2 \tag{2.21}$$

$$C_3 = \frac{I_{P3}}{N_{b3}} + S_3 \tag{2.22}$$

式中：I_{P1}、I_{P2}、I_{P3} 为各方案节能措施一次性投入的资金，元；N_{b1}、N_{b2}、N_{b3} 为各方案对应的标准补偿年限，年；S_1、S_2、S_3 为各方案的年运行成本。

上述计算费用最低者为最经济方案，作为实施节能措施的中选对象。上面公式中的年运行成本是指设备正常运行时，每年的设备折旧费、维护管理费、能源消耗费等。计算费用法的优点是经济概念清楚，计算简便，但它没有考虑技术条件的可比性，如对产品质量的影响，对时间因素、社会因素和环境影响均未加考虑。另外，标准补偿年限内的计算方法与简单补偿年限法存在同样的问题，均未考虑资金时间价值，若技术改造费用较大时，此类评价方法就存在缺陷。

（3）动态补偿年限法。如果考虑资金的时间效益，在 N_D 年内回收一次性投资，则应该符合式（2.23）条件：

$$I_P = \sum_{j=1}^{N_D} \frac{A_j}{(1+i)^j} + \frac{F}{(1+i)^{N_D}} \tag{2.23}$$

A_j 是第 j 年节能项目每年的净节约费用，F 为节能项目寿命周期末的残值，如果节能项目每年的净节约费用相等，均为 A，则式（2.23）可简化为

$$I_P (1+i)^{N_D} = A \frac{(1+i)^{N_D} - 1}{i} + F \tag{2.24}$$

其中 i 为资金的年利率，式（2.24）经推导可得

$$N_D = \frac{l_n \dfrac{A-iF}{A-iI_P}}{l_n(1+i)} \qquad (2.25)$$

如已知资金的年利率，一次性投资及每年因节能措施带来的净收益，则可以通过 $N_D = \dfrac{l_n \dfrac{A-iF}{A-iI_P}}{l_n(1+i)}$ 计算所得的动态回收期和行业标准回收期的比较，确定方案在经济上是否可行，若动态回收期小于行业标准回收期（同时也小于项目寿命），则方案是可行的，反之，方案不可行。

如果要求该节能方案的一次性投资在规定的年限 N 年内收回，将每年由于节能措施所产生的效益 A 用于偿还这一次性投资 I_P，则可以将已知数据代入公式 $I_P(1+i)^{ND} = A\dfrac{(1+i)^{ND}-1}{i}+F$，求出该节能投资方案的等效年利率 i_0，如该年利率大于规定的年利率，则方案合理可行，反之方案不合理，需要进行改进。

（4）寿命周期净现值收益法。计算公式为

$$P = \sum_{j=1}^{N_S} \frac{A_j}{(1+i)^j} - I_P + \frac{F}{(1+i)^{N_S}} \qquad (2.26)$$

其中 P 为节能项目寿命周期净现值收益，如果节能项目每年的净收益相等，均为 A，则式（2.26）可简化为

$$P = \sum_{j=1}^{N_S} \frac{A_j}{(1+i)^j} - I_P + \frac{F}{(1+i)^{N_S}} \qquad (2.27)$$

该方法把每个节能技术方案的一次性投资、每年的净节约费用、寿命周期的长短、残值及资金利率均考虑进去，最后折算成每个节能技术方案在寿命周期内净收益总和之现值。当 $P>0$ 时，节能方案增益，在经济上可行；当 $P=0$ 时，节能方案收支相抵，在经济上无收益，但若有环境收益，可考虑实施；当 $P<0$ 时，节能方案将亏损，在经济上不可行。

该方法尽管考虑的因素较多，但仍有一定的局限性，主要表现在两个方面：一是只评估寿命周期内净收益之现值，没有考察不同节能技术方案在投资方面的不同，也就是说没有考虑单位节能投资带来的效益；二是当两个方案的寿命周期长短不一时，需要考虑寿命周期较短者设备更新的因素，计算难度较大。

（5）年度净收益法。该法将寿命周期内总净收益之现值折算成年度净收益，从而使两个寿命周期不同的方案也能比较出优劣。计算公式为

$$A_P = \left[\sum_{j=1}^{N_S} \frac{A_j}{(1+i)^j} - I_P + \frac{F}{(1+i)^{N_S}} \right] \frac{i(1+i)^{N_S}}{(1+i)^{N_S}-1} \qquad (2.28)$$

其中 A_P 为节能项目年度净收益，如果节能项目每年的净节约费用相等，均为 A，则式（2.28）可简化为

$$A_P = A - \left[I_P - \frac{F}{(1+i)^{N_S}} \right] \frac{i(1+i)^{N_S}}{(1+i)^{N_S}-1} \qquad (2.29)$$

该方法与前面的方法存在一个共同的缺陷，没有考虑不同方案投资的差异。

该方法具体应用和寿命周期净现值收益法相同，当 $A_P > 0$ 时，节能方案增益，在经济上可行；当 $A_P = 0$ 时，节能方案收支相抵，在经济上无收益，但若有环境收益，可考虑实施；当 $A_P < 0$ 时，节能方案将亏损，在经济上不可行。若有多个方案，A_P 大者为优。

（6）净收益-投资比值法。该法在考虑前面各因素的前提下，增加对投资差异的考虑，并将一次性投资折算成年度均摊费用，计算公式为

$$\beta = \frac{A_P}{A_1} = \frac{\left[\sum_{j=1}^{N_S} \dfrac{A_j}{(1+i)^j} - I_P + \dfrac{F}{(1+i)^{N_s}}\right] \dfrac{i(1+i)^{N_S}}{(1+i)^{N_s}-1}}{I_P \dfrac{i(1+i)^{N_S}}{(1+i)^{N_s}-1}}$$

$$= \frac{\sum_{j=1}^{N_S} \dfrac{A_j}{(1+i)^j} - I_P + \dfrac{F}{(1+i)^{N_s}}}{I_P} \tag{2.30}$$

其中 β 为净收益-投资比值，A_1 为节能项目一次性投资折算成年度均摊费用，其计算公式为

$$A_1 = I_P \frac{i(1+i)^{N_S}}{(1+i)^{N_s}-1} \tag{2.31}$$

如果节能项目每年的净节约费用相等，均为 A，则式（2.31）可简化为

$$\beta = \frac{A \dfrac{(1+i)^{N_S}-1}{i(1+i)^{N_S}} - I_P + \dfrac{F}{(1+i)^{N_s}}}{I_P} \tag{2.32}$$

该法对于单个节能方案而言，当 $\beta > 0$ 时，意味着节能方案的年净收益大于零，在经济上可行；当 $\beta = 0$ 时，意味着节能方案的年净收益等于零，方案在经济上无收益、视方案的环境效益，社会效益及国家能源政策等因素确定节能方案是否实施；当 $\beta < 0$ 时，意味着节能方案的年净收益小于零，方案在经济上不可行。

前面 6 种方法在分析节能措施时，应该说仅仅着眼于节能单位（企业、个人、组织）的经济效益，而没有考虑节能对社会及地球环境带来的影响。例如，由于采取某种节能措施，使得电能的消耗大幅降低，对于节能单位而言，所带来的利益是少交电费，其实除了少交电费以外，可能还有火力发电燃煤的减少，而燃煤的减少，可能带来酸雨及温室效应的减少，由此而引起的一系列社会和生态效益是很难估算的。

第3章 我国节能降耗政策、法律法规及技术标准

3.1 我国节能降耗的政策

3.1.1 我国能源政策及规划

3.1.1.1 我国能源政策

1. 政策发布概况

改革开放以来，我国政府曾在1995年和1997年发布过《中国能源》白皮书，但均类似于年度发展报告，而且是以部门名义发布的。

2007年12月26日，国务院新闻办公室发布了《中国的能源状况与政策》白皮书，这是中国政府10年来首次对外发布的、全面介绍中国能源政策的重要文件。

2012年10月24日，国务院新闻办公室发布了《中国的能源政策（2012）》白皮书，全面介绍了构建现代能源产业体系的总体部署。

2. 我国能源发展政策

《中国的能源政策（2012）》白皮书，就"能源发展现状、能源发展政策和目标、全面推进能源节约、大力发展新能源和可再生能源、推动化石能源清洁发展、提高能源普遍服务水平、加快推进能源科技进步、深化能源体制改革、加强能源国际合作"等9个方面进行了详细阐述。文中指出：

中国是世界上最大的发展中国家，面临着发展经济、改善民生、全面建设小康社会的艰巨任务。维护能源资源长期稳定可持续利用，是中国政府的一项重要战略任务。中国能源必须走科技含量高、资源消耗低、环境污染少、经济效益好、安全有保障的发展道路，全面实现节约发展、清洁发展和安全发展。

中国能源政策的基本内容是：坚持"节约优先、立足国内、多元发展、保护环境、科技创新、深化改革、国际合作、改善民生"的能源发展方针，推进能源生产和利用方式变革，构建安全、稳定、经济、清洁的现代能源产业体系，努力以能源的可持续发展支撑经济社会的可持续发展。

（1）节约优先。实施能源消费总量和强度双控制，努力构建节能型生产消费体系，促进经济发展方式和生活消费模式转变，加快构建节能型国家和节约型社会。

（2）立足国内。立足国内资源优势和发展基础，着力增强能源供给保障能力，完善能源储备应急体系，合理控制对外依存度，提高能源安全保障水平。

（3）多元发展。着力提高清洁低碳化石能源和非化石能源比重，大力推进煤炭高效清洁利用，积极实施能源科学替代，加快优化能源生产和消费结构。

（4）保护环境。树立绿色、低碳发展理念，统筹能源资源开发利用与生态环境保护，在保护中开发，在开发中保护，积极培育符合生态文明要求的能源发展模式。

（5）科技创新。加强基础科学研究和前沿技术研究，增强能源科技创新能力。依托重点能源工程，推动重大核心技术和关键装备自主创新，加快创新型人才队伍建设。

（6）深化改革。充分发挥市场机制作用，统筹兼顾，标本兼治，加快推进重点领域和关键环节改革，构建有利于促进能源可持续发展的体制机制。

（7）国际合作。统筹国内国际两个大局，大力拓展能源国际合作范围、渠道和方式，提升能源"走出去"和"引进来"水平，推动建立国际能源新秩序，努力实现合作共赢。

（8）改善民生。统筹城乡和区域能源发展，加强能源基础设施和基本公共服务能力建设，尽快消除能源贫困，努力提高人民群众用能水平。

3.1.1.2　我国能源发展规划

我国能源发展规划是在对我国能源生产、供应和消费的现状和历史资料调查研究和分析的基础上，为满足国民经济和社会发展的需求而对一段时期内能源发展所做的计划、设想和部署。近 10 年来，国家有关部门分别制定了各种不同类型的能源发展规划，摘选的要点见表 3.1。

表 3.1　　　　　　　　　　　　我国能源发展规划（摘选）

序号	规 划 名 称	规 划 要 点
1	《能源中长期发展规划纲要》	2004 年 6 月，国务院召开常务会议，讨论并原则通过《能源中长期发展规划纲要（2004—2020 年）》（草案），指出了我国的能源利用现状及节能工作面临的形势和任务，明确了节能的指导思想、原则和目标，确定了节能的重点领域和重点工程，提出了 10 项保障措施
2	《可再生能源中长期发展规划》	2007 年 9 月，国家发展改革委出台了《可再生能源中长期发展规划》，总结了我国可再生能源的发展现状，提出了可再生能源发展的指导思想、主要任务、发展目标、重点领域和保障措施。《可再生能源中长期发展规划》着重于可再生能源的利用问题，指出今后的发展重点是水电、生物质能、风电和太阳能等
3	《可再生能源发展"十二五"规划》	2012 年 8 月，国家能源局发布了《可再生能源发展"十二五"规划》，包括水能、风能、太阳能、生物质能、地热能和海洋能等方面，明确了 2011—2015 我国可再生能源发展的指导思想、基本原则、发展目标、重点任务、产业布局及保障措施和实施机制，是"十二五"时期我国可再生能源发展的重要依据。其中： （1）"十二五"时期可再生能源发展的总体目标。到 2015 年，可再生能源年利用量达到 4.78 亿 tce，其中商品化可再生能源年利用量达到 4 亿 tce，在能源消费中的比重达到 9.5% 以上。 （2）可再生能源发电在电力体系中上升为重要电源。"十二五"时期可再生能源新增发电装机 1.6 亿 kW，其中常规水电 6100 万 kW，风电 7000 万 kW，太阳能发电 2000 万 kW，生物质发电 750 万 kW，到 2015 年可再生能源发电量争取达到总发电量的 20% 以上

续表

序号	规　划　名　称	规　划　要　点
4	《能源发展"十二五"规划》	2013年1月1日，国务院正式印发《能源发展"十二五"规划》，明确2015年能源发展的主要目标。《能源发展"十二五"规划》提出，"十二五"时期，要加快能源生产和利用方式变革，强化节能优先战略，全面提高能源开发转化和利用效率，合理控制能源消费总量，构建安全、稳定、经济、清洁的现代能源产业体系。重点任务是： （1）加强国内资源勘探开发。安全高效开发煤炭和常规油气资源，加强页岩气和煤层气勘探开发，积极有序发展水电和风能、太阳能等可再生能源。 （2）推动能源的高效清洁转化。高效清洁发展煤电，推进煤炭洗选和深加工，集约化发展炼油加工产业，有序发展天然气发电。 （3）推动能源供应方式变革。大力发展分布式能源，推进智能电网建设，加强新能源汽车供能设施建设。 （4）加快能源储运设施建设，提升储备应急保障能力。 （5）实施能源民生工程，推进城乡能源基本公共服务均等化。 （6）合理控制能源消费总量。全面推进节能提效，加强用能管理。 （7）推进电力、煤炭、石油天然气等重点领域改革，理顺能源价格形成机制，鼓励民间资本进入能源领域。推动技术进步，提高科技装备水平。深化国际合作，维护能源安全

3.1.2　我国节能优先战略及节能规划

3.1.2.1　我国节能优先战略

节约能源在我国具有重要的战略地位。2007年10月修订的《中华人民共和国节约能源法》中指出，节约能源是"加强用能管理，采取技术上可行、经济上合理以及环境和社会可以承受的措施，从能源生产到消费的各个环节，降低消耗、减少损失和污染物排放、制止浪费，有效、合理地利用能源"。党中央、国务院对节能工作非常重视，党的十六届五中全会把节约资源纳入我国的基本国策，党的十七大报告强调要加强能源资源节约，坚持走中国特色新型工业化道路。单位GDP能耗和主要污染物排放总量作为约束性指标分别列入国家《"十一五"规划纲要》和《"十二五"规划纲要》。"十一五"期间，全国单位GDP能耗下降了19.1%，二氧化硫的排放量和化学需氧量分别减少了14.29%和12.45%。《"十二五"规划纲要》中提出"十二五"期间单位GDP能耗降低16%、单位GDP的氧化碳排放减少17%的约束性指标，同时，"坚持把建设资源节约型、环境友好型社会作为加快转变经济发展方式的重要着力点。节约能源，降低温室气体排放强度，发展循环经济，推广低碳技术，积极应对全球气候变化，促进经济社会发展与人口资源环境相协调，走可持续发展之路"。

我国节能减排工作已经取得了一些成效，但当前节能工作形势依然严峻，存在重开发、轻节约，重速度、轻效益的倾向，节能法律法规的可操作性有待改善，缺乏有效的节能激励政策，尚未建立适应市场经济体制要求的节能新机制，节能技术开发和推广应用不够，亟须进一步明确节能优先思路，加大节能工作力度。

1. 节能优先战略思路

节能优先就是要在能源发展中坚持"开发与节约并举，把节约放在首位"的方针，在提高能源效率的基础上,把节约贯穿在能源开发、生产、运输、使用的全过程。坚持节能优先是建设资源节约型、环境友好型社会的必然要求,是保障我国能源安全和促进生态文明建设的重要前提,是顺应国际能源形势和应对全球气候变化的必然选择,是国家能源战略核心任务之一。坚持节能优先的基本思路包括以下几方面。

(1)坚持将节能纳入经济社会发展总体战略和能源战略。节约能源既是我国的基本国策,也是国家战略的重要组成部分,应从战略和全局高度充分认识节能对缓解能源约束、保障国家能源安全、提高经济增长质量、保护环境的重要意义,将其纳入国家经济社会发展总体战略中统筹考虑,并在国家宏观经济政策、产业政策、贸易政策中具体体现。同时,将节能视为第 $N+1$ 种能源纳入能源系统规划管理体系,把能源供应侧和需求侧各种形式的资源作为一个整体进行统筹规划,把节能作为满足新增能源需求的首要途径,高效、经济、合理地均衡利用供应侧和需求侧资源潜力,不断提高能源综合效率,促进能源的合理和有效利用,尽量以最小的能源资源消耗支撑经济社会的可持续发展。

(2)坚持政府调控与市场配置相结合。充分发挥政府宏观调控功能,通过制定节能相关法规、标准,加强政策导向和信息指引,营造有利于节能的政策环境和体制环境,建立符合市场经济规律的节能激励和约束机制,促进全社会自觉节能、科学节能。同时,注重发挥市场机制的作用,明确企业等社会群体在节能减排中的主体地位,提高市场化节能的手段和能力,推动节能产业发展,形成有利于节能的市场环境。

(3)坚持结构节能、技术节能和管理节能相结合。通过调整产业结构、行业结构和产品结构,合理规划产业布局,提高产业集中度和规模效益,淘汰落后的高耗能企业,促进产业结构优化和升级。据测算,第三产业比重上升 1 个百分点,同时第二产业下降 1 个百分点,单位 GDP 能耗可相应降低约 1 个百分点。通过技术进步提高能源利用效率,开发和推广应用先进高效的能源节约和替代技术、能源综合利用技术以及新能源和可再生能源利用技术,变革生产工具、作业设备和工艺流程,改进工艺操作方法和技能,采用成熟的节能技术对设备或系统进行技术改造等。通过加强管理,在生产、流通和消费各领域减少能源浪费、跑冒滴漏等现象,树立健康、文明、节约的绿色消费理念,加强节能宣传和培训,提高全社会的节能意识。

(4)坚持直接节能和间接节能相结合。在能源系统各环节中加强能源合理利用,改革低效率的生产工艺,采用新设备、新技术和综合利用等方法提高能量有效利用率,从而降低单位产品(工作量)的能源消费。在进行直接节能的基础上,更广泛地发挥间接节能的作用。通过节约原材料、日常消耗品等各种经常性消耗物资,提高经济规模,提高产品产量和质量,合理调整产品结构,节约人力等多种途径达到间接节能的效果,提高每单位能源所创造的 GDP。

2. 节能优先战略重点

能源节约涉及生产、生活和全社会的每个单元,是一项复杂的系统工程。节能要坚持突出重点、分类指导、全面推进,当前应着重加强工业、建筑、交通等重点领域的节能,以此来带动我国全社会整体能效的提高。

(1)加强工业领域节能。工业是我国能源消耗最大的行业。过去 10 多年,我国工业以史无前例的规模和速度发展，2010年工业终端能源消费量比2000年增加了8.4亿tce。但与此同时，我国工业产品单位能耗与国际先进水平相比仍有较大差距。加强工业领域能源节约是我国节能工作的重点，应加快调整工业结构，淘汰工业落后产能，降低工业产品能耗，尽快提高工业能源利用效率。

1）调整优化工业结构。近些年，在我国规模以上工业增加值中，重工业增加值一直保持较快的增长速度，特别是钢铁、有色金属、石油化工、建材等高耗能行业增加值年均增长超过20%。遏制高耗能行业过快增长已成为宏观经济调控和优化工业能源消费结构的重要任务。据测算，行业结构和产品结构的变化对降低工业领域的产值能耗有着重要作用。按照目前的工业部门行业结构，如果高新技术产业增加值的比重提高1个百分点，同时冶金、建材、化工等高耗能行业的比重下降1个百分点，则单位GDP能耗可降低约1.3个百分点。因此，应大力调整工业结构，坚持走新型工业化道路，加快发展高新技术产业，促进传统工业产业的升级换代，推进装备制造、船舶、汽车、冶金、建材、石化、轻纺等重点行业结构调整；提高新兴制造业在工业结构中的比重，合理控制钢铁、有色金属、建材、石化等高耗能行业发展，降低高耗能重化工业在工业能源消费当中的比重；优化工业产品结构，从资源密集型产品为主向技术密集型产品为主转变。

2）淘汰工业落后产能。在我国高耗能行业中，许多中小企业仍在采用落后生产工艺和高耗能技术路线，技术装备和管理水平较低。据调查，中小型企业单位产值能耗比大型企业高30%~60%。在"十一五"期间，我国加大淘汰落后产能工作力度，成效显著，累计关停小火电机组7200万kW，淘汰落后炼铁产能12172万t、炼钢产能6969万t、水泥产能3.3亿t。未来一段时期内，淘汰落后高耗能工业产品、设备和生产工艺，转变工业发展方式仍是推动我国工业节能的重要手段。有必要通过制定淘汰目标任务并分解落实，加大奖励惩罚力度，完善相关技术标准，制定实施主要用能产品能耗限额标准等政策措施，充分发挥市场机制作用，有效控制落后高耗能行业产能的不合理增长。

3）提高工业技术水平，降低工业产品能耗。近年来我国主要耗能工业整体技术水平明显提高。2010年与2005年相比，电力行业30万kW以上火电机组占火电装机容量的比重由47%上升到73%，钢铁行业1000m³以上大型高炉的比重由21%上升到52%，电解铝行业大型预焙槽产量的比重由80%上升到90%，建材行业新型干法水泥熟料产量的比重由39%上升到81%。总的来看，主要耗能工业仍然存在技术与设备水平参差不齐、一些企业生产工艺和设备落后等问题，导致能源利用效率较低、单位产值能耗高。需要通过制定主要耗能工业行业的节能技术政策，指导重点耗能工业加快研发和推广节能新技术、新工艺和新材料等措施优化生产过程，推动高耗能行业节能技术进步和企业节能技术改造，全面提高黑色金属、有色金属、电力、化工、建材、机械等重点行业的生产技术水平，促进钢铁、电解铝、水泥、乙烯、合成氨、烧碱、电石等主要高耗能产品能耗水平的下降。到2020年，按照《节能中长期专项规划》中我国主要高耗能产品单位能耗指标目标（表3.2），工业重点行业主要产品单位能耗将进一步下降，能效整体水平得到提高。

表3.2　　　　　　　　　　　**2020年我国主要高耗能产品单位能耗指标目标**

类　　别	单　　位	2020年
火电供电煤耗	gce/（kW·h）	320
吨钢综合能耗	kgce/t	700
吨钢可比能耗	kgce/t	640
10种有色金属综合能耗	tce/t	4.45
铝综合能耗	tce/t	9.22
铜综合能耗	tce/t	4
炼油单位能量因数能耗	kgce/（t·因数）	10
乙烯综合能耗	kgce/t	600
大型合成氨综合能耗	kgce/t	1000
烧碱综合能耗	kgce/t	1300
水泥综合能耗	kgce/t	129
平板玻璃综合能耗	kgce/重量箱	20
建筑陶瓷综合能耗	kgce/m²	7.2

注　表中数据来源于国家发展和改革委员会《节能中长期专项规划》，2004年。

我国电力工业整体技术水平较高，部分已经达到或接近世界先进水平，未来节能的重点主要包括：大力发展60万kW及以上超（超）临界机组、大型联合循环机组；采用高效、洁净发电技术，改造在运火电机组，提高机组发电效率；实施"以大代小""上大压小"和小机组淘汰退役，提高单机容量；发展热电联产、热电冷联产和热电煤气多联供；推进特高压和智能电网发展，实施电网经济运行技术；采用先进的输、变、配电技术和设备，逐步淘汰能耗高的老旧设备，降低输、变、配电损耗；加强管理，减少电厂自用电等。

（2）加强建筑领域节能。从国际上看，建筑能耗占全球能源消耗总量的30%左右，其中发展中国家和地区（如印度、巴西、非洲等）的建筑能耗占其社会总能耗的20%～25%，而发达国家（如美国、加拿大、日本等）已达30%～40%。建筑能耗在全社会能源消耗总量中的重要地位促使各国纷纷开展建筑节能工作。近年来我国城市规模不断扩大，迎来了房屋建设的高峰期，每年建成房屋超过20亿m²，城乡既有建筑存量总量超过400亿m²，居世界第一。此外，随着社会进步、生活观念的改变，人们也对建筑相关服务提出了更多元化的需求，这对建筑能源消耗提出了新的要求。预计到2020年年底，全国房屋建筑面积将新增250亿～300亿m²，如果延续目前的建筑能耗状况，每年将消耗1.2万亿kW·h电能和4.1亿tce，接近"十五"期初全国建筑能耗总量的3倍。未来随着人民生活水平的提高和城镇化进程的推进，我国建筑存量还会增加，建筑能耗占全社会能耗总量的比重将不断增长，建筑领域节能潜力很大。

1）重视建筑领域的节能规划。建筑节能涉及面很广，任务非常艰巨，在制定城市规划和建筑规划之初就必须充分考虑节能问题。因此，关键在于地方政府特别是城市政府对建筑节能的重视程度和工作力度。为了从规划这个源头环节上推进建筑节能工作，必须从构建和谐社会和建设节约型社会的目标和内容出发，科学合理、适度超前进行城市规划，确定新建建筑的发展方向，避免因规划环节考虑不周造成"短命建筑"，也不宜盲目追求建筑时尚而忽略建筑功能；同时要做好既有建筑的维护、修缮和合理使用。在保障使用功能的前提下可以降低对建筑面积的需求，以减轻因建筑规模快速增加产生的对钢材、水泥、玻璃等高耗能产品的大量需求，降低能源供应压力。

2）加强新建建筑的节能。关键是要全面实施新建建筑节能设计标准。在建筑设计、施工、监理和验收等各个环节落实相应的建筑节能设计标准和技术要求，特别是对于建筑用能强度更高的大型公用建筑，更要加强其节能准入。同时加强对建筑节能设计标准执行情况的监督检查，并适时提高建筑节能设计标准。目前全国现行的建筑节能的设计标准仍然是自 1996 年以来实施的节能 50％标准，部分省市已经将建筑节能设计标准提高到了节能 65％的水平。随着全国建筑节能要求的不断提高，2020 年前后新建建筑应全面推广 65％～75％的节能设计标准，2030 年后应提高到 85％。

3）推进既有建筑节能改造。针对不同建筑的特点和能源消费类型，对不符合建筑节能强制性标准的既有建筑的围护结构、供热系统、采暖制冷系统、照明设备和热水供应设施等实施节能改造。通过设定既有建筑节能改造的比例、期限等目标，强制推动既有建筑节能改造工作。通过对新建建筑严格执行建筑节能设计标准以及不断推行既有建筑节能改造，预计到 2020 年，每年可节约 4200 亿 kW·h 电能和 2.6 亿 tce，减少二氧化碳等温室气体排放 8.46 亿 t。

4）加强建筑运行能耗管理。建筑运行能耗是建筑节能的重点。在建筑全生命周期中，建筑材料的生产和建造施工过程所消耗的能源一般只占其总能源消耗的 20％左右，大部分的建筑能源消耗发生在建筑物运行过程中。其中，建筑采暖和空调能耗约占建筑运行用能总量的一半。与同纬度气候条件相近的发达国家相比，我国单位建筑面积的采暖和空调能耗约高出 2 倍。降低我国建筑运行能耗水平，一方面要优化采暖能源结构，推动优质能源和可再生能源在建筑供暖中的应用，因地制宜发展太阳能与地源热泵供暖，降低燃煤分散供暖的比例；另一方面要积极推广节能空调、节能灯、节能冰箱等各种高效节能产品，充分发挥节能技术在建筑节能中的作用。同时，通过发展先进能量管理系统，提高建筑能耗管理水平。如果国家各种建筑节能标准及措施得到大力推行，预计到 2020 年，我国住宅和公共建筑能耗水平有望接近或达到现阶段中等发达国家水平。

（3）加强交通领域节能。近年来，我国交通运输能源消耗增长较快。据《中国能源统计年鉴》数据测算，2010 年交通运输业终端能源消费量约占全国终端能源消费总量的 10.6％，与 2000 年相比增加了 1.4 亿 tce，年均增长 9％。交通运输领域的主要能源消费品种是石油。其中，公路运输（不含私人交通）是消耗能源最多的运输方式，占交通运输能耗总量的 60％左右，水路和铁路运输各占 15％左右，民航运输占 9％左右。随着经济快速增长、城镇化进程加速以及第三产业的发展，未来我国人员、货物的流动将持续增加，各种运输需求都将快速增长。因此，交通领域是我国未来加强节能的重要环节，其重点是节省石油消费。

1）推进现代综合交通运输体系建设。目前我国交通运输网络结构不尽合理，铁路、公路、水路、民航和管道等运输方式各自的比较优势没有得到很好发挥。未来应根据不同运输方式的技术经济特征，结合我国经济地理特点与国情因素，促进交通运输领域的结构优化与升级，充分发挥各种运输方式的比较优势，优化配置交通运输资源，发挥综合运输的组合效率，实现交通运输系统中不同运输方式之间以及每种运输方式内部不同环节之间的协调发展。同时，要充分发挥电网在能源运输方面的重要作用，坚持输煤输电并举，加快发展输电，构建现代能源综合运输体系，与综合交通运输体系建设统筹考虑，促进交通运输领域整体节能水平的提高。

2) 加强交通领域节能技术的研发利用和节能管理。在公路运输领域，主要包括提高机动车燃料效率，实施强制性燃料效率标准，鼓励发展小排量汽车，发展新能源汽车，建立快速公共交通系统等。在铁路运输领域，主要包括发展电气化铁路、加强机车节能管理等手段。在航空运输领域，主要包括采用节油机型，提高载运率和客座率等。在水上运输领域，主要包括促进船舶大型化，改进船舶动力设计，优化船舶运力结构等。

3. 实施节能优先战略的保障措施

(1) 完善落实节能法律法规和经济激励政策。利用法律和经济手段共同促进全社会节能秩序的建立。一方面要制定和完善节能相关的法律、法规及配套标准，使节能工作逐步走入制度化、常态化的轨道。加快建立和完善以《中华人民共和国节约能源法》为核心，配套法规、标准相协调的节能法律法规体系，强化节能监督管理和节能法规的落实。另一方面健全完善能源价格体系和促进节能的财税金融政策。加快能源产品价格改革，建立更加科学合理的能源价格体系使能源产品价格充分体现资源的稀缺程度、反映供求关系和环境成本等外部性因素，充分发挥价格的节能导向作用。同时，完善向节能倾斜的财政、税收、信贷等经济政策，引导和激励企业和社会各方面的节能行为。加大节能的财政支持力度，建立节能发展专项资金（基金）。研究实施能在生产和消费领域推动节能的税收优惠政策。调整投融资政策，为节能项目提供贴息贷款，引导商业银行向节能领域投资。

(2) 加快节能技术研发、示范和推广。组织对共性、关键和前沿节能技术的科研开发，实施重大节能示范工程，促进节能技术产业化。建立以企业为主体的节能技术创新体系，加快科技成果的转化。引进并消化吸收国外先进的节能技术。组织先进、成熟节能新技术、新工艺、新设备和新材料的推广应用，重点推广列入节能设备（产品）目录的终端用能设备（产品）。制定节能技术开发、示范和推广计划，明确阶段目标、重点支持政策，分步组织实施。加大资金投入，建立节能共性技术和通用设备科研基地（平台）。提升能源装备制造业技术水平和生产能力，加强政府政策引导和激励，在能源密集行业普及高能效设备和工艺，力争达到或接近世界先进水平。

(3) 推行合同能源管理、电力需求侧管理等市场化节能新机制。积极探索和推广符合我国国情的市场化节能新机制，是促进能源节约的重要措施。积极推行合同能源管理，鼓励节能服务公司发展，为企业实施节能改造提供诊断、设计、融资、改造、运行、管理一条龙服务。制定实施促进节能服务产业发展的投资、税收和信贷等支持政策，引导和促进节能服务机构扩大服务领域和范围，加快推进节能服务产业化发展。加强电力需求侧管理，充分发挥电网企业的实施主体作用，出台相关激励政策。

（4）实施能效标准、标识和节能产品认证制度。推动节能产品认证和能效标识管理制度的实施，促进产品能效标准的不断提高和节能技术的不断进步。加强节能产品认证制度，扩大能效标准和标识范围，增强节能产品认证的强制性和监督管理，充分发挥其节能引导作用。运用市场化机制，引导用户和消费者购买节能型产品。如美国1992年开始实施的"能源之星"认证，目前已覆盖家用电器、消费电子产品、建筑物等领域的近4000种产品，每年可减少超过5％的电力需求。

（5）开展全民节能行动。实施节能优先战略是一项浩大的系统工程，需要发动全社会力量共同完成，形成以政府为主导、企业为主体、全民共同推进的工作格局。充分发挥政府机构节能导向作用，家庭、社区、学校的基础作用，特别是企业在节能中的主力军作用。要突出抓好高耗能企业的节能工作，强化政府对重点耗能行业节能的监督管理，推动企业加快节能技术改造，加强节能管理，提高能源利用效率。同时，要发挥企业的能动性，促进企业自觉履行社会责任，通过有效的激励和约束机制，促进企业自发自愿节能。"十一五"期间以企业为主体的"十大重点节能工程"和"千家企业节能行动"取得了良好成效。国家电网公司作为大型国有公用事业企业，在加强自身节能的同时，积极发挥电网的优势促进电力行业和全社会节能减排。2010年，国家电网公司通过降低线损率，节约电量折合超过130万tce；通过优化电网调度，提高水能利用率，节水增发电量折合标准煤600万tce；通过推动发电权交易节约1266万tce；通过实施绿色照明、高效电动机、无功补偿设备、节能变压器等电力需求侧管理项目8.8万个，实现节约电量25.8亿kW·h。

3.1.2.2　我国节能规划

《中华人民共和国节约能源法》第五条指出："国务院和县级以上地方各级人民政府应当将节能工作纳入国民经济和社会发展规划、年度计划，并组织编制和实施节能中长期专项规划、年度节能计划。"近10年来，国家有关部门分别制定了各种不同类型的节能规划和宏观政策，摘选的要点见表3.3。

表3.3　　　　　　　　　　我国节能规划和宏观政策（摘选）

序号	规 划 名 称	规 划 要 点	备注
1	《节能中长期专项规划》	2004年11月，国家发展改革委发布了中国首个《节能中长期专项规划》（发改环资〔2004〕2505号）。《节能中长期专项规划》是我国能源中长期发展规划的重要组成部分，也是我国中长期节能工作的指导性文件和节能项目建设的依据。其中： （1）宏观节能量指标。到2010年，每万元GDP能耗由2002年的2.68tce下降到2.25tce；2003—2010年年均节能率为2.2％，形成的节能能力为4亿tce；到2020年，每万元GDP能耗下降到1.54tce，形成的节能能力为14亿tce，相当于同期规划新增能源生产总量12.6亿tce的111％，相当于减少二氧化硫排放2100万t。 （2）主要产品单位能耗指标。2010年总体达到或接近20世纪90年代初期国际先进水平，其中大中型企业达到21世纪初国际先进水平；2020年达到或接近国际先进水平。其中，电力行业火力发电供电煤耗由2000年392g/（kW·h）（标准煤）下降至2005年377g/（kW·h）（标准煤）、2010年360g/（kW·h）（标准煤）及2020年320g/（kW·h）（标准煤）	

续表

序号	规划名称	规划要点	备注
2	《国民经济和社会发展第十二个五年规划纲要》	2011 年 3 月 14 日，第十一届全国人民代表大会第四次会议批准《中华人民共和国国民经济和社会发展第十二个五年规划纲要》（以下简称《"十二五"规划纲要》）。《"十二五"规划纲要》主要阐明国家战略意图，明确政府工作重点，引导市场主体行为，是未来 5 年我国经济社会发展的宏伟蓝图，是全国各族人民共同的行动纲领，是政府履行经济调节、市场监管、社会管理和公共服务职责的重要依据。其中： （1）"十二五"节能减排目标。非化石能源占一次能源消费比重达到 11.4%。单位国内生产总值能源消耗降低 16%，单位国内生产总值二氧化碳排放降低 17%。主要污染物排放总量显著减少，化学需氧量、二氧化硫排放分别减少 8%，氨氮、氮氧化物排放分别减少 10%。 （2）工作重点。抑制高耗能产业过快增长，突出抓好工业、建筑、交通、公共机构等领域节能，加强重点用能单位节能管理。强化节能目标责任考核，健全奖惩制度。完善节约能源法规和标准，制订完善并严格执行主要耗能产品能耗限额和产品能效标准，加强固定资产投资项目节能评估和审查。健全节能市场化机制，加快推行合同能源管理和电力需求侧管理，完善能效标识、节能产品认证和节能产品政府强制采购制度。推广先进节能技术和产品。加强节能能力建设。开展万家企业节能低碳行动，深入推进节能减排全民行动。 与《"十一五"规划纲要》相比，《"十二五"规划纲要》首次将非化石能源占一次能源消费比重写入 5 年规划中。11.4% 是必须完成的约束性指标，是未来 5 年我国能源结构调整的一项重要任务。《"十二五"规划纲要》新增单位国内生产总值二氧化碳排放降低 17% 的约束性指标。"主要污染物排放总量减少"指标在原来的化学需氧量和二氧化硫两个子约束指标基础上，新增氨氮、氮氧化物各减排 10%，意味着减排工作将从单一污染物控制扩展到多元污染物控制	
3	《"十二五"节能减排综合性工作方案》	2011 年 8 月，国务院发布《"十二五"节能减排综合性工作方案》（国发〔2011〕26 号），明确了"十二五"节能减排的总体要求、主要目标、重点任务和政策措施。《"十二五"节能减排综合性工作方案》是推进"十二五"节能减排工作的纲领性文件。 《"十二五"节能减排综合性工作方案》指出："十二五"节能减排将围绕强化节能减排目标责任、调整优化产业结构、实施节能减排重点工程、加强节能减排管理、大力发展循环经济、加快节能减排技术开发和推广应用、完善节能减排经济政策、强化节能减排监督检查、推广节能减排市场化机制、加强节能减排基础工作和能力建设、动员全社会参与节能减排等方面展开；提出将节能指标分解到地区和行业，即要求工业、交通、建筑等部门也承担一定的节能责任，对行业节能目标完成情况采取评价机制，有别于对地区节能目标的考核问责。 "十二五"节能减排综合性工作的主要目标为：到 2015 年，全国万元国内生产总值能耗下降到 0.869tce（按 2005 年价格计算），比 2010 年的 1.034tce 下降 16%，比 2005 年的 1.276tce 下降 32%；"十二五"期间，实现节约能源 6.7 亿 tce。2015 年，全国化学需氧量和二氧化硫排放总量分别控制在 2347.6 万 t、2086.4 万 t，比 2010 年的 2551.7 万 t、2267.8 万 t 分别下降 8%；全国氨氮和氮氧化物排放总量分别控制在 238.0 万 t、2046.2 万 t，比 2010 年的 264.4 万 t、2273.6 万 t 分别下降 10%	

序号	规　划　名　称	规　划　要　点	备注
4	《节能减排"十二五"规划》	2012 年 8 月，国务院发布《节能减排"十二五"规划》（国发〔2012〕40 号），进一步明确了"十二五"节能减排工作重点。《节能减排"十二五"规划》分析了"十二五"节能减排现状与形势，明确了指导思想、基本原则和主要目标，提出了调整优化产业结构、推动能效水平提高和强化主要污染物减排的 3 项主要任务以及包括节能改造工程、节能产品惠民工程、合同能源管理推广工程、节能技术产业化示范工程、城镇生活污水处理设施建设工程、重点流域水污染防治工程、脱硫脱硝工程、规模化畜禽养殖污染防治工程、循环经济示范推广工程和节能减排能力建设工程在内的 10 项节能减排重点工程	

《节能减排"十二五"规划》涉及各地区节能指标见表 3.4。

表 3.4　　　　　　　　　　　"十二五"各地区节能目标

地　　区	单位国内生产总值能耗降低率/%		
	"十一五"时期	"十二五"时期	2006—2015 年累计
全国	19.06	16	32.01
北京	26.59	17	39.07
天津	21.00	18	35.22
河北	20.11	17	33.69
山西	22.66	16	35.03
内蒙古	22.62	15	34.23
辽宁	20.01	17	33.61
吉林	22.04	16	34.51
黑龙江	20.79	16	33.46
上海	20.00	18	34.40
江苏	20.45	18	34.77
浙江	20.01	18	34.41
安徽	20.36	16	33.10
福建	16.45	16	29.82
江西	20.04	16	32.83
山东	22.09	17	35.33
河南	20.12	16	32.90
湖北	21.67	16	34.20
湖南	20.43	16	33.16
广东	16.42	18	31.46
广西	15.22	15	27.94
海南	12.14	10	20.93
重庆	20.95	16	33.60

续表

地　　区	单位国内生产总值能耗降低率/%		
	"十一五"时期	"十二五"时期	2006—2015 年累计
四川	20.31	16	33.06
贵州	20.06	15	32.05
云南	17.41	15	29.80
西藏	12.00	10	20.80
陕西	20.25	16	33.01
甘肃	20.26	15	32.22
青海	17.04	10	25.34
宁夏	20.09	15	32.08
新疆	8.91	10	18.02

注　"十一五"各地区单位国内生产总值能耗降低率除新疆外均为国家统计局最终公布数据，新疆为初步核实数据。

3.1.3　节能减排的切实首选——水电

1. 水电是发展可再生能源的首选

因技术和成本因素限制，除水电外的其他可再生能源在近阶段难以大规模商业化发展。我国风能、太阳能资源较为丰富，但技术和成本因素一直是可再生能源实现大规模开发利用的主要障碍，其技术和成本水平可以由上网电价的高低侧面体现。目前水电上网电价低于火电 25%，而核电、风电和其他新能源的上网电价分别高于火电 27%、53% 和 116%（图 3.1），缺乏必要的经济性，需要政府间接和直接补贴，而这部分补贴最终需要消费者承担，从长期角度来看，长期的补贴不可持续。因此，新能源的大规模发展前提条件是凭借自身的技术条件实现商业化，即单位成本低于矿石燃料成本，而在我国化石能源价格相对较低的背景下，其竞争力超过化石能源，还需要较长的时间。

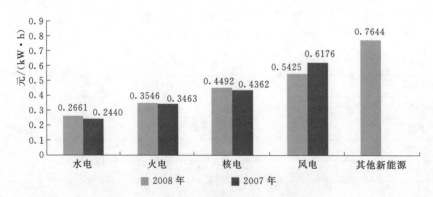

图 3.1　全国各类型机组平均上网电价情况

数据来源：国家电力监管委员会、联合证券研究所

改革开放以来，我国发电装机容量和发电量保持快速增长，年均增速超过能源生产增速。截至 2010 年年底，我国发电装机容量达到 9.66 亿 kW，全年发电量 4.23 万亿 kW·h，是世界第二大电力生产国。

我国电力生产以火电为主（图 3.2）。截至 2010 年年底，火电装机容量达 7.10 亿 kW，年发电量 3.42 万亿 kW·h，其中大部分是煤电，油电、气电比重很低。水电装机容量 2.16 亿 kW，年发电量 6867 亿 kW·h，均居世界第一位。核电发展逐渐形成规模，在运核电机组 13 台，装机容量 1082 万 kW，年发电量 747 亿 kW·h。风电装机规模快速增长，并网容量 2958 万 kW，"十一五"期间风电开发规模连续 5 年实现翻番。太阳能发电步入规模化发展阶段，光伏发电并网装机容量 26 万 kW。

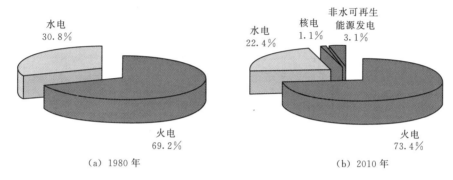

图 3.2　我国发电装机结构

数据来源：中国电力企业联合会《电力工业统计资料汇编》

我国电力生产结构与世界及部分发达国家存在较大差异。在发达国家发电量结构中，气电、核电占有较大比重；而我国以煤电为主，煤电占全部发电量的比重比世界平均水平高出近 40 个百分点。我国与世界及部分国家发电量结构比较见表 3.5。

表 3.5　　　　　　　　　我国与世界及部分国家发电量结构比较　　　　　　　　　%

发电方式	世　界	美　国	日　本	德　国	法　国	中　国
煤电	40.5	45.5	26.8	43.9	5.3	78.7
油电	5.1	1.2	8.8	1.6	1.2	0.5
气电	21.5	22.9	27.4	13.4	4.0	1.6
核电	13.5	19.9	26.9	23.0	76.2	1.9
水电	16.2	6.6	7.2	3.2	10.6	16.5
非水可再生能原发电	3.2	3.9	2.9	14.9	2.7	0.8

注　表中数据来源于国际能源机构（IEA），与中国电力企业联合会发布的数据略有差异。

水电是发展可再生能源的切实首选。我国水电经过一个多世纪的发展，其工程建设、水轮发电机组制造和输电技术趋于完善，而且水电成本低廉，运行可靠性高，具备大规模开发的技术和市场条件；另外，中国水力资源非常丰富，根据 2003 年全国水力资源复查成果显示，中国大陆水力资源理论蕴藏量在 1 万 kW 以上的河流共 3886 条，经济可开发水电装机容量为 40180 万 kW，年发电量为 17534 亿 kW·h，2008 年水电开发程度只有 31.7%（我国主要地区水力资源开发程度见表 3.6），具有很大的提升空间。因此，水电是中国目前最具开发潜力的可再生能源。

表 3.6　　　　　　　　　　我国主要地区水力资源开发程度

地区	技术可开发量		经济可开发量		已开发量（2008 年）		开发程度（装机容量）/%
	装机容量/MW	发电量/(亿 kW·h)	装机容量/MW	发电量/(亿 kW·h)	装机容量/MW	发电量/(亿 kW·h)	
全国	541640	24740	401795	17534	171520	5633	31.7
湖北	35540	1386	35356	1380	29030	1178	81.7
湖南	12020	486	113450	458	10550	328	87.8
广西	18913	808	18575	795	13950	508	73.8
四川	120040	6121	103271	5233	21850	843	18.2
重庆	9808	445	8196	378	4330	110	44.1
贵州	19487	778	18981	752	9470	350	48.6
云南	101939	4919	97950	4713	15780	595	15.5
西藏	110004	5760	8350	376	390	14	0.4
陕西	6623	222	6501	217	1800	57	27.2
甘肃	10625	444	9009	270	5300	227	49.9
青海	23140	913	15479	555	5870	215	25.4
新疆	16564	712	15671	683	2410	81	14.5

数据来源：国家发展改革委、中国电力企业联合会、联合证券研究所

2. 发展水电带来的生态和经济效益显著

发展水电不仅可以减少化石能源消耗，减少有害气体的排放，还具备良好社会经济效益和环境效益。

根据有关规定等效替代方案中水电替代火电装机容量和发电量系数分别取 1.10 和 1.05；目前火力发电煤耗平均为 320g/(kW·h)。从表 3.7 中可以明显看出，水电替代火电产生的环境效益非常明显。水电替代火电，每年可减少 15.8 亿 tCO_2 排放量。

表 3.7　　　　　　　　　　水电替代火电产生的环境效益

项　　目		技术可开发量	经济可开发量	已开发量
水电	装机容量/万 kW	54164	40180	17152
	年发电量/(亿 kW·h)	24740	17534	565633
火电替代	装机容量/万 kW	59580	44198	18867
	年发电量/(亿 kW·h)	25977	18411	5915
替代后效益/万 t				
	标准耗煤量	83126	58914	18927
	SO_2	2086	1478	475
	CO_2	222623	157780	50689
	NO_2	1792	1270	408
	粉尘	19223	13624	4377

清洁发展机制（CDM）是《京都议定书》中引入的一个机制，即通过协助发展中国家缔约方通过减排项目所实现的、经核准的减排量（CERs）来实现发达国家缔约方完成减少本国温室气体的排放的目的。CDM 所涵盖的项目较广，而能源领域是影响温室气体

排放量最大的领域,尤其是电力行业。

水电属于可再生能源,基本上温室气体的排放为零,即使不申请CDM项目,水电同样减排了温室气体,因此在产生减排效益方面,所有水电在实际上已经产生减排效益。

目前CDM项目交易价格为:国内10欧元/t;国外17欧元/t。温室效应气体排放因子为$0.779\sim1.005tCO_2/(MW \cdot h)$,平均为$0.89tCO_2/(MW \cdot h)$左右。不同电网所属区域内,排放因子有所不同(图3.3)。减排效益=减排量×交易价格=发电量×温室效应气体排放因子×交易价格。按水电经济可开发量的发电量计算,每年减排效益可达156亿欧元。水电每年减排效益可达1600亿元左右,水电减排效益见表3.8。

表3.8		水 电 减 排 效 益		
项 目		技术可开发量	经济可开发量	已开发量
水电	装机容量/万kW	54164	40180	17152
	年发电量/(亿kW·h)	24740	17534	5633
减排效益				
减排温室气体	减排量/亿t	22.0	15.6	5.0
	减排效益/亿欧元	220	156	50

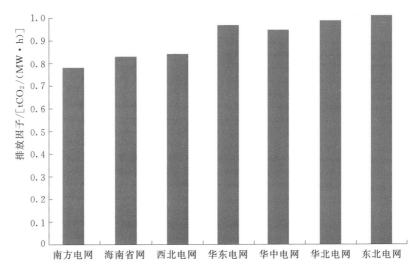

图3.3 温室气体排放因子

数据来源:国家电网、联合证券研究所

3. 促进水电发展的政策

为"增加能源供应、保障能源安全、保护生态环境、促进经济和社会的可持续发展",国家在《可再生能源法》规定"将可再生能源的开发利用列为能源发展有限领域",在《"十一五"规划纲要》明确提出:"实行优惠的财税、投资政策和强制性市场份额政策,鼓励生产与消费可再生能源,提高在一次能源消费中的比例",同时在《可再生能源中长期规划》重申:"提高可再生能源比重,促进能源结构调整"的目标。我国能源发展的国情决定了水电开发是中国能源结构调整战略中的优先选择,充分享受到国家政策的扶持,我国促进水电发展的现行政策见表3.9。

表 3.9　　　　　　　　　　　　　我国促进水电发展的现行政策

时　间	颁布机构	政策名称	内　容
2000 年 8 月 31 日	国家计划委员会、国家经济贸易委员会	《当前国家重点鼓励发展的产业、产品和技术目录》	鼓励发展电力部分，包括"水力发电"
2004 年 11 月 30 日	商务部	《外商投资产业指导目录》	鼓励投资"发电为主水电站的建设、经营"
2004 年开始	国务院	"西部大开发"优惠税收	对设在西部地区国家鼓励类产业（包括水电开发）的内资企业和外商投资企业在 2001—2010 年期间，减按 15% 的税率征收企业所得税；对在西部地区新办电力、水利企业，给予"两免三减半"的企业所得税优惠政策
2005 年 2 月 28 日	全国人大会议常委会	《中华人民共和国可再生能源法》	水能作为可再生能源之一。国家将对列入国家可再生能源产业发展指导目录、符合信贷条件的项目，金融机构可以提供有财政贴息的优惠贷款，同时国家给予税收优惠
2005 年 11 月 9 日	国务院	《促进产业结构调整暂行规定》	将"在生态保护基础上有序开发水电"作为产业结构调整的方向和重点之一
2006 年 2 月 21 日	中共中央、国务院	《关于推进社会主义新农村建设的若干意见》	"要加快农村能源建设步伐，在适宜地区积极推广小水电"，"加强小水电开发规划和管理，扩大小水电代燃料试点规模"
2006 年 3 月 16 日	国家发展改革委	《国民经济和社会发展第十一个五年规划纲要》	"在保护生态基础上有序开发水电"，"大力发展可再生能源（包括水电利用）"，"实行优惠的财税、投资政策和强制性市场份额政策，鼓励生产与消费可再生能源，提高在一次能源消费中的比重"
2007 年 4 月	国家发展改革委	《能源发展"十一五"规划》	在保护环境和做好移民工作的前提下，积极开发水电
2007 年 8 月	国家发展改革委	《可再生能源中长期发展规划》	加快发展可再生能源（包括水电），降低煤炭在能源消费中的比重

数据来源：联合证券研究所。

　　2002 年的世界可持续发展高峰会议正式承认了大型水电站的可再生能源作用，并通过了支持大型水电开发的联合国可再生能源行动计划。2007 年印发的《国务院关于印发节能减排综合性工作方案的通知》明确将推进水电利用作为积极推进能源结构调整的节能减排措施之一。

3.2　我国节能降耗的法律、法规

　　《中华人民共和国节约能源法》明确了节能的战略地位，为我国推行节能奠定了坚实的法律基础，是我国节能政策措施出台和执行的依据。除了本法对节约能源作了系统、具体的规定外，《中华人民共和国可再生能源法》《中华人民共和国循环经济促进法》《中华人民共和国清洁生产促进法》等的某些条文也对节约能源作出了相关规定，使节约能源法律制度更加完备和完善。

　　我国节能相关法律、法规（摘选）见表 3.10。

表 3.10 我国节能相关法律、法规（摘选）

序号	法律、法规名称	节能有关的规定	备注
1	《中华人民共和国节约能源法》	我国的节约能源法始于 1986 年颁布的《节约能源管理暂行条例》，1995 年开始制定国家节约能源法，1997 年颁布了《中华人民共和国节约能源法》（以下简称《节约能源法》），该法于 2007 年进行了修订，修订后的新《节约能源法》（国家主席令〔2007〕第 77 号）自 2008 年 4 月 1 日起施行。 新《节约能源法》由原来的六章五十条增加为七章八十七条，分为总则、节能管理、合理使用与节约能源、节能技术进步、激励措施、法律责任和附则。新《节约能源法》明确了"节约能源"的定义，认为节能是指"加强用能管理，采取技术上可行、经济上合理以及环境和社会可以承受的措施，从能源生产到消费的各个环节，降低消耗、减少损失和污染物排放、制止浪费，有效、合理地利用能源"（第三条）。新《节约能源法》，确定了节能在中国经济社会建设中的重要地位，指出："节约资源是我国的基本国策。国家实施节约与开发并举、把节约放在首位的能源发展战略"（第四条）。 与 1997 年的《节约能源法》相比，新《节约能源法》提出了完善节能管理的一系列措施，如实行节能目标责任制和节能考核评价制度等；在规范用能单位节能方面，对工业节能、建筑节能、交通运输节能、公共结构节能、重点用能单位的节能管理者、节能内容、节能方法和节能对象等进行了相关规定；新《节约能源法》还加大政策激励力度，提出国家实行促进节能的资金投入、税收、价格、信贷和政府采购等政策措施；同时，新《节约能源法》进一步明确了节能管理部门、固定资产投资项目审批或核准机关、节能产品监督部门、各用能单位及重点用能单位的法律责任。 新《节约能源法》在节能管理、合理使用和节约能源、节能技术进步、节能激励措施及法律责任方面的具体内容如下： （1）节能管理。新《节约能源法》健全了我国的节能管理制度和标准体系。在节能管理制度方面，如节能目标责任制和节能考核评价（第六条），固定资产投资项目节能评估和审查制度（第十五条），落后用能产品、设备和生产工艺淘汰制度（第十六条），重点用能单位节能管理制度（第十六条、第三章第六节），能效标识管理制度（第十八条）等。明确了国家要制定强制性用能产品（设备）能效标准（第十三条）、建筑节能标准（第十四条）、交通运输营运车船燃料消耗限值标准（第四十六条）等。 （2）合理使用和节约能源。新《节约能源法》对主要用能单位（包括工业、建筑业、交通运输业、公共机构以及重点用能单位）的节能工作做出以下规定。 在工业领域："制定电力、钢铁、有色金属、建材、石油加工、化工、煤炭等主要耗能行业的节能技术政策，推动企业节能技术改造"（第三十条）；"鼓励工业企业采用高效、节能的电动机、锅炉、窑炉、风机、泵类等设备，采用热电联产、余热余压利用、洁净煤以及先进的用能监测和控制等技术"（第三十一条）；同时，"禁止新建不符合国家规定的燃煤发电机组、燃油发电机组和燃煤热电机组"（第三十三条）。 在建筑业方面规定："建筑工程的建设、设计、施工和监理单位应当遵守建筑节能标准"（第三十五条）；"使用空调采暖、制冷的公共建筑应当实行室内温度控制制度。具体办法由国务院建设主管部门制定"（第三十七条）。同时，"县级以上地方各级人民政府有关部门应当加强城市节约用电管理，严格控制公用设施和大型建筑物装饰性景观照明的能耗"（第三十九条）。 在交通运输节能方面，指出："应该优先发展公共交通和鼓励使用非机动交通工具出行"（第四十三条），同时要求："国务院有关部门制定交通运输营运车船的燃料消耗量限值标准；不符合标准的，不得用于营运"（第四十六条）。 在公共机构节能方面，规定："公共机构采用用能产品、设备，应当优先采购列入节能产品、设备政府采购名录中的产品、设备。禁止采购国家明令淘汰的用能产品、设备"（第五十一条）。	

序号	法律、法规名称	节能有关的规定	备注
1	《中华人民共和国节约能源法》	在重点用能单位的节能管理方面，规定："年综合能源消费总量一万吨标准煤以上的用能单位"和"国务院有关部门或者省、自治区、直辖市人民政府管理节能工作的部门指定的年综合能源消费总量五千吨以上不满一万吨标准煤的用能单位"为国家重点用能单位（第五十二条）。"重点用能单位应当每年向管理节能工作的部门报送上年度的能源利用状况报告"（第五十三条）；"重点用能单位应当设立能源管理岗位"（第五十五条）。 （3）节能技术进步。新《节约能源法》提出："国务院管理节能工作的部门会同国务院科技主管部门发布节能技术政策大纲"（第五十六条）；"科研单位和企业开展节能技术应用研究，制定节能标准，开发节能共性和关键技术"（第五十七条）；同时有关单位应该"制定并公布节能技术、节能产品的推广目录，引导用能单位和个人使用先进的节能技术、节能产品"，同时，实施"重大节能科研项目、节能示范项目、重点节能工程"（第五十八条）。 （4）节能激励措施。新《节约能源法》中的激励措施分为经济措施和政策引导措施。 经济措施包括资金扶持、税收政策、价格政策和信贷支持等。如"中央财政和省级地方财政安排节能专项资金"（第六十条）；对"需要支持的节能技术、节能产品，实行税收优惠等扶持政策"和"国家通过财政补贴支持节能照明器具等节能产品的推广和使用"（第六十一条）；实施"节约能源资源的税收政策"（第六十二条）和"利用税收政策控制能耗高、污染重产品的出口等"（第六十三条）；"国家引导金融机构增加对节能项目的信贷支持"（第六十五条）；"国家实行有利于节能的价格政策，引导用能单位和个人节能"（第六十六条）。 在政策引导措施方面，主要是促进政府部门发挥好节能带头作用。新《节约能源法》第六十四条规定："政府采购监督管理部门会同有关部门制订节能产品、设备政府采购名录，应当优先列入取得节能产品认证证书的产品、设备"。 （5）法律责任。对违反"固定资产投资项目"规定、"节能产品认证"规定、"能效标准"规定以及"淘汰用能设备和产品"规定的责任人和责任单位予以处罚（第六十八条至第七十三条）。 对"节能服务单位""电网企业""建设单位""房地产开发企业"以及"公共机构采购"违反相关节能规定的，予以"五万以上五十万以下"的罚款（第七十六至第八十一条）。 对"重要用能单位"报送能源利用状况不实且"逾期不改正的"，整改达不到要求的以及未设定"能源管理岗位"且拒不改正的，分别处于"一万元以上五万元以下""十万以上三十万以下"及"一万元以上三万元以下"的罚款	
2	《中华人民共和国可再生能源法》	《中华人民共和国可再生能源法》（以下简称《可再生能源法》）在 2005 年 2 月 28 日经第十届全国人民代表大会常务委员会第 14 次会议通过，自 2006 年 1 月 1 日起施行。2009 年 12 月 26 日第十一届全国人大常委会第四次会议表决通过了《可再生能源法》修正案（国家主席令〔2009〕第 23 号），自 2010 年 4 月 1 日起施行。 《可再生能源法》明确了可再生能源发展战略及其路线图，为我国可再生能源发展提供了法律保证。该法分为八章三十三条，分别为总则、资源调查与发展规划、产业指导与技术支持、推广与应用、价格管理与费用补偿、经济激励与监督措施、法律责任、附则。按照该法的规划，我国可再生能源在一次能源消费中的比重，将由目前的 7％提高到 2020 年的 15％，可替代 4 亿 tce 的化石能源，减排二氧化碳 10 亿 t、二氧化硫 700 多万 t。《可再生能源法》从法律上确立了国家实行可再生能源发电全额保障性收购制度、电网企业收购可再生能源电量费用补偿机制，规定了设立国家可再生能源发展基金，要求电网、企业提高吸纳可再生能源电力的能力等，这对推动我国可再生能源产业的健康快速发展、促进能源结构调整、建设资源节约型社会有着重要意义。	

序号	法律、法规名称	节能有关的规定	备注
2	《中华人民共和国可再生能源法》	（1）可再生能源发电全额保障性收购制度。可再生能源发电实施全额保障性收购制度，是强化有关电网企业收购可再生能源的责任和义务，培育可再生能源市场和产业的重要手段。 修订前的《可再生能源法》规定了电网企业全额收购新能源发电量，但是由于企业责任关系不明确，缺乏对电网企业的有效行政调控手段和对电网企业的保障性收购指标，全额收购难以落实。修订后的《可再生能源法》将修订前的"全额收购制度"调整为"全额保障性收购制度"（第十四条）。为了确保这项制度的实施，修订后的《可再生能源法》作出了如下规定：一是授权国务院能源主管部门会同国家电力监管机构和国务院财政部门，按照全国可再生能源开发利用规划，确定在规划期内应当达到的可再生能源发电量占全部发电量的比重，制订电网企业优先调度和全额收购可再生能源发电的具体办法。二是明确这项工作由国务院能源主管部门会同国家电力监管机构督促落实。三是明确电网企业对符合条件的可再生能源并网发电项目上网电量的全额收购义务。四是规定发电企业配合保障电网安全的义务。五是要求电网企业提高吸纳可再生能源电力的能力。 修订后的《可再生能源法》第二十九条规定了电网企业违反这项制度的法律责任："违反本法第十四条规定，电网企业未按照规定完成收购可再生能源电量，造成可再生能源发电企业经济损失的，应当承担赔偿责任，并由国家电力监管机构责令限期改正；拒不改正的，可处以再生能源发电企业经济损失额1倍以下的罚款。" （2）可再生能源发电费用分摊。当前可再生能源发电成本通常高于常规能源发电，为了保障可再生能源发电企业合理利益，促进可再生能源开发利用，《可再生能源法》第十九条规定对不同种类可再生能源制定不同的上网电价。但是，如果可再生能源发电的较高上网电价全由企业、居民承担，必将导致用电量的减少，从而影响可再生能源的开发利用，因此，有必要在全国范围内建立相对公平的费用分摊制度，由各地区电力消费者共同、公平地承担发展可再生能源的额外费用。《可再生能源法》第二十条规定："电网企业依照《可再生能源法》第十九条规定确定的上网电价收购可再生能源电量所发生的费用，高于按照常规能源发电平均上网电价计算所发生费用之间的差额，由在全国范围对销售电量征收可再生能源电价附加补偿。" 由于可再生能源发电项目通常规模较小，位置偏远，其接网费用相对较高，如果由可再生能源发电企业承担接网费用，将制约可再生能源的开发利用进程。因此，第二十一条规定："电网企业为收购可再生能源电量而支付的合理的接网费用以及其他合理的相关费用，可以计入电网企业输电成本，并从销售电价中回收。" 《可再生能源法》第二十二条规定："国家投资或者补贴建设的公共可再生能源独立电力系统的销售电价，执行同一地区分类销售电价，其合理的运行和管理费用超出销售电价的部分，依照该法第二十条的规定补偿。"可再生能源独立电力系统是指不与电网连接的独立运行的可再生能源电力系统，其中为多个用户服务并独立运营的系统，称为公共可再生能源电力系统。由于公共可再生能源独立电力系统建设投资以及运行管理费用较高，本法规定其销售电价执行同一地区分类销售电价，同时规定了由电网电力用户分担部分公共可再生能源独立电力系统运行和管理费用	
3	《中华人民共和国循环经济促进法》	全国人大常委会2008年8月29日通过的《中华人民共和国循环经济促进法》（以下简称《循环经济促进法》），自2009年1月1日起正式施行。颁布实施《循环经济促进法》，是落实党中央提出的实现循环经济较大规模发展这一战略目标的重要举措。当前，贯彻实施《循环经济促进法》、发展循环经济还将推动形成一批新产业和新产品，对拉动内需、创造新的就业岗位、解决民生问题具有积极的现实意义。	

续表

序号	法律、法规名称	节能有关的规定	备注
3	《中华人民共和国循环经济促进法》	（1）禁止生产、进口、销售、使用淘汰的设备、材料、产品或者技术、工艺。《循环经济促进法》第十八条规定："国务院循环经济发展综合管理部门会同国务院环境保护等有关主管部门，定期发布鼓励、限制和淘汰的技术、工艺、设备、材料和产品名录。禁止生产、进口、销售列入淘汰名录的设备、材料和产品，禁止使用列入淘汰名录的技术、工艺、设备和材料。" （2）工业企业用油的节能要求。《循环经济促进法》第二十一条规定："国家鼓励和支持企业使用高效节油产品。电力、石油加工、化工、钢铁、有色金属和建材等企业，必须在国家规定的范围和期限内，以洁净煤、石油焦、天然气等清洁能源替代燃料油，停止使用不符合国家规定的燃油发电机组和燃油锅炉。内燃机和机动车制造企业应当按照国家规定的内燃机和机动车燃油经济性标准，采用节油技术，减少石油产品消耗量。" （3）建筑、农业及产业园区企业的节能要求。《循环经济促进法》第二十三条、第二十四条、第二十九条分别作出规定，与《节约能源法》相配套，丰富和完善了建筑节能、农业节能、产业园区内企业节能的规定和要求。 （4）企业事业及公共机构的节能要求。为推动企业事业及公共机构节能、节地、节水，减少对能源的消耗，《循环经济促进法》第九条、第二十五条提出了相关要求。 （5）对高耗能企业实施重点管理的节能规定。《循环经济促进法》第十六条第一款规定："国家对钢铁、有色金属、煤炭、电力、石油加工、化工、建材、建筑、造纸、印染等行业年综合能源消费量、用水量超过国家规定总量的重点企业，实行能耗、水耗的重点监督管理制度。" （6）强化节能激励措施的规定。《循环经济促进法》第四十四条规定："国家对促进循环经济发展的产业活动给予税收优惠，并运用税收等措施鼓励进口先进的节能、节水、节材等技术、设备和产品，限制在生产过程中耗能高、污染重的产品的出口。具体办法由国务院财政、税务主管部门制定；企业使用或者生产列入国家清洁生产、资源综合利用等鼓励名录的技术、工艺、设备或者产品的，按照国家有关规定享受税收优惠。"第四十六条规定："国家实行有利于资源节约和合理利用的价格政策，引导单位和个人节约和合理使用水、电、气等资源性产品；国务院和省、自治区、直辖市人民政府的价格主管部门应当按照国家产业政策，对资源高消耗行业中的限制类项目，实行限制性的价格政策；对利用余热、余压、煤层气以及煤矸石、煤泥、垃圾等低热值燃料的并网发电项目，价格主管部门按照有利于资源综合利用的原则确定其上网电价。"	
4	《中华人民共和国清洁生产促进法》	《中华人民共和国清洁生产促进法》（以下简称《清洁生产促进法》）由全国人大常委会于2002年6月29日通过，并自2003年1月1日起施行，清洁生产由此以法律制度的形式确定下来。 所谓清洁生产，是指不断采取改进设计、使用清洁的能源和原料、采用先进的工艺技术与设备、改善管理、综合利用等措施，从源头削减污染，提高资源利用效率，减少或者避免生产、服务和产品使用过程中污染物的产生和排放，以减轻或者消除对人类健康和环境的危害。《清洁生产促进法》与《节约能源法》的交叉点在于提高能源的使用效率。 《清洁生产促进法》第十二条规定："国家对浪费资源和严重污染环境的落后生产技术、工艺、设备和产品实行限期淘汰制度。国务院经济贸易行政主管部门会同国务院有关行政主管部门制定并发布限期淘汰的生产技术、工艺、设备以及产品的名录。" 第十六条规定："各级人民政府应当优先采购节能、节水、废物再生利用等有利于环境与资源保护的产品；各级人民政府应当通过宣传、教育等措施，鼓励公众购买和使用节能、节水、废物再生利用等有利于环境与资源保护的产品。"	

续表

序号	法律、法规名称	节能有关的规定	备注
4	《中华人民共和国清洁生产促进法》	《清洁生产促进法》对建筑工程实施清洁生产提出了总体要求，第二十四条第一款规定："建筑工程应当采用节能、节水等有利于环境与资源保护的建筑设计方案、建筑和装修材料、建筑构配件及设备。" 《清洁生产促进法》第二十六条规定："企业应当在经济技术可行的条件下对生产和服务过程中产生的废物、余热等自行回收利用或者转让给有条件的其他企业和个人利用。"	
5	《民用建筑节能条例》	建筑领域是我国行业节能政策中相对成熟的领域。建筑领域节能法规的开端是2000年实施的《民用建筑节能管理规定》。《民用建筑节能管理规定》中规定："国务院建设行政主管部门负责全国民用建筑节能的监督管理工作"；"对不符合节能标准的项目，不得批准建设"；"建设单位应当按照节能要求和建筑节能强制性标准委托工程项目的设计"。随着建筑领域节能标准与政策的不断扩展，2006年建设部对原有的《民用建筑节能管理规定》进行了修订。修订后的《民用建筑节能管理规定》共30条，对民用建筑节能的定义、发布的意义和目的，以及如何落实民用建筑节能等进行了明确，对全国各地做好建筑节能工作起到了积极的指导作用。 2008年7月，为了配合《节约能源法》的修订，国务院颁布了建筑领域节能条例，即《民用建筑节能条例》（国务院令第530号）。《民用建筑节能条例》分为五章四十五条，其主要内容包括对新建建筑节能实施全过程监管、落实建筑能效标识制度、明确改造资金筹措渠道、安装供热系统计量装置推广建筑节能、促进可再生能源在建筑中应用5个方面。 （1）对新建建筑节能实施全过程监管。在规划许可阶段，要求城乡规划主管部门在进行规划审查时，应当就设计方案是否符合民用建筑节能强制性标准征求同级建设主管部门的意见；对于不符合民用建筑节能强制性标准的，不予颁发建设工程规划许可证。 在设计阶段，要求新建建筑的施工图设计文件必须符合民用建筑节能强制性标准。施工图设计文件审查机构应当按照民用建筑节能强制性标准对施工图设计文件进行审查；经审查不符合民用建筑节能强制性标准的，建设主管部门不得颁发施工许可证。 在建设阶段，建设单位不得要求设计单位、施工单位违反民用建筑节能强制性标准进行设计、施工；设计单位、施工单位、工程监理单位及其注册执业人员必须严格执行民用建筑节能强制性标准；工程监理单位对施工单位不执行民用建筑节能强制性标准的，有权要求其改正，并及时报告。 在竣工验收阶段，建设单位应当将民用建筑是否符合民用建筑节能强制性标准作为查验的重要内容；对不符合民用建筑节能强制性标准的，不得出具竣工验收合格报告。对新建的国家机关办公建筑和大型公共建筑，还做了专门规定，要求国家机关办公建筑和大型公共建筑的所有权人应当对建筑的能源利用效率进行测评和标识，并按照国家有关规定将测评结果予以公示，接受社会监督。 在商品房销售阶段，要求房地产开发企业向购买人明示所售商品房的能源消耗指标、节能措施和保护要求、保温工程保修期等信息。 在使用保修阶段，明确规定施工单位在保修范围和保修期内，对发生质量问题的保温工程负有保修义务，并对造成的损失依法承担赔偿责任。 （2）落实建筑能效标识制度。《民用建筑节能条例》规定，国家机关办公建筑和大型公共建筑的所有权人应当对建筑的能源利用效率进行测评和标识，并按照国家有关规定将测评结果予以公示，接受社会监督。 （3）明确改造资金筹措渠道。《民用建筑节能条例》中的第三十条是关于既有建筑节能改造资金筹措渠道以及政府、建筑物所有权人等相关主体承担既有建筑节能改造费用的规定。	

续表

序号	法律、法规名称	节能有关的规定	备注
5	《民用建筑节能条例》	第一款明确了县级以上人民政府承担政府机关办公建筑改造费用的责任。县级以上人民政府应安排改造费用，并纳入本级财政预算，确保稳定的资金来源，同时可以加强资金的管理和使用。政府机关办公建筑是由政府财政出资建造，政府作为建筑的所有权人和使用人，应承担其节能改造的全部费用。 　　第二款是针对居住建筑和教育、科学、文化、卫生、体育等公益事业使用的公共建筑，规定节能改造费用由政府和建筑物所有权人共同负担。 　　第三款是鼓励社会资金投资既有建筑节能的改造。 　　(4) 安装供热系统计量装置推广建筑节能。《民用建筑节能条例》第十八条对新建建筑要求：实行集中供热的建筑应当安装供热系统调控装置、用热计量装置和室内温度调控装置；公共建筑还应安装用电分项计量装置。居住建筑安装的用热计量装置应当满足分户计量的要求。计量装置应当依法检定合格。 　　《民用建筑节能条例》第二十九条对既有建筑节能改造要求："对实行集中供热的建筑进行节能改造，应当安装供热系统调控装置和用热计量装置；对公共建筑进行节能改造，还应当安装室内温度调控装置和用电分项计量装置。" 　　(5) 促进可再生能源在建筑中应用。《民用建筑节能条例》第四条规定："国家鼓励和扶持在新建建筑和既有建筑节能改造中采用太阳能、地热能等可再生能源。"	
6	《公共机构节能条例》	依据 2007 年新修订的《节约能源法》，公共机构是指全部或者部分使用财政性资金的国家机关、事业单位和团体组织。早期综合性政策文件中称为"政府机构"。"十大重点节能工程"中的"政府机构节能工程"对政府机构的定义为：靠公共财政运行的各级政府机关、事业单位和社会团体（包括军队、武警、教育、公共服务等公共财政支持的部门）。其中，政府机关包括党的机关、人大机关、行政机关、政协机关、审判机关、检察机关等；事业单位包括上述国家机关直属事业单位和全部或部分使用财政性资金的教育、科技、文化、卫生、体育等相关公益性行业以及事业性单位；团体组织包括全部或部分使用财政性资金的工、青、妇等社会团体和有关组织。 　　公共机构是能源消费的重要领域。2006 年 2 月，国家发展改革委、财政部发出《关于加强政府机构节约资源工作的通知》（发改环资〔2006〕284 号），明确了"公共机构"是全社会节能的重要领域。2008 年 8 月，国务院《公共机构节能条例》（国务院令第 531 号）颁布，自 2008 年 10 月 1 日起施行。《公共机构节能条例》将公共机构节能工作规范化、制度化，通过法律手段推进公共机构节能，是公共机构节能政策体系建设过程中的一个里程碑。《公共机构节能条例》主要包括公共机构节能管理体制、公共机构节能规划的制定和组织实施、公共机构节能基本管理制度、公共机构节能措施 4 个方面的内容。 　　(1) 公共机构节能管理体制。《公共机构节能条例》分 3 个层次规定了既有统一监督管理，又有相互协调配合的公共机构节能管理体制。 　　1) 国务院管理节能工作的部门主管全国的公共机构节能监督管理工作，国务院管理机关事务工作的机构在国务院管理节能工作的部门指导下，负责推进、指导、协调、监督全国的公共机构节能工作。 　　2) 国务院和县级以上地方各级人民政府管理机关事务工作的机构在同级管理节能工作的部门指导下，负责本级公共机构节能的监督管理工作。 　　3) 教育、科技、文化、卫生、体育等系统各级主管部门应当在同级管理机关事务工作的机构指导下，开展本级系统内公共机构节能工作。	

序号	法律、法规名称	节 能 有 关 的 规 定	备注
6	《公共机构节能条例》	（2）公共机构节能规划的制定和组织实施。《公共机构节能条例》首先明确规定了公共机构节能规划的制定主体、制定依据以及应当包括的主要内容，即公共机构节能规划由国务院和县级以上地方各级人民政府管理机关事务工作的机构会同同级有关部门，根据本级人民政府节能中长期专项规划制定。公共机构节能规划应当包括指导思想和原则、用能现状和问题、节能目标和指标、节能重点环节、实施主体、保障措施等方面的内容。为保障公共机构节能规划的实施，《公共机构节能条例》还明确规定国务院和县级以上地方各级人民政府管理机关事务工作的机构应当将公共机构节能规划确定的节能目标和指标，按年度分解落实到本级公共机构。公共机构应当结合本单位用能特点和上一年度用能状况，制订年度节能目标和实施方案，有针对性地采取节能管理或节能改造措施，保证节能目标的完成。年度节能目标和实施方案应当报本级人民政府管理机关事务工作的机构备案。 （3）公共机构节能基本管理制度针对当前公共机构在节能工作中存在的责任不明晰、规章制度不健全、能耗底数不清、监督和约束不力等问题，条例规定了8个方面的基本管理制度。 1）明确规定公共机构负责人对本单位节能工作全面负责。公共机构的节能工作实行目标责任制和考核评价制度，节能目标完成情况作为对公共机构负责人考核评价的依据。 2）规定公共机构应当建立、健全本单位节能管理的规章制度。 3）规定公共机构应当实行能源消费计量制度，区分用能种类，用能系统实行能源消费分户、分类、分项计量，并加强对本单位能源消耗状况的实时监测，及时发现、纠正用能浪费现象。 4）规定公共机构应当指定专人负责能源消费统计，如实记录能源消费计量原始数据，建立统计台账，并于每年3月31日前向本级人民政府管理机关事务工作的机构报送上一年度能源消费状况报告。 5）规定公共机构应当在有关部门制订的能源消耗定额范围内使用能源，加强能源消耗支出管理；超过能源消耗定额使用能源的，应当向本级人民政府管理机关事务工作的机构作出说明。 6）明确规定公共机构应当优先采购列入节能产品、设备政府采购名录和环境标志产品政府采购名录中的产品、设备，不得采购国家明令淘汰的用能产品、设备。 7）规定公共机构新建建筑和既有建筑维修改造应当严格执行国家有关建筑节能设计、施工、调试、竣工验收等方面的规定和标准。公共机构的建设项目应当通过节能评估和审查。 8）实行能源审计制度，规定公共机构应当对本单位用能系统、设备的运行及能源使用情况进行技术和经济性评价，并根据审计结果采取提高能源利用效率的措施。 （4）公共机构节能措施。针对公共机构用能的实际情况和特点，《公共机构节能条例》从7个方面规定了公共机构节能的具体措施。 1）规定公共机构应当加强用能系统和设备运行调节、维护保养和巡视检查，推行低成本、无成本节能措施。 2）规定公共机构应当设置能源管理岗位，实行能源管理岗位责任制，并在重点用能系统、设备的操作岗位上配备专业技术人员。 3）鼓励公共机构采用合同能源管理方式，委托节能服务机构进行节能诊断、设计、融资、改造和运行管理。 4）规定公共机构选择物业服务企业应当考虑其节能管理能力，并在物业服务合同中载明节能管理的目标和要求。 5）规定公共机构实施节能改造应当进行能源审计和投资收益分析，并在节能改造后采用计量方式对节能指标进行考核和综合评价。 6）规定了公共机构办公设备、空调、电梯、照明等用能系统和设备以及网络机房、食堂、锅炉房等重点用能部位的节能运行规范。 7）规定公共机构的公务用车应当按照标准配备，并严格执行车辆报废制度，推行单车能耗核算制度	

节能法规和标准规范包括国家、项目所属行业及地区对节能降耗的相关规定，它们是从源头控制能源消耗、提高能源综合利用效率的基本手段。投资项目节能评价首先应依据国家、行业和地方有关节能的法律法规及标准规范，并参考同类项目的国内外先进水平，评价项目采纳的标准规范是否全面合理。

3.3　我国节能降耗的技术标准

3.3.1　节能降耗技术标准体系

　　标准是为了在一定范围内获得最佳秩序，经协商一致制定并由公认机构批准，共同使用和重复使用的一种规范性文件。节能标准化是根据我国节能方针和政策要求，为发展科学技术和加强对能源的科学管理，实现节约能源、增加效益的目的而提出的，即以能源系统为对象，运用标准化的原理和方法，通过制定、修订和发布实施各项节能标准而达到统一，在节能领域获得最佳秩序和社会效益的活动。

　　为推动全社会节能、缓解能源约束、减轻环境压力、实现可持续发展，近 10 年来我国节能标准和规范工作取得了较快发展。节能标准以共同遵守的技术依据为形式，以提高效率和效益为目标，是发挥引领和协调作用、保证我国经济、社会、环境可持续发展、建设节约型社会的重要技术基础；是将节约能源的先进技术转化为现实生产力的桥梁，是评价、衡量能源利用效率高低程度和能源利用过程是否科学合理及其先进程度的有力工具；是政府对节能工作实施科学、有序和定量化管理的重要依据。

　　1. 节能标准发展历程

　　我国节能标准化工作始于 20 世纪 80 年代，经过标准化工作者几十年的共同努力，从零散的几个节能标准发展成具有不同级别的、比较完整的节能标准体系。

　　20 世纪 80 年代，我国开始提出节能优先战略，并把节能工作纳入了国民经济发展计划。在能源供应体制上实行计划配额供应模式，在高耗能产品能耗管理方面实行定额管理制度，在用能设备方面实行政府发布更新改造和淘汰目录制度，以减少企业能源消耗、推广节能设备。此外，在全国范围开展了企业能量平衡、企业评优、企业评级等活动。

　　在一系列的节能实践中，国家能源管理机构与标准化工作者开始认识到通过标准化手段推动节能工作的重要性。国家标准化主管部门于 1981 年 5 月，以当时的中国标准化综合研究所（现中国标准化研究院）为主，成立了"全国能源基础与管理标准化技术委员会"（以下简称全国能标委），负责承担节能领域的标准化技术工作。这一时期节能标准化工作的重点是从基础做起，全国能标委组织制定了单位与换算、术语、图形符号、企业能量平衡、企业能流图、综合能耗、节能量及热效率计算方法以及用能产品能耗限定值等一批节能基础和方法类国家标准，为我国节能工作提供了基本理论、方法依据，配合促进了当时节能政策的有效实施。

　　20 世纪 90 年代是我国社会主义市场经济体制逐步建立时期。20 世纪 90 年代前半期，我国节能标准尤其是系列节能管理标准的制定和实施取得了显著的成效，有力地推动了节能管理工作的深入开展。这一时期，节能标准广泛应用于各个节能管理领域，不仅成为能源管理的强有力工具，也成为各级节能管理部门进行节能管理的技术依据。在国家标准化管理机构（国家技术监督局）和国家节能主管部门（国家计划委员会、国家经济贸易委员会）的直接组织和推动下，我国制定了数量较大的节能标准，举办了丰富多彩的节能标准培训活动，学习和应用节能标准的机构、人员也达到了空前的规模，使得大量的节能管理标准都得以很好地宣贯和实施，产生了巨大的社会影响和良好的经济效益。20 世纪 90 年代后半期，我国进行了经济体制改革与政府机构改革，能源供需矛盾相对缓和，节能基础与管理标准化工作发展相对放缓。

21 世纪以来，我国经济市场化程度不断提高，能源需求持续增长，节能技术快速进步与节能产业逐步形成，对制定和实施节能标准提出了新的要求。国家节能主管部门依据客观经济和社会环境，在总结国外成功经验和以往工作的基础上，提出了"重视源头节能""提高市场准入门槛""注重用能大户的节能"等新的节能管理思路，把节能管理从对生产过程的管理转向对终端用能产品的管理，节能标准化不仅受到高度重视，而且被摆到了重要位置，有力地推动了我国能效标准的发展。可以说，能效标准在规范市场准入、引导与调控能源经济运行、维护公平竞争、为消费者提供直接可靠的能效信息以及推动社会发展等方面，都发挥了巨大作用，取得了明显的经济、社会和环境效益。

2. 节能标准法规基础

2007 年新修订的《中华人民共和国节约能源法》共七章八十七条，其中 10 个条款涉及节能标准。其中，关于节能标准规定如下：

第十三条　国务院标准化主管部门和国务院有关部门依法组织制定并适时修订有关节能的国家标准、行业标准，建立健全节能标准体系。

国务院标准化主管部门会同国务院管理节能工作的部门和国务院有关部门制定强制性的用能产品、设备能源效率标准和生产过程中耗能高的产品的单位产品能耗限额标准。

国家鼓励企业制定严于国家标准、行业标准的企业节能标准。省、自治区、直辖市制定严于强制性国家标准、行业标准的地方节能标准，由省、自治区、直辖市人民政府报经国务院批准；本法另有规定的除外。

3. 节能标准体系

经过 20 多年的探索与发展，我国已经制定实施了一大批国家急需的节能标准，这些标准在节能实践中发挥了重要作用。目前，我国已初步建立起与节能工作领域相对应的节能标准体系，如图 3.4 和表 3.11 所示。

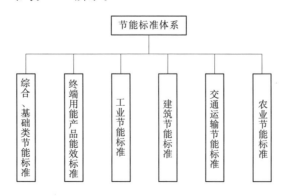

图 3.4　我国节能标准体系

表 3.11　　　　　　　　　　　　我国节能标准体系

序号	子体系	标准类别	备注
1	综合、基础类标准子体系	综合、基础类节能标准主要包括术语标准、计算标准、计量标准等。 (1) 术语、分类方面的标准。 (2) 图形符号和文字代号方面的标准。 (3) 能源统计与分析、管理方面的标准。 (4) 能源计量器具配备方面的标准。 (5) 节能效益计算与评价方面的标准	
2	终端用能产品能效标准子体系	主要涉及工业通用设备、家用耗能器具、照明器具、商用设备、电子信息产品、交通运输工具等，规定了用能产品的能效限定值（功效耗电量）、节能评价值、目标值、试验方法和检验规则等方面的内容。 (1) 工业通用设备方面的能效标准（11 种）。 (2) 家用耗能器具方面的能效标准（13 种）。 (3) 照明器具方面的能效标准（8 种）。 (4) 商用设备方面的能效标准（4 种）。 (5) 电子信息产品方面的能效标准（4 种）	截至 2012 年年底，我国已经颁布终端用能产品和设备能效标准 46 项
3	工业节能标准子体系	工业节能标准子体系包括： (1) 节能设计方面的标准。 (2) 能源平衡方面的标准。 (3) 能耗测试与计算方面的标准。 (4) 能源消耗定额方面的标准。 (5) 用能设备节能监测方面的标准。 (6) 用能设备经济运行方面的标准。 (7) 能源审计方面的标准。 (8) 高效节能产品及装置方面的标准。 (9) 评价企业合理用能方面的标准	
4	建筑节能标准子体系	建筑节能标准子体系包括： (1) 节能设计方面的标准。 (2) 能源审计、监测方面的标准。 (3) 节能建筑系统和材料方面的标准。 (4) 能效分级方面的标准。 (5) 工程施工与验收方面的标准。 (6) 节能评价方面的标准	
5	交通运输节能标准子体系	交通运输节能标准子体系包括： (1) 节油技术与装置方面的标准。 (2) 节能检测方面的标准。 (3) 燃油消耗量测试与计算方面的标准。 (4) 能源审计方面的标准。 (5) 能源平衡方面的标准。 (6) 能源利用评价与管理方面的标准。 (7) 交通能源消耗统计分析方面的标准	

续表

序号	子体系	标准类别	备 注
6	农业节能标准子体系	农业节能标准子体系包括： （1）节能作业要求方面的标准。 （2）节能设计方面的标准。 （3）能耗测试与计算方面的标准。 （4）用能设备节能监测方面的标准。 （5）用能设备经济运行方面的标准。 （6）能源消耗定额方面的标准。 （7）能源审计方面的标准	

按综合及基础类标准、产品能耗限额标准、经济运行标准、节能监测标准划分，我国主要节能标准及基本内容见表 3.12。

表 3.12 　　　　　　　　　我国主要节能标准及基本内容

序　号		主 要 节 能 标 准	基 本 内 容	备　注
综合及基础类标准	1	《综合能耗计算通则》（GB/T 2589—2008）	该标准规定了综合能耗计算的能源种类和计算范围、综合能耗的分类和计算方法及各种能源折算标准煤的原则等相关内容，适用于用能单位能源消耗指标的核算和管理	综合及基础类标准主要包括能耗计算导则和计量标准
	2	《用能设备能量测试导则》（GB/T 6422—2009）	该标准规定了用能设备能量测试的基本要求、测试条件、测试方法及测试报告的内容，适用于用能设备、装置及系统的能量测试	
	3	《单位产品能源消耗限额编制通则》（GB/T 12723—2008）	该标准规定了单位产品能源消耗限额编制的原则和依据、编制的内容与方法，以及能耗数据统计的范围、节能管理与措施，适用于国家、地区、行业及企业单位产品能耗限额的编制和管理	
	4	《企业节能量计算方法》（GB/T 13234—2009）	该标准规定了企业节能量的分离、企业节能量计算的基本原则、企业节能量的计算方法以及节能率的计算方法，适用于企业节能量和节能率的计算	
	5	《节能监测技术通则》（GB/T 15316—2009）	该标准规定了对用能单位的能源利用状况进行监测的通用技术原则，适用于制定单项节能监测技术标准和其他用能单位的节能监测工作	
	6	《企业能源审计技术通则》（GB/T 17166—1997）	该标准规定了企业能源审计的定义、内容、方法、程序和能源审计报告的编写等方面的内容，适用于企业和其他独立核算的用能单位	
	7	《用能单位能源计量器具配备和管理通则》（GB 17167—2006）	该标准规定了能源计量的种类及范围、能源计量器具的配备原则、能源计量器具的配备要求、能源计量制度、能源计量人员、能源计量器具和能源计量数据等用能单位能源计量器具配备和管理的基本要求，适用于企业、事业单位、行政机关、社会团体等独立核算的用能单位	
	8	《节能产品评价导则》（GB/T 15320—2001）	该标准规定了节能产品的定义、分类、评价原则与方法，适用于节能产品的评价与认证、用能产品能效标准的制定	

续表

序　号		主要节能标准	基　本　内　容	备　注
综合及基础类标准	9	《工业企业能源管理导则》（GB/T 15587—2008）	该标准从管理、能源规划与设计管理、能源输入管理、能源加工转换管理、能源分配和传输管理、能源使用管理、能源计量检测、能耗分析、节能技术进步等方面规定了工业企业建立能源管理系统、实施能源管理的一般要求，适用于新建、扩建、既有工业企业能源管理	综合及基础类标准主要包括能耗计算导则和计量标准
	10	《企业节能标准体系编制通则》（GB/T 22336—2008）	该标准规定了企业节能标准体系的编制原则和要求、企业节能标准体系的层次结构、企业节能标准体系的编制格式，适用于工业企业，其他用能单位可参照执行	
产品能耗限额标准	1	《水泥单位产品能源消耗限额》（GB 16780—2007）等	该标准适用于通用硅酸盐水泥生产企业能耗的计算、考核以及对新建项目的能耗控制	能耗限额标准总数达到27项
经济运行标准	1	《三相异步电动机经济运行》（GB/T 12497—2006）	该标准规定了实现三相异步电动机经济运行的原则与技术要求，判定经济运行的指标及计算方法等。适用于在用的中小型三相异步电动机。电动机拖动系统设计与机电一体化产品配套选择电动机时，也可参照使用	经济运行标准主要集中在工业通用耗能机械上，包括电动机、变压器、风机、锅炉等
	2	《电力变压器经济运行》（GB/T 13462—2008）	该标准规定了电力变压器经济运行的原则与技术要求，以及确定经济运行方式的计算方法和管理要求，适用于发电、供电、用电单位运行中的电力变压器的经济运行管理，以及单位新建、改建中电力变压器的配置	
	3	《交流电气传动风机（泵类、空气压缩机）系统经济运行通则》（GB/T 13466—2006）	该标准规定了交流电气传动风机（泵类、空气压缩机）系统经济运行的基本要求、判别与评价方法和测试方法，适用于在用的交流电气传动风机（泵类、空气压缩机）系统，新系统设计可参照执行	
	4	《离心泵、混流泵、轴流泵与旋涡泵系统经济运行》（GB/T 13469—2008）	该标准规定了交流电气传动的离心泵、混流泵、轴流泵和旋涡泵系统经济运行的基本要求、判别与评价方法、测试方法和改造措施，适用于在用的交流电气传动离心泵、混流泵、轴流泵和旋涡泵系统，新系统设计可参照执行	
	5	《通风机系统经济运行》（GB/T 13470—2008）	该标准规定了交流电气传动的通风机系统经济运行的基本要求、判别与评价方法、测试方法和改造措施，适用于在用的交流电气传动通风机系统，新系统设计可参照执行	
	6	《工业锅炉经济运行》（GB/T 17954—2007）	该标准规定了工业锅炉经济运行的基本要求、管理原则、技术指标与考核；适用于以煤、油、气为燃料，以水为介质的固定式钢制锅炉，包含《工业蒸汽锅炉参数系列》（GB/T 1921—2004）所列额定蒸汽压力大于0.04MPa且额定蒸发量不小于1t/h的各种参数系列的蒸汽锅炉和《热水锅炉系列》（GB/T 3166—2004）所列额定出水压力大于0.1MPa且额定热功率不小于0.7MW的各种参数系列的热水锅炉；不适用于余热锅炉、电加热锅炉及有机热载体锅炉	
	7	《空气调节系统经济运行》（GB/T 17981—2007）	该标准规定了空气调节系统经济运行的基本要求、评价指标与方法和节能管理，适用于公共建筑（包括采用集中空调系统的居住建筑）中使用的空调系统	

续表

序号		主要节能标准	基本内容	备注
经济运行标准	8	《生活锅炉经济运行》 （GB/T 18292—2009）	该标准规定了生活锅炉经济运行的要求、管理原则、分级、技术指标、检测方法与考核，适用于额定热功率为 0.05～0.7MW、压力小于 0.7MPa（表压）的承压锅炉及额定热功率为 0.05～2.8MW 的常压热水锅炉，不适用于额定热功率小于 0.05MW 的锅炉，家用热水机组，不以煤、气为燃料和不以水为介质的锅炉	经济运行标准主要集中在工业通用耗能机械上，包括电动机、变压器、风机、锅炉等
	9	《电加热锅炉系统经济运行》 （GB/T 19065—2003）	该标准规定了电加热锅炉系统经济运行的技术要求、运行管理、技术经济指标、测试与计算方法、评价原则，适用于额定工作电压不小于 400V、额定蒸发量不少于 0.07t/h 的以水为介质的电加热蒸汽锅炉和额定热功率不小于 0.05MW 的电加热热水锅炉系统的工程设计、施工与运行	
节能监测标准	1	《燃煤工业锅炉节能监测》 （GB/T 15317—2009）	该标准规定了燃煤工业锅炉能源利用状况的监测内容、监测方法和考核指标，适用于额定热功率（额定蒸发量）大于 0.7MW(1t/h)、小于 24.5MW(35t/h) 的工业蒸汽锅炉和额定供热量大于 2.5GJ/h 的工业热水锅炉	节能监测标准由一系列工业设备标准构成，主要包括锅炉、工业炉、空调等
	2	《热处理电炉节能监测》 （GB/T 15318—2010）	该标准规定了热处理电炉节能监测的监测内容、监测方法和合格指标，适用于周期式和连续式电炉，不适用于感应加热和离子加热等设备的节能监测	
	3	《火焰加热炉节能监测方法》 （GB/T 15319—1994）	该标准规定了火焰加热炉能源利用状况的监测内容、监测方法和合格指标，适用于炉底有效面积不小于 0.5m² 的火焰加热炉，不适用于火焰热处理炉	
	4	《热力输送系统节能监测》 （GB/T 15910—2009）	该标准规定了热力输送系统节能监测的监测项目、监测方法和考核指标，适用于供热、用热单位的蒸汽和热水输送系统	
	5	《工业电热设备节能监测方法》 （GB/T 15911—1995）	该标准规定了工业电热设备能源利用状况的监测内容、监测方法和合格指标，适用于额定功率不小于 8kW、额定温度不大于 600℃ 的工业用各类低温电加热设备，包括电烘烤炉（箱）、电干燥炉（窑、室、箱）、电远红外干燥炉（箱）、电热烘道等，不适用于工业热处理电炉和机械成型加工系统中电热器具及真空电热设备的节能监测	
	6	《制冷机组及供制冷系统节能测试 第1部分：冷库》 （GB/T 15912.1—2009）	该标准规定了采用制冷压缩机（机组）、冷凝器、蒸发器及附件、管路等独立零部件在用户现场安装的制冷系统的节能监测内容和节能测试方法，适用于储存空间大于 500m³ 的冷冻、冷藏库，不适用于山洞冷库、石拱覆土冷库、地下、半地下冷库以及冷库的冷却间和冻结间	
	7	《风机机组与管网系统节能监测》（GB/T 15913—2009）	该标准规定了风机机组与供风管网系统节能监测项目、监测方法和考核指标，适用于 11kW 以上的由电动机驱动的离心式、轴流式通风机及鼓风机机组与管网系统，不适用于输送物料的风机机组及系统	
	8	《蒸汽加热设备节能监测方法》（GB/T15914—1995）	该标准规定了蒸汽加热设备能源利用状况的监测内容、监测方法和合格指标，适用于用气功率不小于 325kW（0.5t/h）的蒸汽设备、蒸发与蒸馏设备、干燥和综合用气设备，不适用于蒸汽动力设备	

序　号		主要节能标准	基本内容	备　注
节能监测标准	9	《企业供配电系统节能监测方法》（GB/T 16664—1996）	该标准规定了用电单位供配电系统的节能监测内容、监测方法和合格指标，适用于企业、事业等用电单位供配电系统的节能监测	节能监测标准由一系列工业设备标准构成，主要包括锅炉、工业炉、空调等
	10	《空气压缩机组及供气系统节能监测方法》（GB/T 16665—1996）	该标准规定了运行中空气压缩机组及供气系统能源利用状况的监测内容、监测方法和合格指标，适用于额定排气压力不超过 1.25MPa（表压），公称容积流量不小于 6m³/min 的空气压缩机组及供气系统	
	11	《泵类及液体输送系统节能监测方法》（GB/T 16666—1996）	该标准规定了泵类及液体输送系统能源利用状况的监测内容、监测方法和合格指标，适用于 5kW 及以上电动机拖动的离心泵及其液体输送系统的节能监测	
	12	《电焊设备节能监测方法》（GB/T 16667—1996）	该标准规定了电焊设备在使用中电能利用状况的监测内容、监测方法和合格指标，适用于进行手工电弧焊、气体保护焊和埋弧焊的额定电流不小于 160A 的交、直流弧焊设备	
	13	《工业锅炉水处理设施运行效果与监测》（GB/T 16811—2005）	该标准规定了工业锅炉水处理设施运行效果及对其监测与评价的方法，适用于额定出口蒸汽压力不大于 2.5MPa、以水为介质的固定式蒸汽锅炉和汽、水两用锅炉所配备的水处理设施，也适用于以水为介质的固定式承压热水锅炉、常压热水锅炉所配备的水处理设施	
	14	《锅炉热网系统能源监测与计量仪表配备原则》（GB/T 17471—1998）	该标准规定了锅炉热网系统能源监测与计量仪表的配备原则，适用于各种用能单位的锅炉热网系统	
	15	《运输船舶能源利用监测评价方法》（GB/T 17751—1999）	该标准规定了对运输船舶能源利用状况进行监测评价的原则和通用方法，适用于制定运输船舶专项节能监测技术标准和对运输船舶进行节能监测工作	

需要说明的是产品能耗限额标准有 3 个重要指标：第一个指标是能耗限额限定值，技术指标制定的原则是淘汰 20%～30% 落后产能，在标准当中是一个强制性的指标；第二个指标是能耗限额准入值，它是为了配合《中华人民共和国节约能源法》的实施，在固定资产投资项目节能评估和审查中，对新建和改扩建项目的一个强制性的准入门槛，原则是跟产业政策相协调的最严格的指标；第三个指标是能耗限额的先进值，确定原则是取国际先进水平或国内领先水平，给企业一个奋斗目标，在标准中是一个推荐性的指标。2010 年又发布了 5 项能耗限额标准。以《水泥单位产品能源消耗限额》（GB 16780—2007）为例，该标准规定了水泥企业水泥单位产品能耗指标，见表 3.13。

3.3.2　我国工程建设领域的节能降耗技术标准

1. 工业类投资项目节能标准和规范

自 1990 年以来，我国在工业管理及设计、工业产品能耗定（限）额、工业合理用能、工业设备能效等方面发布了众多标准和规范，并启动了工业建筑和生产工艺节能设计标准的制定工作。自 2005 年起，建设部陆续编制出台了一系列的工业建筑和生产工艺节能设计标准，如《钢铁企业节能设计规范》《水泥工厂节能设计规范》《有色金属冶炼厂节能设计规范》及《工业建筑节能统一标准》等，有关电子工程、木材加工业、石油加工业、煤炭工业、建筑陶瓷业、玻璃生产业等行业的生产工艺节能设计标准正在制定中。

表 3.13 　　　　　　　　　　**水泥企业水泥单位产品能耗指标**

分　　类	可比熟料综合煤耗/（kg/t,标准煤）	可比熟料[1]综合电耗/〔（kW·h）/t〕	可比水泥[2]综合电耗/〔（kW·h）/t〕	可比熟料综合能耗/（kg/t,标准煤）	可比水泥综合煤耗/（kg/t,标准煤）
一、限定值					
4000t/d 以上（含 4000t/d）	≤120	≤68	≤105	≤128	≤105
2000～4000t/d（含 2000t/d）	≤125	≤73	≤110	≤134	≤109
1000～2000t/d（含 1000t/d）	≤130	≤76	≤115	≤139	≤114
1000t/d 以下	≤135	≤78	≤120	≤145	≤118
水泥粉磨企业			≤45		
二、准入值					
4000t/d 以上（含 4000t/d）	≤110	≤62	≤90	≤118	≤96
2000～4000t/d（含 2000t/d）	≤115	≤65	≤93	≤123	≤100
水泥粉磨企业			≤38		
三、先进值					
4000t/d 以上（含 4000t/d）	≤107	≤60	≤85	≤114	≤93
2000～4000t/d（含 2000t/d）	≤112	≤62	≤90	≤120	≤97
水泥粉磨企业			≤34		

① 对只生产水泥熟料的水泥企业。
② 对生产水泥的水泥企业（包括水泥粉磨企业）。

　2. 建筑类投资项目节能标准和规范

　　我国的建筑节能标准从《北方地区居住建筑节能设计标准》（1986 年）起步，发展迅速，先后颁布实施了针对 3 个气候区的节能 50％的设计标准，初步形成了国家和行业的建筑节能标准体系。这些标准都属强制性标准，是必须坚决执行的。随着《民用建筑节能条例》和《公共机构节能条例》的发布，我国的建筑节能已从采暖地区既有居住建筑节能改造，全面扩展到所有既有居住建筑和公共建筑节能改造；从建筑外墙外保温工程施工，延伸到建筑节能工程质量验收、检测、评价、能耗统计使用维护和运行管理；从传统能源的节约扩展到可再生资源的利用，包括太阳能、地热能、风能和生物质能等。除了国家发布的节能标准外，各省、直辖市、自治区建设主管部门还批准发布了有关建筑节能的地方标准和实施细则，推行了更高的建筑节能标准。如北京、天津等地区在 2004 年制定的建筑节能 65％的标准，要求每平方米建筑每个采暖季节采暖能耗要进一步降到 8.8kgce。

　3. 交通类投资项目节能标准和规范

　　为了指导各类交通工程项目的节能评价和设计，交通部、铁道部等部门先后出台了公路、铁路、水运、港口等工程项目的节能文件和规范。早在 1995 年交通部就制定了《关于交通行业基本建设和技术改造项目工程可行性研究报告增列"节能篇（章）"暂行规定》；最近几年根据节能减排需要，有关部门陆续修订发布了《铁路工程节能设计规范》

（TB 10016—2006）、《水运工程节能设计规范》（JTS 150—2007）、《港口能源消耗统计及分析方法》（GB/T 21339—2008）等，成为行业新的强制性标准规范。2008 年 7 月交通运输部发布《公路、水路交通实施＜中华人民共和国节约能源法＞办法》进一步规定了交通节能技术标准。

4. 水利水电类投资项目节能标准和规范

近年来，水利水电类工程陆续颁布了相关节能降耗标准和规范，2007 年，由水电水利规划设计总院起草的《水电工程可行性研究报告编制规程》（DL/T 5020—2007）中，列入了节能降耗专篇。随后，《水利水电工程节能设计规范》（GB/T 50649—2011）于 2011 年正式颁布并实施，《水电工程节能降耗分析设计导则》（NB/T 35022—2014）已正式颁布并于 2014 年 11 月实施。

工程建设领域部分节能降耗技术标准见表 3.14。

表 3.14　　　　　　　　　　工程建设领域部分节能降耗技术标准

分　类	规程、规范名称	标　准　编　号	实　施　日　期
通用节能降耗管理标准	综合能耗计算通则	GB/T 2589—2008	2008 年 6 月 1 日
	节能监测技术通则	GB/T 15316—2009	2009 年 11 月 1 日
	企业节能量计算方法	GB/T 13234—2009	2009 年 11 月 1 日
	节能产品评价导则	GB/T 15320—2001	2001 年 7 月 1 日
	用能单位能源计量器具配备和管理通则	GB 17167—2006	2007 年 1 月 1 日
	设备及管道绝热技术通则	GB/T 4272—2008	2009 年 1 月 1 日
行业内相关节能降耗规程规范	水电工程可行性研究报告编制规程	DL/T 5020—2007	2007 年 12 月 1 日
	夏热冬冷地区居住建筑节能设计标准	JGJ 134—2010	2010 年 8 月 1 日
	夏热冬暖地区居住建筑节能设计标准	JGJ 75—2003	2003 年 10 月 1 日
	严寒和寒冷地区居住建筑节能设计标准	JGJ 26—2010	2010 年 8 月 1 日
	公共建筑节能设计标准	GB 50189—2005	2005 年 7 月 1 日
	水运工程节能设计规范	JTS 150—2007	2008 年 2 月 1 日
	铁路工程节能设计规范	TB 10016—2006	2007 年 3 月 3 日
	水利水电工程节能设计规范	GB/T 50649—2011	2011 年 12 月 1 日
	水电工程节能降耗分析设计导则	NB/T 35022—2014	2014 年 11 月
	水泥工厂节能设计规范	GB 50443—2007	2008 年 5 月 1 日
	石油库节能设计导则	SH/T 3002—2000	2001 年 3 月 1 日
	钢铁企业节能设计规范	GB 50632—2010	2011 年 10 月 1 日
	机械行业节能设计规范	JBJ14—2004	2004 年 11 月 1 日
	有色金属矿山节能设计规范	GB 50595—2010	2011 年 2 月 1 日

第4章 水电工程节能降耗分析
编制要求及编制依据

4.1 编制要求

4.1.1 固定资产投资项目节能评估和审查制度

1. 法律依据

我国有关法律法规对投资项目咨询评估提出节能方案分析要求由来已久。早在1992年，国家计划委员会、国务院经济贸易办公室、建设部规定基本建设和技术改造工程项目可行性研究报告要增列"节能篇（章）"。1997年国家计划委员会、国家经济贸易委员会、建设部重新发布了《关于固定资产投资工程项目可行性研究报告"节能篇（章）"编制及评估的规定》，要求可行性研究报告必须包括"节能篇（章）"，并应经有资格的咨询机构进行评估。

2006年12月国家发展改革委发布了《关于加强固定资产投资项目节能评估和审查工作的通知》，要求从2007年1月开始，报送国家发展改革委审批、核准的项目可行性研究报告和项目申请报告必须按要求编制节能分析篇（章），否则国家发展改革委不予受理。节能分析篇（章）要本着合理利用能源、提高能源利用效率的原则，充分论证企业投资建设项目的用能标准和节能设计规范，分析能源消耗种类和数量、项目所在地能源供应状况、能耗指标、节能措施和节能效果等内容。2007年1月，国家发展改革委出台了《关于印发固定资产投资项目节能评估和审查指南（2006）的通知》，分类规整了我国目前适用的工业类、建筑类、交通运输类、农业类和相关终端用能产品的主要法律法规、产业和技术政策、标准和设计规范。

2007年5月和2008年6月国家发展改革委先后发布的《项目申请报告通用文本》和《企业投资项目咨询评估报告编写大纲》进一步强调，项目申请报告或企业投资项目咨询评估报告都应包括节能方案分析或评估的相关内容。"固定资产投资项目节能评估和审查制度"是要建立类似"环境影响评价制度"的节能评价制度，它通过严格控制高耗能、高排放和产能过剩行业新上项目，从而在源头上控制能耗的不合理增长。该制度的实施意味着相关固定资产投资项目必须首先在节能评估方面达到国家和地方法规的要求，才能进入下一步核准程序。

经2007年修订后的《中华人民共和国节约能源法》明确规定：国家实行固定资产投资项目节能评估和审查制度，不符合强制性节能标准的项目，依法负责项目审批或者核准的机关不得批准或者核准建设；负责审批或者核准固定资产投资项目的机关违反本法规定，对不符合强制性节能标准的项目予以批准或者核准建设的，对直接负责的主管人员和其他直接责任人员依法给予处分。

我国"固定资产投资项目节能评估和审查制度"的法律与政策依据见表4.1。

表 4.1　　我国"固定资产投资项目节能评估和审查制度"的法律与政策依据

类　　型	法 律 与 政 策 依 据
法律依据	《中华人民共和国节约能源法》（1997 年颁布，2008 年修改后发布）
国家政策	《国务院关于加强节能工作的决定》（国发〔2006〕28 号）
	《关于加强固定资产投资项目节能评估和审查工作意见的通知》（发改投资〔2006〕2787 号）
	《关于印发固定资产投资项目节能评估和审查指南（2006）的通知》（发改委环资〔2007〕21 号）
	《关于加强工业固定资产投资项目节能评估和审查工作的通知》（工信部节〔2010〕135 号）
	《固定资产投资项目节能评估与审查暂行办法》（国家发展和改革委员会令〔2010〕第 6 号）
地方政策（福建、安徽、河北、海南、重庆、上海、山西、贵州、四川、北京、云南、天津、山东、江苏、浙江等地）	各省《固定资产投资项目节能评估和审查管理暂行办法》；《北京市发展和改革委员会节能评估中介机构管理办法（试行）》（京发改〔2007〕343 号）、《北京市固定资产投资项目编制独立节能专篇内容深度的要求（试行）》（京发改〔2007〕576 号）、《北京市发展和改革委员会关于开展固定资产投资项目节能评估和审查工作有关问题的通知》（京发改〔2007〕1107 号）等

2. 评估和审查制度

　　"十一五"初期，国家酝酿建立"固定资产投资项目节能评估和审查制度"。2006 年的《国务院关于加强节能工作的决定》（国发〔2006〕28 号）要求建立"固定资产投资项目节能评估和审查制度"。同年 6 月，国务院办公厅转发国家发展改革委、国土资源部、中国银行监督管理委员会（以下简称银监会）《关于加强固定资产投资调控从严控制新开工项目的意见》（国办发〔2006〕44 号），以加强固定资产投资调控，从严控制新开工项目，遏制固定资产投资过快增长的势头。同年 12 月，国家发展改革委公布了《关于加强固定资产投资项目节能评估和审查工作意见的通知》（发改投资〔2006〕2787 号），针对国家级项目和地方级项目做了不同的规定。此外，国家发展改革委还专门编制了《固定资产投资项目节能评估和审查指南》（发改委环资〔2007〕21 号），对开展固定资产投资项目节能评估和审查现有可依据的相关法律和法规、产业和技术政策、标准和设计规范进行了汇编。

　　为了通过制度形式进一步加强固定资产投资项目节能评估与审查工作，2010 年 3 月，工信部发布了《关于加强工业固定资产投资项目节能评估和审查工作的通知》（工信部节〔2010〕135 号）要求各地推动工业领域固定资产投资项目节能评估和审查工作全面开展。同年 9 月，国家发展改革委颁布了《固定资产投资项目节能评估与审查暂行办法》（国家发展和改革委员会令〔2010〕第 6 号）（以下简称《能评办法》），引导固定资产投资项目节能评估与审查工作逐步走向规范化。国家工信部和国家发展改革委对固定资产投资项目实行全国统一政策后，各地的节能评估政策迅速根据国家统一标准进行了调整，全国能耗评估的级别进入统一阶段，不再根据地方差异进行评级。

　　根据《能评办法》，节能评估按照项目建成投产后年能源消费量实行分类管理，其中年耗能 1000～3000tce 的项目编制节能评估报告表，年耗能 3000tce 及以上的项目编制节能评估报告书，其他低能耗项目填报节能登记表。《能评办法》突出了固定资产投资项目节能评估的前置性。在评估范围内的固定资产投资项目在申报可行性研究报告、项目申请报告或备案之前必须进行节能评估和审查，并取得节能审查批准意见。对没有按规定取得节能审查批准意见和未按规定提交节能登记表的固定资产投资项目，不予审批、核准或备案，从而强调了对固定资产投资项目节能的全过程监管。在项目审批、规划设计、建筑施工以及竣工备案等环节均实施节能监管，充分发挥发展改革部门、规划部门、建设部门的管理职责，对节能评估相关工作进行监察管理。同时，节能监察机构依法对固定资产投资项目节能措施和能耗指标等落实情况进行节能监察。固定资产投资项目节能评估与审查的分级与分类管理如图4.1所示。

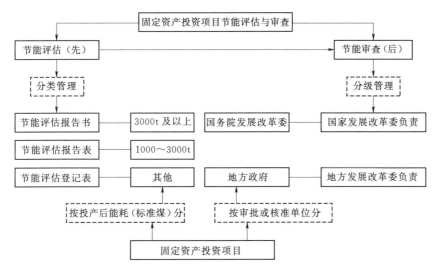

图 4.1　固定资产投资项目节能评估与审查的分级与分类管理

4.1.2　水电工程可行性研究节能降耗分析篇章编制暂行规定

为了贯彻落实科学发展观，合理开发利用水能资源，在工程建设和运行管理中节约能源资源，根据《中华人民共和国节约能源法》《国务院关于加强节能工作的决定》（国发〔2006〕28 号）和《国家发展改革委关于加强固定资产投资项目节能评估和审查工作的通知》（发改投资〔2006〕2787 号），水电水利规划设计总院组织制定了《水电工程可行性研究节能降耗分析篇章编制暂行规定》（水电规科〔2007〕0051 号），见表4.2。

表 4.2　　　　　　水电工程可行性研究节能降耗分析篇章编制暂行规定

序号	项　目	条　目　内　容	备　注
1	总则	（1）为了贯彻落实科学发展观，合理开发利用水能资源，在工程建设和运行管理中节约能源资源，根据《中华人民共和国节约能源法》《国务院关于加强节能工作的决定》（国发〔2006〕28 号）和《国家发展改革委关于加强固定资产投资项目节能评估和审查工作的通知》（发改投资〔2006〕2787 号），制定本规定。 （2）由国家发展改革委审批、核准或报请国务院审批、核准的水电工程（含新建、改建和扩建），在可行性研究阶段应开展节能降耗设计和分析工作，编制节能降耗分析篇章。篇章编制大纲见附件。节能降耗分析篇章作为可行性研究报告的组成部分，应一同提交审查。 （3）本规定中，水电工程施工期、运行期能耗系指枢纽工程建设和电站运行中直接消耗的电能、燃煤和燃油，不包括其他间接能耗；能源利用效率是指单位产值耗能、单位产品耗能、主要用能设备耗能、单位建筑面积耗能以及水电站综合效率等	编制暂行规定第1条～第3条

序号	项　目	条　目　内　容	备　注
2	基本依据和原则	（1）水电工程可行性研究，包括节能降耗分析，应遵循国家法律、法规和方针政策，国家和行业有关标准、规范规定，并应满足国家、行业和省级人民政府有关节能规划和节能措施的要求。 （2）水电工程可行性研究应按照节能、节地、节材、节水、资源综合利用的要求，贯彻节能降耗思想，依照节能设计标准和规定，把节能方案、节能技术和节能措施落实到工程技术方案、施工管理和运行管理工作之中。 （3）水电工程建设和运行管理应满足合理用能标准和节能规定，并通过优选设计方案、创新工程技术、实行集约化管理等措施，降低单位产值或单位产品的耗能量，提高能源利用效率 （4）水电工程可行性研究设计工作中，应正确处理工程安全、质量、技术、环保、节能、投资、经济效益等关系，确保工程安全可靠、技术可行、质量合格、经济合理，并适合我国国情，力求经济效益、社会效益和环境效益的协调统一。 （5）水电工程可行性研究报告审查确定的能耗指标、节能技术方案和主要节能措施是施工期和运行期中开展节能监管的基本依据。水电工程招标设计、施工图设计应进一步落实节能降耗任务，明确目标、责任和计划，确保取得实效	编制暂行规定第4条～第8条
3	主要内容及要求	（1）水电是清洁可再生能源，应根据电站的运行特性及其在电力系统中的作用和效益，分析其替代不可再生能源项目的建设和运行情况，分析说明其节煤效益以及对受电地区能耗和温室气体减排等方面的有利影响。 （2）应根据水电工程设计方案，从主要建筑物设计、主体工程施工、施工工厂设施、生产性建筑和生活配套设施等方面，分析施工期能耗种类、数量，基本明确主要耗能设施，分析能源利用效率。 （3）应根据水电工程设计，从水轮发电机和主变压器及其附属设备、全厂生产辅助设备、厂坝区公用设施、生产性建筑和生活配套设施等方面，分析运行期能耗种类、数量和特点，明确主要耗能设施，分析能源利用效率。 （4）水电工程可行性研究阶段应重点从工程技术方案、施工技术方案、机组及其辅助系统、建筑暖通和空调、工程施工和运行管理等方面的设计体现节能降耗思想，通过技术经济、环境保护和节能降耗等综合分析，比较论证，优选设计方案。 （5）应根据施工期、运行期能耗种类、数量和总量（折算到标准煤），分析确定能耗指标，分别分析评价施工期、运行期的能源利用效率，明确节能目标，制定节能计划，提出具体的节能措施和要求。 （6）施工期能耗应根据主要项目工程量、施工工期以及施工建筑、设备、施工技术和工艺设计，考虑其负荷水平、设施或设备利用率、生产效率等因素进行估算。单位建筑面积能耗指标、工艺和设备的用能指标、主要产品能耗指标也可采用国内先进能耗水平或参照国际先进能耗水平进行估算。 （7）应根据水轮发电机组和主变压器的附属设备、全厂生产辅助设备、厂坝区公用设施以及电厂建筑暖通空调照明设施等计算分析厂用电负荷，考虑厂用电供电方式和设备运行要求等因素，计算厂用电量。水电站厂用电量或厂用电率也可参照类似规模和条件的已建水电站的统计资料分析确定	编制暂行规定第9条～第15条

续表

序号	项 目	条 目 内 容	备 注
4	其他	（1）水电工程预可行性研究阶段，应按照本规定的基本要求，对水电工程运行期节能降耗进行初步分析，列入工程建设必要性论证中。 （2）本规定自发布之日起施行。各单位在施行中的有关问题可向水电水利规划设计总院反映，以便今后进一步修订和补充	编制暂行规定第16 条～第17 条

4.1.3 水电工程可行性研究节能降耗分析篇编规要求

水电工程可行性研究节能降耗分析篇编规要求见表4.3。

表 4.3　　　　　　水电工程可行性研究节能降耗分析篇编规要求

序号	项 目	条 文	条 文 说 明
1	16.1　概述	16.1.1　简述工程地理位置、自然条件、工程任务和规模、供电范围、工程投资、综合利用效益以及经济效益评价分析意见。 16.1.2　说明枢纽总体布置、主要建筑物及金属结构设备的主要技术参数。 16.1.3　说明机组及主要电气设备的型式、主要技术参数、布置方案。说明电站接入系统方案。说明各辅助设备系统、暖通空调系统的设计方案。 16.1.4　说明对外交通、施工布置、建筑材料来源、主体工程施工、工厂设施设计、施工总进度、工程所在地能源供应状况等。 16.1.5　简述电站供电范围内的电力工业现状、电力需求等。结合水电站运行方式和特点，说明本电站在电力系统中的地位和作用。重点论述水电站在当地及受电地区电力工业中所能发挥的节能及环保作用，对地方经济发展和环境保护的贡献等。 16.1.6　给出主要工程量表和工程主要特性参数表	
2	16.2　编制依据和基础资料	16.2.1　应列出本篇章编制所依据的法律法规、政府部门和行业规章、现行技术标准等。尤其应注意收集和分析采用省级人民政府有关节能规划、减排和能耗指标、减排与节能措施的具体规定。 16.2.2　列出与本篇章节能降耗分析有关的基础性资料	16.2.1～16.2.2　水电工程节能降耗设计和分析，要遵循国家法律法规和有关设计标准的规定，并应满足国家（含行业）和省级人民政府有关节能规划和节能措施的要求。水电工程建设期能耗数量和能耗指标将成为工程所在地政府有关部门监管的内容之一，本分析内容为其提供监管依据。 本篇中，水电工程施工期、运行期能耗系指枢纽工程建设和电站运行中直接消耗的电能、燃煤和燃油，不包括其他间接耗能和其他能耗；表征能源利用效率的指标主要有单位产值耗能、单位产品耗能、主要用能设备耗能、单位建筑面积耗能以及水电站综合效率等

续表

序号	项 目	条 文	条 文 说 明
3	16.3 施工期能耗种类、数量分析和能耗指标	16.3.1 根据工程设计方案、主体建筑物工程量及其施工方法、施工机械化水平、施工工期等，分析说明施工生产过程中主要用能设备、负荷水平、使用台班数，统计施工生产过程中的能耗种类和数量，给出相应的能源利用效率指标。 16.3.2 根据施工辅助生产系统（包括砂石加工系统、混凝土生产系统、施工交通运输系统、压缩空气系统、供水系统和综合加工系统等）的规模，分析说明主要耗能设备、负荷水平、台班数，统计施工辅助生产系统的能耗种类和数量，给出相应的能源利用效率指标。 16.3.3 分别分析说明主体工程施工用建筑、施工工厂区建筑、建筑材料开采加工区建筑和设备材料仓储建筑等生产性建筑物的规模、建筑物型式、负荷水平，统计生产性建筑物的能耗种类和数量，给出相应的能源利用效率指标。 16.3.4 分析说明施工期各营地（包括施工管理区及工程建设管理区）及其生活配套设施的规模、负荷水平，统计其能耗种类和数量，给出相应的能源利用效率指标。 16.3.5 在上述各项统计，分别给出能源利用效率指标的基础上，综合分析并说明工程施工期能源利用的总体情况，明确施工期的主要耗能设施、设备和项目，确定工程施工期能耗总量和分年度能耗量等综合控制性指标，复核施工期当地能源供应容量和供应总量等	16.3.1~16.3.5 施工期能耗数量要根据主要项目工程量、施工工期以及施工建筑、设备、施工技术和工艺设计，考虑其负荷水平、设施或设备利用率、生产效率等因素进行估算。单位建筑面积能耗指标、工艺和设备的用能指标、主要产品能耗指标也可采用国内先进能耗水平或参照国际先进能耗水平进行估算。 根据上述分析，初步明确施工期能耗种类、数量，基本确定主要耗能设施，分析能源利用效率
4	16.4 运行期能耗种类、数量分析和能耗指标	16.4.1 根据工程设计方案，分析说明电站油、气、水等生产辅助系统的主要用能设备，给出生产辅助系统年耗能数量以及相应的能源利用效率指标。 16.4.2 根据电站主厂房、副厂房、主变室、开关站、中控室及其他生产性建筑的型式、规模和功能要求，以及各建筑物的暖通空调系统、照明系统、给排水系统的设计方案，分析各建筑物用能情况，给出生产性建筑物年能耗数量以及相应的能源利用效率指标。 16.4.3 根据电厂运行管理需要而配套的办公、生活设施的建设规模、设计标准，说明办公、生活设施的用能情况，给出其年耗能数量以及相应的能源利用效率指标。 16.4.4 综合分析并说明电厂运行期能耗情况，主要用能设备和设施，提出电站运行期的耗能控制性指标，包括厂用电率指标和办公、生活用电总量指标等	16.4.1~16.4.4 运行期能耗数量要根据水电工程设计方案，从机组附属设备、主要电气设备、全厂生产辅助设备、厂坝区公用设施以及厂房暖通空调、照明设施等方面，计算分析厂用电负荷，考虑厂用电供电方式和设备运行要求等因素，计算厂用电量或厂用电率。通过比较分析，水电站厂用电率也可根据类似规模和条件的已建电站厂用电量的统计资料分析确定。 根据上述分析，初步明确运行期能耗种类、数量和特点，基本确定主要耗能设备（施），分析能源利用效率

序号	项 目	条 文	条 文 说 明
5	16.5 主要节能降耗措施	16.5.1 枢纽布置及主要建筑物设计 叙述枢纽布置方案和主要建筑物设计中，如何考虑节能降耗因素，以及所采取的对策措施。 16.5.2 机电设备选型及辅助设备系统设计 叙述主要机电设备选型、辅助设备系统设计中，如何考虑节能降耗因素，以及所采取的对策措施。 16.5.3 电站暖通空调、照明系统设计 叙述电站暖通空调、照明系统设计中，贯彻落实暖通空调、照明节能强制性标准的情况，以及所采取的措施及其效果。 16.5.4 电站给排水系统设计 叙述枢纽各建筑物给排水系统的安全经济运行方式和节能措施。 16.5.5 主要施工设备选型及其配套 叙述施工主要用能设备选型及其生产系统的机械设备配套情况，以及所采取的节能降耗措施。 16.5.6 主要施工技术和工艺选择 叙述在主体工程施工中，如何考虑节能降耗因素，对施工技术和工艺进行综合技术经济比较论证，以及所采取的对策措施。 16.5.7 施工辅助生产系统及其施工工厂设计 叙述施工辅助生产系统及其施工工厂设计中，如何考虑节能降耗因素以及所采取的措施。 16.5.8 施工营地、建设管理营地建筑设计 叙述施工营地、建设管理营地建筑及其配套生活设施系统设计中，所采取的节能降耗措施及其效果。 16.5.9 提出施工期建设管理的节能措施建议。 16.5.10 提出运行期管理维护的节能措施建议	16.5.1～16.5.10 水电工程可行性研究要按照节能、节地、节材、节水、资源综合利用的要求，全面贯彻节能降耗设计思想，依照节能设计标准和规定，把节能方案、节能技术和节能措施落实到技术方案、设备选择、施工设计、建设管理和运行管理设计之中，并提出施工建设管理的节能措施建议和运行期管理维护的节能措施建议。水电工程可行性研究阶段应重点从工程技术方案设计、施工技术方案设计、主要电气设备选型、辅助系统设计、厂房暖通空调、照明设计、工程施工管理和运行管理设计等方面体现节能降耗设计原则，通过技术经济环境节能等综合比较论证，选择设计方案。
6	16.6 节能降耗效益分析	16.6.1 节能效益分析 叙述水电工程投资效益情况、可替代火电方案；根据受电区能源结构及其利用效率，说明可节约化石能源计算成果。 16.6.2 减排温室气体及其他污染物分析 说明水电站减排温室气体量和其他污染物总量，分析减排温室气体及其他污染物的效益	16.6.1～16.6.2 水电是清洁可再生能源，本节规定要根据电站的运行特性及其在电力系统中的作用和运行调度，分析其替代不可再生能源项目的建设和运行情况，计算分析节煤效益以及对受电地区能耗和温室气体减排效益的影响等

续表

序号	项　目	条　文	条　文　说　明
7	16.7　结论意见和建议	综合论述水电工程施工期能耗总量和能源利用效率，运行期能耗总量和能源利用效益，说明水电工程作为节能项目，替代火电和核电所具有的经济效益、社会效益和环境效益，对国民经济建设和地方经济建设的重要作用。从节能降耗角度，提出进一步开展重大工程技术、工艺技术和政策性课题研究的建议和意见。针对工程建设和运行管理，提出需要特别重视和深入研究的集约化管理和精细化管理的制度和措施等建议	16.7　根据施工期、运行期能耗种类、数量和总量（折算到标准煤），分析确定能耗指标，分析评价施工期、运行期能源利用综合效率，明确节能目标，制定节能计划，提出节能具体措施和要求
8	16.8　必要的附图、附表		

4.2　基础资料

水电工程可行性研究节能降耗分析篇章编制需收集的资料为：工程所在地的自然条件和社会条件；工程任务与规模、工程设计及施工方案等与节能降耗分析相关的主要设计成果；工程所在地的能源供应、消耗状况，能源规划和节能指标；国家制定的节能中长期专项规划等；相关的法律法规及规范性文件等。

除收集水电工程的一些基础资料，必要时需进行一些现场调查。

4.2.1　主要设计成果的收集

水电工程节能降耗分析研究是在工程设计进行到可行性研究阶段时才展开的。因此，节能降耗的分析研究工作，应以工程该阶段的设计成果为蓝本，由于节能降耗所涉专业面广，不但需要工程本身的设计、施工等方面的成果，还需要概算、经济评价等相关经济领域的研究成果。这些相关资料可以从可行性研究阶段的水文、工程地质、工程布置及建筑物、施工组织设计、机电及金属结构、设计概算及经济评价等专篇及相关的专题报告中获得第一手的案头资料。

（1）工程所在地的自然条件和社会条件。工程所在地的气候区属及其主要特征以及项目主要用能的价格水平，如气温、水温、相对湿度、日照强度、风速、风向、高程、气压、排污指标、施工供电电压波动值、频率波动值、电价、水价、煤价、油价等。

（2）工程任务与规模。节能设计应掌握工程的开发任务和工程规模等主要设计指标。

（3）工程设计及施工方案。节能设计应熟悉工程枢纽布置、主要建筑物型式、主要机电设备选型、建筑材料及施工组织设计等相关资料。

从上述几个方面可以了解工程所在地的自然条件和社会条件、工程任务与规模、工程设计及施工方案等较为详尽的技术资料。对资料的分析研读是进行工程节能降耗分析的基础。

4.2.2　能源供应条件及消费情况的调查

当地能源供应条件及消费情况，主要涉及工程所在地的经济、社会和各类能源开发、利用、消费状况及相关的能源消耗指标等，如调查当地经济发展现状、节能目标并了解水能、煤炭、风能、核能、生物质能及太阳能等的开发利用情况；调查当地重点耗能企业分布及其能源供应消费特点、交通运输概况等；获得工程所在地的单位 GDP 能耗、单位工业增加值能耗及单位 GDP 电耗等指标，了解能耗指标增减情况等；调查分析项目能源消费对当地能源消费的影响等。

当今已进入信息共享的时代，上述资料通过查询中国统计年鉴、中国统计数据库及当地官方能源统计网站，均可获得权威数据。

4.3 水电工程节能降耗分析依据

水电工程节能降耗分析应以法律法规、政府部门和行业规章、工程所在地地方政府相关文件及现行的技术标准为依据。下面将重点罗列一些与节能降耗分析有关的法律法规、规程规范及工程所在地的标准、规定等。

4.3.1 法律法规

与节能降耗分析有关的法律法规如下。

(1)《中华人民共和国节约能源法》（国家主席令〔2007〕第 77 号）。

(2)《中华人民共和国电力法》（国家主席令〔1995〕第 60 号）。

(3)《节能中长期专项规划》（发改环资〔2004〕2505 号）。

(4)《产业结构调整指导目录（2005 年本）》（国家发展改革委令第 40 号）。

(5)《中国节能技术政策大纲》（国家发展改革委、科学技术部，2005）。

(6)《国务院关于加强节能工作的决定》（国发〔2006〕28 号）。

(7)《"十一五"十大重大节能工程实施意见》（发改环资〔2006〕1457 号）。

(8)《国家发展改革委关于加强固定资产投资项目节能评估和审查工作的通知》（发改投资〔2006〕2787 号）。

(9)《国务院关于印发节能减排综合性工作方案的通知》（国发〔2007〕15 号）。

(10)《节能项目节能量审核指南》（发改环资〔2008〕704 号）。

(11)《国家发展改革委关于固定资产投资项目节能评估和审查暂行办法》（国家发展和改革委员会令〔2010〕第 6 号）。

(12)《固定资产投资项目节能评估工作指南》（2014 年本）（国家节能中心）。

(13)《民用建筑节能管理规定》（建设部部长令第 76 号）。

(14)《民用建筑节能条例》（国务院令第 530 号）。

(15)《公共机构节能条例》（国务院令第 531 号）。

(16)《水利项目节能评估和审查暂行办法》。

(17)《水电工程可行性研究节能降耗分析篇章编制暂行规定》（水电规科〔2007〕0051 号）。

4.3.2 规程规范

与节能降耗分析有关的规程规范如下。

(1)《设备及管道保温设计导则》（GB 8175）。

(2)《房间空气调节器能效限定值及能源效率等级》(GB 12021.3)。

(3)《单元式空气调节机能效限定值及能源效率等级》(GB 19576)。

(4)《冷水机组能效限定值及能源效率等级》(GB 19577)。

(5)《通风机能效限定值及节能评价值》(GB 19761)。

(6)《三相配电变压器能效限定值及节能评价值》(GB 20052)。

(7)《多联式空调（热泵）机组能效限定值及能源效率等级》(GB 21454)。

(8)《建筑照明设计标准》(GB 50034)。

(9)《公共建筑节能设计标准》(GB 50189)。

(10)《民用建筑节水设计标准》(GB 50555)。

(11)《综合能耗计算通则》(GB/T 2589)。

(12)《建筑外门窗气密、水密、抗风压性能分级及检测方法》(GB/T 7107)。

(13)《企业节能量计算方法》(GB/T 13234)。

(14)《节能监测技术通则》(GB/T 15316)。

(15)《设备及管道保冷设计导则》(GB/T 15586)。

(16)《活塞式单级制冷机组及其供冷系统节能监测方》(GB/T 15912.1)。

(17)《容积式空气压缩机能效限定值及节能评价值》(GB/T 19153)。

(18)《清水离心泵能效限定值及节能评价值》(GB/T 19762)。

(19)《水利水电工程节能设计规范》(GB/T 50649)。

(20)《水电工程可行性研究报告编制规程》(DL/T 5020)。

(21)《水电工程砂石加工系统设计规范》(DL/T 5098)。

(22)《水力发电厂照明设计规范》(DL/T 5140)。

(23)《水力发电厂厂房采暖通风与空气调节设计规程》(DL/T 5165)。

(24)《水电水利工程施工环境保护技术规程》(DL/T 5260)。

(25)《水电工程施工组织设计规范》(DL/T 5397)。

(26)《节水型生活用水器具》(CJ 164)。

(27)《严寒和寒冷地区居住建筑节能设计标准》(JGJ 26)。

(28)《夏热冬暖地区居住建筑节能设计标准》(JGJ 75)。

(29)《夏热冬冷地区居住建筑节能设计标准》(JGJ 134)。

(30)《全国民用建筑工程设计技术措施节能专篇——暖通空调　动力》。

(31)《全国民用建筑工程设计技术措施节能专篇——给水　排水》。

(32)《水电建筑工程概算定额》(2007)。

(33)《水电设备安装工程概算定额》(2003)。

(34)《水电工程施工机械台时费定额》(2004)。

4.3.3　工程所在地的标准、规定

假设某工程所在地在我国四川省，我们就需要罗列一些四川省发布的与节能降耗有关的标准、规定。

(1)《四川省人民政府关于加强节能工作的决定》(川政发〔2007〕8 号)。

(2)《四川省加强工业节能降耗工作实施意见》(川政发〔2007〕31 号)。

（3）《四川省节能减排综合工作方案》（川政发〔2007〕39号）。

（4）《四川省固定资产投资项目节能评估和审查暂行办法》（川发改投资〔2007〕56号）。

（5）《四川省中华人民共和国节约能源法实施办法》（四川省第九届人民代表大会常务委员会公告第37号）。

（6）《四川省人民政府关于进一步推进节能降耗工作的意见》（川府发〔2009〕45号）。

（7）《四川省人民政府关于进一步加大攻坚力度确保实现"十一五"节能减排目标的通知》（川府发〔2010〕2号）。

（8）《四川省"十二五"节约能源规划2012年实施计划》（川办函〔2012〕64号）。

（9）《四川省人民政府关于印发四川省"十一五"节能工作总结和"十二五"节能工作安排的通知》（川府函〔2011〕139号）。

（10）《四川省"十二五"节约能源规划2012年实施计划》（川办函〔2012〕64号）。

水电工程所在地与节能降耗有关的标准、规定一般在当地人民政府网站、当地节能网站等相关网站上可以搜索到。在进行节能降耗分析设计时可有针对性地引用。

第 5 章 工程建设能耗分析和能耗计算

5.1 建筑材料能耗

建筑材料能耗应根据工程建设期所消耗的水泥、粉煤灰、钢材、油料、木材及火工材料等进行能耗分析。

需要指出的是，由于建筑材料的生产厂家必须按国家或地区的能耗限额进行建筑材料的生产，因此水电工程能耗计算时，建设过程中所需的建筑材料物资，如水泥、粉煤灰、钢筋、钢材、油料等目前不计算生产该材料时的能耗，而仅计算购买获得后，运输至施工现场的能耗量。通常我们把建筑材料物资等划入到外来物资的项目中。

外来物资运输的能耗计算方法如下。

（1）外来物资运输仅计算公路运输部分。对外物资运输的车辆采用 5～15t 载重汽车（大件除外），计算时平均按 8t 计，以柴油为动力。

（2）施工所需外部物资包括水泥、钢材、机电设备、木材、炸药、燃油、生活物资等。在可行性研究阶段，上述物资都会有具体量。

（3）确定运输距离及耗油指标。运输距离根据各个工程情况选取平均运距，8t 载重汽车耗油指标可取 0.021t/100km。

（4）计算公式：

$$外来物资运输总量(t) \div 8t = 车辆辆次 \tag{5.1}$$

$$车辆辆次(辆次) \times 单程运输距离(km) \times 2(代表往返程)$$
$$\times 百公里油耗量(0.021t/100km) = 耗油量(t) \tag{5.2}$$

建筑材料宜采用节能环保型建筑材料。建筑物是耗能大户，对水工建筑物而言，其主要由建筑材料所组成，因此建筑材料能耗限额应符合国家和行业标准的相关规定。

节能环保型建筑材料具有低物耗、低能耗、少污染、多功能、可循环再生利用等特征，集可持续发展、资源有效利用、环境保护、清洁为一体，应大力发展。

5.2 建筑物能耗

建筑物能耗应包括工程建设期的临时建筑物及工程运行期的永久建筑物能耗。

应根据工程施工总布置、工程枢纽布置、主体建筑物等确定其能耗，并降低建筑物使用能耗，提高能源利用效率。

建筑物能耗从广义来说，包括构成建筑物所需的建筑材料的生产和运输能耗（见 5.1

节）、建筑物建造时能耗、建筑物寿命周期内的逐年运转能耗等，因此应提高能源利用效率。

5.3　施工生产过程耗能项目及能耗计算

5.3.1　施工生产过程耗能项目分析

施工生产过程能耗分析应依据枢纽布置、施工总布置规划、主体建筑物以及临建工程量及其施工方法、施工机械化水平、施工工期等与施工生产过程能耗分析相关的技术成果进行分析。因此，在进行施工生产过程耗能项目分析时，需要概况性地介绍工程总体枢纽布置情况，施工总布置的分区规划以及主要的分项工程工程量、工程施工总进度安排情况，这些既是施工生产过程耗能项目分析的需要，也是施工生产过程耗能计算的基础性资料。

水电工程施工生产过程中根据枢纽布置的特点，一般会涉及以下分项工程：土石方开挖（含覆盖层开挖）、土石方填筑、混凝土浇筑、灌浆、锚杆、锚索。在每个分项工程施工时，都会由于施工项目的不同，而选用不同的机械设备，不同施工期、不同施工项目其耗能设备所消耗的能源也有所不同。水电工程生产过程主要消耗燃油及电能两大能源。

经对多个水电工程的耗能设备的研究，水电工程施工主要能耗设备及消能耗源种类有以下几方面。

（1）土石方施工机械能耗。主要有挖掘机、装载机、推土机等挖掘机械，液压凿岩机、潜孔钻、手风钻等钻孔机械以及振动碾等碾压机械，主要能耗为燃油及电能等。

（2）起重运输机械能耗。主要有缆式起重机、门塔式起重机等起重设备，带式输送机、混凝土运输车、自卸汽车、载重汽车等运输设备，主要能耗为燃油及电能。

（3）混凝土生产施工机械能耗。砂石料加工机械、混凝土拌和机械、混凝土入仓机械、混凝土浇筑（碾压）振捣机械等，主要能耗为电能，其次为燃油。

每个水电工程规模大小不同，施工设备配置也有较大差异，但是设备配置的总类别万变不离其宗，这些均便于我们对水电工程施工过程的施工能耗分析进行归类，使其具有一定的普遍适应性。

下面将以一个具体的水电工程案例来分析说明施工生产过程在每个分项工程中都有哪些耗电、耗油设备。

案例 1： 某西部大型水电工程枢纽建筑物主要由混凝土双曲拱坝、泄洪消能建筑物、引水发电系统等主要建筑物组成。该工程施工设施布置主要分为枢纽建设区内和枢纽建设区外两部分。该工程主体及临建工程主要工程量汇总见表 5.1。

由表 5.1 工程量可知，工程具有枢纽布置集中，规模宏大，土石方开挖及混凝土浇筑（衬砌）等土建工程量巨大等特点。在编制施工总进度时采用国内平均先进指标，参考国内巨型水电工程的工期安排的经验，同时还采用了国内外先进的施工技术和施工机械，以机械化作业为主。根据施工总进度安排，该工程施工总工期为 12 年，首批机组发电工期为 10 年。

主体及临建工程主要工程量汇总表

表 5.1

项　目	单位	大坝工程	水垫塘及二道坝	泄洪洞	左岸引水发电系统	右岸引水发电系统	边坡处理	下游河道整治	大寨沟治理	导流工程	场内交通	施工支洞	其他辅助工程	合计
土方明挖	万 m³	42.27	119.54	102.04	727.97	52.85	109.65	413.53	30.12	9.77	93.44	7.36	221.27	1929.81
石方明挖	万 m³	813.31	232.74	282.58	922.77	439.92	1337.87	339.74	83.26	226.42	140.14	5.04	269.19	5092.98
石方洞挖	万 m³	23.57	5.58	257.98	720.10	743.32	3.53	5.67	0.95	318.67	125.81	219.62	22.03	2446.83
土石方回填	万 m³				0.60			0.20	427.30	213.46	97.71	1.01	190.26	930.54
反滤料/过渡料	万 m³								1.97	18.01			10.09	30.07
浆砌石/干砌石/块石	万 m³				0.26	0.38		11.87	7.80		21.24		64.67	106.22
混凝土	万 m³	878.01	122.09	88.03	250.67	252.56	32.61	43.33	17.69	130.19	21.92	34.03	26.56	1897.69
喷混凝土	万 m³	2.87	2.29	5.70	19.61	19.08	9.37	4.39	0.77	6.23	7.08	9.12	5.03	91.54
钢筋	万 t	9.55	4.03	4.20	19.41	19.76	1.08	1.87	0.34	7.59	0.28	0.12	1.18	69.41
钢材	万 t	0.89		0.33	2.63	2.75				0.21	0.24	0.17	1.88	9.10
锚杆/锚筋桩	万根	7.94	7.50	22.56	104.26	112.71	20.43	11.16	1.87	30.33	32.39	28.68	10.17	390.00
锚索	万束	0.29	0.04	0.11	2.02	2.04	0.65	0.07	0.02	0.11	0.01	0.01	0.08	5.45
超前小导管	万 m			4.83	1.38	2.27				5.42	0.95	0.54	4.12	19.51
固结灌浆	万 m	54.31	8.96	15.94	49.65	57.17				25.41		9.11	0.47	221.02
帷幕灌浆	万 m	41.60	1.19	1.21	27.36	28.78				8.98				109.12
回填/接触灌浆	万 m³	7.61	1.02	16.17	38.28	40.79	1.34	0.90		22.93		6.28	2.48	137.80
封拱灌浆	万 m³	33.05												33.05
排水孔	万 m	26.12	7.80	11.46	42.63	39.99	27.18	40.51	1.83	11.10	12.56	10.84	7.37	239.39

该工程施工方法在施工机械设备选型和配套设计时，根据各单项工程的施工方案、施工强度和施工难度，工程区地形和地质条件以及设备本身能耗、维修和运行等因素，择优选用了能耗低、生产效率高、排放污染物少的机械设备。经对各分项工程的施工设备的统计及分析，对耗电、耗油设备进行了分列。临建及主体工程工程建设主要耗能设备见表5.2。

表 5.2 临建及主体工程工程建设主要耗能设备

序号	项目名称	耗 电 设 备	耗 油 设 备
1	土方开挖		挖掘机： CAT 330（1.6m³）、CAT 365B（3.0m³）、CAT 385C（5.0m³）、PC750SE－7（4.3m³）挖掘机
			装载机： WA470（4.2m³）、ZL50（3.0m³）、R972（3.0m³）装载机
			推土机： D85、TY160、TY320 推土机
			自卸汽车： 10t、15t、20t、25t、32t 自卸汽车
2	石方明挖	钻机： YQ－100B 潜孔钻、CQ100 潜孔钻	钻机： ROC742、ROC－D7 液压钻；XZ－30 型潜孔钻；CM－351 高风压钻；全液压自升式钻孔船
			挖掘机： CAT330（1.6m³）、CAT365B（3.0m³）、CAT385C（5.0m³）、PC750SE－7（4.3m³）、R991（5.5m³）、2.5m³ 长臂反铲；8m³ 抓斗式挖泥船配200m³ 边抛式石驳
			装载机： WA470（4.2m³）、ZL50（3.0m³）装载机
			推土机： D85、TY160、TY320 推土机
			自卸汽车： 10t、20t、25t、32t 自卸汽车
3	石方洞挖（井挖）	钻机： YT28 手风钻、YQ－100B 潜孔钻、353E 三臂钻机、反井钻机 通风机械： SDF（C）－No12.5（高速）、SDF（C）－No12.5（中速）轴流风机；DTF－22－8P、DTF－24－8P、DTF－18－6P、DTF－16－6P、DTF（R）－20♯ 风机；SDS（R）－12.5－4P、SDS（R）－6.3－2P 射流风机	挖掘机： CAT330（1.6m³）、PC200－8（0.8m³）挖掘机
			装载机： 3m³ 装载机、4m³ 侧卸式装载机
			推土机： 132 马力推土机
			自卸汽车： 15t、25t、32t 自卸汽车

续表

序号	项目名称	耗 电 设 备	耗 油 设 备
4	土石方填筑		碾压机械： YZK18 19.0t 凸块碾；YZ25C 25.2t、15t、18t 振动碾
			挖掘机： X52（4m³）、R991 挖掘机
			装载机： CAT966D、CAT988B 装载机
			推土机： 180 马力、320 马力推土机
			自卸汽车： 20t、32t、45t 自卸汽车
5	骨料需石料开采	钻机： QZJ-100 潜孔钻、YT50 手风钻 空压机： 25m³ 空压机	钻机： CM351 液压履带钻机
			挖掘机： 4.0m³、2.5m³、1.0m³ 液压挖掘机
			装载机： 3.0m³ 装载机
			推土机： TY320 推土机
			自卸汽车： 32t 自卸汽车
6	混凝土	起重机械： 30t 平移式缆机；MD900、M900、QTS-1320、TQ1000/60 塔机；CC300 、CC2000 履带起重机；MQ1000 门机	起重机械： 5～100t 汽车起重机
		混凝土机械： CC200-24 胎带机、BLJ600×40 混凝土布料机、φ50～φ130 振捣器、GCHJ50B 高压冲毛机、C20 喷雾风机、HB60 混凝土泵	混凝土机械： EXEN 混凝土振捣车、SD13S 混凝土平仓机、L115 液压平台车
		冷水站： A 型移动式冷水站、B 型移动式冷水站	运输机械： 6～8m³ 混凝土搅拌车、EXEN 混凝土振捣车
7	喷混凝土	PH30 混凝土喷射机、AL-252 湿喷机、ALIVA AL-500 混凝土湿喷车	8t、10t、20t 载重汽车
8	回填灌浆	GM-7 集中制浆系统、ZJ-400 高速制浆机、200L×2 搅拌桶、BW100/100 灌浆泵、TBW250/50 输浆泵	
9	帷幕灌浆	制浆、灌浆设备： GM-7 集中制浆系统、ZJ-400 高速制浆机、200L×2 搅拌桶、BW100/100 灌浆泵、TBW250/50 输浆泵	
		钻机： XY-2PC 地质钻机；YG-80、YGS120 锚固钻机；XU-100 钻机	

续表

序号	项目名称	耗 电 设 备	耗 油 设 备
10	固结灌浆	制浆、灌浆设备： GM-7集中制浆系统、ZJ-400高速制浆机、200L×2搅拌桶、BW100/100灌浆泵、TBW250/50输浆泵	ROC742液压钻机
		钻机： YQ-100B潜孔钻、手风钻	
11	锚杆	制浆、注浆设备： NZ130A锚杆注浆机、3SNS注浆泵、0.4～1.0m³砂浆搅拌机、100/15A砂浆泵	
		钻机： YT28、YG40风钻；手风钻、353E三臂钻机；锚杆钻机；YQ-100B潜孔钻	
12	锚索	制浆、灌浆设备： YG-80、YGS120锚固钻机；BW100/100灌浆泵；ZJ-400高速制浆机；200L×2搅拌桶；3SNS注浆泵	
		钻机： YQ-100B潜孔钻；YG-80、YGS120锚固钻机	
13	排水孔	钻机： YT28、YG40风钻；YQ-100B潜孔钻、手风钻；353E三臂钻机	

从表5.2可以看出，临建及主体工程施工机械设备主要以油耗设备和电耗设备为主。其中，土石方开挖和填筑项目以油耗设备为主，喷锚支护、灌浆及基础处理等项目以电耗设备为主，混凝土浇筑项目既有油耗设备又有电耗设备。

5.3.2 施工生产过程能耗计算方法研究

在分析和统计施工生产过程中设备能耗总量和能源利用效率指标时，由于施工生产过程中所涉及的施工项目繁多，施工设备的种类随施工项目、施工方法的不同会有较大的变化，因此要较为准确地计算各种设备的能耗量，是一件较为繁杂的工作。现行的《水电建筑工程概算定额》（2007）及《水电工程施工机械台时费定额》（2004）一则资料权威，二则定额基本涵盖了水电各主要施工项目的概算定额和台时定额，为计算提供了可操作性。因此，以定额为基础数据，结合各单项工程的施工方法、机械设备配套产品选型以及施工总布置情况计算确定施工生产过程中的设备能耗量成为可能。

能耗计算的具体方法如下。

（1）按工程量项目列出所需的各种施工设备。

（2）单位工程量能耗指标按《水电建筑工程概算定额》查出各种设备的单位台时数，按《水电工程施工机械台时费定额》查出各种设备的单位台时能耗量。

（3）计算公式：

$$\text{设备的台时总数} = \text{设备的单位台时数} \times \text{工程量} \tag{5.3}$$

$$\text{设备的能耗总量} = \text{设备的台时总数} \times \text{设备的单位台时能耗量} \tag{5.4}$$

$$单位工程量能耗指标＝各设备的能耗总量合计÷工程量 \tag{5.5}$$

为了方便了解某一单项工程的具体能耗计算方法，我们仍以案例 1 为背景材料，进行土方开挖时设备的耗能量计算。该工程土方开挖时所用机械均为耗油设备。

表 5.3 计算的是案例 1 所述分项工程土方开挖的设备能耗量。按同样的方法，可以计算出案例 1 中所述工程的各分项工程的能耗量，计算结果见表 5.4。

表 5.3　　　　　　　　　土方开挖设备能耗量计算一览表

项目名称	单位	工程量	耗油设备		台时总数/台时	设备单位台时能耗量 柴油/（kg/台时）	设备能耗总量 柴油/t		单位产品能耗指标 柴油/（t/万 m³）
			设备名称	型号			小计	合计	
土方开挖	m³	1929.80	挖掘机	1.6m³	135086.00	18	2431.55	69400	35.96
				3.0m³	63683.40	35	2228.92		
				4.3m³	50174.80	45	2257.87		
				5.0m³	44385.40	56	2485.58		
			装载机	4.2m³	88770.80	30	2663.12		
				3.0m³	111928.40	22	2462.42		
			推土机	74kW	10189.34	11	112.08		
				88kW	5731.51	13	74.51		
			自卸汽车	10t	602020.41	12	7224.24		
				15t	418091.17	14	5853.28		
				20t	491134.10	16	7858.15		
				25t	839463.00	20	16789.26		
				32t	652272.40	26	16959.08		

表 5.4　　　　　　　　临建及主体工程工程建设设备能耗量统计表

序号	项目名称	单位	工程量	设备能耗总量 电/（万 kW·h）	设备能耗总量 柴油/万 t	单位产品能耗指标 电	单位产品能耗指标 油
1	土方开挖	万 m³	1929.80		6.94		35.96t/万 m³
2	石方明挖	万 m³	5092.96		18.36		35.99t/万 m³
3	石方洞挖（井挖）	万 m³	2446.83	2190.02	8.81	0.90（万 kW·h）/万 m³	36.01t/万 m³
4	土石方填筑	万 m³	1066.84		3.83		35.99t/万 m³
5	骨料需石料开采	万 m³	1400.41		5.05		35.99t/万 m³
6	混凝土	万 m³	1897.70	19465.38	6.82	10.26（万 kW·h）/万 m³	35.99t/万 m³
7	喷混凝土	万 m³	91.53	239.23	0.32	2.61（万 kW·h）/万 m³	36.05t/万 m³
8	回填灌浆	万 m²	137.80	5088.04		36.92（万 kW·h）/万 m²	
9	帷幕灌浆	万 m	109.12	6778.17		62.12（万 kW·h）/万 m	

序号	项目名称	单位	工程量	设备能耗总量		单位产品能耗指标	
				电/(万 kW·h)	柴油/万 t	电	油
10	固结灌浆	万 m	221.01	10790.17	2.72	48.82（万 kW·h）/万 m	123.07t/万 m
11	锚杆	万根	390	97.35	1.52	0.25（万 kW·h）/万根	39.23t/万根
12	锚索	万束	5.45	181.02	0.11	33.21（万 kW·h）/万束	201.83t/万束
13	排水孔	万 m	239.39	2849.70		11.90（万 kW·h）/万 m	
14	合　计			47679.08	54.48		

由于土方开挖分年度的工程量不同，因此每个年度的能耗量也不同。如何将设备能耗量分配至每一年，这需要结合施工总进度的安排。若该工程的土方施工分年度工程量已知，则分年度的能耗量可以用式（5.6）计算：

$$分年度能耗量＝分年度工程量×单位工程量能耗指标 \tag{5.6}$$

土方开挖分年度能耗量计算结果见表 5.5。

表 5.5　　　　　　　　　　土方开挖分年度工程量及能耗量表

年　　份	工程量/万 m³	柴油能耗量/万 t
第−1 年	13.38	0.05
第 1 年	155.66	0.56
第 2 年	403.82	1.45
第 3 年	195.00	0.70
第 4 年	318.00	1.14
第 5 年	290.52	1.05
第 6 年	179.26	0.65
第 7 年	31.81	0.11
第 8 年	2.70	0.01
第 9 年	13.95	0.05
第 10 年	121.78	0.44
第 11 年	136.60	0.49
第 12 年	39.30	0.14
第 13 年	27.99	0.10
合　　计	1929.80	6.94

按土方开挖同样的计算方法，可以计算出案例 1 中各分项工程的分年度能耗量，计算结果见表 5.6。

表 5.6　　临建及主体工程施工分年度的主要能耗汇总表

序号	项目	第-1年 电/(万kW·h)	第-1年 油/万t	第1年 电/(万kW·h)	第1年 油/万t	第2年 电/(万kW·h)	第2年 油/万t	第3年 电/(万kW·h)	第3年 油/万t	第4年 电/(万kW·h)	第4年 油/万t	第5年 电/(万kW·h)	第5年 油/万t
1	土方明挖	0	0.05	0	0.56	0	1.45	0	0.70	0	1.14	0	1.05
2	石方明挖	0	0.23	0	0.74	0	4.08	0	2.78	0	4.41	0	3.45
3	石方洞挖	20.01	0.07	218.56	0.77	568.84	2.02	127.95	0.45	266.21	0.97	438.71	1.77
4	土石方填筑	0	0.04	0	0.54	0	1.83	0	0.53	0	0.28	0	0.61
5	骨料需石料开采	0	0	0	0	0	0	0	0	0	0	0	0
6	混凝土	23.80	0.02	293.67	0.10	442.19	0.16	1204.73	0.42	999.07	0.35	639.96	0.22
7	喷混凝土	3.24	0	19.55	0.03	54.62	0.08	24.33	0.03	37.53	0.05	47.19	0.07
8	回填灌浆	5.91	0	94.88	0	121.83	0	616.90	0	656.40	0	209.69	0
9	帷幕灌浆	0	0	108.70	0	547.25	0	197.53	0	2016.93	0	1172.14	0
10	固结灌浆	6.83	0	56.14	0.01	46.87	0.01	1137.99	0.29	1016.43	0.26	307.57	0.08
11	锚杆	1.30	0.02	8.05	0.13	22.50	0.35	10.03	0.16	14.90	0.23	19.01	0.30
12	锚索	0	0	3.32	0	18.60	0.01	9.30	0.01	41.52	0.02	35.54	0.02
13	排水孔	203.55	0	203.55	0	203.55	0	203.55	0	203.55	0	203.55	0
14	合计	264.64	0.43	1006.42	2.88	2026.25	9.99	3532.31	5.37	5252.54	7.71	3073.36	7.57

序号	项目	第6年 电/(万kW·h)	第6年 油/万t	第7年 电/(万kW·h)	第7年 油/万t	第8年 电/(万kW·h)	第8年 油/万t	第9年 电/(万kW·h)	第9年 油/万t	第10年 电/(万kW·h)	第10年 油/万t	第11年 电/(万kW·h)	第11年 油/万t
1	土方明挖	0	0.65	0	0.11	0	0.01	0	0.05	0	0.44	0	0.49
2	石方明挖	0	1.39	0	0.21	0	0.01	0	0.14	0	0.53	0	0.26
3	石方洞挖	342.10	1.59	90.83	0.59	73.19	0.41	17.52	0.08	9.58	0.03	16.52	0.06
4	土石方填筑	0	0	0	0	0	0	0	0	0	0	0	0
5	骨料需石料开采	0	0.11	0	0.97	0	1.35	0	1.39	0	1.07	0	0.16
6	混凝土	1128.82	0.40	3457.55	1.21	4399.99	1.54	3733.78	1.31	2458.17	0.86	634.62	0.22
7	喷混凝土	26.97	0.04	10.06	0.01	8.26	0.01	1.28	0	3.14	0	3.06	0

续表

序号	项目	第6年 电/(万kW·h)	第6年 油/万t	第7年 电/(万kW·h)	第7年 油/万t	第8年 电/(万kW·h)	第8年 油/万t	第9年 电/(万kW·h)	第9年 油/万t	第10年 电/(万kW·h)	第10年 油/万t	第11年 电/(万kW·h)	第11年 油/万t
8	回填灌浆	287.96	0	688.89	0	1025.22	0	719.53	0	427.88	0	193.08	0
9	帷幕灌浆	2641.82	0	17.39	0	36.65	0	36.65	0	3.11	0	0	0
10	固结灌浆	2379.48	0.60	1479.24	0.37	1755.07	0.44	1377.70	0.35	909.03	0.23	238.73	0.06
11	锚杆	10.96	0.17	4.13	0.06	3.31	0.05	0.62	0.01	1.30	0.02	1.24	0.02
12	锚索	44.18	0.03	12.62	0.01	12.29	0.01	2.33	0	0.66	0	0.66	0
13	排水孔	203.55	0	203.55	0	203.55	0	203.55	0	203.55	0	203.55	0
14	合计	7065.84	4.98	5964.26	3.54	7517.53	3.83	6092.96	3.33	4016.42	3.18	1291.46	1.27

序号	项目	第12年 电/(万kW·h)	第12年 油/万t	第13年 电/(万kW·h)	第13年 油/万t	合计 电/(万kW·h)	合计 油/万t
1	土方明挖	0	0.14	0	0.10	0	6.94
2	石方明挖	0	0.08	0	0.05	0	18.36
3	石方洞挖	0	0	0	0	2190.02	8.81
4	土石方填筑	0	0	0	0	0	3.83
5	骨料需石料开采	0	0	0	0	0	5.05
6	混凝土	41.03	0.01	8.0	0	19465.38	6.82
7	喷混凝土	0	0	0	0	239.23	0.32
8	回填灌浆	32.86	0	7.01	0	5088.04	
9	帷幕灌浆	0	0	0	0	6778.17	
10	固结灌浆	65.42	0.02	13.67	0	10790.17	2.72
11	锚杆	0	0	0	0	97.35	1.52
12	锚索	0	0	0	0	181.02	0.11
13	排水孔	203.55	0	203.55	0	2849.70	
14	合计	342.86	0.25	232.23	0.15	47679.08	54.48

表 5.6 列出了各分项工程分年度的能耗量，为了使表中数据分布看起来更加直观，将表中的各年度数据按耗油量及耗电量分别作柱状图，如图 5.1 和图 5.2 所示。

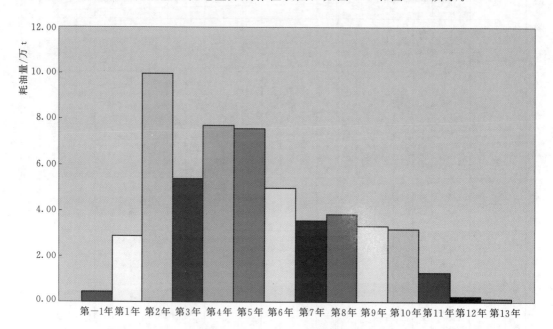

图 5.1　临建及主体工程施工分年度耗油量分布图

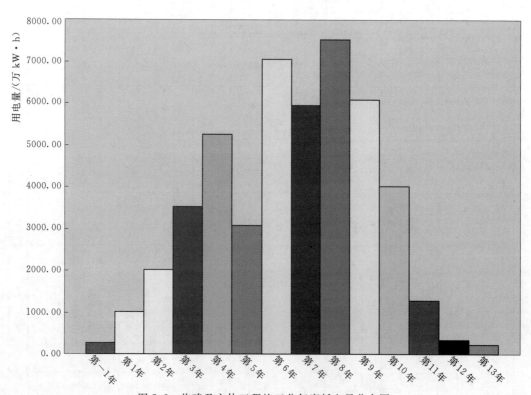

图 5.2　临建及主体工程施工分年度耗电量分布图

由图 5.1 和图 5.2 可以很直观地看出，案例 1 施工生产过程中各类设备耗油高峰年发生在第 2 年，对应施工总进度，可以方便地看到该工程第 2 年是土石方施工高峰期，主要耗能设备为钻孔设备、运输设备、挖装设备等；案例 1 施工生产过程中各类设备耗电高峰年发生在第 8 年，对应施工总进度，可以方便地看到该工程第 8 年为混凝土浇筑高峰期，主要耗能设备为混凝土运输设备、混凝土浇筑时的起重设备及钻孔、灌浆设备等。

5.4 施工辅助生产系统耗能设备及能耗计算

5.4.1 施工辅助生产系统耗能设备分析

施工辅助生产系统一般由砂石加工系统、混凝土生产系统、机械修配及综合加工系统、施工供风系统、施工供水系统及施工交通运输系统等组成。其主要的能耗为电耗和油耗。机械修配及综合加工系统主要包括：机械修配厂、汽车维修（保养）厂、钢筋加工厂、预制件厂、木材加工厂、钢管加工厂、转轮拼装厂、金属结构拼装（加工）厂等。

1. 砂石加工系统的耗能设备分析

砂石加工系统可分为人工骨料加工系统和天然砂石料加工系统两种基本类型。人工骨料加工系统一般由粗碎车间、中细碎车间和制砂车间组成，当有足够的天然砂可利用时，则不设制砂车间；天然砂石料加工系统一般由超径处理车间和筛洗车间组成，当需要用人工骨料补充或调整天然骨料级配时，则需另设必要的破碎车间或制砂车间。因此，不同的骨料料源的生产系统，因其所设工艺段点不同，其设备配置亦是不同的。

为了进行砂石加工系统的耗能设备分析，需了解以下几个方面：骨料的料源情况；砂石加工系统承担的任务，即骨料的级配、产量；主要的工艺流程；系统的生产规模；系统的设备配置情况等，这些信息我们可以很方便地从可行性研究设计的相关篇章中得到。对砂石加工系统进行耗能设备分析研究的重点是放在砂石加工系统的主要耗电设备是在哪个车间，其耗费的能源种类是什么，从各车间的用电负荷情况来判断哪些设备是主要的能耗点，从而分析其负荷水平、主要的耗能设备。

经多个工程的分析统计，砂石加工系统的主要耗电设备是各车间的破碎及筛分设备，其次是胶带运输机；耗油设备主要为料场开采时的开挖运输设备，当然也有许多时候，把料场开采这一部分的能耗分析放在施工生产过程一节中，而砂石加工系统的能耗分析仅仅局限于加工系统内的设备。

案例 2：某砂石加工系统需承担约 100 万 m³ 混凝土的粗、细骨料加工任务，共需生产成品砂石料约 220 万 t。该系统的料源主要为可利用的、满足骨料加工要求的工程开挖料。系统按混凝土浇筑高峰时段平均强度约 3 万 m³/月设计，成品生产能力 200t/h，设计处理能力 228t/h。砂石加工系统主要技术指标见表 5.7，主要耗电设备用电容量见表 5.8。

该砂石加工系统设计为二班制，系统的主要破碎设备负荷率按 75% 以上出力进行配备。采用了干湿法结合的生产工艺：粗、中细碎和棒磨制砂均采用湿法生产，立轴破制砂采用干法生产。

表 5.7　　　　　　　　　　　砂石加工系统主要技术指标表

序号	项　　目		单　位	指　标	备　注
1	混凝土浇筑高峰时段平均强度		万 m³/月	3.0	
2	成品料设计加工能力		t/h	200	
3	车间处理能力	粗碎车间	t/h	228.24	
4		中细碎车间	t/h	304.30	
5		超细碎车间	t/h	228.96	
6		棒磨车间	t/h	30.00	
7		主筛分车间	t/h	304.30	
8		检查筛分车间	t/h	228.96	
9	料堆容积	半成品料堆	m³	3000	
10		成品料堆	m³	16500	约高峰月 7 天用量
11	生产用电功率		kW	1798	
12	生产用水		m³/h	200	
13	系统建筑面积		m²	350	
14	系统占地面积		m²	19000	

表 5.8　　　　　　　　　　砂石加工系统主要耗电设备用电容量表

序号	设备名称	型号规格	单位	数量	功率/kW	备　注
1	颚式破碎机（进口）	C－100	台	1	160	粗碎车间
2	反击式破碎机	PFV－1315	台	1	132	中细碎车间
3	多段圆锥破碎机	PYGB－1121	台	1	180	
4	立轴冲击式破碎机（进口）	B－8100	台	1	264	超细碎车间
5	棒磨机	MBZ－2136	台	2	420	棒磨车间
6	洗砂机	XL－914	台	1	15	
7	圆振动筛	YKR－2460	台	2	60	主筛分、检查筛分车间
8	圆振动筛	3YKR－2460	台	4	148	
9	直线筛	ZKR－1437	台	2	11	
10	棒条给料机	ZSW490×1100	台	1	15	
11	振动给料机	GZG－603	台	11	5.5	
12	振动给料机	GZG－803	台	2	3	
13	刮砂机	F－2400	台	1	5.5	
14	胶带机	B＝500～1000	m	995	379	
15	地磅	100t	台	1		
16	总计				1798	

　　从表 5.8 可以看出，该砂石加工系统耗用能源主要为电能。最大的用电单元为粗碎、中细碎、超细碎、制砂车间及棒磨车间的破碎设备，占系统总用电负荷约 66%，其他用电

主要为筛分车间、胶带机输送系统等。

2. 混凝土生产系统的耗能设备分析

混凝土生产系统一般由拌和楼（站）及其附属的各种混凝土组成材料的储运、加工处理和加热、冷却等设施组成。

混凝土生产系统的主要能耗为电能，主要耗电设备是制冷压缩机、空气压缩机、搅拌楼（站）设备及上料的胶带运输机等。混凝土材料有加热要求的，还会设置锅炉，该设备的主要能耗通常为煤。

混凝土生产系统耗能设备的分析首先要了解混凝土生产系统的系统规模、主要工艺流程、设备配置等问题。

案例 3：某大型混凝土生产系统需承担混凝土生产总量约 466 万 m^3。系统按满足混凝土浇筑强度 20 万 m^3/月设计，设计生产能力为 $600m^3$/h。系统需配置 2 座 HL360 - 4F4500L 型搅拌楼，三班制生产，设备生产能力为常温混凝土 $720m^3$/h，低温混凝土 $500m^3$/h。

系统粗、细骨料采用自卸汽车运至成品骨料转存料场后，再经胶带机运至该系统骨料罐。其中，粗骨料由地弄胶带机运至二次筛分车间，筛洗脱水后分级进入一次风冷骨料仓，经冷却后送入混凝土搅拌楼料仓内进行二次风冷；细骨料则由地弄胶带机直接送入混凝土搅拌楼。水泥、粉煤灰经散装水泥罐车运至混凝土生产系统，气送入罐储存，然后采用气送进入搅拌楼。混凝土的出机口温度根据浇筑部位控制在 7～12℃。采用的主要预冷措施为两次风冷粗骨料、加－10℃片冰、5℃冷冻水拌和。制冷系统主要由一次风冷制冷车间、2 组一次风冷料仓和 1 座制冷楼等组成。该混凝土生产系统主要技术指标见表 5.9，主要耗电设备用电容量见表 5.10。

表 5.9　　　　　　　　　　混凝土系统主要生产技术指标

序号	项　　目	单位	指标	备　　注
1	混凝土浇筑强度	万 m^3/月	20.0	
2	混凝土设计生产能力	m^3/h	600	低温混凝土设计生产能力 $500m^3$/h
3	搅拌楼铭牌生产能力	m^3/h	720	常温混凝土
4	搅拌楼预冷混凝土生产能力	m^3/h	500	
5	预冷混凝土出机口温度	℃	7	
6	制冷设备总容量	kW	19190	1650 万 kcal/h
7	粗细骨料调节料罐容量	m^3	21000	满足高峰期 1.5 天用量
8	胶凝材料储存总容量	t	11100	满足高峰期 7 天用量
9	生产用风	m^3/min	200	
10	生产用水	m^3/h	660	
11	生产用电	kW	13500	
12	系统建筑面积	m^2	4500	
13	系统占地面积	m^2	28000	

表 5.10　　　　　　　　　　　　混凝土系统主要设备用电容量

序号	设备名称	型号规格	单位	数量	电机功率/kW	备注
1	搅拌楼	HL360-4F4500L	座	2	858	
2	一次风冷车间	总制冷量 19190kW	座	1	9900	
3	制冷楼	(1650 万 kcal/h)	座	1		
4	圆振动筛	2YKR3060	台	2	110	
5	圆振动筛	2YKR2460	台	2	74	
6	圆振动筛	YKR2460	台	2	60	
7	螺旋洗砂机	WCD762	台	2	22	
8	胶凝材料罐	1500T	只	8		
9	电动弧门	DHM600×600	台	16	35.2	
10	振动给料机	GZG1003	台	30	66	
11	气化喷射泵	QPB1.0×2	套	9		一套备用
12	空压机	L8-60/8	台	5	1750	一台备用
13	胶带运输机	B=1200	m/条	720/3	205	
14	胶带运输机	B=1000	m/条	881/12	462	
15	胶带运输机	B=800	m/条	545/8	268	
16	胶带运输机	B=650	m/条	758/11	165	

　　经对该系统的能耗设备的统计分析，该系统主要消耗电能。其中，最大的用电单元为制冷系统的制冷设备，占该混凝土生产系统总用电负荷的 71%。其他用电户主要为拌和楼、空压机、骨料的上料系统等。

　　3. 综合加工修配系统的耗能设备分析

　　综合加工修配系统因其加工产品的种类以及修配系统的维保类别的不同，其系统内配置的设备有所差异。

　　(1) 混凝土预制件厂。混凝土预制件厂配置有混凝土车间、成型车间、养护工段及成品堆放工段等，在这些车间和工段可以完成砂石和水泥等储存、混凝土配料和拌和、加工预制构件、预制件的养护以及成品预制件的堆存、起吊及装车工作。

　　为完成上述各工序需配置混凝土拌和设备、起重、运输及成型设备。诸如搅拌机、电动葫芦、龙门吊、机动翻斗车、电动运料车、振捣机械以及锅炉等设备。明确了厂内的设备配置情况，也就明确了主要的耗能种类，混凝土预制件厂主要消耗电能，如果采用蒸汽养护，则配有锅炉，消耗燃料煤。

　　(2) 钢筋加工厂。钢筋加工厂承担整个工程的钢筋加工任务，包括主体工程、附属工程、临时工程和混凝土预制件厂需用的钢筋以及预埋件等，加工的钢筋直径一般不超过 40mm。

　　钢筋加工厂的设备因其产品纲领、钢筋加工量及工艺的不同，其设备配置有所不同。通常情况下，钢筋加工厂主要设备有主要加工设备，含钢筋切断机、钢筋弯曲机、钢筋调直机、对焊机、弧焊机、点焊机、氧气焊接及切割设备等；起重运输设备，含龙门起重机、汽车起重机、塔式起重机、电动起重葫芦、平板车等；其他附属设备，主要有电动砂轮机、电动除锈机以及空气压缩机等。

从钢筋加工厂各主要车间的设备配置情况来看，该厂主要耗能设备为钢筋加工机械、焊接设备及起重运输设备，主要消耗电能。

（3）木材加工厂。木材加工厂主要承担工程施工期间所需的各类木模板、房屋建筑构件及其他木制品的加工任务。一般设有锯材加工车间、模板制作车间、细木生产加工车间等。各车间需配置圆截锯、万能圆锯、带锯机、锉锯机等主要设备，对于生产规模较大的工厂，机木车间还可配置平刨、压刨、钻床和开榫机等，对于平刨和压刨均需配置离心式通风机，将刨花吹出室外。模板装置车间需配置圆锯以及木工车床等。另外，原木堆存和装卸以及板、方材半成品及模板的装车等，需要配置一些起重设备，如少量的配少先式起重机，大量的则采用汽车起重机或龙门起重机。

从木材加工厂的各主要车间的设备配置来看，主要是木材加工车间的加工机械以与原木与成品件的起运设备，上述机械主要是电力驱动的，因此木材加工厂的主要耗能种类为电能。

（4）机械修配厂。机械修配厂主要承担工地大、中型施工机械的大、中修和部分配件的生产，并承担某些非标准件的加工制造任务。但是根据目前水电工程工地的具体实施情况，一般机械修配这一块都考虑充分利用施工机械制造厂（商）的配件供应和技术服务，尽量减少工地修理工作量，以促使机械修配厂向小型化、轻装厂发展。

目前机械修配厂一般都配有金工车间，其车间内的主要设备是金属切削机床，如车床、刨床、镗床、插床、铣床、钻床和磨床等。有些机械修配厂还配有热处理车间的，则配有箱式、井式电阻炉和电极式盐浴炉等，另外还配有3t及以下地面操纵的单梁桥式起重机等。从设备配置情况来看，机械修配厂主要消耗电能。

（5）汽车修配厂（站）。水电工程汽车修配厂（站）的任务是承担施工用汽车的保养和修理，根据承修汽车的数量、车型和对外协作条件等具体情况，在工地建立相应规模的汽车保养站和修理厂。

汽车保养站主要承担汽车的定期保养和小修任务，汽车修理厂承担汽车的大修、总成检修和零配件修旧、制造任务。汽车修理可考虑并入施工机械修配厂内进行，或与汽车保养站合并设厂。

根据目前工程的汽车修配设厂（站）的经验，一般是充分利用当地汽车修理企业的资源，根据利用和协作程度，可不设汽车修理厂或缩小规模。

汽车修理厂主要配置的设备有清洗设备、通用及专用金属切削机床、修理专用设备、充电设备、锻压热处理、焊接和修旧设备以及起重设备等。汽车保养站主要配置的设备有起重设备和通用金属切削机床以及充电设备等。

从汽车修配厂（站）的设备配置来看，厂（站）内设备主要消耗电能。

4. 施工供风系统

水电工程施工供风系统的主要任务是供应石方开挖、混凝土施工、水泥输送、灌浆作业和机电设备安装等所需的压缩空气。其组成包括压缩空气站和外部压气管网两大部分。

根据用户的分布和负荷特点,全系统可设置一个或数个压缩空气站。此外,还需要配备一定数量的移动式空气压缩机,满足零星分散用户或施工初期和补充高峰负荷时的短期需要。为了减少压气管网敷设工程量和输气压降,目前已出现更多地采用移动式空气压缩机的趋势。有些钻孔设备可随机配置移动式空气压缩机。工地压缩空气系统一般不供应机械和汽车修配厂等施工辅助企业用风,一般由自备空气压缩机供风。混凝土工厂的供风需视具体情况,可单独设站或由系统供风。

压缩空气消耗动力较多,固定式空气压缩机常用电动机驱动,是一项主要的施工用电负荷。移动式空气压缩机有柴油驱动也有电力驱动,目前移动式空气压缩机选用柴油驱动的较多。因此,施工供风系统的主要耗能设备是油动或电动的空气压缩机,主要消耗电能及柴油等。

　　5. 施工供水系统

水电工程施工供水系统的主要任务是经济可靠地供给全工地的生活、生产和消防用水。其主要用水户有主体工程施工用水、施工机械用水、施工辅助企业生产用水、生活用水(包括居民用水和公共设施、服务行业用水等)、消防用水和其他用水等。

施工供水系统一般由取水工程、净水工程和输配水工程等三部分组成。在供水工程运行过程中,提升设备、净水设备及其他处理设备,均需要用电力驱动,取水、净水、送水是用电大户,不断消耗电能。主要耗能设备包括:水泵、吸泥机、污泥提升泵、脱水机、搅拌设备等;生活、通风和照明等电耗设备。其中,取水、输水的水泵的运行是施工供水系统中最大的耗电设备。

　　6. 施工交通运输系统

水电工程施工交通运输量大、季节性强、运输强度高。施工期间的交通运输,通常分为对外交通和场内交通。对外交通是指由国家交通干线或地方支线的车站以及港口码头把器材、物资等经专用线路运往工地的交通运输。场内交通是指工地范围内联系各施工工区、仓库、堆场以及辅助企业、行政生活区等之间的交通运输,如把砂石骨料从筛分厂运到混凝土工厂,土、砂砾料、石料由采料场运到土石坝填筑地点等。至于物料在各施工辅助企业或工区范围内的运输,如水泥由水泥罐至拌和楼、混凝土由拌和楼至浇筑仓面、土石坝的料物上坝以及坝面运输、基坑工作面的运输等,虽然也是场内运输,但通常均属于各企业或单项工程的施工工艺范畴。

在进行施工交通运输系统的耗能设备分析时,一般我们只计外来运输物资、器材由专用线路运往工地的交通运输设备(计算及分析方法见 5.1 节);场内交通中所涉及的大部分耗能设备均已在施工生产过程中的能耗设备及辅助企业系统以及料场开采等各分项工程中进行了分析统计,需要注意的是,已统计的耗能设备不能在交通运输系统中再重复计入,否则造成能耗设备的虚量增多,而进一步影响整个工程的能耗计算量。

施工交通运输系统的能耗种类取决运输系统的设备选择,运输设备中的载重汽车、自卸汽车、起重设备、洒水车、行政生活区的用车一般以柴油为燃料驱动的较多,部分以汽油为燃料,只有部分以蒸气驱动的机车或机械是以煤为燃料的。

5.4.2　施工辅助生产系统能耗计算方法研究

施工辅助生产系统的单位能耗指标计算公式为

单位能耗指标＝(各生产系统或工厂的设备装机容量×同时系数)÷系统规模 (5.7)

同时系数可参照《水利水电工程施工组织设计手册》施工用电负荷计算中的数据，并根据各工程规模修正确定，表5.11中所示数据可供参考。

表5.11 施工辅助生产系统设备同时系数表

项　目	同　时　系　数
砂石加工系统	0.75～0.85
混凝土生产系统	0.7～0.8
机械修理厂	0.3～0.4
汽车修理（保养）厂	0.3～0.4
钢筋加工厂	0.35～0.45
木材加工厂	0.3～0.4
钢管加工厂	0.5～0.65
金属结构拼装厂	0.35～0.40
转轮拼装厂	0.30～0.35
供水泵站	0.7～0.8
供风站	0.65～0.75

注 表中同时系数施工辅助生产系统规模较大时取低值，否则取高值。

计算出单位能耗指标后，可以计算分年度能耗量：

分年度能耗量＝分年度工程量×单位能耗指标 (5.8)

在一个工程中往往会出现设有多个同一种生产系统或加工厂的情况，则分别计算各系统或加工厂的单位能耗指标。由于水电站施工时，各系统或加工厂的投入时期及各自承担的加工任务不一样，因此要按实际施工进度进行能耗的叠加、分配及计算。

砂石加工系统及混凝土系统的计算，其规模大小仅与混凝土浇筑强度有关，因此在进行年度能耗分配时，可以以混凝土强度为依据进行能耗分配。

综合加工厂（钢筋、木材、预制件加工厂）由于其计算规模均以混凝土强度为计算依据，因此在进行年度能耗分配时均以混凝土强度进行分配。

金属结构拼装厂、钢管加工厂及转轮拼装厂等，在可行性研究阶段，上述三厂的加工量均在施工进度表中可详细排至每月的加工量。只要计算出单位能耗指标后，也是比较容易计算各时间段的能耗量的。

综合修配系统（汽车保养及机械修配站），其规模是与全工程的土石方及混凝土的工程量大小有关，其规模的单位为年工时及年保养辆，在工程总工期、生产班制及各厂设备装机容量已知的条件下，就可以计算出能耗总量。

施工供水系统在可行性研究阶段时，如果用水量是按负荷曲线法计算的，那么每个月的用水量是可知的。在计算出单位能耗指标后，就很容易计算出每月、每年及全施工期的施工供水总能耗量。

施工供风系统的规模计算时与石方的明挖和洞挖强度有关。在计算出单位能耗指标后，根据供风系统的工作小时数可以计算出每年度耗能量，全工程期的耗能即为各年度耗能量之和。

由上述可知，各施工辅助系统的能耗计算及能耗分年度分配，理清该辅助系统的规模与何种施工强度发生关联是很重要的。

下面以砂石加工系统为例，计算单位能耗量、分年度能耗量及能耗总量。

案例4：某砂石加工系统需承担50万 m³ 的混凝土粗细骨料生产任务，系统设计生产能力为250t/h，系统的设备总容量为1000kW，骨料供应期为5年，各年的混凝土生产强度见表5.12，试计算该砂石系统的单位能耗指标、分年度能耗量及能耗总量。

表 5.12		混凝土生产强度表			单位：万 m³
第1年	第2年	第3年	第4年	第5年	总计
7.00	8.00	12.00	15.00	8.00	50.00

单位能耗指标＝（各生产系统或工厂的设备装机容量×同时系数）÷系统规模
$$＝（1000×0.8）÷250$$
$$＝3.2[(kW·h)/t]$$

在已知分年度混凝土量时，可以计算出每年度的骨料加工量。该案例按每立方米混凝土量需要 2.2t 骨料量计算的系统各年度骨料生产量见表5.13。

表 5.13		砂石加工系统各年度骨料生产量			单位：万 t
第1年	第2年	第3年	第4年	第5年	总计
15.40	17.60	26.40	33.00	17.60	110.00

分年度能耗量根据分年度工程量（表5.13）的数据及单位能耗指标代入式（5.8）计算后，可得到该砂石加工系统的分年度能耗量及能耗总量，计算结果见表5.14。

表 5.14		砂石加工系统分年度能耗量及能耗总量			单位：万 kW·h
第1年	第2年	第3年	第4年	第5年	总计
49.28	56.32	84.48	105.6	56.32	352.00

5.5　生产性建筑物耗能设备及能耗计算

5.5.1　生产性建筑物耗能设备分析

施工期生产性建筑物主要是施工辅助生产系统的建筑及施工仓库等，主要包括施工工厂设施、临时仓库、永久设备库、变电站等建筑物。

上述建筑物其消耗的主要能源为电能、煤、油等，消耗方式主要为室内外照明用电、空调、取暖及少量保温用电。

5.5.2　生产性建筑物能耗计算方法研究

生产性建筑物的能耗指标及数量计算方法为：根据施工工厂及施工仓库等生产性建筑物的建筑面积和占地面积，参照《水利水电工程施工组织设计手册》施工用电负荷室内照明指标、室外照明指标，室内能耗按实际工作班制的小时数计算，室外能耗按一班工作制8h考虑，每月按25天计，单位能耗指标的单位为（kW·h)/d。

$$分年度能耗量＝年工作日×单位能耗指标 \tag{5.9}$$

5.6 施工营地耗能设备及能耗计算

5.6.1 施工营地耗能设备分析

施工营地主要包括施工管理区及工程建设生活区两大区块，根据区块内所配备的营地设施及功用，其耗能设备有所不同。施工营地主要能源消耗是生活及办公用电消耗，耗能设备主要为照明、空调、取暖以及办公设备等。在丰煤区施工水电工程，房屋采暖及浴室等用能主要是采用锅炉设备，所耗能源为煤。

5.6.2 施工营地能耗计算方法研究

生活办公区能耗指标及数量计算方法如下。

生活办公设施室内照明负荷单位功率综合指标可参考《水利水电工程施工组织设计手册》中相关内容及按表5.15中各建筑物功用选取，计算时应考虑工程实际情况（如考虑工程所在区域的气象条件，对办公及生活区配置不同比例的空调，宿舍内配置一定比例的电视、洗衣机、空调等，办公室要考虑电脑、传真机、复印机等办公设备），并根据办公室自动化程度及生活电气化程度的高低，选取合适的单位用电负荷。生活、办公的平均用电时间建议分别按10h/d和12h/d计，一年按300天计。

表 5.15　　　　　　　　　　　　分类建筑综合用电指标

用地分类	建筑分类	用电指标/（W/m²)			需用系数	备　　注
		低	中	高		
居住用地R	一类：高级住宅、别墅	60	70	80	0.35～0.5	装设全空调、电热、电灶等家电，家庭全电气化
	二类：中级住宅	50	60	70		客厅、卧室均装空调，家电较多，家庭基本电气化
	三类：普通住宅	30	40	50		部分房间有空调，有主要家电的一般家庭
公共设施用地C	行政、办公	50	65	80	0.7～0.8	党政、企事业机关办公楼和一般写字楼
	商业、金融、服务业	60～70	80～100	120～150	0.8～0.9	商业、金融业、服务业、旅馆业、高级市场、高级写字楼
	文化、娱乐	50	70	100	0.7～0.8	新闻、出版、文艺、影剧院、广播、电视楼、书展、娱乐设施等
	体育	30	50	80	0.6～0.7	体育场、馆和体育训练基地
	医疗卫生	50	65	80	0.5～0.65	医疗、卫生、保健、康复中心、急救中心、防疫站等

续表

用地分类	建筑分类		用 电 指 标			需用系数	备　注
			低	中	高		
公共设施用地 C	科教		45	65	80	0.8～0.9	高校、中专、技校、科研机构、科技园、勘测设计机构
	文物古迹		20	30	40	0.6～0.7	
	其他公共建筑		10	20	30	0.6～0.7	宗教活动场所和社会福利院等
工业用地 M	一类工业		30	40	50	0.3～0.4	无干扰、无污染的高科技工业如电子、制衣和工艺制品等
	二类工业		40	50	60	0.3～0.45	有一定干扰和污染的工业如食品、医药、纺织及标准厂房等
	三类工业		50	60	70	0.35～0.5	机械、电器、冶金等及其他中型、重型工业
仓储用地 W	普通仓储		5	8	10		
	危险品仓储		5	8	12		
	堆场		1.5	2	2.5		
对外交通用地 T	铁路、公路站房		25	35	50	0.7～0.8	
	港口/kW	10 万～50 万 t	100	300			
		50 万～100 万 t	500	1500			
		100 万～500 万 t	2000	3500			
	机场、航站		40	60	80	0.8～0.9	
道路广场 S	道路/（kW/km²）		10	15	20		kW/km² 为开发区、新区按用地面积计算的负荷密度
	广场/（kW/km²）		50	100	150		
	公共停车场/（kW/km²）		30	50	80		
市政设施 U	水、电、燃气、供热设施、公交设施/（kW/km²）		800	1500	2000	(0.6～0.7)	kW/km² 为开发区、新区按用地面积计算的负荷密度。但括号内的数据仍按建筑面积计算
	电信、邮政设施，环卫、消防及其他设施		(30)	(45)	(60)		

注　1. 除 S、U 类按用地面积计，其余均按建筑面积计，且计入了空调用电。无空调用电可扣减 40%～50%。
　　2. 计算负荷时，应分类计入需用系数和计入总同期系数。
　　3. 住宅也可按户计算，普通 3～4kW/户、中级 5～6kW/户、高级和别墅 7～10kW/户。

　　生活办公区的能耗除与室内能耗设备的配备情况有关外，还与施工人数有关。由于水电站施工期间投入的施工人数是不同的。如果要比较准确地进行能耗的分年度计算时，可以先计算高峰年时的能耗量，然后其他年度的能耗以劳动力曲线所显示的每年施工投入的人员数为依据进行线性折算。

综上几节，工程建设能耗总量需生成一个汇总表。汇总表格式列举如表5.16。

表5.16   工程建设能耗总量汇总表

序　　号	项　　目	柴油/万 t	电/（万 kW·h）
1	主体及临时工程施工	54.48	47679.08
2	砂石加工系统		32002.60
3	混凝土生产系统		33936.13
4	修配及加工企业		14628.62
5	施工供风系统	0.12	31815.48
6	施工供水系统		50597.87
7	施工临时建筑		2588.92
8	施工生活、办公建筑设施		14679.00
9	合计	54.60	227927.70

为了更为形象直观地看出工程建设各分项系统的能耗占比情况，通常可以以饼形图的方式表示，如图5.3所示。

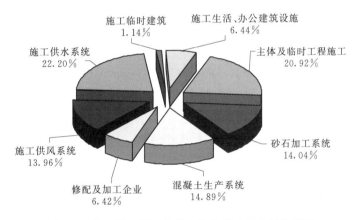

图5.3　某工程工程建设耗电各分项工程比例饼形图

第6章 工程运行耗能分析和能耗计算

6.1 工程运行各系统耗能设备分析

水电站运行过程中消耗的能源种类为电能和油品。

电能主要分为三部分：第一部分为生产性设备所消耗的电能；第二部分为非生产性设备所消耗的电能；第三部分为附属生产、生活设施所消耗的电能。

油品包括柴油、汽油、绝缘油和润滑油。柴油主要用于应急电源的柴油发电机、巡视船和业主营地生产、生活；汽油主要用于日常管理的交通车辆；绝缘油和润滑油作为介质循环使用，有少量油损耗，可不计入电站能耗计算。

6.1.1 水轮发电机组及其辅助设备的耗能分析

水电站主要发电设备为水轮发电机组，机组在发电过程中消耗能源为水库中的水能。由于水轮发电机组在水能转换为电能过程中，产生部分损耗而不能将水能全部转化为电能。

水轮发电机组在能量转换过程中，机组附属设备需消耗部分电能。机组附属设备主要耗能设备有调速系统油压装置油泵、进水阀（或圆筒阀）油压装置油泵、轴承高位油箱油泵（贯流式机组）、漏油箱油泵、顶盖排水泵、推力外循环油泵、发电机转子高压顶起油泵等。

6.1.2 水力机械设备的耗能分析

水力机械设备耗能主要包括桥机和水力机械辅助设备等用电设备的耗能，水力机械辅助设备包括技术供水设备如水泵、滤水器；检修、渗漏排水系统的排水泵；压缩空气系统的空压机、空气干燥设备；油系统的油泵、滤油器、烘箱等。

6.1.3 电气设备的耗能分析

电气设备主要能耗为电气设备发热、电磁损耗。水电站电气设备耗能包括发电机电压母线、主变压器、高压配电设备和高压母线等电能输送设备的损耗；厂用电设备耗能，如厂用变压器、厂用配电设备、配电线缆；监控设备耗能，如监控盘柜、操作系统、直流系统等；事故备用电源的柴油发电机损耗的柴油。

6.1.4 照明系统的耗能分析

水电站照明系统耗能包括厂坝区的照明设施及其供电系统的能耗，如坝区、进水口、主副厂房、中控楼、升压站、开关站、进厂交通等的照明损耗，以及照明变压器、照明配电盘柜、照明配电线缆损耗。

6.1.5 采暖通风与空气调节系统的耗能分析

（1）应简要说明生产性建筑物中采暖通风与空气调节系统的设计方案，对系统中涉及的耗能设备进行重点说明。

（2）采暖系统一般包括　散热器采暖、热水辐射采暖、热风采暖及热空气幕、电采暖。水电工程一般较少采用燃气红外辐射采暖，散热器采暖也以热水为热媒为主，较少采用蒸汽为热媒的方式。采暖系统耗能设备主要包括锅炉、空气加热器、暖风机、热空气幕、电辐射采暖电缆/板/膜、电散热器，以及锅炉房涉及的通风、除尘、水处理等设备，输送管网涉及的水泵等设备。

（3）通风系统一般包括　送风系统、排风系统、新风系统、回风系统、排风兼排烟系统、排风兼事故后排风系统、除尘系统等。对于仅用于事故排烟、事故排风、事故通风、正压送风系统的设备不纳入耗能分析。通风系统耗能设备主要包括隧道射流风机、隧道轴流风机、轴流风机、斜流风机、混流风机、离心风机、通风换气扇、诱导风机、屋顶风机、岗位风机、除尘器等。

（4）空调系统一般包括　全空气系统、全水系统、空气-水系统、制冷剂系统。空调系统耗能设备主要包括风机盘管、组合式空气处理机组、整体式空调器、冷（热）水机组、多联机空调、房间空气调节机、单元式空气调节机、热交换器、各类除湿机、各类加湿器，以及空调风系统涉及的风机和除臭、消毒、过滤、净化等设备，空调水系统涉及的水泵、水处理、定压、冷却塔等设备，空调冷源涉及的蓄冷、蓄热等设备。

（5）一般情况下，水电工程所在地离城镇较远，一般不具备城市热力管网集中供热的条件，以及工厂余热、电厂余热利用和充足的燃煤、燃油、燃气等一次能源供应，因此采暖通风与空气调节系主要耗能以用电为主。

6.1.6　给排水系统的耗能分析

给排水系统的能耗包括生产区和办公生活区两部分。给排水系统设备的能耗，与设备选型（功率）和设备运行时间相关。

（1）生产区给排水系统。

1）给水系统。生产区给水系统能耗主要包括生产区生活给水设备、生活水处理设备和消防给水设备能耗。

生活给水泵的选型是按最不利工况下设计的，并考虑有一定余量，运行期内，生活水泵间歇运行，一般按一天运行 3～6h 计。

生活水处理设备一般连续运行，可按一天运行 6～10h 计。

消防水泵正常情况下不运行；消防稳压泵间歇运行，正常情况下，1 个月 1～2 次，且功率很小，运行时间很短，可忽略不计。

2）排水系统。生产区排水系统能耗主要包括生产区小型排水潜污泵，厂房含油污水处理设备，生活污水处理设备等能耗，以及厂房渗漏排水和检修排水泵能耗等。

生产区小型排水潜污泵，一般用于无法自流排除积水的小型集水井排水，因此其水泵选型和运行时间的确定都应与集水井的容积相匹配。

厂房含油污水处理设备主要用于处理厂内含油污水，其处理量应根据有可能产生含油污水的部位所含的排水量合计确定。含油污水集水井容量可按 6～10h 流量确定，运行时间可按隔天运行，一次运行 6～8h 确定。

生活污水处理设备，一般处理量在 1～3t/h，每天运行，运行时间 6～10h。

（2）办公生活区给排水系统。

1）给水系统。办公生活区给水系统能耗主要包括办公生活区取水设施、加压泵站、给水处理设备、消防给水设备等能耗。

取水泵和给水处理设备，按每天运行，运行时间 6～10h 计。

加压泵站，按每天运行，运行时间 3～6h 计。

2）热水系统。办公生活区热水系统能耗主要包括办公生活区各种加热设备（包括电热水加热设备、各种电辅助加热设备）、燃油（气）热水机组等能耗。

各种加热设备，运行天数根据各地气象条件确定，日运行时间可取 6～10h。

3）排水系统。办公生活区排水系统能耗主要包括办公生活区排水泵、生活污水处理设备等能耗。

排水泵用于无法自流排除积水的小型集水井排水，因此其水泵选型和运行时间的确定都应与集水井的容积相匹配。

生活污水处理设备，处理量应通过计算确定，一般为 3～5t/h，每天运行，运行时间可按 6～10h 计。

6.1.7　金属结构设备的耗能分析

金属结构设备主要包括布置在引水发电系统、泄洪系统、排沙系统、放空系统、供水系统、航运过坝系统、导流系统的闸门及其启闭设备。

引水发电系统的闸门主要为事故闸门和检修闸门。若用于机组检修时挡水，每年操作 1～2 次；若用于隧洞检修时挡水，一般情况多年操作 1 次；若用于隧洞或机组的事故保护，则操作机会更少，能耗基本可以忽略不计。

泄洪系统、排沙系统、放空系统和供水系统一般设有工作闸门和检修闸门（或事故闸门）。其中，泄洪系统的工作闸门视水电站水库库容的大小、每年洪水的情况，操作频率有很大的区别。库容小的径流式电站，汛期泄洪操作相对频繁，遇到丰水年时，有的水电站每扇闸门可启闭达百次以上；库容大的水电站则操作次数相对较少，有的水电站甚至几年不开启泄洪。但不管哪类水电站，为确保安全度汛，每年汛前都会逐孔试运行一次。排沙系统的工作闸门一般每年均需开启排沙，规律性较强。放空系统的工作闸门除维护、检修需要外，一般很少开启。

供水系统的工作闸门启闭操作相对频繁，视供水要求的不同，会有较大的区别。前述各系统的检修闸门（或事故闸门）仅在工作闸门检修或发生事故时启闭操作，操作间隔各个水电站情况不同，区别很大。

航运过坝系统中，船闸一般设有上下闸首工作闸门、充泄水廊道工作闸门以及上下闸首和充泄水廊道的检修闸门；升船机分垂直升船机和斜面升船机，斜面升船机一般只有主机设备，垂直升船机除设有主提升设备、闸首的工作闸门外，还设有对接、防撞、锁锭等机构，在航道的上下游还设有检修闸门或事故闸门。建在不同河流上的过坝设施，其运行的频繁程度差异很大。船闸工作闸门、升船机主提升设备、闸首工作闸门等在船只的每一次上行或下行运行中，都需操作运行；检修闸门和事故闸门则只在船闸和升船机检修时启闭操作，一般每年进行一次检修。

导流系统一般设有封堵闸门，一次性关闭封堵孔口。

此外，寒冷地区的露顶式闸门需采取防冻措施避免门叶结构承受静冰压力；对需要在冬季启闭运行的露顶式闸门，还需采取防冻措施避免门槽与门叶间冻结；对进水口快速闸门需避免闸门井水面冻结影响启闭操作。

上述各类设备运行消耗的主要能源为电能，消耗方式主要是闸门启闭操作及设备运行过程的用电。

6.1.8 办公、生活设施耗能设备分析

办公、生活设施耗能包括电站配套的办公场所、业主营地、食堂、各类仓库、供水设施的照明、动力、空调、给排水设备的能耗，以及电站运行期巡视船、清污船、业主营地生产生活消耗的柴油和交通运输工具消耗的汽油。

6.2 工程运行各系统能耗计算方法研究

6.2.1 水轮发电机组及其辅助设备的能耗计算方法

水轮机在将水流出力转化为机械能过程中，将产生容积损失、水力损失、机械损失等能量损耗，这些损失称为水轮机未利用能量。

水轮发电机在将水轮机的机械能转化为电能的过程中，因机组发热和电磁损耗而不能100%将机械能转化为电能。水轮发电机未转化为电能的能量损失称为水轮发电机未利用能量。

$$水轮发电机（水轮机）未利用能量（kW \cdot h）＝水轮发电机（水轮机）额定功率（kW）$$
$$÷水轮发电机（水轮机）额定效率×[1－水轮发电机（水轮机）额定效率]×运行时间（h）$$

（6.1）

运行时间可取电站的年利用小时数。水轮发电机组未利用能量不计入项目综合能耗。例如，发电机额定功率为1000000kW，发电机效率为98.7%，机组台数为16台，年利用小时数为4006h，则水轮发电机组未利用能量＝1000000÷98.7%×（1－98.7%）×4006×16＝84422.3×10⁴（kW·h）。

机组附属设备能耗应根据机组特点如年利用小时数、开停机次数及附属设备容量等来确定其能耗。

6.2.2 水力机械设备的能耗计算方法

$$水力机械设备年耗电量（kW \cdot h）＝设备功率（kW）×设备年使用时间（h） \quad （6.2）$$

根据电站和机组的不同特点以及设备本身的功能，其年使用时间有很大差别，因此确定设备使用时间是能耗计算方法的主要问题。

（1）桥机。在运行期桥机主要用于机组的检修，因此应根据机组的机型、单机容量、水头、泥沙含量等因素来确定机组的检修周期及检修工期并依此来确定桥机的年使用小时数。

（2）技术供水系统。技术供水系统主要功能是为机组、主变及其他设备（如空压机、油压装置等）提供冷却、润滑水源，技术供水系统主要耗电设备是水泵、滤水器，水泵的年使用时间可根据上述用水设备的运行时间来确定，滤水器可根据水质来预测其年使用次数及时间。

（3）排水系统。渗漏排水系统耗电设备是渗漏排水泵，可根据电站渗漏水量及集水井容量总计计算其年使用小时数。检修排水系统耗电设备是检修排水泵，主要根据检修周

期、检修排水量及上下游漏水量来计算其年使用小时数。

（4）压缩空气系统。中压气系统主要是提供油压装置（调速器、进水阀或圆筒阀）、调相（泵工况启动）压水用气，该系统主要耗电设备是中压空压机，根据机组不同工况启停机次数及运行时间计算其年使用小时数。

低压气系统主要用于机组制动、强迫补气、检修、吹扫等，该系统主要耗电设备是低压空压机，根据上述功能综合考虑计算其年利用小时数。

（5）油系统。油系统主要用于机组及其附属设备、主变压器的注油、排油、滤油，该系统主要耗电设备是油泵、滤油机，根据上述用油设备的检修周期及用油量确定耗电设备的年使用小时数。

计算实例：以某水电站为例对上述设备耗电量进行计算，该水电站水头范围 87～112m，装设 4 台 375MW 的混流式水轮发电机组，电站厂房为地下厂房，装机利用小时数为 3975h，河流年平均含沙量 0.445kg/m³。各耗能设备清单见表 6.1～表 6.3。

表 6.1　　　　　　　　　机组附属系统设备及主要消耗能设备清单

序号	名　称	电机功率/kW	计算功率/kW	年运行时间/h	机组台数	年耗电量/（万 kW·h）	备　注
1	调速系统油泵	2×110	110	365	4	99.58	每台机组 2 台大泵，一主一备，间歇运行；1 台小泵，连续运行
		1×36	36	5800			
2	漏油箱油泵	2×3	3	250	4	0.30	每台机组 2 台，一主一备，间歇运行
3	顶盖排水泵	2×7.5	7.5	500	4	1.50	每台机组 2 台，一主一备，间歇运行
4	推力外循环油泵	2×75	75	5800	4	174.00	每台机组 2 台，一主一备，机组运行投入使用
5	高油压顶起油泵	2×37	37	250	4	3.70	每台机组 2 台，一主一备，开机、停机过程中使用
	小　计					279.08	

注　1. 调速系统小油泵、推力外循环油泵的运行时间，以机组年运行时间计算，约按电站装机利用小时数的 1.25 倍估算。

　　2. 漏油箱油泵运行时间约按每 6h 启动一次，每次运行 10min 计算。

　　3. 顶盖排水泵、高压油顶起油泵运行时间约按每 3h 启动一次，每次运行 10min 计算。

表 6.2　　　　　　　　　电站桥式起重机消耗电能清单

序号	名　称	电机功率/kW	计算功率/kW	年使用时间/h	数量	年耗电量/（万 kW·h）	备　注
1	主厂房桥机	356	356	360	2	25.63	检修需设备吊运时使用
2	GIS 室桥机	20	20	50	1	0.10	检修需设备吊运时使用
3	小　计					25.73	

注　主厂房桥机的年运行时间按每年对 1 台机组进行大修，检修时间为 60 天，检修期间桥机每天运行时间为 6h 计算确定。

表 6.3　　　　　　　　　　　　水力机械辅助设备主要消耗电能设备清单

序号	名　称	电机功率/kW	数量	计算功率/kW	年使用时间/h	年耗电量	备　注
一	技术供水系统						
1	技术供水滤水器	1.5	4	6	730	0.22	一主一备，间歇运行
2	小计					0.22	
二	机组检修及渗漏排水系统						
1	机组检修排水泵	310	4	1240	10	20.10	机组检修时使用，先4台大泵排水，当流道排空后，由2台小泵排水
		131	2	262	720		
2	厂内渗漏排水泵	163	5	489	2000	97.80	三主两备，间歇运行
3	坝体渗漏排水泵	110	3	220	1500	33.00	两主一备，间歇运行
4	水垫塘渗漏排水泵	163	5	489	1500	73.35	三主两备，间歇运行
5	小计					224.25	
三	全厂压缩空气系统						
1	中压空压机	30	3	60	730	4.38	二主一备，间歇运行
2	检修低压空压机	60	2	60	50	0.30	一主一备，间歇运行
3	制动低压空压机	22	2	22	365	0.80	一主一备，间歇运行
4	小计					5.48	
四	全厂油系统						
1	透平油油泵	5.5	2	11	20	0.022	
2	绝缘油油泵	5.5	2	11	10	0.011	
3	离心滤油机	82	1	82	40	0.644	
		39.5	2	79			
4	压力滤油机	4	1	4	20	0.200	
5	真空滤油机	53.09	1	53.09	20	0.110	
6	电热烘箱	1.2	4	4.8	20	0.010	
7	小计					0.997	
五	合计					230.73	

注　1. 机组检修排水泵的运行时间：电站按每年进行1台机组大修，流道水排空时间10h，即大泵年运行小时为10h；大修周期为60天，流道排空后，小泵每天运行12h，年运行720h。

　　2. 厂内渗漏排水泵按每天运行5.5h计；坝体和水垫塘排水泵按每天运行4h计。

　　3. 中压空压机每2台机组有1台运行，空压机每台启动6次，每次运行10min计算；制动空压机按每天运行1h；检修空压机按每年运行50h计。

6.2.3　电气设备的能耗计算方法

1. 主变压器年耗电量

主变压器年耗电量(kW·h)＝变压器负载损耗(kW)×变压器负载年使用时间(h)

＋变压器空载损耗(kW)×变压器空载年使用时间(h)　　　　　(6.3)

变压器负载年使用时间-取电站年利用小时数；变压器空载年使用时间-取 8760h。

例如，主变压器空载损耗为 290kW，主变压器负载损耗为 2070kW，变压器台数为 16 台，年运行时间为 8760h，年利用小时数为 4006h，变压器负载年使用时间取 4006h，变压器空载年使用时间取 8760，则主变压器年耗电量＝2070×16×4006＋290×16×8760＝17332.51×10⁴（kW·h）

2. 母线年耗电量

$$母线年耗电量(kW·h)＝单位母线损耗功率(kW/m)$$
$$×母线长度(m)×母线年使用时间(h) \qquad (6.4)$$

离相封闭母线和 SF6 管道母线损耗应包括导体和外壳损耗；主回路母线年使用时间可取电站年利用小时数。

例如，离相封闭母线主回路损耗为 3.5kW/三相米（含导体和外壳损耗），每回母线长 75m（三相米），母线回路数为 16 回，年利用小时数为 4006h，则封闭母线年耗电量＝3.5×75×16×4006＝1682.52×10⁴（kW·h）

3. 厂用变压器年耗电量

$$厂用变压器年耗电量(kW·h)＝变压器负载损耗(kW)×变压器负载年使用时间(h)$$
$$＋变压器空载损耗(kW)×变压器空载年使用时间(h) \qquad (6.5)$$

变压器负载年使用时间-因厂用变压器容量为暗备用，正常情况下负载率约为 50%，负载损耗可按 1/4 年的时间考虑；变压器空载年使用时间-取 8760h。

例如，变压器空载损耗为 1.505kW，变压器负载损耗为 8.72kW，变压器台数为 16 台，年运行时间为 8760h，变压器负载年使用时间取 2190h，变压器空载年使用时间取 8760h，则变压器年耗电量＝8.72×16×2190＋1.505×16×8760＝51.65×10⁴（kW·h）

4. 开关柜、控制柜、继电保护柜及通信盘柜年耗电量

$$柜年耗电量(kW·h)＝柜发热量(kW)×柜年使用时间(h) \qquad (6.6)$$

6.2.4 照明系统的能耗计算方法

$$照明设备年耗电量(kW·h)＝照明功率密度(kW/m^2)×建筑面积(m^2)$$
$$×照明时间(h)×日同时系数 \qquad (6.7)$$

例如，发电机层建筑面积为 31372m²，照明功率密度为 $12×10^{-3}kW/m^2$，变压器负载损耗为 8.72kW，日照明时间为 24h，负荷日同时系数为 0.9，则照明设备年耗电量＝$365×12×10^{-3}×31372×24×0.9＝296.80×10^4$（kW·h）

6.2.5 采暖通风与空气调节系统的能耗计算方法

对于采暖通风与空气调节系统中的用电设备（不包括仅用于事故排烟、事故排风、事故通风、正压送风等系统的消防专用设备），其设备年耗电量计算公式为

$$Q_d = nN\xi h/10^4 \qquad (6.8)$$

式中：Q_d 为设备年耗电量，万 kW·h；n 为设备数量；N 为单机功率，kW；ξ 为使用系数；h 为年运行时间，h。

对于消耗燃煤、燃气、燃油等一次能源的采暖通风与空气调节设备，其设备年耗能量计算公式为

$$Q_m = nG_m\xi h \qquad (6.9)$$

式中：Q_m 为设备年燃煤消耗量，t；n 为设备数量；G_m 为单机单位小时燃煤消耗量，t/h；ξ 为使用系数；h 为年运行时间，h。

$$Q_y = nG_y\xi h \tag{6.10}$$

式中：Q_y 为设备年燃油消耗量，t；n 为设备数量；G_y 为单机单位小时燃油消耗量，t/h；ξ 为使用系数；h 为年运行时间，h。

$$Q_q = nV_q\xi h \tag{6.11}$$

式中：Q_q 为设备年燃气消耗量，m^3；n 为设备数量；V_q 为单机单位小时燃气消耗量，m^3/h；ξ 为使用系数；h 为年运行时间，h。

计算实例：某地下电站主厂房空调系统采用"水冷冷水机组＋组合式空气处理机组"的全空气系统，其空调系统冷源共选用 3 台螺杆式水冷冷水机组，单机输入功率 274.6kW。空调水系统采用一次泵变流量方式，根据厂内冷负荷变化情况，大多数情况下在 $25\%\sim75\%$ 负荷下运行，其平均使用系数为 0.5。该空调系统主要用于消除余热，每年空调季为 4 个月（6—9 月），共约 2880h。螺杆式水冷冷水机组年耗电量为

$$Q_d = nN\xi h/10^4 = 3\times274.6\times0.5\times2880/10^4 = 118.63（万 kW \cdot h）$$

6.2.6 给排水系统的能耗计算方法

首先应根据项目情况确定给排水系统需要采用哪些耗能设备，然后对给排水系统耗能设备的运行要求和运行时间规律进行分析，确定每套设备合理的运行时间参数，最后根据设备功率和运行时间进行能耗计算。

以某抽水蓄能电站为例，表 6.4 列出了绝大部分抽水蓄能电站都有的用电设备（用电负荷须经计算确定）。

表 6.4　　　　　给排水系统主要设备能耗表

设备名称	用电负荷/kW	每日运行时间/h	年运行天数/d	年能耗/（kW·h）
生活给水处理设备	20	8	365	58400
下库启闭机房深井泵	25	8	365	73000
上库启闭机房深井泵	10	4	365	14600
主副厂房生活污水处理设备	5	8	365	14600
安装厂副厂房生活污水处理设备	5	8	365	14600
地面开关站生活污水处理设备	5	8	365	14600
地下厂房含油污水处理设备	20	10	365	7300
生活区污水处理设备	10	12	365	43800
总计				240900

还有一些因工程布置条件不同而增加的设备，如给水、排水泵站等，此处不列举。

6.2.7 金属结构设备的能耗计算方法

$$金属结构设备能耗(kW \cdot h) = 设备电机额定功率(kW) \times 运行时间(h) \tag{6.12}$$

例如，某水电站溢洪道工作闸门液压启闭机电机功率为 45kW，额定启、闭速度均为 0.5m/min，平均每年启闭 50 次，平均每次的开启高度为 2m，则每台溢洪道工作闸门液

压启闭机：平均每年的启闭时间为 2×(2/0.5)×50＝400（min）＝6.67（h）；平均每年能耗为 45×6.67＝300（kW·h）。

将水电站各部位的金属结构设备按上述方法一一计算，形成如表 6.5 格式的统计表。

表 6.5　　　　　　　　　　　　　　金属结构主要耗能设备清单

序号	名　　称	电机功率 /kW	计算功率 /kW	年运行 时间/h	设备 数量	年耗电量 /（kW·h）	备　　注
1	溢洪道工作闸门 液压启闭机	2×45	45	6.67	4	1200	每套液压启闭机设有 2 套泵组，一用一备
2							
3							
4							
5							
	小计						

从上述分析可知，金属结构设备的能耗为设备功率与运行时间的乘积，设备选定后，能耗计算的主要工作就是各设备每年运行时间的确定，不同功能设备的运行时间可大致参照下列原则确定。

（1）水电站事故闸门和检修闸门启闭机的运行时间。这类闸门每次启闭操作一般均为全行程，平均每年的运行次数应根据电站的具体情况确定，并无统一的规范可循。一般机组检修每年 1～2 次，工作闸门检修 4～5 年一次，隧洞检修 7～10 年一次。

（2）水电站泄洪、排沙、放空和供水系统工作闸门启闭机的运行时间。泄洪和供水工作闸门每次启闭操作可能局部开启，也可能全行程开启；排沙和放空工作闸门每次操作一般均为全行程启闭。放空工作闸门每年的操作次数可按 1 次考虑，其余工作闸门平均每年的运行次数差异很大，应根据电站的具体情况确定。

（3）船闸上下闸首工作闸门、充泄水廊道工作闸门启闭机的运行时间。上下闸首工作闸门每次操作的启闭时间根据《船闸启闭机设计规范》（JTJ 309—2005）选取，充泄水廊道工作闸门每次操作的启闭时间根据《船闸输水系统设计规范》（JTJ 306—2001）选取。每年的运行次数可按船闸设计通过能力计算。

（4）船闸上下闸首、充泄水廊道和垂直升船机检修闸门启闭机的运行时间。每次启闭操作一般均为全行程，平均每年的运行次数可按 1～2 次考虑。

（5）升船机主提升设备、闸首的工作闸门的运行时间。运行速度根据设计通航能力确定，可参照《水电水利垂直升船机设计导则》（DL/T 5399—2007）选取。

（6）水电站溢洪道弧形闸门液压启闭机的运行速度可按 0.2～0.7m/min 选取，深孔弧门和平面闸门液压启闭机的运行速度可按 0.8～1.0m/min 选取，固定卷扬式启闭机和门机的启闭速度可按 1.5～2.5m/min 选取。

（7）寒冷地区防冰冻设施的运行时间应根据电站所在地的气温情况确定。

（8）此外，还应注意事故闸门平时多作检修闸门运行，当以检修闸门启闭运行时，其启闭容量比额定值小很多，相应的电动机功率也小很多。

6.2.8 办公、生活设施的能耗计算方法

办公、生活设施的能耗按各用电设备的性质、负荷大小、运行时间逐一计算。

对于办公、生活设施已进行详细设计的项目，采暖通风与空气调节系统设备年耗能量可按 6.2.5 节所述进行计算。

对于办公、生活设施未进行详细设计的项目，通风、空气调节与制冷设备年耗电量可按表 6.6，结合式（6.9）进行估算。

表 6.6 通风、空气调节与制冷设备用电量估算表

建 筑 物 类 型	单位建筑面积用电量指标/（W/m²）
旅馆（宿舍、招待所）	35～45
办公楼	40～50
医院	35～45
商店	45～55
体育馆	50～60
图书馆	30～35
影剧院	60～65
餐厅（食堂）	90～170（用餐区域面积）

注 1. 当采用吸收式制冷机时，用电量可比表中指标减少一半。
2. 当采用天然冷源时，不可采用表中指标。
3. 总建筑面积较小的建筑物或建筑物采用非集中空气调节系统时，通风、空气调节和制冷的用电量比表中指标应适当放大。
4. 表中数据以北京地区为依据，南方地区可适当加大。

计算实例：华东地区某水电工程（长江以南）业主营地办公楼，建筑面积约 $4000m^2$，方案设计阶段，拟采用"风冷热泵冷（热）水机组＋风机盘管"的空调方式，并设置集中控制系统对通风空调系统进行监控。每年夏季制冷期约为 4 个月（6—9 月），共约 2880h，冬季制热期约为 3 个月（12 月至次年 2 月），共约 2160h。办公用房空调设备使用时间约每天 8：00—18：00，共计 10h；设备用房通风设备根据工艺要求运行，总运行时间约为每天的 1/2。综合以上因素，按空调季时间，取其平均使用系数为 0.5。南方地区办公楼，取单位建筑面积电量指标为 $55W/m^2$。该办公楼通风、空气调节、制冷设备年耗电量为

$$Q_d = nN\xi h/10^4 = 55 \times 4000 \times 0.5 \times (2880 + 2160)/(1000 \times 10^4) = 55.4 \text{（万 kW·h）}$$

6.2.9 厂用电率及综合厂用电率计算方法

厂用电率指辅助生产设备消耗的电量与损失的电量总和占年均发电量的比例。对水电站来说，通常包括：①机组附属系统设备、水力机械设备、控制保护设备、金属结构设备、采暖通风空调设备、消防设备、照明系统等消耗的电量；②厂用变压器、中低压电缆、配电盘柜等损耗的电量。即用于发电的辅助生产设备用电量与发电量之比为该电厂厂用电率。

综合厂用电量包括除机组之外的所有与生产有关的设备消耗和损失的电量，即除了厂用电量，还需加上电站生产过程中主变压器、高低压母线、电缆、配电装置等损失的电量以及附属生产设备消耗的电量。综合厂用电率则为上述能耗量之和占发电量的比例。水电

站厂用电率及综合厂用电率可按表 6.7 计算。

表 6.7　　　　　　　　西南某水电站厂用电率及综合厂用电率计算

序号	项　　目	设　备　名　称	年消耗 /（万 kW·h）
1	主要生产设备损耗		2965.90
1.1		主变压器	2671.26
1.2		主母损耗	228.13
1.3		分支母线	0.99
1.4		GIS 联合单元	1.79
1.5		地面 GIS	6.15
1.6		500kV 电缆	57.58
2	辅助生产设备能耗		1477.16
2.1		水轮发电机组附属设备	279.08
2.2		水力机械辅助系统设备	230.73
2.3		电站桥式起重机	25.73
2.4		生产场所照明	220.61
2.5		主要电气设备	158.84
2.6		通风空调系统	529.74
2.7		给排水系统	11.25
2.8		金属结构启闭设备	13.98
2.9		电梯	7.20
3	附属生产、生活设施消耗的电能		130.35
4	厂用电量	2＋3	1607.51
5	综合厂用电量	1＋2＋3	4573.41
6	年发电量		685570
8	厂用电率/%		0.234
9	综合厂用电率/%		0.667

第7章 水电工程节能设计

7.1 工程规划与总布置节能设计

7.1.1 工程规划节能设计

（1）工程建设规模节能设计应符合以下要求。

水电工程项目在确定其建设规模时，应考虑节能分析，主要包括对工程的能耗状况、总体布置、征地移民、水泥和钢材等中的耗能材料工程量，从技术经济、环境保护和节能降耗等方面进行综合分析，同时考虑项目的开发对社会、环境、经济等方面影响，结合项目开发的近期和远期任务，尽量满足各部门、各地区的基本要求，尽量避免重复开发造成的资源浪费。

（2）水能利用节能设计应符合以下要求。

1）开发河段应合理布置多级开发方式，充分利用水能资源。

2）以防洪、灌溉、供水等功能为主的水利水电工程，应在满足综合利用各功能要求的前提下，尽可能地考虑水能的综合利用，以获得最佳经济效益，提高能源利用效率。

3）对于有调节性能的水库（群），在满足其开发任务的前提下，合理优化水库（群）运行方式，使水库水位尽量维持高水位，合理下泄流量，提高水能利用率。

（3）水库特征水位节能设计应符合以下要求。

1）水库特征水位的确定应满足工程开发利用要求，从水能利用率、技术经济、施工条件、库区淹没、环境保护等方面综合分析确定。

2）水库特征水位的确定对于发电效益有较大影响，在满足防洪要求的前提下，合理地确定汛限水位可减少弃水、增加发电效益，提高水能利用率。

7.1.2 工程总布置节能设计

（1）在工程场址选择、工程总布置方案比选时，将有利于节能降耗纳入比选条件。将工程节能、能耗指标纳入技术经济比较。

（2）工程总布置设计时，引水发电建筑物进水、尾水布置应水流平顺；有条件的工程，宜设置拦污、排污设施，减少水头损失，提高单位水体水能利用率。

7.2 建筑物节能设计

7.2.1 大坝工程节能设计

（1）坝型比选时，将有利于节能降耗纳入比选条件。当地材料坝能大幅减少水泥、钢筋、钢材等高耗能材料的使用；混凝土坝采用碾压混凝土，能大幅减少水泥用量，也能减少温控耗能，宜优先考虑。

（2）大坝建基面选择、大坝体型设计在满足安全和功能要求的前提下，应进行优化，以减少工程量，节约土地、建筑材料等资源并可减少施工耗能。

（3）大坝混凝土强度指标应充分利用后期强度，减少水泥用量。

（4）优化混凝土配合比，通过掺加掺合料、外加剂等方法，减少水泥用量、减少温控耗能。

7.2.2 输水系统节能设计

输水系统节能设计主要是在确保建筑物安全的基础上，优化局部部位的布置和结构，降低输水系统的水头损失，减少工程量，达到节能目的。

在装机容量和洞机组合方案确定后，输水系统洞径设计是节能设计重要一环，一般程序是首先根据隧洞经济流速范围基本确定洞径比选范围，然后根据隧洞的规模，按照一定的洞径级差拟定数个洞径（管径）方案，计算各方案工程可比投资，通过总费用现值等经济比选手段确定输水系统洞径。

进水口和出水口的节能设计，一般通过几个手段实现节能，如通过调整进水建筑物的平面布置（如向河道移动、平面轴线调整），或者将拦污栅段和闸门室段分开，将闸门室段置于山体内等，降低边坡开挖工程量；通过优化中墩、边墩宽度减小进水前缘总宽度，或者通过增加进水前缘总宽度抬高进水口底板高程，减少基础处理工程量。

输水隧洞的节能设计，需要紧密结合地质条件，优化输水隧洞衬砌型式，在围岩条件好，地应力较高部位尽可能采用钢筋混凝土衬砌。对于长隧洞研究在总水头损失不变的条件下局部洞段采用不衬砌隧洞的可能性。对于衬砌厚度，应根据隧洞围岩稳定条件，确定衬砌的作用，根据衬砌目的研究哪些部位可减少衬砌厚度，哪些部位需增加衬砌厚度。对于钢衬的段长需要根据隧洞围岩渗漏条件、稳定条件、渗漏影响、长期运行保障度、维修条件等综合确定，不宜盲目进行全洞或者大部分洞段钢衬。

调压室的节能设计，首先是确定调压室是否有必要设置，若在可设可不设的界限范围内，可以研究采用适当加大局部洞段洞径、适当调整机组安装高程等，通过技术经济比选研究取消调压室的可能性。围岩和地应力条件是选用圆筒形和长廊形调压室的根本因素，若围岩条件好，地应力不高，宜选用长廊型调压室，共用启闭设备，否则，需要进行详细的经济技术比选，软岩地段优先选用圆筒形调压室。

输水系统的各个部位体型，如中隔墩墩头、分叉部位、渐变段等需要考虑水头损失因素，尽量采用平滑过渡，避免突扩突缩，减小水头损失。

对渗漏带来水量损失较为敏感的电站，输水系统设计需要把防渗作为重点考虑因素。

7.2.3 发电系统节能设计

发电系统运行必备的生产性用房包括电站主厂房、副厂房、开关站设备用房、泵房、油库等。

在生产性用房的建筑物布置时，应综合考虑地形地质条件，尽量布置紧凑合理，以减少施工期土地占用成本和运行管理费用。土地是不可再生资源，特别是地面式水电站发电系统的布置往往位于较平坦部位，厂区建筑物的紧凑合理布置，能有效减少土地征用成本、移民成本以及水土保持、植被复原成本等，从而显著减少电站建设能耗。

发电系统建筑物在满足枢纽布置及功能性需要的基础上，应充分考虑地形地质条件，合理布置厂区位置及厂内建筑，以减少工程量，节省工程投资。地面厂房应尽量避开可能引起高边坡开挖支护及地基地质条件较差部位布置，以减少开挖支护工程量，降低建设能耗；地下厂房应充分考虑地应力条件、断层及错动带等不利地质条件的影响，在保证洞室群稳定的情况下减少开挖支护工程量，降低建设能耗。

发电系统生产用房单体建筑布置时，应充分考虑自然光照和自然通风等因素合理优化建筑布置型式，尽量利用自然光照和自然通风，并做好围护结构的保温、封闭和采光，减少运行期通风、照明和采暖空调电能损耗，节约厂用电。其中，地面厂房应充分考虑本地区最佳朝向，充分利用冬季日照并避开冬季主导风向，利用夏季凉爽时段的自然通风，一般宜采用南北向或近南北向，主要房间避免夏季受东西向日晒；地下厂房可考虑采用远程控制运行式管理，缩减地下运行人员规模，从而减少地下洞室水、电、通风等运行能耗，节约厂用电；东北等寒冷地区的电站厂房取暖可考虑利用机组发电过程中产生的热量。

发电系统生产用房单体结构设计时，应根据工程的任务和规模合理选择结构布置型式、结构构件断面尺寸及配筋，在保证结构承载安全的基础上，优化结构设计方案，从而减少主体工程量，尤其是钢筋、水泥等高耗能材料的工程量。

7.2.4 生产辅助用房和管理生活用房节能设计

水电站生产辅助用房和管理生活用房是供人们工作、学习、生活、居住和从事各种政治、经济、文化活动的房屋，主要包括电站管理区、办公楼、生活区宿舍、医务室、食堂、调度中心及各建筑物的值班用房等。其中，生活区宿舍属于居住建筑，其他属于公共建筑。

水电站生产辅助及管理生活用房中的居住建筑与公共建筑节能设计原则与生产性用房基本一致，在综合考虑房间的朝向、尽量多利用自然采光与通风的基础上，重点考虑建筑围护结构的保温隔热，墙体与屋顶保温隔热材料宜采用新型材料，严禁采用国家明文淘汰的技术、材料、工艺和设备；建筑门窗宜采用保温隔热材料和密闭技术；应考虑采用集中供热和热、电、冷联供技术；严寒及寒冷地区需采暖或空气调节的建筑物体型不宜复杂；夏热冬暖地区、夏热冬冷地区的建筑屋面和外墙宜采用浅色调。

通过以上节能设计原则的应用，确保居住建筑满足工程所在地的《居住建筑节能设计标准》要求，确保公共建筑满足《公共建筑节能设计标准》（GB 50189—2005）要求。

7.3 机电及金属结构节能设计

7.3.1 水力机械及辅助设备节能设计

（1）水电站水力机械设备节能降耗分析设计应根据工程特点、使用基本条件及使用目的等，通过技术经济、环境保护等综合分析，确定设计方案和设备的型式、参数和节能指标等，最终达到节能降耗的目的。

（2）水轮机及水泵水轮机的选型、设计应符合下列要求。

1）应根据电站在电力系统中的作用、电站位置的自然条件、运行方式、运行水头范围和电站特点提出机型、台数和主要参数的比较方案，应从技术经济、运行稳定性、空化性能等方面进行多方案比较后选定。

2）对可逆式水泵水轮机参数的选择应考虑发电和抽水两种运行工况合理匹配，并提出机组合理运行方式的建议。

3）应采用合理的结构和优质材料。

（3）水轮机调节系统和调节保证设计应符合下列要求。

1）调速系统配置的设备应动作准确、安全可靠。油压系统的漏损最小，减小厂用电的消耗。

2）水轮机的调节保证参数应按现行行业设计规范合理选择和准确计算，合理控制压力升高率和转速上升率，在确保安全条件下降低电站引水系统（排水）及设备造价。

（4）主厂房桥式起重机的台数应根据主厂房布置、机组台数和机电设备最重件的吊运方式，并考虑卸货、安装进度和检修的需要，经技术经济比较确定。

（5）当主厂房起重机主钩起重量大于 100t 时，宜配置 10t 电动葫芦。

（6）技术供、排水系统及消防给水的设计应符合下列要求。

1）技术供水系统的水源，应根据用水设备对水量、水压、水温及水质的要求和电站的具体条件，确定经济合理的供水方案。如条件允许可考虑节能的尾水闭式冷却或尾水冷却器的二次循环系统，进行技术经济比较后，选定供水方案。

2）在条件具备时，宜选择顶盖取水供水方式及自流供水方式。

3）大中型电站，当技术供水系统采用水泵供水方式时，水冷式主变压器空载冷却水的供排水方案，宜根据电站的具体条件进行技术经济比较后确定。

4）在条件具备时，电站主厂房的渗漏、检修排水优先采用自流排水隧洞方案。

5）应合理选择水泵的泵型和参数，参数选择宜使水泵的经常运行工况处在泵的较高效率区，满足国家或行业对水泵能耗限定值和节能指标的规定，优先选用国家推荐的高效节能产品和经过鉴定的产品。

（7）压缩空气系统的设计应符合下列要求。

1）压缩空气系统可根据用户的重要性、工作压力、用气量和供气质量等要求，进行技术经济比较，确定独立或综合供气系统。

2）应合理选择空气压缩机的类型和参数，满足国家或行业对空气压缩机能耗限定值和节能指标的规定，优先选用国家推荐的高效节能产品和经过鉴定的产品。

（8）油系统的设计应符合下列要求。

1）当水电厂离社会供油点较近且交通便利时，透平油、绝缘油系统均可根据实际情况简化油系统设备。

2）调速系统油压装置油泵的设置宜采用主、辅（小容量）泵，主油泵断续运行，辅油泵连续运行滤油。

（9）阀门、管道和辅机配套电气设备选型、设计应符合下列要求。

1）水、气、油系统选用的阀门应结构合理、水力性能好、阻力系数小。

2）水、气、油辅助机械管道系统，应根据经济流速选择合适的管径，通过优化布置减少管路损失，同时宜选择摩阻较小的管材。

3）辅助机械设备的大容量电动机及水泵设备的启动方式宜采用变频启动。

7.3.2 电气设备节能设计

（1）发电机。在发电机型式及参数选择上，以保证机组安全、可靠、稳定运行为前提，在此基础上尽量降低损耗、提高效率以达到节能降耗的目的。

发电机定子铁芯采用低损耗高导磁率的优质冷轧钢板，定子绕组导体采用电解铜，磁极线圈采用紫铜排。

发电机的冷却方式应采用效率高、损耗低的冷却装置。

（2）主变压器。应选用低损耗的主变压器，铁芯选用优质、薄型、高导磁、晶粒取向、经激光处理的冷轧硅钢片，以有效控制了变压器的空载损耗，提高变压器效率；冷却器采用换热效率高的产品。

（3）高压配电装置。高压配电装置选用合适的配电电压等级以减少输电电流损耗。

（4）厂用电系统。厂用电系统按供电范围、用电负荷大小、供电距离远近、单台电机容量大小，合理选择厂用电系统供电电压等级和配电方案，以降配电系统损耗。

（5）厂用变压器。厂用变压器选用低损耗、高性能的变压器。综合考虑同时率、负荷率合理选择变压器容量，使变压器运行在高效率区，降低变压器的损耗。

（6）厂用电动机。厂用电动机选用高效率、高功率因数的电动机。功率特别大的电动机采用高压电动机，降低运行电流，节省运行能耗。

7.3.3 照明系统的节能设计

照明节能设计应在保证不降低作业面的照度要求前提下，最有效地充分利用电能进行照明；水电站照明设计，严格遵照相关规程规范中要求的照明功率密度值和照度要求执行；采用高光效光源；采用效率高、利用系数高、配光合理、保持率高的高效优质灯具；根据各场所视觉作业的需要，确定合理的照度标准并选用合适的照明方式；根据各场所、各房间的布置情况，对照明灯具进行分组、分路控制。

7.3.4 金属结构设备节能设计

水电站金属结构设备节能设计主要包括闸门及其启闭设备的型式、布置、参数和运行方式的选择和确定。具体要求如下。

（1）闸门及其启闭设备的型式选择应结合水工建筑物的总体布置，进行综合经济比较后确定。

（2）优化布置闸门及其启闭设备，以降低启闭机的容量和扬程（行程）。

（3）合理选择闸门的支承型式，以降低启闭设备的启闭容量。

（4）泄洪系统等多台启闭设备需同时运行时，适当错时启动；大容量启闭机电动机采用软启动或变频启动，以降低启动电流。

（5）航运过坝系统等运行时间较长的闸门及其启闭设备，当启闭容量较大时，可采取加平衡重等方式降低启闭设备容量。

（6）寒冷地区闸门及其启闭机的防冻措施应进行经济、技术比较，在运行安全可靠的前提下，优先选用低能耗措施。

（7）标准设备应优先选用高效节能产品。

（8）施工导流等临时建筑物采用的闸门及其启闭设备应尽量与永久性设备共用。

7.3.5 采暖通风与空气调节系统节能设计

（1）视工程实际情况，经经济技术比较后，合理选择新型节能技术、工艺、设备和材料，如高大空间分层空调，完善的自动控制系统，热回收技术，溶液除湿技术，水（地）源热泵系统，变频技术，蓄能技术，置换通风方式，蒸发冷却技术，太阳能热水供热系统、高效的风机及水泵，高性能系数的采暖、制冷机组，新型高效保温（冷）材料等。

（2）房间空气调节、单元式空气调节、风机（箱）、空调制冷（热）机组等应选用符合相关现行国家标准1级能效等级要求的设备。

（3）水泵应选用符合相关现行国家标准节能评价值要求的设备。

（4）供冷、供热设备及管道应保温，并优先选用导热系数小、湿阻因子大、吸水率低、密度小、综合经济效益高的材料。其中，对于保温厚度，当供冷或冷热共用时，按《设备及管道保冷设计导则》（GB/T 15586）中经济厚度或防止表面凝露保冷厚度方法计算确定；当仅用于供热时，按《设备及管道绝热设计导则》（GB 8175）中经济厚度方法计算确定；对于凝结水管，按《设备及管道保冷设计导则》（GB/T 15586）中防止表面凝器保冷厚度方法计算确定。

（5）从满足电站设备正常运行和人员舒适度两个角度出发，根据规程规范要求，并考虑节能因素，合理确定室内空气设计参数。室内空气设计参数应根据实际使用的需要，不要随意提高标准。

（6）在进行采暖、通风与空气调节设计时，应根据水电工程特点，贯彻先进、适用、经济和节能的设计原则，合理利用天然冷、热源，如水库水、尾水、廊道及洞室空气、发电机组余热等。

（7）对于电暖器、电热风、电热水锅炉－散热器、空气源或水源热泵机组－风机盘管、电辐射等各种采暖方式，应根据热源条件、空间大小、消防安全、舒适性、初投资、运行费用、制热效果等全方面技术经济比较后确定。其中，对于主厂房采暖，考虑节能因素，在满足机组运行和消防要求的前提下，宜优先采用。

（8）对于地面厂房，应优先考虑自然通风，当自然通风达不到室内空气参数的要求时，可采用自然与机械联合通风、机械通风、空气调节等方式。其中，坝后式、河床式等厂房宜结合工程实际情况，利用坝体廊道作为夏季进风通道，以降低空气温度，减少厂内机械制冷负担。

（9）对于地下厂房，应充分利用已有洞室作为通风道，以减少土建工程量，同时，合理组织进风气流，充分利用廊道降温去湿效应，减少厂内机械制冷（热）和除湿负担。

（10）空气调节送风道宜单独设置，需与其他设施共用风道时，应采取可靠的防漏风、减少阻力和绝热措施，降低制冷或制热损耗、减少输送系统功耗。

（11）对于大型工程，集中采暖与空气调节系统应设置监测与控制装置，分区、分室控制装置应具备按温度进行最优控制的功能。对于间歇运行的空气调节系统，宜设自动启停装置，控制装置应具备按预定时间最优启停的功能。

7.4 施工节能设计

7.4.1 施工总布置节能设计

施工总布置节能设计应符合下列要求。

（1）结合工程枢纽布置的特点，遵循因地制宜、因时制宜原则。

（2）水工建筑物呈点状分布的枢纽工程，施工总布置可采取集中布置的原则。

（3）水工建筑的呈线状分布的引水工程以及呈面状分布的灌溉工程，施工总布置应采取集中布置与分散布置相结合的原则。

水电工程施工总布置的合理规划，对节能设计起着举足轻重的作用，不同的水电枢纽工程其施工总布置的理念是不同的。施工总布置应紧紧围绕着水工建筑物的布置，抓住其特点，如点状较集中布置的水工枢纽，其施工总布置范围也亦集中紧凑，以便施工布置设施能迅速服务于各施工工作面。对于长引水式电站或抽水蓄能电站一般水工枢纽布置线较长而且分散，其施工设施宜分区与分散集中布置相结合。因此，应按枢纽的分区设置情况，合理布置各区的施工设施。

施工分区规划时应符合下列要求。

（1）机电设备及金属结构安装场地应靠近主要安装地点。

（2）主要物资仓库站场等应布置在场内外交通衔接处附近。

（3）施工营地应符合有利生产、方便生活的原则，应靠近施工现场布置。

（4）施工场地布置应结合施工总布置及施工总进度做好整个工程的土石方平衡，并应统筹规划堆渣、弃渣场地。

（5）料场的规划及开采应使物料及弃渣的总运输量、运距最小，并应首先研究利用工程开挖料作为坝体料及混凝土骨料的可能性。

（6）对外交通方案应结合节能要求选择，并应进行场内交通规划，同时应符合下列要求。

1）对外交通应便于与场内交通衔接，并应尽量缩短运输距离。

2）场内交通宜采用公路运输方式。

3）批量物料和大件运输方式应进行水上运输、公路运输和铁路运输比较确定。施工转运站设置宜利用或租用已有的转运设备，其储运能力应满足及时将物料运至工地的要求。

7.4.2 工程施工节能设计

7.4.2.1 主要施工设备选型及其配套

水电工程按各单项工程工作面、施工强度、施工方法进行施工机械设备配套的设计与选择，使各类设备均能充分发挥效率，以满足工程进度要求，保证工程质量，降低工程建设能耗。重点关注高能耗设备和项目，如空气压缩机、制冷机、水泵、破碎机、大型起重机、挖装设备、重型汽车等，设计过程总体上遵循以下原则。

（1）工程设计中选用的设备均应符合国家颁布实施的有关法规和节能标准的规定。

（2）将节能降耗指标作为比较选择施工方案和设备配套的重要内容。首选施工方法可行、施工设备先进、耗能低、经济指标最低的方案。

（3）结合施工总布置及施工总进度做好整个工程的土石方平衡规划，以减少弃渣二次倒运，降低挖装及运输设备的能耗。

（4）合理规划施工布置及场内施工道路，减少场内主材运距，降低施工能耗。

（5）合理选择施工机械设备，所选设备性能机动、灵活、高效，以减少施工耗能。

（6）合理安排施工顺序及进度，选择设备通用性强，能在工程项目中持续使用，以提高设备利用率。

（7）合理选择施工用电变压器、组合电器，尽量让其在高效区运行，减少电损。

（8）合理规划厂区施工面给、排水系统，尽可能做到自流供水，选择合理的水泵扬程、电机功率，尽量让水泵在高效区运行，减少给、排水系统运行耗能。

1. 坝体混凝土施工设备选择及配套

坝体混凝土施工设备选择及配套主要遵循以下原则。

（1）应以混凝土种类、坝型特点为主体进行施工设备组合配套，所选的设备配套应有利于设备的调动，减少资源浪费。

（2）施工设备的技术性能应适合工程的工作性质、施工对象的特点、施工场地大小和物料运距等施工条件，充分发挥机械效率，保证施工质量；所选配套设备的综合生产能力，应满足施工强度的要求。

（3）所选设备应是技术先进，生产效率高，操纵灵活，机动性高，安全可靠，结构简单，易于检修和改装，防护设备齐全，废气噪音得到控制，环保性能好。

（4）注意经济效益，所选机械的购置和运行费用合理，劳动量和能源消耗低，并通过技术经济比较，优选出单位工程量或时间成本最低的机械化施工方案。

（5）选用适用性比较广泛、类型比较单一的通用机械，并优先选用成批生产的国产机械，必须选用国外机械设备时，应尽量选择同类、同型号且配件供应等技术服务有较好保证的设备。

（6）注意各工序所用的机械配套的合理性，充分发挥设备的生产潜力。

（7）混凝土浇筑设备的选择及配套应根据坝型、交通条件选择合适的混凝土运输、碾压及平仓、振捣设备。

大坝混凝土浇筑需要大量的运输车辆、浇筑设备、平仓及振捣设备。设计时主要依据浇筑强度、运输强度等确定运输车辆载重吨位以及浇筑、平仓及振捣机械的型号及功率。如白鹤滩工程的大坝混凝土浇筑设备采用了以平移式缆机为主，汽车起重机、固定式塔机、履带式起重机为辅的起重设备的配套；混凝土入仓及振捣设备主要采用了胎带机、混凝土布料机、振捣车、振捣机及平仓机等；混凝土运输主要采用了以后卸式混凝土自卸车为主，混凝土搅拌车为辅的设备配套。

2. 土石方工程施工设备选择及配套

土石方工程施工设备选择及配套主要遵循以下原则。

（1）选用的开挖机械设备性能和工作参数应与开挖部位的岩石物理力学特性、选定的施工方法和工艺相符合，并应满足开挖强度和质量要求。

（2）开挖过程中各工序所采用的机械应既能充分发挥其生产效率，又能保证生产进度，特别注意配套机械设备之间的配合，不留薄弱环节。

（3）从设备的供给来源、机械质量、维修条件、操作技术、能耗等方面进行综合比较，选取合理的配套方案。

（4）在满足施工需求的前提下，尽量选用少的机械设备种类，以利于生产效率的提高和方便维修管理。

土石方明挖工程主要配备钻孔设备、挖装设备、集渣设备和运输设备等。大型水电工程主要以 $3 \sim 5m^3$ 挖掘机为主要的挖装设备，另依据弃渣运输距离的远近，道路通行能力，车辆装载配套等因素，通常以15～25t自卸汽车为主要的运输工具。石方开挖以液压潜孔钻为主要的钻孔设备，并配以手风钻和气腿钻作为辅助。

石方洞挖工程主要配备钻孔设备、挖装设备、集渣设备、运输设备和通风设备等。设计时，主要考虑洞身断面大小，作业循环时间以及出渣强度等因素，来确定各种设备的型号和功率。石方洞挖配备多臂钻和液压潜孔钻作为洞身上、下层钻孔的设备，并配以手风钻作为辅助。大型水电工程主要以1.6m³反铲、3m³装载机、4m³侧卸式装载机作为主要的挖装机械，25～32t自卸汽车为主要的运输工具，根据工作风量和风压选择轴流式风机作为主要的通风设备。

土石方填筑工程主要配备挖装设备、碾压设备和运输设备等。设备配置需满足施工高峰强度的要求，振动碾的碾型和碾重主要根据料物特性、分层厚度、压实要求等条件确定。大型水电工程土石方填筑主要以4m³挖掘机、3～4m³装载机为主要的挖装设备，15～45t自卸汽车为主要的运输工具，15～25.2t振动碾为主要的碾压设备。

水电工程施工季节性强，工期紧，可靠性要求高，任何一项工程没有按时完成或完成的质量不高都可能会造成整个工程的延误，以致大量资源的浪费。选择工程使用的机械设备时，应首先保证其技术性能安全可靠，能够满足施工质量和强度要求，确保工程顺利完成。

同一类型的施工设备，在满足施工要求的前提下，其型号、生产厂家或生产国别应尽可能单一。单一的施工机械设备对维修人员及使用操作人员的技术水平要求相对不高，也可减少其零部件备件的种类和数量，便于管理、节约人力和投资。

工程不同部位的施工，应尽量选用通用性较强的机械设备，相比专用机械设备而言，其售价低、适应性好，不同部位之间可根据施工进度不同而反复利用，可有效避免大量机械设备一次性的投入，减少资源浪费。

选用全新的机械设备，可以避免旧设备使用过程中可能带来的出力不足、工况不稳定、检修频繁等对系统的影响而带来的能源损耗。

7.4.2.2 主要施工技术和工艺选择

主要施工技术及工艺选择主要遵循以下原则。

(1) 设计时应通过方案比较，执行节能标准，采用节能型的技术、工艺、设备，淘汰落后的耗能量大的施工技术及工艺。

(2) 施工组织设计时，施工总布置、主体工程施工、施工交通运输及施工工厂设施设计等诸多方面均应充分考虑节能降耗，以降低工程造价。

(3) 施工设备选型及配套设计时，按各单项工程工作面、施工强度、施工方法进行设备配套选择，使各类设备均能充分发挥效率。

(4) 在施工设备的选型上，选择效率高，耗能小的设备。

1. 料源的选择及开采的节能技术

(1) 混凝土骨料料源选择过程中，通常会对天然砂砾料（含商品砂）、工程建筑物开挖料以及石料场开采料进行技术经济比较，在技术可行的前提下，选择工程建筑物开挖料可以避免大量开采其他石料所造成的能耗及对环境的影响；若工程建筑物开挖料使用条件较高或其加工难度较大，且工程区附近有满足要求的天然砂砾料场或商品砂时，选择使用天然砂砾料或商品砂等可以避免原岩加工人工骨料时所投入大量破碎设备的能耗。

（2）岩石的破碎及制砂性能直接关系到砂石加工系统工艺流程设计，性能较好可以减少后续的进一步加工及整形工艺，进而减少设备投入。

（3）水电工程中施工前期的土石方开挖料往往需要填筑利用，若其施工时段不同，开挖渣料需中转堆存，待需要填筑时进行回采。此回采的过程会增加中转料的损耗，另外若中转料场设置位置不在开挖面及填筑面之间，还将增加渣料的运输距离，而开挖渣料直接进入工作面填筑可以避免上述问题，降低能耗。

（4）通过科学试验及方案认证，若地下洞室开挖料满足质量要求时，应最大限度地利用工程开挖料作为料源。

目前很多水电工程在进行料源规划时，在地下工程开挖料满足工程要求时，均考虑将工程开挖有用料用于工程的料源。

例如，白鹤滩工程工程开挖料用于除大坝混凝土外的骨料加工、围堰填筑的主要料源，从而减少因大量开采石料所造成的能耗及对环境的影响。近年来国内已建或新建抽水蓄能电站如仙游、仙居、宝泉、泰安等抽水蓄能电站均以地下工程开挖料作为混凝土骨料、大坝填筑料等料源。

（5）根据料场开采施工经验，洞室爆破难以控制石料粒径，大块率偏多，需进行二次解炮，影响设备工作效率。采用深孔梯段爆破能较好地控制石料粒径，保证连续均衡生产。

（6）针对石料场开采中可能出现的开采边坡高、运输困难等问题，可采用溜槽、溜井、溜管等垂直运输方式，利用重力自然跌落，一则可以减少施工道路的修建，二则缩短汽车运输距离，以此达到降低运输等环节能耗的目的。国内已有诸如此类的成功经验，如龙滩大法坪料场，溜井深度约150m，输送能力达2500t/h；小湾孔雀沟料场，溜井深度约210m，输送能力达2000t/h；湖北招徕河工程，溜管长度约202m，输送能力达200m³/h。

2. 土石方施工工艺及节能技术

在土石方工程施工方案设计时，可采取以下降低能耗措施。

（1）根据地形条件，不同部位因地制宜地制定土石方开挖方案，常采用梯段爆破，汽车出渣的施工方案。出渣路线结合施工道路布置，以求路线较短、顺达，从而降低油耗。

例如，白鹤滩工程大坝左岸具有工程开挖量大，范围宽的特点；大坝右岸边坡具有高差大，边坡平均坡度在70°以上，施工道路布置困难的特点。针对大坝左、右岸边坡开挖各自的特点，制定了不同的开挖方案。充分利用左岸边坡开挖范围大，施工区域易展开的特点，左岸边坡分3个区。利用原沿江公路以及左岸坝肩突出部提前开挖形成集渣平台，集渣平台沿江侧修建高挡渣墙，减少了左岸坝肩和水垫塘边披治理时产生的落渣，减少了后期投入的挖装清运设备。右岸进水口、右坝肩及水垫塘920.00m高程以下地形陡峻，出渣道路布置困难，针对920.00～734.00m高程开挖的出渣方案，分别从道路出渣、溜井溜渣、大寨沟集渣平台推渣和河床推渣4种施工方式进行详细对比分析。采用的推荐方案为：在截流前右岸坝肩920.00～794.00m高程采用大寨沟集渣平台溜渣方案，在截流后，右岸坝肩及水垫塘向河床推渣，右岸进水口仍采用大寨沟集渣平台溜渣方案。该方案施工设备投入相对少，工程造价低，具有明显工期优势。

（2）大跨度主体洞室（如厂房、主变、尾调室、尾闸室等）利用运行期通风及永久通道，在其顶部位置布置通往地面的竖井和平洞，创造条件尽早或提前与洞室贯通，以便利用自然通风，在改善施工条件的同时，也减少通风设备的投运量，从而降低电能消耗。

白鹤滩工程由主副厂房洞、主变洞、尾水管检修闸门室和尾调室等主要洞室及母线洞、压力管道、尾水隧洞等构成庞大的地下洞室群。具有埋层深，直接对外的通道少、线路长，洞室群密集等特点，为此通风散烟难度大，施工通风的风机电耗是工程施工中耗能较大的单元。为减少施工通风的能耗，该工程利用两岸布置的尾调通气洞，增设了地下厂区施工专用通风洞，解决了四大洞室上层施工的通风难题，较早地实现了巷道通风为主，管道通风为辅的施工通风方案，所减少的能耗占施工通风总能耗的30％以上。地下洞室群中下层开挖时，利用厂房、主变的永久排风竖井进行中后期施工通风，实现了施工通风设施的永临结合，减少了施工期通风的土建工程量，节约了能耗。

（3）大型地下洞室通风分期规划，风机设备分阶段投入，提高设备负荷率，在满足通风设计要求的同时，通风系统确保设备接入和总运行费用最省及确保施工过程中通风效果最佳。

（4）多工作面同时施工的通风系统中，在满足施工要求的前提下，各工作面施工至最大洞深时所需的风量，可将排烟、运输等控制用风量的工序适当错开后进行通风计算，以确定合理的通风规模，达到节约投资，节约能源的目的。

（5）优先贯通底部的排水通道，尽早实现自然排水，减少排水泵的工作量，从而降低电耗。

（6）施工支洞尽量采用顺坡布置，以减少重车出渣的能量消耗，降低排水难度，减少排水设备和运行费用，起到降低能耗的作用。

（7）在地下洞室群施工时，在满足永久洞室稳定的前提下，根据施工程序安排，结合永久洞室的布置，尽量利用永久洞室作为施工通道，以减少临建工程量，亦可减少临建工程建设的能耗。

（8）合理规划场内交通运输道路。如白鹤滩工程场内运输交通规划时充分考虑了影响场内交通布置的各种因素，结合枢纽建筑物布置和施工总布置，场内交通主要分高、中、低3个高程区布置，综合分析了料运输流向和运输强度，并综合考虑道路功能和使用时间，对同一道路不同路段采用了不同的技术标准，形成了畅通的场内交通网络，各类工程车辆可快速便捷地到达各个施工工作面，为实现多方位、多层次的平行、交叉作业创造了条件，减少了车辆行驶的油耗。

（9）永久与临时构筑物条件许可时采用永临结合。如白鹤滩水电站导流工程的导流洞左岸布置了3条、右岸布置了2条，其中左岸3条导流洞结合尾水隧洞布置，右岸2条导流洞结合尾水隧洞布置，结合尾水洞总长达3008m，在有效降低了工程成本的同时，减少了施工工程量，节省了施工设备的投入，降低了能耗。

另外，如仙居、绩溪等抽水蓄能电站工程，均考虑了将永久泄放洞与导流隧洞结合考虑。最大限度地节约了工程成本，降低了能源消耗。

3. 混凝土工程的主要施工技术及工艺

（1）水电工程各混凝土系统的布置应结合混凝土浇筑方案，靠近主要供料地点；在混凝土安排施工进度时，尽量不将大体积的混凝土浇筑时间安排在夏季，不能完全避开，可以分块薄层安排在早晚间施工，并采取一些物理措施降温，尽量减少使用制冷系统来生产预冷混凝土等，这些均可很大程度地减少电耗。

（2）拦河坝坝型为混凝土重力坝、拱坝，尤其是高坝时，其大坝混凝土浇筑方案应通过缆机和塔带机浇筑大坝混凝土的对比分析后选用合适的浇筑设备。

例如，白鹤滩工程推荐采用 6 台 30t 平移式缆机，高低双层平台布置的方案。所推荐的方案缆机跨度较小；高、低层缆机联合覆盖所有坝段，覆盖范围大；可以联合抬吊安装于坝体孔洞的大型金属结构；右岸坝段虽处于非正常工作区，缆机仍可通过减载等方式进行材料的运输、辅助吊运工作以及混凝土浇筑；缆机布置主索基本垂直各坝段，有利于多台缆机联合浇筑同一个仓号，有利于浇筑设备在不同坝段间吊运转移，有效地保证浇筑强度；运行管理相对简单，安全保证较高；高缆尽早投入运行，可以为右坝肩开挖吊运施工设备、材料等，为右坝肩开挖施工提供极大的便利。总之，该工程通过提高缆机的利用效率，大坝工程所配的起重设备种类及数量较少，从而减少了能耗。

（3）根据大坝混凝土系统布置规划，大坝工程还可以按高线和低线设置混凝土生产系统。白鹤滩工程根据缆机供料平台及大坝混凝土系统的布置，大坝混凝土由后卸式混凝土运输车分别由高、低线混凝土系统向高低线供料平台运输，转 9m³ 不摘钩吊罐。大坝混凝土垂直运输全部采用缆机，由 6 台 30t 平移式缆机吊 9m³ 不摘钩吊罐，根据浇筑仓位置，分别从高、低线供料平台取料，该项施工技术及设备配置提高了设备利用率及工作效率，并充分发挥了各种机械的效能，达到了节能降耗的目的。

（4）大体积混凝土浇筑过程中容易因内部温度变化产生温度裂缝，因此对其浇筑温度有严格的控制，高温时段施工会导致混凝土预冷强度的增加，应充分利用有利浇筑时段，抓住早、晚和夜间温度较低的时机，抢阴雨天时段浇筑；另外，在混凝土表面覆盖防晒隔热材料等较简便的物理措施亦可防止外界高温热量向混凝土内部倒灌。

（5）高压水冲毛时对混凝土表层冲蚀深度很小，可按要求将混凝土表面 0.5～2mm 厚的乳皮和水锈等各种污物冲除，也易于操作人员辨认混凝土表面的污染程度，有效降低混凝土损耗。

（6）混凝土入仓强度是保证混凝土入仓温度的最有效措施。在拌和楼的能力满足需求强度的前提下，缆机供料线平直、设置高程接近坝顶可整体提高混凝土入仓效率及入仓能力。

（7）混凝土大坝冷却（后冷）可采用集装箱式的冷水站。冷水站可以在所需坝块就近安设。根据不同时期的降温要求，独立调节水温和流量。这样，制冷能量可得到充分利用，没有长距离的输送管道和保温损失，无论开路闭路循环，均可采用低压供水，减少辅助设备能耗。

白鹤滩及溪洛渡水电工程在混凝土大坝冷却（后冷）时，均选用了移动式冷水站的设备配置。

（8）诸如水垫塘及二道坝的混凝土施工时，可根据地形特点及交通布置，混凝土浇筑选用塔机，也可选用胎带机或其他类型布料机辅助浇筑，对塔机不能覆盖的二道坝下游护坡等部位，则采用胎带机进行浇筑。通过不同的混凝土浇筑机械设备的选用组合，充分发挥各种设备的使用功能，提高设备效率，减少设备配置量，节约能耗。

（9）水电工程的尾调室、出线竖井、泄洪洞等部位的混凝土的入仓手段目前主要采用泵送、溜管、溜槽等方式，施工时采用多种施工手段相结合的方式进行施工，此入仓手段是节能降耗的一项重要措施。

4. 金属结构及机电设备安装的主要施工技术及工艺

（1）金属结构及机电设备安装时应充分利用已有的起重设备和起吊能力。如白鹤滩工程采用了大坝浇筑混凝土用的缆机来抬吊安装于坝体孔洞的大型金属结构的方案。

（2）利用永久性启闭设备进行安装。充分考虑永久性启闭设备提前安装的可能性，并利用永久性启闭设备进行安装。如白鹤滩工程泄洪深孔事故闸门安装由坝顶门机完成，在坝顶门机投入运行后进行，闸门构件采用平板拖车运输至坝顶平台后采用门机吊装。尾水洞检修闸门、尾水管检修闸门的启闭机由汽车起重机吊装，闸门由启闭机在门槽顶部拼装成整体，闸门试槽及下闸由启闭机完成。

（3）机电设备安装在工位安排上尽量利用现有的工位资源，合理安排需要利用工位的施工工序。

（4）选用调度灵活、使用效率高的设备，以此达到节能降耗的目的。

7.4.3 施工工厂设施节能设计

1. 砂石加工系统节能设计

砂石加工系统厂址应考虑料场和混凝土生产系统位置，根据不同工程的具体条件，对各种可行的厂址位置进行综合比较，选择技术合理、费用经济、能耗低的布置方案。

在生产混凝土等骨料时，应结合料源，进行加工方案的比较，一般应优先使用天然料，再考虑人工骨料，选用天然料可以从根本上减少用电、用水的耗量。而对于那些人工骨料加工系统，一般生产用水量较大，为降低用水量同时减少生产废水对当地环境造成的影响，系统宜采用废水循环利用措施。在选用人工骨料加工系统的设备时，应结合料源特性，采用产量高、能耗低、磨损小、寿命长的设备。此外，为保证加工系统连续、均衡的给料、生产、供料，避免由于供料不均匀而造成生产设备负荷过大或过低，砂石加工厂宜设置适当容量的受料仓、中转料仓、半成品料仓及成品料仓等。

从节约能耗角度，砂石系统的设计应考虑以下问题。

（1）在具备条件时，尽量使用天然料（破碎设备耗能大）。

（2）采用合理的负荷率和备用系数，减少空转能耗。

（3）当系统规模较大时，可用两条以上生产线，以在低峰时少开生产线，节约能耗。

（4）多利用自然落差以减少能耗。

（5）当工程为碾压混凝土坝时，砂石系统尽可能用干法生产，总体上可减少能耗并减少水处理负担。

（6）在地形、地质条件合适时，采用地下料仓或料罐储存成品砂石骨料。

下面以白鹤滩工程可行性研究为例分析其砂石加工系统在工艺流程及设备配置时所考虑的节能降耗措施。

（1）新建村临时砂石加工系统紧邻新建村渣场存料区，布置在上游临时桥左岸桥头附近，石料回采距离短，相应配置的回采运输设备较少，节约了油料。

（2）荒田和三滩砂石加工系统在回采料场和砂石加工系统的位置选择时均进行了方案比较，选择了回采和成品料运输距离较短的方案，节约了油料。

（3）荒田和三滩砂石加工系统根据工程施工进度及供料的强度，分二期建设，避免了系统按高峰一次性投入，造成低峰时"大马拉小车"的无谓消耗。

（4）荒田和三滩砂石加工系统布置时，结合场地条件与混凝土生产系统毗邻布置，共用成品骨料料堆，成品骨料通过胶带机直接送入混凝土系统，减少了能耗。

（5）大坝砂石加工系统的布置地点，通过对在大坝工区及旱谷地料场附近布置，并结合骨料运输方式进行了方案比较，最终选择了将粗碎车间及半成品料堆布置在料场附近，系统布置在葫芦口大桥附近的方案，工艺设计时，半成品料堆至葫芦口砂石加工系统的半成品料输送运料高差达 527m，原有从旱谷地料场至巧家县城的简易道路路况差，无法承担运输强度较大的半成品运输任务，需进行改扩建，局部路段需新建，建设成本较高，运输距离较长，运输费用高。经方案比较，采用了 5.9km 的胶带机运输方案，单位能耗低。

（6）各系统生产设施持续运转，破碎设备、转料运输胶带机均持续运转，不随进料的变化而调整工况，而进料采用汽车运输，间歇性进料，工况不连续，为衔接进料与生产设施，在工艺布置时设置了合适容量的受料仓，保证加工系统连续、均衡的给料、生产、供料，避免因供料不均匀或而造成的生产设备负荷过大或者过低，从而造成能源浪费。

（7）各系统布置时结合地形条件，充分利用了地形高差，系统均分台阶布置，利用自然高差减少了能耗。

（8）砂石加工系统运行时，各破碎车间应尽量满仓给料，以充分发挥设备的生产能力。在同样的能效比下，生产出更多合格的骨料。

（9）各段破碎的设备配置和负荷分配时考虑了相对均衡。在满足成品砂石需用量的前提下，降低了工艺流程的循环负荷量，从而减少了能耗。

（10）砂石加工系统是工程中较大的用水户，为降低用水量同时减少生产废水对当地环境造成的影响，白鹤滩工程的各砂石加工系统采用干湿法结合的生产工艺，且采取了废水循环利用措施，补充用水量按不大于 30% 计算，因此减少了用水的耗量，从而减少了耗能量。

2. 混凝土生产系统节能设计

在可能的条件下，尽量缩短拌和楼与浇筑点的距离，可以减少混凝土运输距离，同时减少预冷混凝土在运输过程中的温升，降低制冷能耗。

我国一些工程分期设置混凝土生产系统的实例很多，在设计分期设置方案时，如进度上不重叠，后期建立的系统利用前期系统的生产设备，可减少设备投入及相应拆迁、建设、安装调试时间和能耗。

根据调查研究，采用遮阴而湿润的骨料温度比同期气温低 2～3℃，比暴晒在烈日下低 10～20℃，且水电工程所在地区日夜温差多在 10℃以上，采用所述物理措施及利用早晚和阴雨天气供料，减少太阳辐射影响，可以减小骨料初始温度，提高设备的制冷效率。

预冷混凝土生产高峰期，片冰需求量也较大。因为片冰可在冰库中储存，片冰机可以24h 不间断生产，设置冰库可使片冰机充分利用早晚间气温低，制冷效率高，有较为廉价谷荷电能的特点，均衡制冷强度，削减高峰用电负荷，降低运行成本。

风冷粗骨料通常在拌和楼料仓或骨料调节料仓内进行。仅采用拌和楼料仓风冷称为一次风冷（或单级风冷），同时进行骨料调节料仓风冷及拌和楼料仓风冷称为二次风冷，对骨料采用一次风冷还是二次风冷，应根据预冷混凝土的生产能力、骨料的降温幅度及拌和楼料仓的容积，综合比较后选择既满足制冷要求，又不浪费制冷容量的方案。

根据工程实践经验，在粗骨料风冷过程中，冷风的损耗可以占到风冷总制冷容量的40％左右。冷风损耗主要包括冷风进出料仓时的漏损、风机发热补偿损耗、空气冷却器冷凝及结霜损耗、冷风通道吸热损耗等，为提高制冷效果，降低能耗，必须从料仓结构、风温及风速选择、风机选型、冷凝及结霜操作等方面着手，优化设计参数，制定运行控制方法。

控制水冷制冷容量损耗的关键在于减少水量损失，因为损失的是低温水（5～7℃），补充的是常温水（20℃左右），采用循环供水方式可以有效地减少水量的损失。

除了水冷及冰冷混凝土骨料外，近年国外还在开发研究液冰预冷骨料的方法。液冰，是含有水的冰屑，可以泵送，并可在较高蒸发温度下生产，能耗较低。该方法的预冷系统尚可简化水处理系统等。

下面以白鹤滩工程为例详述其混凝土生产系统的节能降耗设计。

白鹤滩工程混凝土生产系统的节能降耗措施主要从系统的工艺设计及系统布置、分期投运时间及生产预冷混凝土的节能措施上进行了重点研究。根据该工程所设的4个混凝土生产系统的能耗量分析，其中生产预冷混凝土的制冷设备，其电耗量占系统负荷量的70％左右，为混凝土生产系统最大的用电单元。

该工程混凝土生产系统的布置通过方案比较，其布置位置均尽量靠近主要浇筑地点，使混凝土运输中转环节最少，减少混凝土运输距离，以此达到混凝土运输时最少的温度回升，最终减小混凝土生产时的温控要求，减少因温控而产生的能耗。同样，混凝土的温控对混凝土的施工质量影响较大，为减少因混凝土温控而增加能耗，设计中除把混凝土浇筑尽量安排在气温适宜的季节外，还在混凝土系统工艺设计时，从骨料储存及运输方式上着手，保持骨料的适当温度，主要措施如下。

（1）合理安排混凝土浇筑时段，尽量将高峰时段和高温季节错开，将混凝土浇筑时间安排在低温季节或高温季节的低温时段，以减少制冷措施的投入。

（2）通过地弄取料，出料皮带机上方搭设遮阳棚，避免阳光直晒。

（3）骨料从料仓到拌和楼，可采取隔热降温的运输措施。

（4）在满足混凝土强度要求的前提下，应尽量加大骨料粒径，改善骨料级配，掺混合材料、外加剂和降低混凝土坍落度等综合措施，合理减少水泥用量，对大体积混凝土尽量选用水化热低的水泥，以减少混凝土的水化热温升。

（5）在夏季高温季节系统的生产尽量安排在夜间进行。

通过上述措施，并在施工时辅以薄层浇筑等施工方法，能有效地降低混凝土出机口温度。但是对于白鹤滩工程混凝土的生产，仅仅采用上述措施还不能满足工程要求，必须在混凝土生产工艺中采取一系列预冷工艺措施生产低温混凝土，保证混凝土的浇筑温度。在各混凝土生产系统预冷工艺设计时，为减少能耗，采取了以下措施。

（1）生产预冷混凝土首先要充分利用自然冷源，因此除了通常的地弄取料外，堆料场表面适当喷雾，保持良好通风和减少供料批次，尽可能晚间供料。

（2）预冷混凝土考虑加冰拌和时，要合理加冰，充分利用大型冰库用以调节制冷和电力负荷。

（3）白鹤滩工程骨料降温要求的幅度较大，经计算，大坝高、低线混凝土系统冷却措施主要采用两次风冷粗骨料、加−10℃片冰、5℃冷冻水拌和混凝土，混凝土出机口温度控制为7℃；荒田及三滩混凝土系统冷却措施主要采用搅拌楼风冷粗骨料、加−10℃片冰、5℃冷冻水拌和混凝土，混凝土出机口温度控制为12℃。

（4）在采用风冷时，骨料预冷节能首先要从风冷的设计优化着手。在最优的料仓结构、合适的进料量和进出风条件下，采用合理的风温、风速，优化各项参数，才能减少漏损。应根据风冷各级骨料需要，选择合适的风机，以较好的风量与风压匹配以减少机械热损；另外，应制定一套监测和运行控制方法，既要适时冲霜，又要利用冷混凝土负荷变化，将空冷器转化为蓄能器，用于骨料的冷却和保温。

（5）做好运输通道和料仓的隔热，减小冷桥以减少损耗。

此外，白鹤滩工程荒田、三滩混凝土系统均分二期建设和运行，保证满足施工强度的条件下，设备利用率高；大坝高、低线混凝土系统，则根据施工进度及混凝土浇筑强度曲线，进行了资源的合理配置，采用了两系统分阶段建设、高峰期同时使用，最大限度地提高了设备利用率，降低了单位产品的能耗指标，从而减少了整个施工期系统运行时的总耗能量。

3. 综合加工及修配系统节能设计

水电工程中，在场地条件允许的情况下，混凝土预制件厂、钢筋加工厂和木材加工厂可联合设置，三厂联合设置称为"综合加工企业"。相比较分开设置而言，其所需要的管理人员较少、各厂间劳动力使用易调配、部分机械设备可共用、总体占地少、投资省。

综合修配企业［包括机械修配厂（站）和汽车保养厂（站）］，一般是为工程服务的临时性企业，工程完工后即拆除。从目前水电工程发展趋势来看，工程所使用的机械设备种类繁多、现代化程度较高，要完全满足所有机械设备的修配保养要求，靠此临时企业通过加大建设规模及相应配置来实现比较困难，因此应充分利用机械设备制造厂商及工程周边地方资源，减少工地修理工作量，降低企业设计规模，节约工程投资。

确定综合加工修配企业的设计规模时，在满足工程施工要求的前提下，应考虑充分利用机械设备制造厂商及周边地方资源，最大限度地减少工程区内各企业的设置规模，从而减少企业内的设备配置数量。

例如，白鹤滩工程根据不同分项工程的特点，分别配置了与之相应规模及加工能力的修配加工系统，对于钢筋、木材、预制件加工量及机械、汽车修配量较少的分项工程，如左右岸坝顶以上边坡治理工程、坝肩开挖工程和机电安装工程则集中设置了综合加工厂及综合修配厂，使得修配加工系统所需的管理人员较少、各厂间劳动力使用易调配、部分机械设备可共用、总体占地少、投资省、能耗低。

在选择设备时，考虑选用新型节能设备。如钢管加工厂、金属结构拼装厂、转轮拼装厂、钢筋加工厂耗能量较大的为各类焊机设备，在各类焊机设备的选择时，应采用效率高、能耗量较低的新型节能设备。

在选择机床设备、木材加工设备时均选择具有一机多能的设备，如万能机床及多功能木材加工设备等，以减少厂内设备配置，提高设备负荷率，可较大程度地提高节能降耗的效果。

4. 施工供风系统节能设计

在施工供风系统中，空气压缩机是最大的耗能设备。空气压缩机在驱动电动机输入额定功率相同的情况下，不同能效等级的空气压缩机运行时，能效等级为 1 的比能效等级为 3 的空气压缩机在满负荷运转条件下一般可节约电能 20％左右。即使在部分负荷条件下能效等级低的空气压缩机运行耗电也能节能 15％以上。因此，选用能耗较低的空气压缩机，在工程实际运用中将节省能耗。

除按施工要求选用耗能较低的空气压缩机外。可根据工程的特点，配备适用于不同施工场所的移动式及固定式空气压缩机，以实现不同耗能设备的较适宜配置。同时，为减少压缩空气在传输过程中可能出现的漏、跑、损现象，保证掌子面的供风压力，风管在架设过程中应做到"平、紧、稳、直"，以最大限度地减少压缩空气的损失。对于供风距离较远并且变动频繁的掌子面，则采用移动式空气压缩机供风，以提高供风效率，最终达到减少供风能耗的目的。

5. 施工供水系统节能设计

施工供水系统节能设计，应结合工程区地形、地质及水源条件，尽可能充分利用高程较高的水源，形成自流取、供水系统，以节约能耗。供水系统的设计需结合施工总布置设计进行，根据不同的供水区域和供水要求，设置不同容量的高位水池，使供水系统的供水处于良好的均衡状态，以减少因供水设备的频繁启动而造成的能耗。同时，根据枢纽布置特点，结合当地降雨的特点，利用天然地形条件进行自然蓄水，减少机械取、供水规模，达到节能的效果。

白鹤滩工程在施工供水水源选择、供水系统设计、净水工艺设计、设备选型、操作管理等方面采取了以下节能措施。

（1）施工供水系统取水水源的节能。该工程海子沟施工供水系统的取水水源，在金沙江及海子沟均有条件为该工程提供水量时，经方案比较，采用了海子沟沟水作为主要供水水源，筑堰挡水，重力自流供水满足了大坝、左右岸引水发电系统的上游工作面、大坝上游左右岸临时设施等施工、生产及生活用水的需求，沟水充足时无需通过取水泵站抽取金沙江水，从而减少水泵设备的能耗，仅在海子沟沟水不足时方启用从金沙江泵送取水的供水系统进行补充。另外，前期临时生活供水系统亦充分利用工程区附近两岸支沟水等，经水处理后重力供水至前期布置于工程区域内的临时生活营地。

（2）施工供水工艺设计的节能。海子沟供水系统和荒田供水系统在具备条件时相互连通，使海子沟沟水在丰水期得到了最大限度的利用，即在丰水期时，由荒田供水系统负责供应的水垫塘、二道坝、左右岸引水发电系统下游工作面、荒田砂石加工及混凝土生产系统、施工工厂、白鹤滩工区施工工厂及营地等施工、生产及生活用水亦无需从金沙江取水，而采用了海子沟沟水重力自流供水，另外，两个供水系统可互为备用，提高了供水可靠性的同时，也使施工供水设备得到充分利用，提高了设备负荷率，节约了能耗。

（3）由于施工供水中频繁启动水泵会造成过大的瞬时电流，增加电能的损耗，因此该工程施工供水设计时根据用水点规模，设有不同容量的高位水池，减少了水泵的频繁启动。从而达到节能降耗的目的。

（4）该工程在系统总平面布置时，流程顺畅，充分利用地形，以降低后续提升高度，达到节能目的。

（5）在取水系统中，充分利用优质水源，尽量利用地形和水位高差的有利条件来降低原水输水能耗。

（6）在水厂的平面布置设计中，尽量布置紧凑、合理，减少沿程水头损失，以达到降低造价、节能和减少运行费用的目的。

（7）根据工程取水丰、枯水位变幅较大的特点，取水泵房的机组电机采取变频调速，降低电耗。

（8）选用运行区间宽高效率水泵，在各种工况下，水泵效率均大于 80% 以上，节约能耗。

（9）净水工艺选用管道静态混合、网格絮凝和斜管沉淀池，其水力损失小，效果稳定而能耗低。

（10）重视计量、仪表、监控设计，根据外界不同的供水要求调整运行设备工况，达到节能目的。

（11）采用合理变配电系统，选择高效低耗变压器，减少电能损耗；电机采用就地补偿无功功率。变配电间的设置应尽量靠近高负荷中心，节约线路损耗。

（12）在加药系统中，采用高精度的计量仪表和投加设备，并根据反馈信号对投加量进行调节，始终保持最佳投药量，以节省药耗。

6. 施工供电系统节能设计

施工供电系统节能设计时一般考虑除在工区内设置施工中心变电站外，还应根据施工及施工布置设置分区变压器（站）。对施工中心变电站的出线线径及各分区变压器（站）的进线线径进行输电负荷的核算，使输电线路保持最经济的传输负荷及距离，以减少输电线路的电量损失；必要时采用功率因素补偿设施，提高供电系统的供电效率，从而达到节能降耗的效果。

各级电压合理的输送容量及输送距离见表 7.1。

表 7.1 各级电压合理的输送容量及输送距离

额定电压/kV	输送容量/kW	输送距离/km
0.38	100	0.6 以下
6	100～1200	4～15
10	200～2000	6～20
35	2000～10000	20～50
110	10000～50000	50～150
220	100000～500000	100～300

对施工中心变电站的出线线径及各分区变压器（站）的进线线径进行输电负荷的核算，使输电线路保持最经济的传输负荷及距离，可以减少输电线路的电量损失。

例如，白鹤滩工程施工供电系统设计时，在工区内设置了二回进线的 110kV 施工中心变电站并根据施工及施工布置在负荷较集中的坝址、荒田、三滩、马脖子、白鹤村、葫芦口等地设置了 35kV 变压器（站），构筑了较为完善、可靠的供电系统网络。主要采取了以下节能措施。

（1）对施工中心变电站的出线线径及各分区变压器（站）的进线线径进行了输电负荷的核算，以最经济的传输负荷及距离对线径进行选择，保证了其单位截面的过流量不致过大，并将压降控制在合理范围内，减少在传输过程中的电力损失。

（2）采用了功率因素补偿设施，提高了供电系统的供电效率，从而达到节能降耗的效果。

（3）变电站靠近负荷中心或网络中心设置，减少送电线路的长度与导线截面，从而降低了有色金属的消耗量和年运行费用。

（4）供、用电设备适时保持处于额定电压和正常散热状态。

（5）采用节能型照明器材。控制公共场区照明，限制长明灯。

7.4.4 施工营地、建设管理营地节能设计

从采暖通风与空气调节系统、给排水系统、建筑及照明系统等方面阐述施工营地、建设管理营地应满足的节能降耗要求以及所采取的主要节能降耗措施。

1. 施工营地、建设管理营地采暖通风与空气调节系统节能设计

（1）视工程实际情况，经经济技术比较后，合理选择新型节能技术、工艺、设备和材料，相关设备除满足 7.3.5 节的（2）～（4）条要求外，还应满足国家和工程所在地居住建筑和公共建筑节能设计标准的要求。

（2）根据建筑物功能及用途，合理确定室内空气设计参数，并经技术经济综合比较后，确定合理的采暖通风与空气调节系统设计方案。

（3）对于部分临时性建筑物，采暖、通风与空气调节方式及设备应以便于运行维护为主，并考虑其方便安装与拆除。

2. 施工营地、建设管理营地给排水系统节能设计

（1）水泵选用低转速、低噪音、高效率、低能耗的水泵。

（2）卫生器具和配件采用节水型产品，不使用一次冲水量大于 6L 的坐便器，公共洗手间的洗脸盆、小便器等洁具采用感应式延时自闭阀门。

（3）对于业主营地生活给排水系统中的热水系统设计，应贯彻节能理念，对于热水系统加热设备的选择，在有条件的情况下，应尽量采用太阳能或各种热泵等热水供应系统。

3. 施工营地、建设管理营地建筑节能设计

（1）施工营地、建设管理营地设计应符合节能原则，因地制宜地采用新型高效节能材料和技术，提高能源利用效率，保证建筑物使用功能和改善建筑室内环境的热舒适性。满足国家及当地现行的居住建筑节能设计标准和公共建筑节能设计标准的要求。

（2）在允许的情况下，营地建设可考虑永久营地和临时营地相结合使用，一次投资，延长建筑物的使用期，做到环保、节能。在满足工程建设需要的前提下，营地内临时建筑

的外保温节能措施可适当简化。

（3）建筑节能设计气候分区。

1）居住建筑节能设计气候分区为严寒地区（分 A、B、C 3 个区）、寒冷地区（分 A、B 两个区）、夏热冬冷地区、夏热冬暖地区（分南、北两个区）、温和地区（分 A、B 两个区）。确切范围由现行《民用建筑热工设计规范》（GB 50176）和现行的各地区居住建筑节能设计标准规定。

2）公共建筑节能设计气候分区为严寒地区 A 区、严寒地区 B 区、寒冷地区、夏热冬冷地区、夏热冬暖地区。确切范围由现行的《民用建筑热工设计规范》（GB 50176）和《公共建筑节能设计标准》（GB 50189）规定。

（4）建筑总体布局。

1）施工营地、建设管理营地的选址要综合考虑整体的生态环境因素，充分利用现有资源。

2）施工营地、建设管理营地建筑总平面的布置和设计，宜符合冬季利用日照并避开冬季主导风向，夏季利于利用凉爽时段自然通风的原则，建筑的主朝向宜采用该地区最佳朝向或接近最佳朝向，一般宜采用南北向或接近南北向。

3）规划布局中，建筑高度、宽度的差异可产生不同的风影效应，应对营地建筑的体型及建筑群体组合进行合理的设计，合理确定建筑单体的体量，以适应当地的气候环境。

4）室外环境设计中，要对建筑所处的环境进行利用和改善，在建筑周边种植树木、植被，有条件的地区，可在建筑附近设置或利用水面，通过设置垂直绿化、屋面绿化等，改善环境温度和湿度，以创造能满足营地使用者舒适条件的室内外环境。

（5）建筑单体节能设计。

1）建筑单体的体型设计应适应营地所在地区的气候条件。严寒、寒冷地区的建筑宜采用紧凑的体型，缩小体型系数，减少热损失。湿热地区的建筑宜主面长、进深小，以利于通风与自然采光。干热地区的建筑体型宜采用紧凑、有院落或天井的布局，易于封闭、减少通风，减少高温时热空气进入。可行性研究阶段，营地内公共建筑的体型系数宜控制在所在地区的节能设计标准规定的数值之内。

2）建筑单体在充分满足建筑功能要求的前提下，应合理规划建筑空间，以改善室内采光、通风环境等。如是依靠自然通风降温的建筑，空间布局应比较宽敞，可开较大的窗口以利用自然通风。而设有空调系统的建筑，其空间布局应紧凑，宜减少建筑物外表面积和窗洞面积。

（6）墙体的节能设计。

1）可行性研究阶段，施工营地、建设管理营地内居住建筑墙体的拟用，宜因地制宜，采用满足当地气候分区区属传热系数和热惰性指标限值要求的墙体。如墙体传热系数和热惰性指标不满足限值要求，下一阶段设计必须按采用的居住建筑节能设计标准的规定进行围护结构热工性能的综合判断。

2）可行性研究阶段，施工营地、建设管理营地内公共建筑墙体的拟用，宜因地制宜，采用满足当地气候分区区属传热系数限值要求的墙体。如墙体传热系数不满足限值要求，下一阶段设计必须按采用的公共建筑节能设计标准的规定进行围护结构热工性能的权衡判断。

（7）门窗的节能设计。

1）可行性研究阶段，施工营地、建设管理营地内居住建筑门窗的拟用，宜采用满足当地气候分区区属传热系数和遮阳系数、综合遮阳系数限值要求的门窗。如门窗传热系数和遮阳系数、综合遮阳系数不满足限值要求，下一阶段设计必须按采用的居住建筑节能设计标准的规定进行围护结构热工性能的综合判断。

2）可行性研究阶段，施工营地、建设管理营地内公共建筑门窗的拟用，宜采用满足当地气候分区区属传热系数和遮阳系数限值要求的门窗。如门窗传热系数和遮阳系数不满足限值要求，下一阶段设计必须按采用的公共建筑节能设计标准的规定进行围护结构热工性能的权衡判断。

（8）屋面的节能设计。

1）可行性研究阶段，施工营地、建设管理营地内居住建筑屋面的设计要求，应满足当地气候分区区属传热系数和热惰性指标限值的要求。

2）可行性研究阶段，施工营地、建设管理营地内公共建筑屋面的设计要求，宜满足当地气候分区区属的传热系数限值要求。如屋面传热系数不满足限值要求，下一阶段设计必须按采用的公共建筑节能设计标准的规定进行围护结构热工性能的权衡判断。

4. 施工营地、建设管理营地照明系统节能设计

照明主要可采取以下节能技术及措施。

（1）照明光源根据国家节能要求，办公区域、公共走道区域均选用高效、低耗的节能型灯具。按照《建筑照明设计标准》，照度标准要求为：普通办公、会议室 300lx，宿舍 100lx，办公门厅 300lx，走道、楼梯 75lx。光源显色指数 $R_a \geq 80$。

（2）公共走道等公共场所的照明采用集中控制，并按空间使用情况采取分区、分组控制措施。办公区域、会议室、宿舍等房间采用翘板开关对各灯具单独控制。

（3）营地照明设计中采用自然光源照明，减少照明耗电量。

（4）采用光效高、光色好、启动性好、寿命长的光源。

（5）室内外照明灯具根据功能和要求合理选用和配置控制装置。

（6）合理配置生活电器设备，生活区的照明开关应安装声、光控或延时自动关闭开关，室内外照明宜采用节能灯具。

（7）采用节能型照明器材。控制公共场区照明，限制长明灯。

7.4.5 落实"四节一环保"的绿色施工措施

建设部于 2007 年以建质〔2007〕223 号文颁布了《绿色施工导则》。绿色施工是指工程建设中，在保证质量、安全等基本要求的前提下，通过科学管理和技术进步，最大限度地节约资源与减少对环境负面影响的施工活动，实现"四节一环保"（节能、节地、节水、节材和环境保护）。绿色施工的总体框架如图 7.1 所示。

绿色施工方案应包括以下内容。

（1）环境保护措施。制定环境管理计划及应急救援预案，采取有效措施，降低环境负荷，保护地下设施和文物等资源。

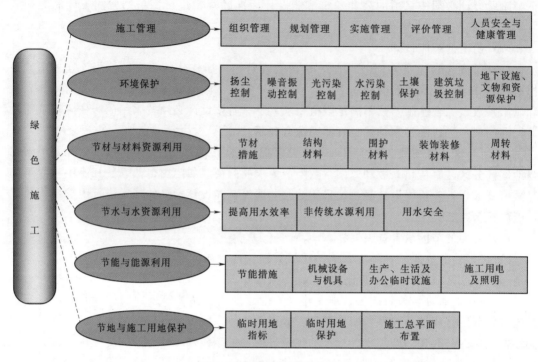

图 7.1 绿色施工总体框架

（2）节材措施。在保证工程安全与质量的前提下，制定节材措施，如进行施工方案的节材优化，建筑垃圾减量化，尽量利用可循环材料等。

（3）节水措施。根据工程所在地的水资源状况，制定节水措施。

（4）节能措施。进行施工节能策划，确定目标，制定节能措施。

（5）节地与施工用地保护措施。制定临时用地指标、施工总平面布置规划及临时用地节地措施等。

绿色施工节能与能源利用的技术要点如下。

（1）节能措施。

1）制订合理施工能耗指标，提高施工能源利用率。

2）优先使用国家、行业推荐的节能、高效、环保的施工设备和机具，如选用变频技术的节能施工设备等。

3）施工现场分别设定生产、生活、办公和施工设备的用电控制指标，定期进行计量、核算、对比分析，并有预防与纠正措施。

4）在施工组织设计中，合理安排施工顺序、工作面，以减少作业区域的机具数量，相邻作业区充分利用共有的机具资源。安排施工工艺时，应优先考虑耗用电能的或其他能耗较少的施工工艺。避免设备额定功率远大于使用功率或超负荷使用设备的现象。

5）根据当地气候和自然资源条件，充分利用太阳能、地热等可再生能源。

（2）机械设备与机具。

1）建立施工机械设备管理制度，开展用电、用油计量，完善设备档案，及时做好维修保养工作，使机械设备保持低耗、高效的状态。

2）选择功率与负载相匹配的施工机械设备，避免大功率施工机械设备低负载长时间运行。机电安装可采用节电型机械设备，如逆变式电焊机和能耗低、效率高的手持电动工具等，以利节电。机械设备宜使用节能型油料添加剂，在可能的情况下，考虑回收利用，节约油量。

3）合理安排工序，提高各种机械的使用率和满载率，降低各种设备的单位耗能。

（3）生产、生活及办公临时设施。

1）利用场地自然条件，合理设计生产、生活及办公临时设施的体型、朝向、间距和窗墙面积比，使其获得良好的日照、通风和采光。南方地区可根据需要在其外墙窗设遮阳设施。

2）临时设施宜采用节能材料，墙体、屋面使用隔热性能好的材料，减少夏天空调、冬天取暖设备的使用时间及耗能量。

3）合理配置采暖、空调、风扇数量，规定使用时间，实行分段分时使用，节约用电。

（4）施工用电及照明

1）临时用电优先选用节能电线和节能灯具，临电线路合理设计、布置，临电设备宜采用自动控制装置。采用声控、光控等节能照明灯具。

2）照明设计以满足最低照度为原则，照度不应超过最低照度的20%。

7.5 工程管理节能设计

7.5.1 工程建设管理的节能措施

建议在工程建设管理过程中可采取以下节能措施。

（1）根据国家有关规定，制定先进合理的产品能耗限额，提出合理的节能指标（可将各工程的实际平均先进指标作为标准），考核各用能单位。实行能源消耗成本管理，制定节能降耗计划和任务并组织实施。

（2）加强施工中质量控制，避免返工、补修等情况出现，返工既浪费原材料增加了能耗又影响工期。

（3）定期对施工机械设备进行维修和保养，减少设备故障的发生率，保证设备安全连续运行。

（4）开挖爆破采用先进技术，合理布孔，降低炸药单耗，减少解小工作量。加强工作面开挖渣料管理工作，严格区分可用渣料和弃料，并按渣场规划和渣料利用的不同要求，分别堆存在指定渣（料）场，减少中间环节，方便物料利用。

（5）根据设计推荐的施工设备型号，配备合适的设备台数，以保证设备的连续运转，减少设备空转时间，最大限度发挥设备的功效。

（6）生产设施应尽量选用新设备，避免旧设备带来的出力不足、工况不稳定、检修频繁等对系统的影响而带来的能源消耗。

（7）合理安排施工任务，做好资源平衡，避免施工强度峰谷差过大，充分发挥施工设备的能力。

（8）混凝土浇筑应合理安排，相同标号的混凝土尽可能安排在同一时段内施工，避免混凝土拌和系统频繁更换拌制不同标号的混凝土。

（9）加强组织管理场内交通及道路维护，确保道路通畅，使车辆能按设计时速行驶，减少堵车、停车、刹车，从而节约燃油。

（10）生产、生活建筑物的设计尽可能采用自然照明。

（11）合理配置生活电器设备，生活区的照明开关应安装声、光控或延时自动关闭开关，室内外照明采用节能灯具。

（12）充分利用太阳能，减少用电量。

（13）科学合理配备人员及生活设备设施，尽量采用节能设备，降低经营成本，节约能耗，提高效率。加强现场施工、管理及服务人员的节能教育。施工人员应转变思想，提高资源忧患意识、节能意识和责任意识，以形成良好的节能习惯。

（14）加强节能管理，建立健全节能管理（包括节能资金、能源消耗成本管理、节能工作责任、节能宣传与培训、能源专责工程师等）制度，成立节能管理领导小组，实时检查监督节能降耗执行情况，根据不同施工时期，明确相应的节能降耗工作重点。

（15）加强节能降耗宣传，禁止耗能过高的机械设备入场。对于耗电设备，有条件时尽量选用变频电机。

（16）加强对职工节能知识培训，特别是对主要耗能机械操作工的节能操作培训；加强用能考核，实施节能奖惩制度等。

7.5.2　工程运行管理维护的节能措施

（1）设置能源管理组织机构。公司应设有节能减排领导小组，组长由公司总经理兼任，设置常设机构。常设机构为公司能源管理职能部门，负责对全公司能源购进、流向、使用、统计、核算等方面进行管理。

（2）建立能源管理制度。建议建立以下能源管理制度。

1）能源采购和审批管理制度。

2）能源财务管理制度。

3）能源计量管理制度。

4）能源计量器具管理制度。

5）能源计量统计制度。

6）能源消耗管理制度。

7）能源消耗定额管理制度。

8）能源消耗统计制度。

（3）建立节能奖惩措施。应完善落实能源管理制度体系。建立健全按工序和班组计量能耗的计量统计体系和制度。设立单项能源节约奖，把"节能"工作作为电站生产经营的主要考核内容之一，建立起"节能"工作的激励机制，调动全体职工在此项工作上的自觉性和主动性。

（4）电站运行管理。

1）建议电站建立和完善设备与建筑能耗统计制度，做好主要运行设备能耗统计和建筑能耗标识。根据电网调度要求和设备运行统计分析情况，优化水库调度方式，尽量使水轮发电机组运行在高效区。加强电站运行过程的监督检查，确保节能减排措施与能效指标的落实。

2）应控制生产和办公管理场所空调温度。生产场所空调温度不超过设计值；办公管理场所一般夏季空调温度不低于 26℃，冬季空调温度不高于 20℃。

3）应设专人管理全厂采暖通风空气调节系统，管理人员应熟悉并熟练掌握自动监测和控制系统，监测并记录室内外空气参数的变化，结合采暖、通风、空气调节系统形式，根据能源供应情况，制定合理的全年运行方案，在不同季节、不同时段，控制设备运行台数，或做相应的变风量、变水量或变冷媒流量运行。

第8章 节能降耗效果综合分析

8.1 工程综合能耗指标的计算方法

8.1.1 项目计算期内能耗总量的计算

1. 项目计算期的确定方法

项目计算期是水电工程为进行动态经济分析所设定的期限，包括项目建设期（工程建设）和项目生产经营期（运行期），一般以年为单位。建设期是指项目资金正式投入工程开始，至项目基本建成开始投产所需时间，具体年限根据项目实施计划确定。生产经营期可分为投产期（或称运行初期）及达产期（或称正常运行期）两个阶段。投产期是指生产项目投入生产，但生产能力尚未达到设计能力的过渡阶段。达产期是指生产经营达到设计预期水平后的时期。水电水利建设项目的计算期包括建设期、运行初期和正常运行期。正常运行期可根据项目的经济寿命和具体情况，按《水利水电工程节能设计规范》研究确定。

防洪、治涝、灌溉、城/镇供水等工程：30～50年。

大、中型水电站：40～50年。

机电排灌站、小型水电站：15～25年。

本书统计了几个工程的工程建设及工程运行能耗情况，见表8.1。

表8.1 工程建设及工程运行能耗总量汇总表

工程 名 称	工程建设总能耗/万 tce	不同年限的工程运行能耗/万 tce			
		1 年	30 年	50 年	100 年
杨房沟	18.00	0.57	16.98	28.30	56.60
绩溪	5.30	0.71	21.33	35.55	71.1
白鹤滩	107.57	4.92	147.46	245.76	491.52

通过分析表8.1的相关能耗数据，得出以下初步结论：工程建设能耗的大小随着工程规模及工程建设年限的增长而加大，与工程运行能耗相比，所占的比重与工程运行期的取值年限相关。当工程运行期取1年时，工程运行能耗占工程建设能耗的比重不超过10%（抽水蓄能工程略大）；当工程运行期取30年时，工程运行能耗与工程建设能耗基本相当（抽水蓄能工程略大）；当工程运行期取50年、100年时，工程运行能耗将是工程建设能耗的2～3倍，抽水蓄能工程则达10倍以上。

当项目经营期取50年及以上时，应考虑机电设备及金属结构等重置投资。项目计算期不宜定得太长，特别是新财务制度规定折旧年限缩短后，一般以不影响经济评价结论为原则。通常对于建设工期长、发挥效益持久或在正常运行期内效益不断增长的水电水利建设项目，以采用较长的生产期较为合理；如果以替代方案费用作为评价水电水利建设项目的效益时，则可以采用较短的计算期。

对分期建设的工程，最终规模之前的各期工程生产经营期（运行期）相应按各期工程的设计水平年确定。

2. 项目计算期内能耗总量的计算方法

工程期的能耗总量为工程建设能耗量与投产后工程运行能耗量之和。其能耗总量的单位应以标准煤计。各类能源与标准煤的能量换算关系可查阅表2.6。

（1）工程建设能耗总量。工程建设的用能应为工程建设期间施工机械设备、施工辅助生产系统、交通运输系统、生产性建筑物、生活性建筑物等运用过程中直接消耗的能源。工程建设用能应根据设计方案，从主要建筑物设计、主体工程施工、施工工厂设施、生产性建筑物和生活配套设施等方面来计算出工程建设能耗总量。

关于工程建设能耗的各分项能耗已在本书第5章进行了详述。在进行工程建设能耗总量的计算时，只需在各项统计计算的基础上，将各分项的能耗进行汇总并折标准煤后即可得出工程建设能耗总量。工程建设能耗总量统计汇总方式见表8.2。

表8.2　　　　　　　　　　　　工程建设能耗总量汇总表

序　号	项　目	柴油/万 t	电/（万 kW·h）
1	主体及临时工程施工	54.48	47679.08
2	砂石加工系统		32002.60
3	混凝土生产系统		33936.13
4	修配及加工企业		14628.62
5	施工供风系统	0.12	31815.48
6	施工供水系统		50597.87
7	施工临时建筑		2588.92
8	施工生活、办公建筑设施		14679.00
9	合计	54.60	227927.70
10	折标准煤/tce	795577	280123
11	折标准煤合计/tce	1075700	

（2）工程运行能耗总量。工程运行用能为工程投入使用后建筑物、机电及金属结构、工程管理设施等运行和使用过程中直接消耗的能源。工程运行用能应根据工程设计方案、设备配置和运行管理要求，从机组、电气设备、生产辅助设备、公用设施、生产性建筑和生活配套设施等方面来计算工程运行能耗总量。

关于工程运行能耗的各分项能耗已在本书第6章进行了详述。在进行工程运行能耗总量的计算时，只需在各项统计计算的基础上，将各分项的能耗进行汇总并折标准煤后即可得出工程运行的一个年度能耗总量，然后根据项目计算期确定的年限，计算出整个项目计算期内的能耗总量。工程运行年能耗总量统计汇总方式见表8.3。

表 8.3   工程运行年能耗总量汇总表

序 号	项 目	年消耗油/m³	年消耗电/(万 kW·h)
1	发电生产过程中设备设施消耗的年电量		
1.1	水轮发电机组附属设备		1738
1.2	水力机械辅助设备	透平油：140.8 绝缘油：144.0	5764
1.3	电气设备		3500
1.4	生产区通风空调系统		3045.71
	发电厂用电率	0.219%	
2	其他设备消耗的年电量		
2.1	电站桥式起重机及机修设备		251.2
2.2	主变等电能输送设备		23424.43
2.3	金属结构、给排水系统设备		166.14
2.4	其他生产、生活设备	柴油：763.0 汽油：630.5	3800
3	总计	1678.3	41689
	综合厂用电率	0.650%	
4	工程运行年能耗总量折标准煤/tce	53392.7	

假如该水电工程的项目计算期为 30 年，则根据表 8.3 中计算所示，电站初期工程运行和 30 年运营期折合标准煤的总量为 53392.7tce，乘以 30 年，约 1601781tce。

该水电工程的工程期的能耗总量即为工程建设能耗总量 1075700tce 加上工程运行能耗总量 1601781tce，合计 2677481tce。

8.1.2 项目计算期内水电工程的综合效益、净效益的计算

综合效益包括防洪效益、灌溉及供水效益、发电效益、航运效益及拦沙减淤效益等；净效益为综合效益与运行费用之差，运行费用可分为运行成本费用及更新改造费用，并按价格水平年折算现值。

1. 发电效益

水电工程的发电效益主要是水电站向电网或用户提供的电力和电量而获得的效益，此外也包括水电站因承担电网的调峰、调频和事故备用等任务，将提高电网生产运行的经济性、安全性和可靠性，从而取得电网安全与联网错峰等附加的经济效益。

工程的发电效益计算一般可采用最优等效替代法、影子电价法等方法进行分析计算。

（1）最优等效替代法。该方法是将最优等效替代设施所需的年费用作为工程的年发电效益。在同等满足电力、电量需求的条件下选择可行的若干替代方案，一般可取煤电、燃气机组以及风电、光电等方案，取年费用最小的方案作为等效最优替代方案。替代方案在建设期的投资以及建成后经营期内的年运行费按社会折现率折现至基准年的总费用现值即为工程的发电效益。

（2）影子电价法。该方法是按照工程向电网或用户可提供的有效电量乘以影子电价计算求得的工程发电效益。

2. 综合效益

通常情况下，水电水利工程项目所具有的综合效益主要包括防洪、灌溉及供水、航运、旅游、水产养殖等方面。综合效益按水利工程项目经济评价规定要求计算。

3. 净效益

水电水利工程的计算期内每年的净效益为相应年份的发电效益与综合效益之和扣除水电站的逐年现金支出后求得，将计算期内每年净效益按社会折现率折至基准点求和即为工程的总净效益。水电水利工程计算期内支出费用一般由工程建设期内电站与输变电逐年投资以及经营期内运行费组成，其中经营期内运行费包括电站修理费、职工工资福利及劳保统筹和住房基金、材料费以及其他费用等。

4. 案例

白鹤滩水电站的效益计算。本次以白鹤滩水电站预可行性研究阶段成果为基础进行计算。

白鹤滩水电站为金沙江下游 4 个梯级电站中的第二个梯级电站，上接乌东德梯级电站，下邻溪洛渡梯级电站，白鹤滩水电站坝址位于四川省宁南县和云南省巧家县境内。根据白鹤滩水电站预可行性研究报告，预可行性研究阶段白鹤滩水电站正常蓄水位为 820.00m，调节库容达 100.32 亿 m³，防洪限制水位 790.00m，死水位 760.00m，水库具有年调节性能。水电站装机容量 12000MW，根据预可行性研究阶段研究成果，白鹤滩水电站多年平均年发电量为 559.5 亿 kW·h。

根据白鹤滩水电站预可行性研究阶段成果，电站以发电为主，兼顾防洪。电站的效益主要为发电效益与防洪效益。

（1）计算期。白鹤滩水电站计算期取 46 年，其中建设期 16 年（含筹建期），经营期 30 年。

（2）社会折现率。计算白鹤滩水电站发电效益时，社会折现率取 8%。

（3）发电效益计算。白鹤滩水电站的发电效益按最优等效替代法计算求得。

白鹤滩水电站多年平均年发电量 559.5 亿 kW·h，可增加下游溪洛渡、向家坝、三峡、葛洲坝 4 个梯级电站多年平均年发电量 17.1 亿 kW·h，共计 576.6 亿 kW·h。发电效益以此为基础，考虑输电线路损失后计算。电站所发电量按送电华东电网 2/3、华中电网 1/3 考虑。

根据电网的实际情况，经分析，白鹤滩水电站的发电效益以燃煤火电站替代计算。

1）火电单位千瓦投资。燃煤火电造价采用 4500 元/kW（含脱硫装置增加的投资）。替代电站的工期为 6 年，其各年投资分配比例为 15%、30%、25%、15%、10%、5%。

2）标准煤耗、标准价格。各送电地区平均煤耗统一采用 320g/(kW·h)；标准煤影子价格华东电网采用 450 元/t、华中电网采用 420 元/t。

3）运行费（不含燃料费）。燃煤火电站的运行费按其投资的 4.5%计。

根据上述条件，测算求得白鹤滩水电站在整个计算期的发电效益折算至计算期第 1 年为 6478280 万元。

（4）防洪效益。白鹤滩水库在金沙江下游 4 个梯级水库中库容最大，防洪对象为川江沿岸城市和长江中下游地区，防洪任务包括：提高川江河段沿岸宜宾、泸州、合江、江津和重庆等城市防洪标准；配合长江三峡水库联合调度，承担长江中下游的防洪任务，进一步提高长江中下游地区的防洪标准。

表 8.4　白鹤滩水电站工程净效益计算表

序号	项目	筹建期第1年	筹建期第2年	筹建期第3年	建设期 第1年	第2年	第3年	第4年	第5年	第6年	第7年	第8年	第9年	第10年
	年末装机容量/MW	0	0	0	0	0	0	0	0	0	0	0	0	3000
	年发电量/(万kW·h)	0	0	0	0	0	0	0	0	0	0	0	0	736000
1	替代方案	0	0	0	0	0	0	0	193860	581580	1001611	1195403	1001476	809604
1.1	固定资产投资/万元	0	0	0	0	0	0	0	193860	581580	1001611	1195403	1001476	646089
1.2	经营成本/万元	0	0	0	0	0	0	0	0	0	0	0	0	60750
1.3	燃料费/万元	0	0	0	0	0	0	0	0	0	0	0	0	102765
1.4	防洪效益/万元	0	0	0	0	0	0	0	0	0	0	0	0	0
2	设计方案	160060	163351	147534	208025	242256	293372	379654	512638	482842	1033201	1069029	1305400	1346767
2.1	固定资产投资/万元	160060	163351	147534	208025	242256	293372	379654	512638	482842	1033201	1069029	1305400	1322527
2.2	电站经营成本/万元	0	0	0	0	0	0	0	0	0	0	0	0	16589
2.3	专用配套变输电成本/万元	0	0	0	0	0	0	0	0	0	0	0	0	7651
3	净效益现金流量/万元	-160060	-163351	-147534	-208025	-242256	-293372	-379654	-318778	98738	-31590	126374	-303924	-537163
	总净效益/万元				2110734								

序号	项目	建设期 第11年	第12年	第13年	经营期 第14年	第15年	第16年	第17年	第18年	第19年	第20年	第21年	第22年	第23年
	年末装机容量/MW	6000	10500	12000	12000	12000	12000	12000	12000	12000	12000	12000	12000	12000
	年发电量/(万kW·h)	3398000	4965000	5539000	5766000	5766000	5766000	5766000	5766000	5766000	5766000	5766000	5766000	5766000
1	替代方案	1041619	1160420	1144500	1146783	1149743	1152792	1155933	1159168	1162500	1165932	1169466	1173107	1176857
1.1	固定资产投资/万元	355343	161506	32288	0	0	0	0	0	0	0	0	0	0
1.2	经营成本/万元	121500	212625	243000	243000	243000	243000	243000	243000	243000	243000	243000	243000	243000
1.3	燃料费/万元	474471	693275	773407	805104	805104	805104	805104	805104	805104	805104	805104	805104	805104
1.4	防洪效益/万元	90305	93014	95805	98679	101639	104688	107829	111064	114396	117828	121362	125003	128753
2	设计方案	1288689	841272	437150	142109	142109	142109	142109	142109	142109	142109	142109	142109	142109
2.1	固定资产投资/万元	1202617	717954	300235	0	0	0	0	0	0	0	0	0	0
2.2	电站经营成本/万元	50748	71705	79335	82169	82169	82169	82169	82169	82169	82169	82169	82169	82169
2.3	专用配套变输电成本/万元	35324	51613	57580	59940	59940	59940	59940	59940	59940	59940	59940	59940	59940
3	净效益现金流量/万元	-247070	319148	707350	1004674	1007634	1010683	1013824	1017059	1020391	1023823	1027357	1030998	1034748

续表

序号	项 目	建 设 期	经 营 期												合 计
		第24年	第25年	第26年	第27年	第28年	第29年	第30年	第31年	第32年	第33年	第34年	第35年	第36年	
	年末装机容量 /MW	12000	12000	12000	12000	12000	12000	12000	12000	12000	12000	12000	12000	12000	
	年发电量（万 kW·h）	5766000	5766000	5766000	5766000	5766000	5766000	5766000	5766000	5766000	5766000	5766000	5766000	5766000	
1	替代方案投资/万元	1180720	1184698	1188796	1193017	1197364	1201842	1206454	1211205	1216098	1221138	1226329	1231675	1237183	44267873
1.1	固定资产投资/万元	0	0	0	0	0	0	0	0	0	0	0	0	0	5169156
1.2	经营成本/万元	243000	243000	243000	243000	243000	243000	243000	243000	243000	243000	243000	243000	243000	7927875
1.3	燃料费/万元	805104	805104	805104	805104	805104	805104	805104	805104	805104	805104	805104	805104	805104	26197038
1.4	防洪效益/万元	132616	136594	140692	144913	149260	153738	158350	163101	167994	173034	178225	183571	189079	4973804
2	设计方案投资/万元	142109	142109	142109	142109	142109	142109	135639	135639	135639	135639	135639	135639	135639	14083930
2.1	固定资产投资/万元	0	0	0	0	0	0	0	0	0	0	0	0	0	9540695
2.2	电站经营成本/万元	82169	82169	82169	82169	82169	82169	75699	75699	75699	75699	75699	75699	75699	2559867
2.3	专用配套输变电成本/万元	59940	59940	59940	59940	59940	59940	59940	59940	59940	59940	59940	59940	59940	1950368
3	净效益现金流量/万元	1038611	1042589	1046687	1050908	1055255	1059733	1070815	1075566	1080459	1085499	1090690	1096036	1101544	30183943

序号	项 目	经 营 期						
		第37年	第38年	第39年	第40年	第41年	第42年	第43年
	年末装机容量 /MW	12000	12000	12000	12000	12000	12000	12000
	年发电量（万 kW·h）	5766000	5766000	5766000	5766000	5766000	5766000	5766000
1	替代方案投资/万元	1242855	1248698	1254715	1260914	1267298	1273874	1280647
1.1	固定资产投资/万元	0	0	0	0	0	0	0
1.2	经营成本/万元	243000	243000	243000	243000	243000	243000	243000
1.3	燃料费/万元	805104	805104	805104	805104	805104	805104	805104
1.4	防洪效益/万元	194751	200594	206611	212810	219194	225770	232543
2	设计方案投资/万元	135639	135639	135639	135639	135639	135639	135639
2.1	固定资产投资/万元	0	0	0	0	0	0	0
2.2	电站经营成本/万元	75699	75699	75699	75699	75699	75699	75699
2.3	专用配套输变电成本/万元	59940	59940	59940	59940	59940	59940	59940
3	净效益现金流量/万元	1107216	1113059	1119076	1125275	1131659	1138235	1145008

白鹤滩水库防洪库容为 56.23 亿 m³，与下游溪洛渡水库一起共同拦蓄金沙江上游洪水，提高下游川江河段沿江城市的防洪标准，配合其他措施，可使宜宾城市的防洪标准基本达到 100 年一遇。

白鹤滩水电站为溪洛渡水电站上游紧连的梯级水库电站，其防洪效益也可以分为对川江河段的防洪效益及对长江中下游的防洪效益两部分。根据溪洛渡水库的防洪研究成果，溪洛渡水库对下游的防洪效益为 8.5907 亿元，主要由对川江河段的防洪效益及对长江中下游的防洪效益两部分组成，其防洪效益分别为 1.8388 亿元和 6.7519 亿元。在白鹤滩水电站预可行性研究阶段，其防洪效益参照溪洛渡水电站防洪效益进行估算，每年防洪效益按 5.0 亿元考虑，同时随着国民经济的发展和人民物质生活水平的提高，每年的防洪效益也有所增加，计算中考虑 3% 的洪灾损失增长率。

（5）净效益。

1）电站及输变电工程投资。白鹤滩水电站工程的静态总投资为 6300695 万元；电站外送输变电工程静态总投资为 3240000 万元。白鹤滩水电站电站及输变电投资流程见表 8.4。

2）运行费。白鹤滩水电站运行费包括电站的运行费以及输电线路和换流站的运行费。

a. 电站运行费。电站运行费包括修理费、职工工资及福利劳保住房基金、材料费、库区维护基金、其他费用等。经计算，电站正常运行后年运行费为 75699 万元。

b. 输电线路和换流站运行费。参考类似工程输变电有关资料，直流换流站工程运行费率采用 2.2%，交、直流线路工程运行费率采用 1.4%，按两部分投资加权，计算出送出工程的综合运行费率为 1.85%。经计算，送出工程年运行费为 59940 万元。

按上文介绍的工程净效益计算方法推求白鹤滩水电站工程的净效益。考虑到随着国民经济的发展和人民物质生活水平的提高，每年的防洪效益也有所增加，计算工程效益时考虑 3% 的洪灾损失增长率。

经计算，白鹤滩水电站在整个计算期内，电站总净效益按逐年净效益折算至计算期第 1 年水平为 2110734 万元。

8.2 水电工程总体节能降耗效益的计算方法

水电工程利用水能发电，水能为可再生能源，属于高效清洁能源。水电工程节能降耗效益主要是体现在水能资源替代了原煤、燃油等化石能源的直接使用，减少一氧化碳（CO）、碳氢化合物（C_nH_m）、氮氧化合物（NO_x）、二氧化硫（SO_2）等有害气体的排放。

水电工程节约化石能源量可根据受电地区平均能耗乘以替代电量计算求得；减少温室气体等有害气体排放总量，可按受电地区平均化石能源污染物排放指标计算求得。

以白鹤滩水电站工程为例，根据白鹤滩水电站预可行性研究报告，白鹤滩水电站多年平均年发电量为 559.5 亿 kW·h，在同等满足用电需求情况下，可替代火电年均发电量 573 亿 kW·h。经计算，白鹤滩水电站每年可节约原煤约为 2700 万 t；每年可减少排放一氧化碳（CO）约 0.6 万 t、碳氢化合物（C_nH_m）约 0.25 万 t、氮氧化合物（以 NO_2 计）

约 24.5 万 t、二氧化硫（SO_2）约 34.6 万 t。

8.3 节能效果综合评价方法

工程综合能耗指标按式（8.1）计算：

$$\eta = E/B \tag{8.1}$$

式中：η 为工程综合能耗指标；E 为项目计算期内能耗总量，等于工程建设的能耗总量与工程投产后工程运行的能耗总量之和，tce；B 为计算期内工程产生的国民经济净效益，等于项目综合效益扣除运行费用，按国家或地方制定的国内生产总值能耗综合指标基准年的价格水平计算，万元。

我国的综合能耗指标为能源利用效率指标，定义为每产生万元 GDP（国内生产总值）所消耗掉的能源数量（标准煤）。目前国家、地方都制定了经济发展的国内生产总值能耗综合指标，一般以 tce/万元 GDP 为单位。为便于节能效果综合评价，水电工程的综合能耗指标按项目计算内工程的能耗总量给国民经济带来的净效益进行计算。

将分析的工程能耗指标与国家、地方要求的国内生产总值能耗综合指标进行比较分析，若小于国内生产总值能耗综合指标，则可判别工程项目符合节能设计的要求，反之，则不符合节能设计的要求。

案例 1：某水电工程的施工所在地为云南省，工程期的能耗总量见表 8.2 和表 8.3，其能耗总量合计值为 2677481tce，计算期内工程产生的国民经济净效益为 27948095 万元，经计算工程综合能耗指标 η 值为 0.10tce/万元 GDP，查表 2.10 可得，"十一五"末云南省的综合能耗指标为 1.44tce/万元 GDP，而该水电工程的综合能耗指标值 0.10tce/万元 GDP 小于 1.44tce/万元 GDP，同时也小于"十一五"末全国的平均综合能耗指标 0.98tce/万元 GDP。由此判定，该工程项目符合节能设计的要求。

案例 2：亭子口水利枢纽。亭子口水利枢纽是嘉陵江干流中游以防洪、灌溉及城乡供水、发电为主，兼顾航运，并具有拦沙减淤等综合利用效益的控制性水利枢纽工程。枢纽主要由碾压混凝土重力坝、泄洪建筑物、坝后式电站厂房、灌溉引水首部建筑物、通航建筑物等组成。水库总库容为 40.67 亿 m^3，正常运用防洪库容为 10.6 亿 m^3，调节库容为 17.32 亿 m^3；设计灌溉面积 292.14 万亩，多年平均年供水量 12.61 亿 m^3；电站装机容量 1100MW，灌区工程实施并达到设计灌溉面积后，多年平均年发电量为 30.09 亿 $kW \cdot h$；通航建筑物为 2×500 吨级。工程筹建期 1 年，建设期 6 年；正常运行期取 40 年，项目计算期取 47 年，基准年为建设期第 1 年，基准点为第 1 年年初。

工程建设、工程运行能耗汇总统计分别见表 8.5 和表 8.6；工程运行的综合效益（2007 年 3 季度价格水平）及净效益汇总统计见表 8.7。

按 2005 年价格水平折算，工程运行的综合效益为 4854049 万元。

按上述参数计算，该工程的综合能耗指标 $\eta = (397336.89 + 40 \times 6109.78)/4854049 = 0.132$tce/万元 GDP，远小于国家制定的"十一五"末万元 GDP 能耗下降到 0.98tce 的要求。

表 8.5 工程建设能耗汇总统计

耗能设施（设备和项目）	能 耗		折合标准煤/tce	比例/%
	种 类	数 量		
土石方施工设备	柴油/kg	32766480	47740.76	13.56
	电/(kW·h)	15169440	6128.45	
混凝土施工设备	柴油/kg	4169280	6074.64	5.07
	电/(kW·h)	32278050	14040.33	
制冷工艺	电/(kW·h)	66400000	26825.60	6.75
砂石、混凝土加工系统	电/(kW·h)	108134770	43686.45	10.99
综合加工企业	电/(kW·h)	18960000	7659.84	1.93
生产供水	电/(kW·h)	41040000	16580.16	4.17
施工交通（对外交通）	柴油/kg	154000000	224378.00	56.47
生产性建筑	电/(kW·h)	1491707	602.65	0.15
生活性建筑	电/(kW·h)	8069396	3620.00	0.91
合计			397336.89	100

表 8.6 工程运行能耗汇总统计

耗能设施（设备和项目）	能 耗		折合标准煤/tce	比例/%
	种 类	数 量		
机组辅助设备	电能/(万 kW·h)	96.36	308.35	5.04
水力机械辅助设备	电能/(万 kW·h)	222.01	710.43	11.62
电气及照明设备	电能/(万 kW·h)	1143.65	3659.68	59.90
通风空调	电能/(万 kW·h)	37.70	120.64	1.97
给排水	电能/(万 kW·h)	0.15	0.47	0.01
升船机	电能/(万 kW·h)	326.00	1043.20	17.08
运行管理	电能/(万 kW·h)	59.60	190.72	3.13
其他	电能/(万 kW·h)	23.84	76.29	1.25
合计	电能/(万 kW·h)	1909.31	6109.78	100

表 8.7 工程运行的综合效益及净效益汇总统计

序 号	效 益 名 称	单 位	数 量
1	综合效益	万元	8249520
	防洪效益	万元	2261280
	灌溉及供水效益	万元	762840
	发电效益	万元	4549600
	航运效益	万元	515800
	拦沙减淤效益	万元	160000
2	运行费用	万元	2973380
	运行成本费用	万元	2520480
	更新改造费用	万元	452900
3	净效益	万元	5276140

第9章 水电工程节能评估

9.1 节能评估的现状

9.1.1 节能评估的背景

能源是制约我国经济社会可持续、健康发展的重要因素。解决能源问题的根本出路是坚持开发与节约并举、节约放在首位的方针，大力推进节能降耗，提高能源利用效率。固定资产投资项目在社会建设和经济发展过程中占据重要地位，对能源资源消耗也占较高比例。固定资产投资项目节能评估和审查工作作为一项节能管理制度，对深入贯彻落实节约资源基本国策，严把能耗增长源头关，全面推进资源节约型、环境友好型社会建设具有重要的现实意义。

9.1.2 相关法律法规政策层面的要求

（1）《中华人民共和国节约能源法》明确：国家实行固定资产投资项目节能评估和审查制度。不符合强制性节能标准的项目，依法负责项目审批或者核准的机关不得批准或者核准建设；建设单位不得开工建设；已经建成的，不得投入生产、使用。

（2）《国务院关于加强节能工作的决定》中明确要求有关部门和地方人民政府对固定资产投资项目（含新建、改建、扩建项目）进行节能评估和审查。

（3）《国家发展改革委关于加强固定资产投资项目节能评估和审查工作的通知》（发改投资〔2006〕2787号）明确：节能分析篇（章）应包括项目应遵循的合理用能标准及节能设计规范；建设项目能源消耗种类和数量分析；项目所在地能源供应状况分析；能耗指标；节能措施和节能效果分析等内容。

（4）《国务院关于印发节能减排综合性工作方案的通知》（国发〔2007〕15号）要求：建立健全项目节能评估审查和环境影响评价制度。加快建立项目节能评估和审查制度，组织编制《固定资产投资项目节能评估和审查指南》，加强对地方开展"能评"工作的指导和监督。

（5）《国务院关于进一步加强节油节电工作的通知》（国发〔2008〕23号）要求：强化固定资产投资项目节能评估和审查。按照《中华人民共和国节约能源法》的要求，尽快出台固定资产投资项目节能评估和审查条例，将节能评估审查作为项目审批、核准或开工建设的前置条件，未通过节能评估审查的，一律不得审批、核准或开工建设。

（6）依据《中华人民共和国节约能源法》《国务院关于加强节能工作的决定》《国家发展改革委关于加强固定资产投资项目节能评估和审查工作的通知》要求，凡需国家批准的项目、省内年新增综合用能3000tce及以上（或年新增用电300万kW·h及以上）新建、改建和扩建的固定资产投资和技术改造项目，未进行节能审查或未能通过节能审查的一律不得审批、核准、备案和验收。对擅自批准项目建设的，依法依规追究直接责任人责任。

9.1.3 节能评估的作用

（1）实现项目从源头控制能耗增长、增强用能合理性的重要手段。依据国家和地方相关节能强制性标准、规范及能源发展政策在固定资产投资项目审批、核准阶段进行用能科学性、合理性分析与评估，提出节能降耗措施，出具审查意见，可以直接从源头上避免用能不合理项目的开工建设，为项目决策提供科学依据。

（2）确保节能降耗目标实现、落实节能法规政策制度的有力支撑。开展固定资产投资项目节能评估和审查工作，建立相关制度和办法是促进"十一五"规划节能目标实现、落实《国务院关于加强节能工作的决定》《中华人民共和国节约能源法》等中央重要战略部署及法规政策中相关规定的重要保障。

（3）贯彻国务院投资体制改革精神、改进政府宏观调控方式的具体体现。在《国务院关于投资体制改革的决定》中，要求对投资项目从维护经济安全、合理开发利用资源、保护生态环境等方面重点进行核准把关，固定资产投资项目节能评估和审查制度是贯彻落实国务院投资体制改革精神、转变和改进政府宏观监督管理职能的具体体现。

（4）提高固定资产投资效益、促进经济增长方式转变的必要措施。开展固定资产投资项目节能评估和审查，严把项目能源准入关是提高固定资产投资项目能源利用效率、促进产业结构调整、能源结构优化的重要举措。

9.2 节能评估的方法

节能评估是指通过对建设项目分析，核算该项目的各种能源的消费结构和消费量，核算主要用能设备的能源利用状况，分析各种节能降耗措施的效果，核算该项目单位产品和单位产值能源效率指标和经济指标，评价该项目的用能合理性和先进性的一种评价方法，简称"能评"。

节能评估主要有以下几种方法。

（1）政策导向判断法。据国家能源发展政策及相关规划，结合项目所在地的自然条件及能源利用条件对项目的用能方案进行分析评价。

（2）标准规范对照法。对照项目应执行的节能标准和规范进行分析与评价，特别是强制性标准、规范及条款应严格执行。适用于项目的用能方案、建筑热工设计方案、设备选型、节能措施等评价。项目的用能方案应满足相关标准规范的规定；项目的建筑设计、围护结构的热工指标、采暖及空调室内设计温度等应满足相关标准的规定；设备的选择应满足相关标准规范对性能系数及能效比的规定；是否按照相关标准规范的规定采取了适用的节能措施。

（3）类比分析法。在缺乏相关标准规范的情况下，可通过与处于同行业领先或先进能效水平的既有工程进行对比，分析判断所评估项目的能源利用是否科学合理。类比分析法应判断所参考的类比工程能效水平是否达到国际领先或先进水平，并具有时效性。要点可参照标准对照法。

（4）专家经验判断法。利用专家在专业方面的经验、知识和技能，通过直观经验分析判断。适用于项目用能方案、技术方案、能耗计算中经验数据的取值、节能措施的评价。根据项目所涉及的相关专业,组织相应的专家,对项目采取的用能方案是否合理可行、是否有利于提高能源利用效率进行分析评价;对能耗计算中经验数据的取值是否合理可靠进行分析判断;对项目拟选用节能措施是否适用及可行进行分析评价。

(5)产品单耗对比法。根据项目能耗情况,通过项目单位产品的能耗指标与规定的项目能耗准入标准、国际国内同行业先进水平进行对比分析。适用于工业项目工艺方案的选择、节能措施的效果及能耗计算评价。如不能满足规定的能耗准入标准,应全面分析产品生产的用能过程,找出存在的主要问题并提出改进建议。

(6)单位面积指标法。民用建筑项目可以根据不同使用功能分别计算单位面积的能耗指标,与类似项目的能耗指标进行对比。如差异较大,则说明拟建项目的方案设计或用能系统等存在问题,然后可根据分品种的单位面积能耗指标进行详细分析,找出用能系统存在的问题并提出改进建议。

(7)能量平衡分析法。能量平衡是以拟建项目为对象的能量平衡,包括各种能量的收入与支出的平衡,消耗与有效利用及损失之间的数量平衡。能量平衡分析就是根据项目能量平衡的结果,对项目用能情况进行全面、系统地分析,以便明确项目能量利用效率,能量损失的大小、分布与损失发生的原因,以利于确定节能目标,寻找切实可行的节能措施。

以上评估方法为节能评估通用的主要方法,可根据项目特点选择使用。在具体的用能方案评估、能耗数据确定、节能措施评价方面还可以根据需要选择使用其他评估方法。

9.3 编制水电工程节能评估文件的要点

1. 节能评估的依据

按《固定资产投资项目节能评估和审查暂行办法》(国家发展和改革委员会令第 6 号)的要求,在我国境内建设的固定资产投资项目,应编制项目节能评估文件。节能评估文件未按本办法规定进行节能审查,或节能审查未获通过的固定资产投资项目,项目审批、核准机关不得审批、核准,建设单位不得开工建设,已经建成的不得投入生产、使用。

2. 节能评估文件的分类

固定资产投资项目节能评估按照项目建成投产后年能源消费量实行分类管理:年综合能源消费量 3000tce 以上(含 3000tce,电力折算系数按当量值,下同),或年电力消费量 500 万 kW·h 以上,或年石油消费量 1000t 以上,或年天然气消费量 100 万 m³ 以上的固定资产投资项目,应单独编制节能评估报告书。

年综合能源消费量 1000～3000tce(不含 3000tce,下同),或年电力消费量 200 万～500 万 kW·h,或年石油消费量 500～1000t,或年天然气消费量 50 万～100 万 m³ 的固定资产投资项目,应单独编制节能评估报告表。

上述条款以外的项目,应填写节能登记表。

3. 节能评估报告书的格式

固定资产投资项目节能评估报告书应包括下列内容。

节能评估报告书列出项目摘要表，对项目概况、项目年综合能消费量、能效指标、对所在地能源消费的影响等进行摘录。

（1）评估依据。包括报告采用的相关法律、法规、规划、行业标准、产业政策等。

（2）项目概况。介绍项目建设单位和项目建设方案。

（3）能源供应情况分析。描述、分析项目所需的每一种能源及耗能工质在当地的供应情况、当地的消费情况以及供应能力等；对当地消费的影响。

（4）项目建设方案节能评估。对项目选址、总平面布置、工艺流程、技术方案对能源消费的影响，主要用能工艺、工序、主要耗能设备等能耗指标、能效水平等进行评估。

（5）项目能源消耗和能效水平评估。对项目能源消费种类、来源及消费量，能源加工、转化、利用情况的能源消费结构、能源利用效率及能效水平等进行评估。

（6）节能措施评估。提出有效的节能技术措施、节能管理措施等。

（7）存在问题及建议。找出项目在能耗方面存在的问题，提出解决办法或发展思路。

（8）结论。对项目在建设过程中和投产运行后是否符合节能降耗、减排要求给出评价结论。

第10章 水电工程若干节能技术

10.1 碾压混凝土坝汽车＋满管溜槽入仓技术

碾压混凝土（RCC）的运输与入仓填筑和土石坝施工基本相似，可以采用土石坝施工常用的运输机械；而它本身又是混凝土，因此凡常态混凝土使用的运输和入仓机械，都适合于碾压混凝土使用。一般采用的入仓方式见表10.1。

表 10.1 碾压混凝土常用入仓方式

序号	混凝土入仓方式	适用范围或工程名称
1	自卸汽车直接入仓	普遍适用
2	自卸汽车＋负压溜槽＋仓面汽车转料	棉花滩、大朝山、沙牌、龙首、汾河二库等
3	自卸汽车＋缆机（或门机）	大朝山、龙首
4	自卸汽车＋罗泰克胶带机（或再加仓面汽车转料）	大朝山
5	自卸汽车＋罗泰克胶带机＋负压溜槽＋仓面汽车转料	大朝山
6	水平胶带机＋负压溜槽＋仓面汽车转料	江垭、山口
7	自卸汽车＋负压溜槽＋水平胶带机＋垂直落料混合器（附抗分离装置）＋仓面汽车转料	棉花滩
8	自卸汽车＋垂直落料混合器（附抗分离装置）＋仓面汽车转料	棉花滩
9	斜坡轨道车	普定
10	自卸汽车＋胶带机＋罗泰克胶带机＋塔带机	三峡纵向围堰

目前的 RCC 均为高石 RCC，入仓运输历来是制约快速施工的关键因素之一。大量的工程实践证明，汽车直接入仓是快速施工最有效的方式，可以极大地减少中间环节，减少混凝土温度回升。然而，目前 RCC 坝的高度越来越高，狭窄河谷的坝体，上坝道路高差很大，汽车将无法直接入仓，RCC 中间环节垂直运输可以采用满管溜槽输送，即仓外汽车＋满管溜槽＋仓面汽车联合运输。仓外汽车通过满管溜槽直接把混凝土卸入仓面汽车中。值得一提的是，对于石粉含量高、低 VC 值的半塑性混凝土，在溜槽运输过程中令人担忧的骨料分离问题也迎刃而解。

目前采用溜槽运输混凝土有两种方式，即负压溜槽和满管溜槽。满管溜槽的溜料原理为满管流水原理，出多少，进多少，始终保持溜管充满料并连续输送。负压溜槽是利用覆盖在溜槽面上的胶皮的弹性变形，使在输送料的过程中，料团后部产生一定的真空度形成负压，从而减缓料的溜放速度。满管溜槽出料口是用弧形门控制，其出料状态与混凝土拌和楼出料状态相同。负压溜槽的出料口是开放式的，出料时料的速度较高。满管溜槽中料

1

的运动速度取决于输送能力，理论上料的运动速度为匀速，可在设计时依据输送能力要求，选定合适的管径，使料的最佳运动速度在 0.3～0.7m/s 之间，不受其他条件的限制。负压溜槽由于真空度的局限，料在溜槽中的运动速度呈现加速状态。

由于满管溜槽中料的运动速度低，输送混凝土基本不分离。负压溜槽中料的运动速度高，输送混凝土分离情况比较严重。另外，满管溜槽理论上输送的垂直高度不限。负压溜槽由于出料口料的运动速度限制，每级输送的垂直高度受限。满管溜槽的溜管可随地形布置转弯，负压溜槽的溜管不允许转弯，因此满管溜槽布置更灵活。

两种溜槽的制造、安装成本基本相同。但由于满管溜槽中料的运动速度为匀速 0.5m/s，而负压溜槽中料的运动速度呈加速状态，出料口速度达到 10m/s 以上，料对溜槽的磨损程度区别非常大。

（1）工程实例 1。戈兰滩水电站大坝混凝土总量约 140 万 m³，其中碾压混凝土 94 万 m³，采用汽车直接入仓 67 万 m³，采用满管溜槽入仓 27 万 m³。戈兰滩水电站选用了两种方案，并都有使用。方案 1：进料汽车—满管溜槽—皮带输送机—汽车。方案 2：进料汽车—满管溜槽—汽车。系统输送能力为 360m³/h；每仓上升 3m，布置倾角为左岸系统 51°，右岸系统 60.7°。在该工程中满管溜槽输送约 27 万 m³ 混凝土，没有修补过，并且保持完好。负压溜槽运行时修补的工作量非常大，负压溜槽的运行成本高于满管溜槽 4 倍。戈兰滩水电站左岸满管溜槽平面布置示意图如图 10.1 所示；左岸、右岸满管溜槽系统如图 10.2 和图 10.3 所示。

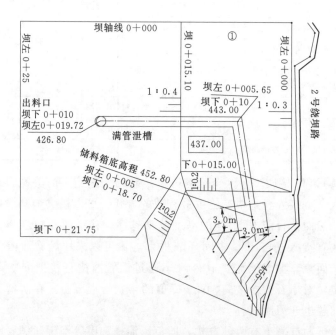

图 10.1　戈兰滩水电站左岸满管溜槽平面布置示意图

（2）工程实例 2。高达 160m 的金安桥大坝，在左岸、右岸 1422.50m 高程，各布置 1 套满管溜槽。满管溜槽下倾角 41°～45°，最大高差 60m，自卸汽车载重 9m³RCC 通过满管溜槽卸料到仓面汽车，一般用时仅 20～30s，极大地加快了 RCC 运输入仓速度。

图 10.2 戈兰滩水电站左岸满管溜槽系统

图 10.3 戈兰滩水电站右岸满管溜槽系统

10.2 胶凝砂砾石筑坝技术

胶凝砂砾石坝是结合碾压混凝土重力坝和混凝土面板堆石坝的优点发展起来的一种新坝型，其思想起源于 J. M. 拉斐尔（J. M. Raphael）于 1970 年在美国加州召开的"混凝土快速施工会议"上提交的论文《最优重力坝（The Optimum Gravity Dam）》，他建议使用胶凝砂砾石材料筑坝并用高效率的土石方运输机械和压实机械施工，一方面由于水泥的胶凝作用增大了材料的抗剪强度，可以缩小坝体断面；另一方面使用类似于土石坝施工的连续方法可以缩短施工时间和减少施工费用。20 世纪 80 年代初建成的一批干贫碾压混凝土重力坝，以美国柳溪（Willow Creek）坝为代表，是上述思想的具体实现。因干贫碾压混凝土重力坝与常规混凝土重力坝在断面设计上并无本质不同，但因胶凝材料用量有显著减小、坝体渗漏量偏大，而逐渐被 RCD 碾压混凝土坝（主要在日本采用）和富浆碾压混凝土重力坝（单方胶凝材料用量大于 150kg）所代替，对筑坝材料的要求接近甚至超过常规混凝土坝，与 J. M. 拉斐尔最初提出的"最优重力坝"设想也越来越远。

1988 年，法国的 P. Londe 提出用碾压硬填方的施工方法将胶凝砂砾石碾压填筑成上下游等坡（0.7H/1V）的对称断面坝，上游面设防水面板防渗，称之为对称硬填方面板坝（Faced Symmetrical Hardfill Dam，FSHD）。1992 年，P. Londe 再次对该坝型进行阐述，认为放宽对碾压混凝土性能和技术的要求只求获得一种"硬填方"而不是有较高强度的混凝土，总造价会降低且具有较高的安全度。1990 年，英国的 Paul Back 在英国大坝协会会议上提出了"极限坝"（Ultimate Dam）的概念，其理念包括：采用耐久的筑坝材料，各种工况下结构安全度基本一致，对内部侵蚀、洪水漫顶、地震等有良好的抵抗能力，进一步发展了 J. M. 拉斐尔"最优重力坝"的思想。

20 世纪 90 年代，日本进一步发展了这一理念，即将胶凝材料和水加入河床砂砾石和开挖废弃料等在坝址附近容易获得的岩石基材中，然后用简易的设备进行拌和，采用堆石坝施工技术进行碾压施工，称之为胶凝砂砾石坝（Cemented Sand and Gravel Dam，CSGD），这种新坝型不仅经济，还可以充分利用施工过程中产生的弃料，减小对周围环境的影响。由于胶凝砂砾石坝对筑坝材料、施工工艺以及坝基要求降低，大坝施工基本实现零弃料，凸显了在适应环境、减轻石渣工程建设对周围环境的不利影响等方面所具有的优势，已开始得到国际坝工界的重视，并实际应用。表 10.2 列出了世界各国部分代表性的胶凝砂砾石坝。

表 10.2 世界各国部分代表性的胶凝砂砾石坝

序　号	坝　名	所在国家	坝高/m	建成年份
1	St Martin deLondress	法国	25	1992
2	Marathia	希腊	28	1993
3	Ano Mera	希腊	32	1997
4	Nagashima	日本	33	1998
5	Moncion 反调节坝	多米尼加	28	2004
6	Can – Asujan	菲律宾	40	2005
7	Cindere	土耳其	107	2006
8	街面水电站下游围堰	中国	16	2004
9	洪口水电站上游围堰	中国	35.5	2006

与此同时，国内相关单位和学者也开展了有关胶凝砂砾石坝方面的研究。如武汉大学方坤河教授等早在 1994 年就在国内率先提出了"面板超贫碾压混凝土坝"的概念，武汉水利电力大学的唐新军博士在其博士论文《一种新坝型——面板胶结堆石坝的材料及设计理论研究》中，对胶凝砂砾石坝的筑坝材料物理力学特性、坝体应力、变形和稳定等方面进行了详细研究。中国水利水电科学研究院贾金生等在水利部支持的"948"计划技术创新与技术推广转化项目——"胶凝砂砾石坝筑坝材料特性及其对面板防渗体影响的研究"中，对胶凝砂砾石坝的筑坝材料特性、渗透溶蚀机理、稳定和应力分析、坝体防渗体系等问题进行了广泛的研究，研究成果已在福建省尤溪街面水电站下游围堰和福建省洪口水电站上游围堰等工程中得到实施。

胶凝砂砾石坝是一种结合了碾压混凝土坝和混凝土面板堆石坝的优点发展起来的一种新坝型，同时实现了设计合理化、施工合理化以及材料利用合理化，国内外工程实践也表明采用胶凝砂砾石筑坝能够缩短工期、降低工程造价。但在该坝型的发展过程中过于追求胶凝砂砾石筑坝材料的性能而忽视该坝型最初设计理念，在国内陷于仅在围堰等临时工程中使用的窘境。将胶凝砂砾石坝应用在西部河流上游地区，并首先在具备条件的中低坝进行实践，是该坝型未来发展的主要努力方向。

10.3　堆石混凝土筑坝技术

堆石混凝土技术（Rock – Filled Concrete，RFC）是在自密实混凝土（SCC）技术上发展出的一种新型大体积混凝土施工技术，已经开始应用于水利工程。该技术利用自密实混凝土充填大粒径堆石的空隙形成大体积混凝土，主要包括堆石入仓和浇筑自密实混凝土两道工序。堆石混凝土技术的出现成为水利水电工程界关注的焦点，其突出的经济、快速、质量、安全、节能、环保等多项优势将与碾压混凝土技术一样，引发一场大体积混凝土施工的革命。堆石混凝土施工技术是在自密实混凝土技术的基础上发展起来的一种新型大体积混凝土施工方式。它首先将大粒径（最大粒径可达 1m 以上）堆石直接入仓，形成有空隙的堆石体，然后从堆石体上部浇筑专门开发的低水化热低成本自密实混凝土，利用自密实混凝土的高流动抗离析性能，使自密实混凝土依靠自重填充到堆石的空隙中，形成完整、密实、有较高强度、低水化热、低收缩变形的大体积混凝土。堆石混凝土技术具有施工工艺简单、综合单价低、水化温升低、现场质量控制容易、体积稳定性好、适合机械化施工、施工速度快等优点，特别适合应用于水电、风电、石化、公路、铁路、桥梁、港口、机场、水利、市政、房建、环境等诸多行业的大体积混凝土施工中，具有广阔的发展前景。堆石混凝土技术已在宝泉抽水蓄能电站、向家坝水电站、贵州石龙沟水库双曲拱坝、山西恒山水库双曲拱坝加固、山西清峪水库重力坝等大体积混凝土工程中快速推广。

堆石混凝土技术施工工艺简单、施工速度快、施工质量容易保证，并且单位体积水泥量少、水化温升低、温控简单、综合单价低。除了上述工程和经济优势之外，还需对该技术的环境优势进行评价。堆石混凝土 55% 以上的体积由粒径大于 300mm 的堆石组成，大大减少了水泥的用量，而且开采出的大粒径块石可以不经过任何处理直接进行堆石入仓，大大减小了骨料破碎和筛分的工作量；另外，在浇筑过程中只需要拌和小于总体积一半的自密实混凝土，减小了混凝土拌和设备的规模，从而减轻了环境负荷和能源消耗。从混凝土施工对环境产生的影响出发，以浇筑重力坝为例，通过量化分析堆石混凝土技术、碾压混凝土技术以及普通混凝土技术从材料生产到施工各个环节所相应的能源消耗和二氧化碳排放，对堆石混凝土施工技术的环境友好度进行了评价。研究结果表明：采用堆石混凝土进行重力坝建设时，每立方米可以比常规混凝土和碾压混凝土分别节省 381.64MJ 和 312.52MJ 的能量，并且分别少向大气中排放 39.36kg 和 25.68kg 的二氧化碳。堆石混凝土的环境友好度优于普通混凝土和碾压混凝土。

向家坝水电站首次使用了抛石型堆石混凝土进行沉井回填施工。向家坝二期纵向混凝土围堰大坝上游段共设 10 个沉井，尺寸均为 17m×23m，最大高度 57.40m，每个沉井设 6 个取土井，其尺寸为 5.2m×5.6m。沉井在一期基坑上游段开挖过程中起挡土墙作用，也作为二期纵向围堰一部分起挡水作用。施工单位联合清华大学提出了堆石混凝土方案，该方案能保证连续快速施工，且混凝土最高温升不会超过 7.1℃。为避免对沉井底部基础层硬化混凝土产生较大冲击造成损伤，施工中先浇入专用自密实混凝土，形成缓冲层（约 3m），再采用抛石入自密实混凝土的方案。沉井群整个填芯工程原设计采用 C10 等级素混凝土回填，后全部使用 C10 等级堆石混凝土，共计完成约 7 万 m³ 堆石混凝土，每个沉井回填工期从原方案 20～30 天缩短到 5～7 天。通过沉井现场的探坑、钻孔取芯和压水试验等检测，证明堆石混凝土具有优良的密实度和抗压强度以及良好的抗渗性能，可以保证填芯混凝土质量达到设计容重、温控等要求，确保沉井的稳定性。堆石混凝土施工工艺简单，大幅提高施工进度，同时降低成本等特点在向家坝工程应用中也发挥了显著的作用。

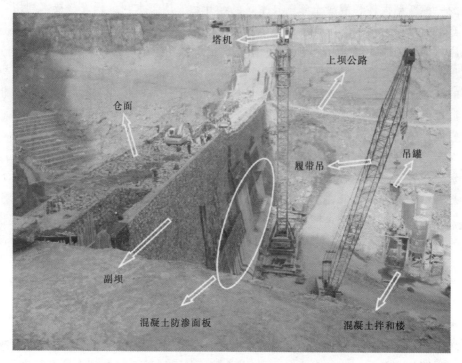

图 10.4　宝泉抽水蓄能工程上库副坝堆石混凝土施工现场

10.4　双聚能预裂与光面爆破综合技术

10.4.1　双聚能预裂与光面爆破综合技术研发

在建筑物岩石基础开挖施工中经常采用预裂（光面）爆破技术，但是由于普通预裂（光面）爆破钻孔工作量大，并且对保留岩体的破坏通常比较大。因此，迫切需要寻求一种减少钻孔量、爆破后对保留岩体破坏影响比较小的爆破技术和方法。

20 世纪 80 年代末有科技工作者曾经做过聚能爆破试验研究，但终因技术及工艺水平的限制无法用于施工生产。进入 90 年代众多科技工作者设计了各种形式、各种材质的聚能药管成形聚能药卷进行聚能预裂爆破试验研究，甚至不惜采用孔壁切槽来形成聚能结构实现聚能预裂爆破，但是效果都不十分令人满意。还有学者试图采用金属聚能结构打开聚能预裂（光面）爆破技术的瓶颈，终因结构复杂、造价高而难以在工程中推广应用。

2004 年年初"聚能预裂（光面）爆破技术研究"获得了立项批准，该科研项目正式启动。该项目研究人员根据自己掌握的水电工程爆破理论知识和多年积累的工程爆破施工经验与教训去努力寻求聚能药卷比较简单、低廉的聚能结构成形技术和设法使聚能爆破与预裂（光面）爆破能够有机结合的技术途径，力争在不降低规范要求的前提下减少预裂（光面）爆破造孔工作量、提高保留岩体的稳定性，从而达到既可加快施工进度、提高预裂（光面）爆破的爆破质量，又能够降低预裂（光面）爆破施工成本的多重目标。

通过两年多的试验研究，终于获得了成功，并且在小湾水电站水垫塘保护层开挖中进行了大面积的推广应用，效果十分喜人。双聚能槽管及其配套对中装置以及施工工艺以其简单、便捷、实用、经济、高效的特点为推广应用该项技术提供了一个广阔的平台。双聚能预裂与光面爆破效果如图 10.5 所示。

图 10.5　双聚能预裂与光面爆破效果

10.4.2　技术经济指标对比分析

1. 经济指标对比分析

不同的造孔成本会有不同的经济效果，显然双聚能槽管聚能预裂（光面）爆破的技术经济指标是非常先进的。现以 2.0～2.5m 孔距聚能预裂（光面）爆破与 0.8～1.0m 孔距普通预裂（光面）爆破进行分析，按照 CM351 造孔成本 35 元/m、导爆索 2.5 元/m、炸药 7000 元/t、双聚能槽管 3.8 元/m 为基本价计算，可得到：①单位面积装药量降低 50%～65%；②单位面积造孔量降低 50%～65%；③单位面积预裂（光面）爆破成本降低 50%～55%。

技术指标对比分析见表 10.3。

表 10.3　　　　　　　　　　　技术指标对比分析

项　　目	规　范　要　求	双聚能槽管聚能预残裂
声波值	保留岩体爆后声波衰减率小于 10%	保留岩体爆后声波衰减率小于 4%
半孔残留率	微风化不小于 80%	微风化不小于 93%
不平整度	不大于 15cm	不大于 15cm
再生裂隙		未见
振动影响		减振效果明显

2. 与复合预裂爆破技术（金属聚能弹聚能预裂爆破技术）对比分析

将双聚能槽管聚能预裂爆破技术所采用的聚能结构、线装药密度、造孔孔径、预裂孔距、聚能体造价、爆破效果等与复合预裂爆破技术进行分析对比，详见表 10.4。

从表 10.4 可以看出，与复合预裂爆破技术相比双聚能槽管聚能预裂爆破技术采用的聚能结构材料价格低廉、造孔孔径小，但预裂孔距却相当，而且效果更好，因此其实用性和经济性是十分显然的。双聚能槽管聚能预裂爆破技术真正突破了聚能预裂（光面）爆破技术的瓶颈，使聚能预裂（光面）爆破技术有了突破性发展。

表 10.4　　双聚能槽管聚能预裂爆破技术与复合预裂爆破技术对比分析

项目 ＼ 类型	双聚能槽管聚能预裂爆破	复合预裂爆破	备　　注
聚能结构			双聚能槽管聚能预裂爆破结构简单，复合预裂爆破结构复杂
聚能结构材料	聚氯乙烯	金属	
线装药密度/(g/m)	450	2547～2709	
造孔孔径/mm	90～105	250	
预裂孔距/m	2.5～3.1	3	
聚能体造价	低（3 元/m）	高昂	
爆破效果	孔内壁无再生裂隙	孔内壁两侧出现裂缝	

3．与当前国内外同类研究、同类技术的综合比较

（1）国内外同类技术中没有对中装置是最大的缺陷，因此聚能射流不能保证沿预裂面或光爆面喷射，也就无法充分发挥聚能射流的作用。

（2）同类技术所成形的聚能药卷一般都为圆形，没有改变炸药对爆破孔孔壁的作用力分布状况，而本双聚能预裂与光面爆破专用装置为椭圆形，它改变了对炮孔孔壁作用力的分布比值，增强了预裂（光爆）成缝方向的爆破作用力。

（3）同类技术的技术、经济指标远低于该双聚能预裂与光面爆破专用装置，该装置可减少造孔量 50%～60%，减少炸药耗量 50%～60%，成本降低 50%～55%，并于 2007 年 1 月 19 日通过了部级鉴定，总体达到国际先进水平。

4．应用情况

双聚能槽管聚能预裂爆破技术在水电八局构皮滩、小湾、彭水、溪洛渡等水电站工地使用，达到了减少预裂（光面）爆破造孔工作量 50%～65%、减少单位面积装药量 50%～65%、节约成本 50%～55% 的实际效果。

按照该项技术可以减少预裂（光面）爆破造孔工作量 50%～65%、减少单位面积装药量 50%～65%、节约成本 50%～55% 的实际效果，如果全水电系统 80% 的项目采用这一先进技术，按保守估算每年施工 300 万 m² 预裂（光面）爆破面积，根据所使用的造孔设备不同，可节省施工成本：

$$300 万 m^2 × (20.69～27.65)元/m^2 = 6207～8295 万元$$

并且可以加快预裂（光面）爆破施工进度一倍以上，由于采用该项技术同时还可以大大提高保留岩体的稳定性、增加施工安全度，加上减少保留岩体的支护施工成本，全水电系统年施工成本节约应该接近亿元。

10.5 料场开采"溜井（槽）-平洞"垂直重力输送技术

针对石料场开采中可能出现的开采边坡高、运输困难等问题，可采用溜槽、溜井、溜管等垂直运输方式，利用重力自然跌落，一则可以减少施工道路的修建，二则缩短汽车运输距离，以此达到降低运输等环节能耗的目的。国内已有诸如此类的成功经验，如龙滩大法坪料场，溜井深度约150m，输送能力达2500t/h；小湾孔雀沟料场，溜井深度约210m，输送能力达2000t/h；湖北招徕河工程，溜管长度约202m，输送能力达200m³/h。

在国内大型水电站的建设中，基本都设有人工砂石料加工系统，以提供水电站建设所需的砂石料。在大坝和地下厂房所在位置附近采用露天开采方式，建设一个服务年限一般为8～10年的大型露天采石场，使用传统的钻爆—装载—汽车运输—破碎—皮带运输—砂石加工系统工艺为电站提供砂石。但随着水电站的建设逐步进入江河峡谷流域地带，传统的开采方案已很难布置完善，加之装运成本提高，运输的效率和安全性难以保障，因此矿山行业成熟的平洞溜破系统被引入到水电站建设中。由于水电站建设中要求砂石料供应生产能力大（高峰供料时2500～3000t/h）、安全可靠性高、保障连续生产能力，与矿山生产要求有较大差异性。爆破破碎后的石料经溜井、放矿口、振动放矿机到达破碎机，破碎为块度约不大于300mm的石料落入下层巷道的皮带输送机上，然后输送到砂石料加工系统进行石料加工。

1. 溜井设计

（1）溜井的结构形式。由于设计中的水电站工地砂石料采场都是地形陡峭峻貌，围岩坚硬稳固，整体性好，所以选择了明溜槽直溜井和单段式直溜井两种形式，井深大于200m的溜井采用分段式开挖。

（2）溜井直径。设计中的明溜槽直溜井深约80m，单段式直溜井深190～298m，断面采用圆形，溜放非黏性矿石时，溜井断面尺寸按矿岩的最大块度选取：

$$D \geqslant K d_{max} \tag{10.1}$$

式中：D 为溜井直径，m；K 为通过系数，取4～6；d_{max} 为最大块度尺寸，m。

如设计爆破最大块度1000mm×1000mm，要求溜井经常贮满矿石运行时，K 取大值。因此，溜井直径设计取6m，贮矿仓直径为12m，贮矿仓高度取20～30m。

（3）溜口的结构参数。溜口是放矿的咽喉，而且往往易堵塞，因此研究设计合理的结构形式、参数成了溜井设计的关键。

1）溜口宽度。溜口宽度是溜口两侧板之间的水平距离，溜口最大宽度取决于所溜放矿石的性质、块度、振动放矿机及破碎设备的进口尺寸。一般振动放矿时可用矿石最大块度尺寸的2倍。

2）溜口高度。溜口高度为溜口顶板到堆矿底板粉矿堆积线之间的垂直距离，通常溜口高度为溜口宽度的0.6～0.8倍。

3）其他参数。设计中还要同时考虑的参数有粉矿堆积角 α、溜井顶板倾角 α_1、溜口内坡角 α_2、溜口底板倾角 α_3、溜口额墙厚度 b、贮矿仓参数等。

（4）溜井的检查巷道及安全通道。一般情况下水电站砂石料黏结性很小，设计溜井时，只要溜口结构和参数合理，可以不考虑设置检查井巷。但从安全角度出发，当破碎洞室如发生跑矿时，为使洞室内的操作人员安全撤走，应设置安全通道（兼通风道）。安全通道应当尽量做到有单独出口，能通到不受跑矿威胁的相邻巷中。

2. 破碎洞室设计

（1）破碎洞室的设计原则。

1）破碎洞室应布置在坚硬、稳固的岩层中，避开断层、破碎带、溶洞及含水岩层。

2）根据产量大小，破碎设备和放矿设备的安装要求及尺寸确定破碎洞室的尺寸。

3）破碎洞室应有独立的通风系统和有效的除尘设施。

4）充分考虑安装和维修时的方便。

5）破碎洞室的服务年限要大于生产年限。

（2）破碎机和洞室的布置形式。根据水电工程工地施工的特点，为确保生产的高度可靠性，采用单、双机侧向给矿，振动给矿机、破碎机垂直于洞室的长轴方向布置。检修场地布置在洞室的一端。这样施工容易，安装方便，通风除尘效果好。

3. 溜井放矿生产能力校核

溜井放矿生产能力主要取决于上下阶段装卸运输能力、破碎机生产能力和生产技术管理水平。只要溜井储存一定量的矿石、运输能力满足要求，溜井的通过能力是很大的。

溜井放矿能力 W 可以按式（10.2）计算：

$$W = 3600\lambda Fa\gamma\upsilon\eta k_p \tag{10.2}$$

式中：W 为溜井放矿能力，t/h；λ 为放矿闸门的完善系数，0.7～1.0；F 为一个放矿溜口的断面面积，m^2；a 为矿流收缩系数，0.5～0.7；η 为放矿效率，0.75～0.8；υ 为矿石流动速度，0.2～0.4m/s；γ 为矿石容量，t/m^3；k_p 为矿石松散系数，1.4～1.7。

在水电站的砂石料系统中，溜井的放矿能力可以达到 1500～2000t/h。

4. 防止溜井磨损和加固的措施

在水电站砂石原料生产过程中，溜井的高度是随着开采量逐步下降的，由于采用满仓生产方式，因此溜井的井壁加固可以不予考虑，成井过程中局部破碎地段在施工中采取长锚杆喷射钢纤维混凝土支护方式。而贮矿仓和出矿口受大量矿石长期的冲击、摩擦以及处理堵塞时的爆破影响，一般都会导致贮矿仓和放矿口等部位产生片帮、磨蚀、开裂或损坏等现象。为避免贮矿仓和出矿口因过度磨损而报废，必须根据生产周期的特点，对溜井底部进行预加固，贮矿仓加固高度约 12～15m，采用 20mm 厚的锰钢衬板，放矿口采用 25～30mm 厚的锰钢衬板在混凝土基础上进行预加固，可以用锰钢板代替浇注混凝土的模板，以加快施工进度。

5. 工程实例

（1）工程实例 1。在生产能力 500～800t/h 的龙滩水电站麻村砂石料溜井系统、生产能力 1000～1500t/h 的大法坪砂石料溜井系统成功设计应用投产的基础上，又研究设计了生产能力 2500～3000t/h 的四川锦屏水电站大奔流沟砂石料溜井系统，且都取得了非常好的应用效果。为水电站建设中的砂石料加工系统节省了大量的运输费用并减少了装载设备投资，可以作为今后适宜条件的水电站砂石料溜井放矿破碎系统设计应用的范例。

（2）工程实例 2。龙开口水电站燕子崖砂石加工系统布置在料场北侧坡脚，位于中江河右岸，料场与系统之间高差近 700m，水平距离约 900m。如此巨大的高差在国内大型砂石加工系统中是罕见的，是系统设计中面临的一大技术难题。在招标阶段，建管局对投标人提出的明线溜槽运输方案和三级竖井运输方案（半成品运输）进行了深入分析研究。明线溜槽运输方案由于跌落高差太大、安全文明施工环境差、度汛风险大、运输可靠性差等原因而放弃，选用了构思新颖、可靠性相对较大的三级竖井运输方案。近3年的运行中，2号、3号竖井在汛期虽曾出现过多次掉块堵井而影响部分班次生产的情况，但整体运行良好，满足了工程需要。龙开口水电站燕子崖半成品运输系统剖面示意如图10.6所示。

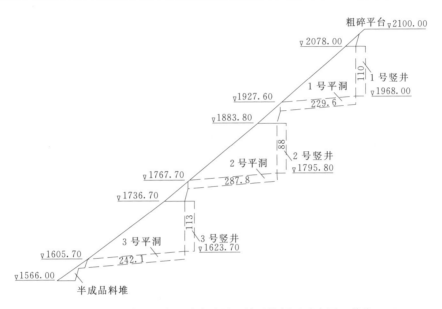

图 10.6　龙开口水电站燕子崖半成品运输系统剖面示意图（单位：m）

10.6　长距离胶带机技术

10.6.1　长距离胶带机技术在水电工程中的应用

长距离带式输送机（泛指单机长度1.0km以上的带式输送机）作为一种物料运输方式，已广泛应用于煤炭、冶金、建材、电力、港口及交通运输等行业，与铁路运输、公路运输相比，其具有结构简单、输送量大、可靠性好、能耗及运行成本低、线路适应性强等优点。龙滩、瀑布沟、向家坝、锦屏一级、锦屏二级、龙开口等大型水电工程采用长距离带式输送机运输方案，取得明显的经济和社会效益。

目前我国水电行业长胶带机主要应用于混凝土骨料的运输。大型水电工程的大坝等水工建筑物混凝土工程量巨大，其中约85%~90%为混凝土骨料。近年来随着世界燃油价格不断上涨，自卸汽车输送骨料的经济性在不断降低，料场到坝区距离相对较远的大型水电工程，采用长距离带式输送机输送骨料就成为了一种合理的选择。随着西电东送工程的推进，我国水电开发已转移至西部，而西部多为高山峡谷地形，长距离骨料输送机的运用会越来越广泛。

龙滩工程混凝土骨料采用长胶带机运输，输送线长约4.0km，带宽1200mm，带速4.0m/s，设计运输能力3000t/h；向家坝工程混凝土半成品骨料采用长胶带机运输，输送线长约31.1km，由5条前后衔接的皮带机组成，带宽1200m，带速4.0m/s，设计运输能力 3000t/h；龙开口工程混凝土骨料采用长胶带机运输，输送线长约 6.0km，带宽 1200mm，带速 4.0m/s，设计运输能力 2500t/h。表 10.5 为带式输送机用于运输混凝土骨料的工程实例。

表 10.5　　　　　　带式输送机用于运输混凝土骨料的工程实例

工程名称	长度/km	带宽/mm	带速/(m/s)	设计运输能力/(t/h)	备　　　注
龙滩	4.0	1200	4.0	3000	
向家坝	31.1	1200	4.0	3000	由 5 条前后衔接的胶带机组成
龙开口	6.0	1200	4.0	2500	
苗尾	3.05	1200	2.0	1200	由 15 条前后衔接的胶带机组成

根据国内外已有的工程统计资料，从基建费、经营费及能耗指标等方面可说明带式输送机运输物料的优越性。各类运输方式的经济性比较见表 10.6 和表 10.7。

表 10.6　　　　中国铁路、公路运输和带式输送机运输的经济性比较表

项　　目	平均坡度/(°)	基 建 费		经 营 费		能 耗 指 标	
		万元/m	倍数	元/(t·m)	倍数	(kW·h)/(t·m)	倍数
铁路运输	2	4～5	9	0.00526	6	0.0130	7
公路运输	4.6	0.6～1.4	3	0.01145	12	0.0054	3
带式输送机运输	15	0.4～0.75	1	0.00093	1	0.0019	1

表 10.7　　　　法国卡车运输同带式输送机运输的经济性比较表

项目	带宽/mm	带长/km	高差/m	功率/kW	运量/(t/h)	带式输送机运输比卡车运输节省/%		
						投资	功率	电能
1	800	13.12	−27	1900	800	72	42	71
2	800	5.8	−72	250	1000	79	94	93
3	800	11.20	−557	50（下运）	516	40	94	98

向家坝水电站砂石加工系统采用洞内长距离胶带机输送骨料，输送线由 5 条带式输送机组成，总长 31.1km，是国内最长的带式输送机输送线。采用带式输送机输送方式与自卸汽车输送方式相比，具有输送距离短、综合成本低、环境污染小等优势。由于平均坡度为 −1.44%，充分利用了自然地形形成的物料重力势能，满载运行工况下，输送线实际高峰负荷仅为 3910kW，按输送量 3000t/h，单位能耗仅约 0.1 (kW·h)/(t·km)。

长胶带机作为隧洞出渣运输方式，国外运用较多，特别是用于采用 TBM 施工的后配套系统，国内起步较晚。辽宁大伙房输水隧洞开挖出渣（TBM 施工段）采用长胶带机，输送线最大长度约 10km，带宽 900mm，带速 3.0m/s，设计运输能力 800t/h；西班牙马拉加 Abdullahs 隧洞开挖出渣（TBM 施工段）采用长胶带机，输送线最大长度约 7.0km，带宽 1000mm，设计运输能力 3000t/h；冰岛卡拉龙卡水电站引水隧洞长约 40km，也采用长胶带机与 TBM 配套施工。

胶带机的宽度与物料粒径关系可参考表 10.8 确定。

带宽/mm	500	650	800	1000	1200	1400	1600	1800
最大粒径/mm	100	150	200	300	350	350	350	350

表 10.8　　　　　　　　　　　　胶带机的宽度与物料粒径关系

注　最大粒径组含量应不超过 15%。

从国内外采用带式输送机运输物料的实例看，粒径在 350mm 以下的物料均可采用带式输送机运输方式，当粒径超过 350mm 时，应进行专门论证。

长距离、大运量、高速度带式输送机在国内外大型工程中的应用是目前和未来的主流。

10.6.2　长距离胶带机技术输送混凝土骨料技术

1. 工程实例 1：向家坝工程长胶带机

（1）主要技术指标。向家坝工程太平料场及马延坡砂石加工系统，主要承担向家坝水电站主体工程约 1220 万 m³ 混凝土所需骨料的供应任务，共需生产混凝土骨料约 2680 万 t。砂石系统由太平料场及大湾口半成品加工区、马延坡成品加工区、长距离带式输送机输送线和废水处理尾渣坝工程四部分组成。其中，长距离骨料输送线是向家坝水电站的重点工程，其作用是主要承担主体工程混凝土半成品骨料运输任务，将太平料场附近大湾口加工的半成品输送到马延坡成品加工系统，由大湾口半成品区至马延坡成品加工区，总运量 2680 万 t，运行时间 7 年，被称为向家坝水电站建设的生命线。输送线设计输送能力为 3000t/h，带宽 1200mm，带速 4.0m/s，总落差为 -458m，总装机功率为 10350kW。输送线控制系统由 5 套 AB-PLC 组成，分别负责 5 条带式输送机的保护信号、供配电数据采集、启动和停止，每条带式输送机的现场信息由分别处于带式输送机沿线的子站收集，在控制层通过 Control Net 冗余光纤以 5MBPS 速度快速与其主站交换数据。

向家坝工程骨料输送线由 5 条连续长距离带式输送机组成，总长约 31.1km，跨越云南省水富、绥江两县，是目前国内投入运行最长的胶带机输送线，输送线主要布置在隧洞内（洞线穿越高山、溪沟），隧洞共分为 9 段，总长约 29.3km，主洞断面净空尺寸为 5.0m×4.0m（宽×高）。向家坝工程长胶带机平面布置如图 10.7 所示。向家坝工程长胶带输送线如图 10.8 所示。

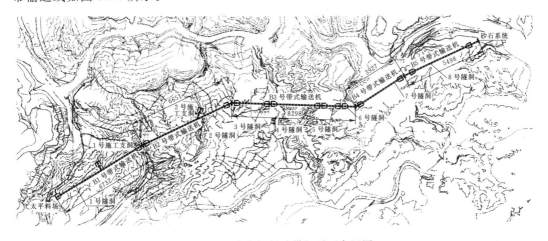

图 10.7　向家坝长胶带机平面布置图

(a)向家坝工程长胶带机洞内输送线　　　　(b)向家坝工程长胶带机洞外输送线

图 10.8　向家坝工程长胶带机输送线

　　向家坝工程长胶带机主要技术参数见表 10.9，由 5 条长胶带机组成，B1 水平长 6732.03m，提升高差－211m，驱动功率 900kW；B2 水平长 6651.47m，提升高差－24m，驱动功率 2700kW；B3 水平长 8298.31m，提升高差－103.5m，驱动功率 3600kW；B4 水平长 3926.82m，驱动功率 1260kW，提升高差－44.5m；B5 水平长 5498.57m，提升高差－63m，驱动功率 1260kW。

表 10.9　　　　　　　　　　　　带式输送机主要技术参数表

机号	带宽/mm	带速/(m/s)	输送能力/(t/h)	水平长度/m	提升高差/m	驱动功率/kW	备注
B1	1200	4.0	3000	6721	－211	900	尾部驱动
B2	1200	4.0	3000	6651	－24	3×900	头、尾驱动
B3	1200	4.0	3000	8298	－104	4×900	头、中、尾驱动
B4	1200	4.0	3000	3927	－45	2×630	头部驱动
B5	1200	4.0	3000	5499	－63	3×630	头部驱动

　　(2) 输送线运行情况。输送线于 2006 年 10 月开始安装，2007 年 5 月 30 日空载联动调试完毕，6 月 18 日重载调试完毕，2007 年 6 月 28 日正式投产，输送线安装与调试总工期 9 个月。自 2007 年 6 月 28 日正式投产以来，至 2010 年 2 月 5 日，累计有效运行时间 3619h，输送半成品骨料 878 万 t，累计用电 2567 万 kW·h，单位耗电 0.094 (kW·h)/(t·km)，总体运行状况良好。

　　长距离胶带输送机系统设计的总输送量 3199 万 t，每输送 1t 物料节约用电大约 1kW·h，按照施工用电 0.45 元/(kW·h) 的电费计算，每输送 1t 物料节约 0.45 元费用。

　　采用带式输送机运输同公路汽车运输相比较，带式输送机的运行成本较低，且避免 CO_2 的排放，带式输送机运输方案的经济效益和环境效益更明显。通过对输送线的运行管理研究，建立了输送线的经济运行模式，完成本工程节约用电约 1656 万 kW·h。

　　带式输送机基本布置在隧洞内，减小对地表植被的破坏，保护了生态环境，合理利用自然落差，减小了带式输送机的装机功率，节省了能耗。

（3）主要技术特点及创新点。针对狭窄复杂地形条件下的洞内长距离带式输送机输送线距离长、变倾角、高带速、大运量、运行可靠性要求高的特点，结合工程实际，开发了针对狭窄复杂地形条件下的洞内长距离带式输送机输送线施工及运行管理成套技术，保证了长距离带式输送机输送线长期安全、稳定、可靠运行。

1）该系统施工涉及土建、金属结构、机械、电气等多项专业，安装空间狭窄，工期紧，通过统筹安排、精心组织、科学管理，制定了先进的施工方案和工艺标准，缩短了工期，确保了工程质量和安全。

2）研制了导向滚筒车式开卷装置、滑动轴承旋转放带装置，解决了"眼睛卷"输送带开卷和长距离拖放敷设难题；研制了专用输送带清扫器，减少了粉尘污染、降低了磨损；研制了带式输送机托辊更换器，提高了效率。

3）采用了先进的洞内自动延时通风控制技术、自动照明控制技术、消防预警自动控制技术，保证了系统的安全稳定运行，达到了节能降耗的效果。

4）将拉绳、跑偏开关等保护信号的采集方式由串行采集改进为串、并联方式，将Control NET 的网络结构由单网改进为冗余双网，提高了系统的运行可靠性。

5）改造了带式输送机挡料板装置和拉紧装置的行走系统等，保证了输送线安全运行。

2. 工程实例2：龙开口工程长胶带机

（1）方案选择。龙开口水电站燕子崖砂石加工系统成品料堆与布置在坝区的混凝土生产系统，高差约为187m，原有的公路运输里程约10km，其中磨河沟口至中江河和金沙江的交叉口为约6km的简易公路，泥结石路面，宽3m左右，路面质量差，转弯半径小，坡度大，只适合拖拉机等小型车辆通行，无法满足2000t/h以上的大流量运输强度。为了成品骨料运输方案能符合环保、低能、经济、安全等要求，在可行性研究和招标阶段分别对胶带机运输、汽车运输、汽车与胶带机结合运输等多种方案进行了详细的技术和经济研究比较。

胶带机运输方案：胶带机运输距离约6km，胶带机总体走向由高到低，平均坡降适宜，可以充分利用砂石系统和混凝土系统间的187m高差，有效降低骨料运输的能耗，有利于节能减排。特别是选用洞线布置胶带机，不仅可以节省大量的土地征用，对运输线沿线的环境影响小，便于封闭管理，运输安全也可以得到有效保证。若采用单条曲线胶带机还可以最大限度地减少成品骨料的逊径率。

公路运输方案：须对原简易公路进行部分改造，并新建部分路段。新建和改造后的公路运输里程将达到18km，除了骨料运输费用高，并因公路的新建、改建产生大量的征地外，还造成对沿途居民的生活、生产及安全的干扰、环境的干扰、施工运输安全管理难度增加等诸多问题。

胶带机和汽车联合运输方案：需要在转运点设置一个转存料堆和装车仓，增加了转运环节，费用增加的同时也对骨料质量的控制产生不利影响。

经对上述3个方案的全面研究和比较后，选择了空间转弯长距离曲线胶带机作为成品骨料的运输方案。胶带机全长6.06km，带宽1200mm，起点高程为1463.00m，终点高程为1333.00m，共由5个直线段和4个曲线段组成，转弯半径均为1000m，设计带速4m/s，运输能力2500t/h。全线由3条隧洞和3段明线段组成，其中1号隧洞全长约

484.00m，2 号隧洞全长约 2741.00m，3 号隧洞全长约 1893.00，隧洞断面均为城门洞形，净尺寸 4m×4.5m（高×宽）。龙开口水电站空间转弯长距离曲线胶带输送机平面布置示意如图 10.9 所示。

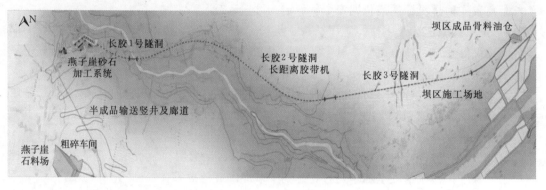

图 10.9　龙开口水电站空间转弯长距离曲线胶带输送机平面布置示意图

胶带机布置方案研究结果认为，除少量驱动及控制元件外，输送线以采用国产设备为主。工程实施时空间转弯长距离曲线胶带输送机全部采用国产设备。

（2）运行效果。空间转弯长距离曲线胶带输送机自 2009 年 8 月投入运行至 2012 年年底，已运输骨料近 700 万 t，实际运行的成果完全实现了设计目标，其主要有以下优点。

1）胶带机布置充分利用了输送线首尾高差产生的重力势能，输送线的驱动总功率相对较小，在保证胶带机可靠运行的前提下，有效地降低了设备能耗，节能降耗效益显著。按 2011 年 8 月统计，单位耗电为 0.1875（kW·h）/(t·km)，综合运输单价为 0.468 元/(t·km)，在国内水电工程中处于较低水平。

2）采用单条长距离胶带机，骨料运输过程中产生的逊径量低于多条直线胶带机组成的长胶带，骨料质量提高。

3）设备维护工作量和同等规模的胶带机相比大为减少，运行近 3 年，托辊更换率不到 1%，远优于国家标准规定。

4）长距离空间转弯曲线胶带机选用洞线布置，有效地减少因胶带机输送线施工而造成的对周边环境、水土保持等影响，以更有效地避开工程区域附近的民居村落，减少土地征用及因其而产生的相关政策处理问题，社会效益明显，利于运行期的封闭管理。

5）和传统汽车运输相比，预期至工程完成，可节约费用约 13400 万元，经济效益显著；且减少了大量 CO_2 等有害气体的排放，对环境保护极为有利。

10.6.3　长距离胶带机技术输送土石料技术

我国西南地区山高谷深，黏土分布较少，而砾石土料分布广泛、储量较大、质量较好、价格低廉，砾石土心墙堆石坝坝型在综合经济指标上体现出很好的优势。坝体填筑土料的高效、安全运输是保证大坝施工进度的关键因素。与汽车运输方案比较，带式输送机运输具有输送量大、运行平稳、工作可靠、能耗低、噪音小等优点，可满足不同输送工艺、不同布置型式作业线的要求，特别适用于长距离、大运输量的大型工程。当选定采用带式输送机运输料物上坝时，对带式输送机的布置、输送能力以及带式输送机的相关机械选择应进行比较分析，提出经济、合理的带式输送机运输系统。表 10.10 为国内外部分工程采用带式输送机运送土料施工实例。

表 10.10 　　　　　　国内外部分工程采用带式输送机运送土料施工实例

坝名	波太基山 （加拿大）	渥洛维尔 （美国）	大屋（法国）	奇柯森 （墨西哥）	塔贝拉 （巴基斯坦）	瀑布沟 （中国）
坝型	斜心墙堆石坝	斜心墙堆石坝	心墙堆石坝	心墙堆石坝	斜心墙堆石坝	心墙堆石坝
坝高/m	183	230	160	261	147	186
填筑量 /万 m³	4370	5964	1250	1537	13700	2372.5
填筑工期 /月	54	48	36	42	60	40
填筑强度 /万 m³	月最大 290	日最大 9.4	月平均 50	日平均 5	月平均 207	月平均 59.3， 月最高 83.7
施工机械配套使用情况	385 马力推土机 20 台喂料，宽 1.86m、长 6.4km 皮带机送料至坝区，100t 底卸车转运上坝	斗轮挖掘机一台挖装，宽 1.37m、长 19.7km 皮带机和铁路矿车运料，100t 底卸车转运上坝	土料用皮带机运料，坝壳料用 50t 自卸汽车 40 辆直接上坝，10m³ 挖掘机和装载机各 3 台挖装坝料，自行式振动碾 6 台压实	两条宽度分别为 1.4m 和 1m 的皮带机运输石料和过渡反滤料，在坝面设置移动式转料斗，自卸汽车运至填筑区，13t 振动碾压实	两条宽度分别为 1.6m 和 1m 的皮带机运输石料和心墙料，在坝址设置移动式转料斗，110t 底卸车运至填筑区，10t 振动碾压实	土料主要由 4km 黑马皮带机运输，其他料由 20t、32t 自卸汽车运输，180 马力推土机铺料，心墙料层厚 35cm 时采用 18t 凸块碾压，45cm 时堆石料采用 25t 凸块碾压，其他料采用 25t 振动平碾

瀑布沟水电站为国内首次将带式输送机用于大坝土料运输的先例，其采用的带式输送机长达 3995.207m（超过了国内水电工程领域首次用于运输混凝土成品骨料的龙滩带式输送机），且连续下运高差达 460m，解决了长距离大落差连续下运带式输送机的经济运行、安全控制等关键技术问题。

1. 主要技术指标

瀑布沟水电站位于大渡河中游四川省汉源县和甘洛县境内，是一座以发电为主，兼有防洪、拦沙等综合效益的水电工程。大坝高 186m，总填筑量 2011.38 万 m³，心墙砾石土料 267.84 万 m³。料场位于坝址上游右岸黑马乡附近，距坝址公路里程约 17～20km，选用单台带式输送机输送砾石土料至大坝上游距坝址约 3km 的中转站。带式输送机连续下运运料，机长 3995.207m，下运倾角 6.6°，带宽 1m，带速 4m/s，下运高差 460m。

2. 技术特点及创新点

（1）国内首次将带式输送机用于运送大坝心墙砾石土料。依托工程在国内首次采用带式输送机运送大坝心墙土料，研制应用的带式输送机机长 3995.207m，下运倾角 6.6°，运料落差 460m。其机长、下运倾角、运料落差名列国内第一，并在国内首次采用连续下运方式。

（2）带式输送机经济运行控制技术。研究设置的高分子刮刀清扫器、V 形刮板清扫器以及机洞进出口安装防护设施，可减小环境污染，减小对托辊、输送带和滚筒胶面的磨损，延长设备使用寿命，降低运行费。

（3）带式输送机安全运行控制技术。依托工程所采用的长距离、大功率下运带式输送机，研制并成功地应用了软制动盘式制动器，保证了大坝心墙砾石土料运输的安全可靠。

（4）变频启制动技术。采用了变频启制动技术，保证了下运带式输送机的平稳启动和平稳停车，减小了启停过程中对输送带的冲击，提高了输送带的安全性。

（5）故障保护确认电气控制技术。电气控制系统实现了拉线、跑偏、打滑、纵撕、堵塞等多项故障保护确认延时功能，避免误操作，保证安全运行。

3. 与当前国内外同类研究、同类技术的综合比较

（1）创造国内水电站施工同类带式输送机洞长新纪录。瀑布沟水电站工程带式输送机洞长 3985.84m，断面尺寸为 2.8m×3.4m，纵坡为 11.54%，全线下运，创造了国内水电站施工同类带式输送机洞长新纪录，已被列为 2007 年中国企业新纪录。

（2）国内首次将带式输送机用于运输大坝心墙砾石土料。美国渥洛维尔坝使用了 19.7km 长的带式输送机运送黏土与砂卵石混合的防渗料 3900 万 m^3。加拿大波太基山坝使用长 6.4km 带式输送机运送心墙冰渍土料 1500 万 m^3。瀑布沟水电站大坝工程在国内首次采用带式输送机输送大坝心墙砾石土料。

（3）带式输送机机长、下运倾角和运料落差名列国内第一，并在国内首次采用连续下运方式。国内龙滩水电站首次将长距离带式输送机引入水电工程，用于运送混凝土成品骨料，其机长 3945.419m、下运长度 1743m、下运高差 50m。依托工程研制应用的带式输送机机长 3995.207m、下运倾角 6.6°、连续下运落差 460m，其机长、下运倾角、运料落差名列国内第一，并在国内首次采用连续下运方式。

（4）国内外首次在带式输送机系统中运用经济、安全运行控制技术以及启制动控制技术。

4. 推广应用情况

（1）大坝心墙砾石土料采用带式输送机运输比公路汽车运输节约 17 元/m^3，运输 267.84 万 m^3，可节约 4553.28 万元，应用软启制动等技术，可节约运行成本近 300 万元，扣除系统建设初期投入 1000 万元，直接经济效益可达 3800 余万元。若采用传统的公路汽车运输，则还需要增加 7000 余万元的公路改建费用。本书研究成果的综合经济效益上亿元。

（2）依托工程 2007 年 12 月 19 日共填筑 10.45 万 m^3，打破了黄河小浪底工程创造的大坝日填筑 6.7 万 m^3 的全国纪录。

（3）大坝工程是瀑布沟水电站建设的关键线路之一，而心墙砾石土料的运输则是坝体填筑的关键工序。带式输送机连续高强度满足了大坝填筑需要，加快了关键线路施工进度，为电站提前投产提供了重要的技术支持，也克服了公路汽车运输产生大量的动力消耗费，同时减少了道路、车辆维护保养费以及环境与水土保持方面产生的负效应。

（4）长距离、大落差、连续下运带式输送机在瀑布沟水电站安全、高效、经济地成功应用，总结形成的成套技术与经验，可为类似大坝心墙料运输方案选择、施工组织管理和 200m 级甚至 300m 级大坝科技攻关提供借鉴和参考。

10.7　砂石加工系统节能技术

10.7.1　立轴冲击式破碎机与棒磨机联合制砂技术

国内已建、在建水电工程的砂石原料岩性主要有灰岩、砂岩、花岗岩、玄武岩、流纹岩、片麻岩、正长岩、辉绿岩、大理岩、凝灰岩等。不同岩性的砂石原料加工人工砂石的粒度组成差异较大，玄武岩、凝灰岩等岩石加工的人工砂石粉含量往往偏低，片麻岩、大理岩等岩石加工的人工砂石粉含量往往偏高。

立轴冲击式破碎机制砂，成品砂粒形较好，但细度模数往往偏大、粒度组成不够理想，需与筛分设备构成闭路循环，才能生产出基本符合规范要求的成品砂石。立轴冲击式破碎机制砂具有单位能耗低、制砂成本低的优点，破碎、筛分后的成品砂石一般占破碎机处理量的20%～40%，另外60%～80%超径物料需返回破碎机重新破碎。

棒磨机制砂，成品砂具有较好的粒形和粒度组成，质量稳定，且细度模数可调整。棒磨机是国内外广泛采用的制砂设备，其制砂的单位能耗高、钢棒耗量大、需配套螺旋分级机、制砂成本相对较高。调配棒磨机的进料量、给水量、装棒量及装棒级配，是为了有效控制成品砂的细度模数和石粉含量。

采用立轴冲击式破碎机与棒磨机联合，并辅以石粉回收或脱除设备生产人工砂石，既能保证成品砂石质量，又能适当控制制砂成本，是目前大部分大型、特大型砂石加工系统的主要制砂工艺。

据不完全统计，自20世纪70年代乌江渡水电工程首次在大型人工砂石加工系统采用棒磨机制砂工艺，90年代二滩水电工程采用破碎机与棒磨机联合制砂工艺以来，国内已建大型、特大型人工砂石加工系统共45个。采用立轴破碎机与棒磨机联合制砂工艺的水电工程达22个，其中特大型砂石加工系统9个；采用立轴破碎机制砂工艺的水电工程13个，其中特大型砂石加工系统4个。统计结果见表10.11。

表10.11　　　　　　　　水电工程已建砂石加工系统统计

序　号	工　程　名　称	岩　性	生产规模/(t/h)	制　砂　方　式
1	乌江渡	灰岩	500	棒磨机制砂
2	漫湾	流纹岩	500	棒磨机制砂
3	东风	灰岩	500	棒磨机制砂
4	三板溪	砂岩	500	立轴＋棒磨机制砂
5	乐滩	灰岩	500	立轴＋棒磨机制砂
6	棉花滩	花岗岩	500	立轴制砂
7	溪洛渡大戏厂	灰岩	520	立轴＋棒磨机制砂
8	江口	灰岩	580	立轴制砂（湿法）
9	藤子沟	砂岩	585	立轴制砂（湿法）
10	大花水	灰岩	650	立轴制砂

序　号	工 程 名 称	岩　性	生产规模/（t/h）	制 砂 方 式
11	皂市	灰岩	660	立轴制砂
12	苏家河	花岗岩	660	立轴制砂
13	岩滩	灰岩	800	棒磨机制砂
14	方家寨	灰岩	800	棒磨机制砂
15	大朝山	玄武岩	800	旋盘＋棒磨机制砂
16	糯扎渡	花岗岩	800	立轴＋棒磨机制砂
17	深溪沟	灰岩	800	立轴＋棒磨机制砂
18	猴子岩	灰岩	800	立轴＋棒磨机制砂
19	溪洛渡中心厂	玄武岩	850	立轴＋棒磨机制砂
20	索风营	灰岩	850	立轴制砂
21	梨园	凝灰岩、玄武岩	960	立轴＋棒磨机制砂
22	五强溪	石英岩	1000	棒磨机制砂
23	二滩	正长岩	1000	旋盘＋棒磨机制砂
24	功果桥	砂岩	1000	立轴＋棒磨机制砂
25	喀腊塑克	花岗岩	1000	粗骨料、天然砂
26	麦洛维	花岗岩	1000	粗骨料、天然砂
27	沙湾	片麻岩	1150	立轴制砂
28	光照	灰岩	1200	立轴制砂
29	大岗山	花岗岩	1400	立轴＋棒磨机制砂
30	构皮滩	灰岩	1450	立轴＋棒磨机制砂
31	百色	辉绿岩	1500	立轴制砂
32	沙沱	灰岩	1500	立轴制砂
33	溪洛渡塘房坪	玄武岩	1600	生产粗骨料
34	彭水	灰岩	1650	立轴＋棒磨机制砂
35	阿海	灰岩	1800	立轴制砂
36	金安桥	玄武岩	2000	立轴＋棒磨机制砂
37	龙开口	白云岩	2000	立轴＋棒磨机制砂

10.7.2　人工砂石系统半干式制砂技术

根据《水工碾压混凝土施工规范》（DL/T 5112—2000）的质量标准，人工砂的细度模数在 2.2～2.9 之间，石粉含量在 10％～22％ 之间，含水率小于 6％，给砂石系统的生产带来一个很大技术难题。现有技术中的制砂工艺为干法、湿法制砂两种：采用干法制砂工艺，粉尘大，扬尘严重，只有实行封闭式生产才能避免粉尘污染，而且石粉含量超标，成品砂中小于 0.08mm 泥粉无法分离，影响混凝土的质量，且环境污染严重；采用湿法制砂工艺，一次性投资大，运行成本高（高电耗、高水量、钢棒耗损大），砂的脱水周期长，需要储料仓容大，且砂的石粉流失严重，成品砂的石粉含量低，污水对环境造成的污染大，含水率不易控制在 6% 以下，为解决砂中石粉含量不足问题，需增加粉煤灰的用量，成本高，很不经济。

已建 100m 以上的碾压混凝土坝，如大朝山、沙牌等工程的砂石加工系统均采用湿法制砂工艺，为控制砂的细度模数、石粉含量、含水率等指标，均在砂石系统投产后增加了棒磨机和砂水回收设备。砂石料加工的单位耗水量为 $2.5\sim3.5m^3$，废水处理付出了很大的代价才得到基本解决，但废水对环境的污染问题未得到根治。为了解决石粉含量问题，棉花滩、江垭、百色水电站砂石系统采用了干法制砂工艺，虽然石粉含量有所提高，但相关指标极不稳定，石粉含量有超出规范标准的现象，并且粉尘污染较为严重，要解决干法制砂和湿法制砂石粉含量及环保问题，必须寻求一种行之有效的解决途径。

近年来，我国加大了水土保持治理力度，水电站业主均在建设绿色水电公园，开发清洁能源，杜绝施工用水污染原河流。沿用棒磨机所排放的粉泥会造成严重的环境污染，要解决粉泥污染投入的费用很大，故砂石系统需要对制砂工艺进行研究，采用先进的制砂工艺解决砂石加工中的重大问题，如人工砂分级、细度模数及石粉含量问题，粉砂、废水的回收利用及粉砂的脱水问题，砂石生产的粉尘控制问题，必须进行更深入的研究。同时，需进一步研究新的石粉回收工艺，提高石粉的回收利用率，改善混凝土的性能，更重要的是解决环保问题。

该技术研究的主要内容如下。

（1）大型人工砂石料加工系统的半干式制砂工艺研究。主要包括毛料含泥的控制；半成品加工中的脱泥分级工艺技术；制砂料源的含水率控制；立轴式制砂机技术参数控制；筛分砂的细度模数调节技术；成品砂的质量控制。

（2）环保型人工砂石系统研究。主要包括噪音、粉尘的控制；砂水回收的工艺技术；废水排放的控制；系统周边生态环境控制。

该技术成果的特点：该工艺的特点为"先湿后半干"，改变了传统的棒磨机制砂工艺，"以破代磨"，即在对半成品分级的同时用高压水冲洗各种级配的骨料，除去表面所裹的泥粉，骨料分级、脱水后，选择适当粒径的骨料作为制砂料源，采用立轴式制砂机制砂，砂水、粉砂回收利用，严格控制制砂工艺各个环节的含水率，从而达到半干式制砂。采用半干式制砂工艺可以同时避免干法、湿法制砂工艺中存在的缺陷，一次性投资少，运行成本低，能够实现低投入、高产出，是高效节能型工艺。砂的石粉含量、细度模数、含水率均能得到较好控制，同时可以消除粉尘污染大气，辅以粉砂、废水回收利用，提高成品砂的产量和减少用水量。

该技术成果的推广应用情况："半干式制砂工艺"的施工技术已推广应用到云南云鹏水电站、湖南皂市水利枢纽工程、贵州光照水电站、贵州大花水水电站、龙洞堡飞行区扩建工程、贵州乌江思林水电站、云南德宏洲弄另水电站、云南腾冲猴桥水电站等的建设中。

云南云鹏水电站砂石料加工系统如图 10.10 所示。

图 10.10　云南云鹏水电站砂石料加工系统

10.7.3　马延坡砂石骨料加工系统的节能减排

1. 工程概况

向家坝水电站是金沙江下游河段规划的最末一个梯级电站，坝址位于四川省和云南省交界处，是我国"西电东送"工程的骨干电站。向家坝水电站于 2004 年 4 月开始筹建，2006 年 10 月主体工程正式开工，计划于 2012 年首批机组发电，2015 年全部竣工。向家坝水电站最大坝高 162.00m，坝顶长度 896.26m，正常蓄水位 380.00m，电站装机 8 台，单机容量均为 800MW，电站总装机容量 6400MW，多年平均年发电量 307.47 亿 kW·h。

马延坡砂石骨料加工系统是向家坝水电站工程所需人工砂石骨料的供应基地，被称之为"大坝粮仓"，布置在右坝头附近的马延坡冲沟左侧缓坡山地上，距右坝头约 450m 处，布置高程 475.00～600.00m，主要由半成品料仓、第二筛分车间、第三筛分车间、细碎车间及料仓、第四筛分车间及料仓、超细碎车间及料仓、第五筛分车间、制砂车间、成品料仓、细砂回收车间、供水系统及相应的辅助设施组成。马延坡砂石骨料加工系统主要承担向家坝水电站一期主体工程、二期导流基坑开挖及非溢流坝与泄水坝工程、二期厂坝及升船机工程、右岸地下厂房等主体工程约 1220 万 m³ 混凝土所需骨料的供应任务。向家坝水电站马延坡砂石料加工系统如图 10.11 所示。

图 10.11　向家坝水电站马延坡砂石料加工系统

2. 节能减排规划设计

加工砂石骨料的能源消耗较大，主要会消耗大量的电能和水资源，以及运输砂石骨料所带来的间接能源消耗。同时，加工砂石骨料还会带来较大的环境污染。据统计我国目前年需砂石料 15 亿 t，按每生产 1t 成品骨料耗水 $2m^3$ 计，每年会产生 18 亿～36 亿 m^3 的泥沙水，如不加处理直接排入水体，势必造成环境污染，破坏鱼类等水生生物的生活环境，影响下游水质，同时还会造成河道淤塞、河床抬高、降低防洪标准等。

马延坡砂石骨料加工系统自设计之初，就从降低能耗、减少污染两个方面综合考虑，优化马延坡砂石骨料加工系统的总体布置，主要体现在骨料运输方案和废水处理方案的优化。

（1）骨料运输方案。由于提供骨料料源的太平料场距离马延坡砂石骨料加工系统距离较远，直线距离约 30km，公路距离 59km，因此就骨料的运输方案进行了认真比较。在设计初期，对 3 个方案进行了对比，见表 10.12。

表 10.12　　　　　　　　　　　　骨料运输方案对比表

序号	建设方案	骨料运输费/亿元	运输线路建设费/亿元	投资总计/亿元
方案一	修建 59km 的高线二级公路	12.12	4.72	16.84
方案二	扩建 15km 的简易公路，将 44km 的Ⅴ级航道改建为Ⅲ级航道	9.47	1.96	11.43
方案三	修建 31.3km 的带式输送机输送线	5.55	2.90	8.45

从建设及投资角度考虑，方案一要重新修建 59km 的公路，投资较高，骨料运输费用最高，且需要占用大量耕地；方案二需要扩建 15km 公路，同时还需要改建 44km 航道，虽然公路及航道改建投资相对较低，但水下施工作业将不可避免地对水体造成污染，而且水路运输可靠性相对较低（枯水期不同程度碍航），骨料运输费用较高；而方案三需要修建 31km 的长距离带式输送机输送线，虽然建设投资较高，但骨料运输费用相对最低，对比于其他两个方案，方案三的总投资最低。按照规划，31km 长的带式输送机输送线有 29.3km 都是隧洞，这就减少了耕地占用。经估算，方案三对比于方案一可减少占用耕地 $73hm^2$。

从节能减排的角度考虑，方案一主要依靠汽车运输，方案二主要依靠汽车和轮船运输。两种方案都会消耗大量的汽油、柴油，还会向大气中排放大量废气，运输过程中产生的大量扬尘和噪声，也会对沿途居民造成影响。除此之外，方案二依靠的水上运输排放的一些污染物还可能对水体造成污染。而方案三依靠长距离带式输送机运输，主要的能耗是电能，约为 4（kW·h）/t。

综合对比 3 个方案，方案三优势明显，因此马延坡砂石骨料加工系统的骨料料源运输采用了方案三。目前，长距离带式输送机输送线已于 2007 年 6 月建成，并投入使用，运行情况良好。

（2）砂石骨料冲洗废水处理方案。马延坡砂石骨料加工系统的生产废水主要来源于砂石骨料筛分的冲洗废水，主要污染物质是悬浮物，浓度高时可达 30000mg/L。由于马延坡砂石骨料加工系统的骨料生产量大，相应产生的废水量也大，高峰时达到 $3775m^3/h$，如何有效、稳定地处理马延坡砂石骨料加工系统的生产废水显得尤为重要。因此，在设计初期也进行了多方案的对比，见表 10.13。

表 10.13　　　　　　　　　马延坡砂石骨料冲洗废水处理方案对比表

序号	处理方案	建设费/万元	运行费/万元	投资总计/万元
方案一	自然沉淀法	1980	3950	5930
方案二	混凝沉淀法	3620	6240	9860
方案三	机械加速澄清法	3780	7080	10860
方案四	DH 高效污水净化法	4050	4580	8630

　　从建设及投资角度考虑，方案一需要修建一个废水收集池，然后可以利用马延坡冲沟上游已有的黄沙水库，将其扩建成容积 200 万 m³ 的沉淀池——尾渣坝，因此基建费用不高，且运行操作简单，运行费用少。而方案三最大的优点是占地少，但投资和运行费很高，且设计难度和基建技术要求比较高。方案二介于方案一和方案三之间。方案四占地少，运行简单，处理效果好，但投资较大，比较适合于用地紧张的情况。根据马延坡的地形条件，地形不是限制条件，还可以利用地形上的一些优势，而且方案一在 4 个方案中投资最少，因此方案一明显优于其他 3 个方案。

　　从节能减排的角度考虑，方案一由于依靠自然沉淀，因此不需要投加任何药剂，而且其沉淀池库容大，不需要清渣，避免了其他 3 个方案需要对泥渣进行干化处理和清运所带来的设备投入和能耗，同时也减少了固体废渣的排放量。此外，经方案一处理的废水可完全回用，一方面避免了废水的外排，并节约了水资源的消耗；另一方面也节省了马延坡砂石骨料加工系统从金沙江抽水（高差约 260m）所消耗的能源。

　　综合对比 4 个方案，选择了方案一，废水处理流程如图 10.12 所示。运行中，将洗泥废水和筛选废水汇至废水收集池，经水泵抽入尾渣库库尾，废水在水库中自然沉淀，泥沙沉至库底堆存，水库澄清液经水泵打入高位调节水池回收利用。马延坡砂石骨料加工系统的废水沉砂池——尾渣坝已于 2007 年 11 月建成并投入使用，运行效果良好。

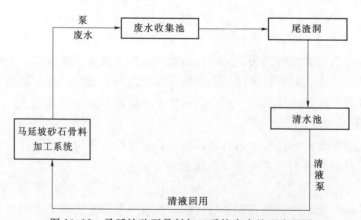

图 10.12　马延坡砂石骨料加工系统废水处理流程图

3. 运行效益初步分析

　　马延坡砂石骨料加工系统于 2006 年 4 月正式开工建设，已于 2007 年 11 月建成并正式投入运行。经过设计初期的优化布置，骨料的运输方案和废水处理方案都得到了很好的实施和运行，发挥着优质的节能减排效益。

（1）骨料运输方案。骨料运输方案采取的长距离带式输送机输送线方案较之公路运输方案，其节能减排效益尤为突出：根据估算，长距离带式输送机输送线运输方案的总电耗为 1.072 亿 kW·h，按每千瓦时耗标准煤 376g 计算（《中国应对气候变化国家方案》，2007），相当于消耗 4.0 万 tce。根据估算，公路运输方案需要消耗汽油约 12.6 亿 L，按每升汽油相当于 1kgce 计算，共计相当于消耗标准煤 126 万 t。由此，计算的长距离带式输送机输送线方案比公路运输方案节能减排效益见表 10.14。

表 10.14　　　　　　　　　　骨料运输方案节能减排效益对照表

项目	长距离带式输送机输送线运输	公路运输	两者之间的差值
能耗	电能 1.072 亿 kW·h	汽油 12.6 亿 L	
折算成标准煤/万 tce	4.0	126	−122.0
二氧化硫/万 t	0.06	1.89	−1.83
二氧化碳/万 t	10.24	322.56	−312.32
废气总排放量/万 t	10.30	324.45	−313.15

1）马延坡砂石骨料加工系统生产废水基本做到了零排放，使向家坝工程施工区 70% 的生产废水得到了有效处理。

2）废水基本可以回收利用，因此可节省从金沙江抽取的水资源约 4000 多万 m^3，相应地可节省抽水电耗约 4000 多万 kW·h，折算标准煤 1.5 万 tce。

3）由于该方案不需要清渣，因此可减少固体废渣的排放约 180 万 m^3。

（2）其他。除了设计的优化布置以外，马延坡砂石骨料加工系统在运行过程中采取的一系列措施也取得了良好的节能减排功效。

在筛分机内使用聚氨酯筛网，在胶带机溜槽内设置耐磨橡胶网或用废皮带垫衬，对破碎机出料口、进料口进行遮挡，有效减少噪音外传。通过一系列降噪措施的实施，马延坡砂石骨料加工系统的噪声得到了很好的控制。经监测，马延坡砂石骨料加工系统场界处的噪声平均约为 53 分贝，满足《建筑施工场界噪声标准》。

将主要产生粉尘的第五筛分车间进行封闭，安装反吹风袋式除尘器来收集粉尘，有效地减少了砂石骨料加工过程中产生的粉尘对大气造成的污染。截至 2007 年年底，共收集粉尘 310m^3。

在废水集水池内安装回收装置旋流器，棒磨车间和第四筛分车间排出的废水，先经旋流器将粒径范围为 5.00～0.05mm 的细砂和石粉回收后，再进废水集水池用渣泵送往尾渣库自然沉淀。这不仅可以减少废渣的排放，同时回收的细砂和石粉还可作为制作混凝土的原料。

马延坡砂石骨料加工系统建成后，留下了一些开挖裸露面。为了防止发生水土流失，立即将遗留下来的开挖裸露面进行了固化或者绿化，起到了良好的水土流失防治效果。

10.8　风冷料仓节能技术

10.8.1　拌和楼一次风冷料仓设计优化与节能降耗分析

以阿海水电站拌和及制冷系统为例。将一次风冷料仓传统设计与优化设计进行比较分析，并对前后两种设计进行了骨料预冷实测数据统计分析。生产实践表明，一次风冷料仓优化设计后不但能降低施工成本，加快施工进度，而且能达到节能降耗的目的。将为类似拌和及制冷系统一次风冷料仓提供设计参考，并具有广阔的推广实用价值。

1. 工程概况

阿海水电站位于云南省丽江市玉龙县与宁蒗县交界的金沙江中游河段，是金沙江中游河段一库八级的第四级，上游与梨园水电站相衔接，下游为金安桥水电站。电站是以发电为主，兼有库区航运、水土保持和旅游等综合效益的大型水利水电工程。电站正常蓄水位1504.00m，相应库容 $8.06 \times 10^8 m^3$，具有日调节性能，最大坝高130m，装机容量2000MW（$5 \times 400MW$）；工程枢纽由混凝土重力坝、左岸导流洞、坝后式引水发电建筑物等组成。

阿海水电站左岸上游混凝土拌和及制冷系统布置区域为距坝轴线约12km的左岸坝顶公路内侧，系统由 2 座 $2 \times 6m^3$ 强制式搅拌楼和 1 座 $4 \times 3m^3$ 自落式搅拌楼组成，混凝土生产规模720m^3/h。制冷系统按12℃碾压混凝土、10℃常态混凝土的最低出机口温度控制。系统建设分两期实施：一期主要供应导流隧洞、渣场排水洞以及缆机基础等工程约 $40 \times 10^4 m^3$ 的常态混凝土；二期主要供应大坝、坝后厂房、溢洪道消力池、下游护岸工程等约370 万 m^3 的碾压和常态混凝土。

混凝土拌和及制冷系统采用一次、二次风冷加冰（加冷水）拌制混凝土的温控方式生产预冷混凝土，制冷系统总装机 $5 \times 10^7 kJ/h$（$1250 \times 10^4 kcal/h$），分别为一次风冷 $22 \times 10^6 kJ/h$（$550 \times 10^4 kcal/h$），二次风冷 $14 \times 10^6 kJ/h$（$350 \times 10^4 kcal/h$），制冰 $12 \times 10^6 kJ/h$（$300 \times 10^4 kcal/h$），制冷水 $2 \times 10^6 kJ/h$（$50 \times 10^4 kcal/h$）。

2. 传统一次风冷料仓设计分析

（1）传统一次料仓的结构形式。目前在水电工程上应用的骨料预冷基本为"二次风冷技术"，其料仓内风道布置形式及冷风流向都采用"下进上出"（俗称进、回风窗），进风窗采用刺入式，回风窗采用附壁式。料仓底部下料口采用单楼"锥斗形"单下料口、双楼"锥斗形"单下料口或"锥斗形"双下料口。一次风冷"下进上出"的典型风道布置形式如图 10.13 所示。

（2）传统一次风冷料仓分析。根据三峡工程高程 98.70m、龙滩水电站高程 308.50m 拌和及制冷系统的实践运用，对传统一次风冷料仓骨料预冷"下进上出"风道布置形式进行以下几方面分析。

1）料流分析。根据料仓内各段仓体的不同功能将回风道以上区域称"覆盖区"，进、回风道间的区域称"冷却区"，进风道以下的区域称"用料区"，骨料不能自然下料的区域称"死角"。传统的料仓结构形式在下料过程中由于各区域卸料幅度不均匀，导致骨料在下卸过程中形成"漏斗"状，补料时覆盖区骨料从漏斗中心直卸而下，使用区中的骨料同时掺杂有覆盖区、冷却区甚至少量死角区的骨料。不同区域、不同温度的骨料相互掺杂，

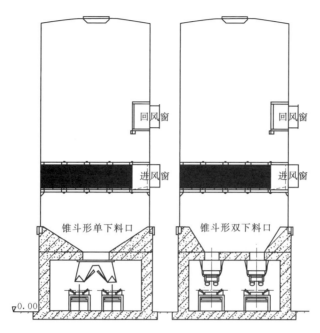

图 10.13　传统一次风冷骨料仓典型布置形式

没有达到"先进先出"的目的，造成在下料口骨料温度检测时不均衡。给低温混凝土生产质量控制带来较大困难。

传统一次风冷料仓卸料口两种骨料料流形式如图 10.14 所示。

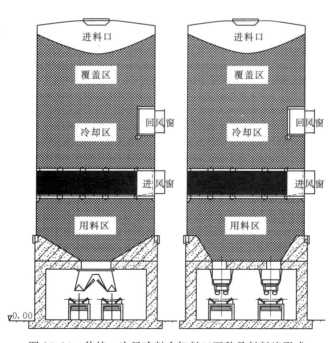

图 10.14　传统一次风冷料仓卸料口两种骨料料流形式

2）冷风流线分析。由于回风窗是单面附壁式，负压区较小，靠近回风窗处冷风流线较密而远离回风窗的区域则冷风流线较疏，风量较弱，甚至没有冷风流。附壁式回风窗冷风流线如图 10.15 所示。

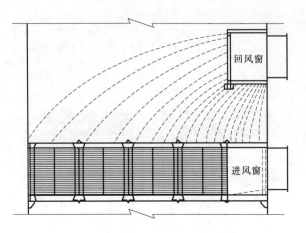

图 10.15　附壁式回风窗冷风流线

3）骨料预冷分析。通过三峡工程高程 98.70m、龙滩水电站高程 308.50m、小湾水电站高程 1028.00m、向家坝水电站高程 310.00m、溪洛渡水电站中心场等大型混凝土拌和及制冷系统的应用实践表明，靠近回风窗的冷风流强。加上骨料经二次筛分脱水后仍存在表面含水（特别是小石含水较重），在长时间连续生产低温混凝土时，传统的"锥斗形"单下料口或双下料口设计，极易导致小石在靠近附壁式回风窗侧形成部分冻结"死料区"：料仓中骨料靠近回风窗侧预冷效果好，流动性差；而远离回风窗侧预冷效果差，流动频繁，彼此相互矛盾，既降低了骨料预冷效果，减少了料仓活容积，造成频繁补料，又减少了骨料在冷风仓中的滞留时间。风冷效果未得到充分发挥，有时在下料口需人工辅助下料，导致能耗增加，资源浪费。

一次风冷料仓冻仓示意如图 10.16 所示。

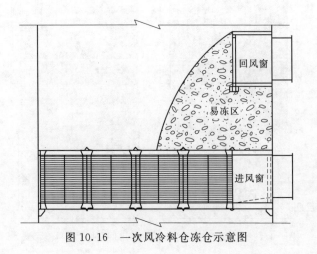

图 10.16　一次风冷料仓冻仓示意图

3. 一次风冷料仓优化设计

(1) 改变一次风冷料仓回风形式。料仓内风道布置形式及冷风流向仍采用"下进上出"，进风窗不变，将回风窗由原来的附壁式改为"刺入式"设计。

(2) 改变一次风冷料仓下料方式。根据已完建的大型混凝土系统一次风冷料仓运行管理经验，一次风冷料仓 2 座拌和楼设置单个 1500mm×700mm 双叉弧门下料口或单座拌和楼设置一个下料口。在运行过程中前种方式料仓死容积大，4 个角反复风冷，下料既不均匀，又容易冻仓，冻仓时需大量人工撬击下料完成，资源浪费较大。

为了形成对比，在阿海水电站拌和及制冷系统设计中，将 3 座拌和楼 3 组风冷料仓 2 组设计为 1000mm×1000mm 平底四下料口，下料口选用 GZG150－175 振动给料机（处理能力 720t/h）；1 组设计为锥斗形双叉弧门下料口。经过 2 年来运行结果表明，平底四下料口振动给料机下料，料仓内死容积较双叉弧门下料口设计减小 50m³。下料顺畅，风冷效果良好。一次风冷料仓 3 种不同方式下料示意如图 10.17 所示。

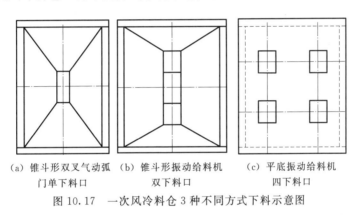

(a) 锥斗形双叉气动弧　　(b) 锥斗形振动给料机　　(c) 平底振动给料机
　　门单下料口　　　　　　双下料口　　　　　　　四下料口

图 10.17　一次风冷料仓 3 种不同方式下料示意图

(3) 一次风冷料仓优化设计的优点。在进行一次风冷料仓设计优化前，先将料仓按照 1∶10 的比例进行模拟试验，试验成功后才进行优化设计，现已成功运用于阿海水电站拌和及制冷系统。设计优化有以下优点。

1) 改变了传统的物料下料形式，使物料基本形成整体均匀流。减小了"死角区"骨料反复冷却的局面。增大了骨料冷却区活容积，达到了骨料"先进先出"的目的。

2) 回风窗改为刺入式后，冷风流线布满整个仓内，冷风流线变得更加均匀，骨料冷却更加充分，达到了预冷效果（图 10.18）。

3) 平底四下料口设计，骨料风冷面积增大，容积增加，下料均匀，减少了风冷料仓补料次数，风冷更彻底，降低了能耗。同时，在施工过程中减少了施工难度，缩短了施工时间。

4. 节能降耗分析

(1) 风冷效果数据分析。三峡工程高程 98.70m、龙滩水电站高程 308.50m、小湾水电站高程 1028.00m、向家坝水电站高程 310.00m 等大型混凝土拌和及制冷系统均采用了传统的一次风冷料仓"锥斗形"单下料口、附壁式回风窗设计，并将一次风冷料仓骨料冷却实测数据与阿海水电站近 2 年以来的实测数据进行了比较。数据表明，平底四下料口刺入式回风窗优于锥斗形下料口附壁式回风窗。详细数据分析见表 10.15。

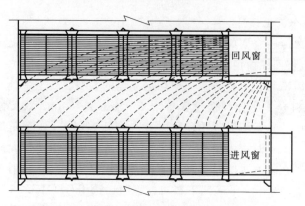

图 10.18　刺入式回风窗布置形式冷风流线

表 10.15　　　　龙滩水电站一次风冷与阿海水电站一次风冷骨料温度对比

地点	龙滩水电站一次风冷预冷后			阿海水电站一次风冷预冷后		
骨料	大石	中石	小石	大石	中石	小石
	6.4	7.4	9.2	3.6	6.5	4.5
	6.2	6.8	6.0	3.1	5.5	5.2
	7.6	8.4	9.2	4.0	7.5	6.0
	10.4	10.8	8.0	2.4	3.2	9.2
	9.6	7.4	7.0	6.1	6.9	8.9
	6.0	7.2	8.0	5.7	8.3	8.4
	8.4	6.1	7.8	5.8	5.3	6.5
	7.2	8.0	8.2	5.6	6.2	7.1
	7.2	8.0	8.2	5.6	6.2	7.1
	8.8	7.0	9.0	1.6	4.9	4.8
温度/℃	8.4	7.4	5.6	4.4	5.7	1.3
	8.6	8.8	6.2	5.3	6.3	2.5
	9.0	7.0	10.4	5.8	4.0	4.9
	8.5	7.5	6.8	5.3	3.5	4.3
	8.7	6.3	7.5	2.9	6.6	3.2
	10.5	7.8	15.2	2.5	6.2	3.1
	9.1	10.2	12.9	3.4	4.9	5.8
	11.5	7.0	8.8	2.7	4.3	5.0
	9.7	7.2	9.4	3.6	5.7	3.1
	9.8	8.2	13.4	3.7	5.7	6.0
	10.1	8.5	14.3	4.0	3.4	5.8
平均温度/℃	8.8	7.8	9.4	3.9	5.4	5.4

　　阿海水电站拌和及制冷系统优化设计后减少的材料设备配置见表 10.16。

表 10.16 阿海水电站拌和及制冷系统材料设备配置优化

序号	项目名称	型号	单位	数量	单价/万元	合价/万元
1	压缩机	LG25ⅢA	台	3	50.35	151.05
2	冷凝器	WN500	台	3	21.72	65.16
3	高压循环储液器	ZA5.0	台	3	4.7	14.10
4	低压循环储液器	DX10	台	3	8.15	24.45
5	冷却塔	DBNL$_3$-1000	座	1	22.40	22.40
6	氨泵	CNF40-200	台	5	2.05	10.25
7	管路	GB8163	t	150	1.42	213
8	合计/万元					500.41

注 材料设备单价包括制作、安装费用。

（2）节约成本分析。

1）建安成本分析。节约建安成本约 500.41 万元，同时将工期提前约 20 天。

2）运行成本分析。阿海水电站制冷系统装机容量原招投标设计为 62×10^6 kJ/h（1550 $\times 10^4$ kcal/h），优化设计后为 5×10^7 kJ/h（1250 $\times 10^4$ kcal/h）。该制冷系统低温混凝土总方量 350 万 m^3，月高峰强度为 24 万 m^3，因混凝土生产的不均衡性，月平均强度按 10 万 m^3 计（300m^3/h）。

一次风冷料仓单仓容积：$6 \times 6 \times 12 \times 1.5 = 648$（t）（每立方米按 1.5t 计），$648 \times 0.85 = 550.8$（t）（0.85 为有效容积系数）。

料仓优化设计后风冷骨料活容量单仓增加约 150t/h（9 个仓增加 1350 t/h），每立方米混凝土所需骨料约 1.5t，即 1350/（300×1.5）=3h。

因一次风冷向二次风冷连续批量供料，一次风冷在运行时可采取运行 3h 停机 2h 的间隔生产方式，一次风冷运行单价可降低约 40%。

按招投标文件，骨料平均降温 15℃，一次风冷运行单价 0.25 元/（t·℃），即 $3500000 \times 15 = 5250000$（t），$5250000 \times 0.25 \times 15 \times 40\% = 7875000$（元）。

3）装机容量减少运行成本分析。设计优化中制冷系统装机容量减少 12×10^6 kJ/h（300 $\times 10^4$ kcal/h），按照投标成本分析可节约运行成本约 700 万元，施工高峰期按 50% 计算运行成本，可节约成本 350 万元。

根据建安及运行成本分析。该制冷系统设计优化后可节约成本 1637.91 万元。

通过一次风冷料仓回风窗、底部卸料口下料形式的优化设计。改善了一次风冷料仓骨料风冷效果。不但在系统建安中减少了施工难度，缩短了施工时间，节约了投资，而且在运行过程中节约了大量运行成本，达到了节能降耗的目的，将为类似水电工程一次风冷料仓设计提供借鉴、参考。

10.8.2 拌和楼二次风冷料仓改造与节能降耗分析

仍以阿海水电站拌和及制冷系统为例，进行了二次风冷料仓加扰流板模型实验。实验成功后运用于生产实践，经过 1 年来对料仓改造前、后骨料预冷实测数据统计分析，结果表明：二次风冷料仓改造后降低了骨料预冷温度，增加了骨料冷却区的有效容积。这样可以使骨料冷却更彻底，能达到节能降耗的目的。这将为类似拌和及制冷系统工程二次风冷料仓的改造提供参考，并具有广阔的推广实用价值。

1. 混凝土拌和及制冷系统简介

阿海水电站左岸上游混凝土拌和及制冷系统布置区域为距坝轴线约 1.2km 的左岸坝顶公路内侧，系统由 2 座 2×6m³ 强制式搅拌楼和 1 座 4×3m³ 自落式搅拌楼组成，混凝土生产规模 720m³/h。制冷系统按 12℃ 碾压混凝土、10℃ 常态混凝土的最低出机口温度控制。系统建设分两期实施：一期主要供应导流隧洞、渣场排水洞以及缆机基础等工程约 40×10⁴m³ 的常态混凝土，二期主要供应大坝、坝后厂房、溢洪道消力池、下游护岸工程等约 370×10⁴m³ 的碾压和常态混凝土。

混凝土拌和及制冷系统采用一次风冷、二次风冷加冰（加冷水）拌制混凝土的温控方式生产预冷混凝土，制冷系统总装机 5.23×10⁷kJ/h（1 250×10⁴kcal/h），分别为一次风冷 23×10⁶kJ/h（550×10⁴kcal/h），二次风冷 14.65×10⁶kJ/h（350×10⁴kcal/h），制冰 12.56×10⁶kJ/h（300×10⁴kcal/h），制冷水 2.09×10⁶kJ/h（50×10⁴kcal/h）。

2. 拌和楼料仓结构及模型试验

（1）拌和楼二次风冷料仓的结构形式。目前在水电工程上应用的拌和楼料仓为矩形钢仓，其料仓内风道布置形式及冷风流向都采用"下进上出"（俗称进、回风窗），进风窗均采用刺入式，回风窗采用刺入式或附壁式（2×4.5m³、2×6m³ 强制式搅拌楼采用刺入式，4×3m³ 自落式搅拌楼采用附壁式）。二次风冷料仓典型布置形式如图 10.19 所示。

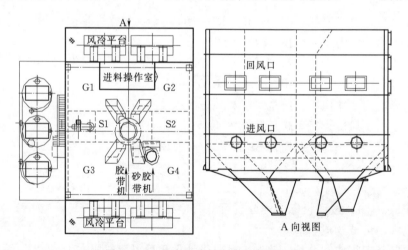

图 10.19　二次风冷料仓典型布置形式

（2）二次风冷料仓模型试验。因阿海水电站拌和及制冷系统配备了 2 座 2×6m³ 强制式搅拌楼和 1 座 4×3m³ 自落式搅拌楼，为了模型试验成功后在实际生产运行中做骨料预冷对比分析，在此以 2×6m³ 强制式搅拌楼料仓 1：10 的比例制作模型进行试验分析。为便于观察仓内料流，料仓仓体采用透明材料制作，骨料按相同比例缩小，并将其染成红、蓝两色进行料流分析。

1）料仓改造前模型试验料流分析。回风道以下装入未染色骨料，回风道以上装入红色骨料，料仓补料采用蓝色骨料，按实际生产需求量相同比例在料仓卸料口放料，试验结果表明：

a. 骨料卸料过程中直上直下,极易形成漏斗状卸料,未形成整体流,骨料未达到"先进先出"的目的。

b. 混凝土生产至第 9 次即 54m³ 混凝土时,骨料中就出现了 2% 的覆盖区红色骨料,且随着生产的进行覆盖区红色骨料含量逐渐增大,生产至第 25 次即 150m³ 混凝土时,红色骨料达到最大 67%,同时掺杂了补料区约 15% 的蓝色骨料,未达到骨料在仓内冷却 60 min 的设计要求,导致混凝土出机口温度很难控制。

c. 仓内两进、回风道间料流频繁,预冷效果差,极易形成"漏斗"卸料;相反,靠近仓壁区料流缓慢,骨料反复冷却,在生产不均衡下,容易导致该区域骨料过冷冻仓。前两种情况彼此相互矛盾,既降低了骨料预冷效果,减少了料仓活容积,造成频繁补料,又减少了骨料在风冷料仓中的滞留时间,风冷效果未得到充分发挥,导致能耗增加,有时在下料口需人工辅助下料,造成人力资源浪费。

通过仓内料流模型试验、分析,为提高仓内骨料预冷效果,需对仓内骨料进行扰流,使骨料在卸料过程中基本形成整体流,骨料达到"先进先出"的目的。

2）料仓模型试验料流分析。

方案 1：从拌和楼二次风冷料仓两回风道上侧 5cm 处设置 27.2 cm×12cm 扰流板（比例 1∶10）,如图 10.20 所示,通过模型试验,料流情况与未设置扰流板时差不多,无改进意义,放弃此方案。

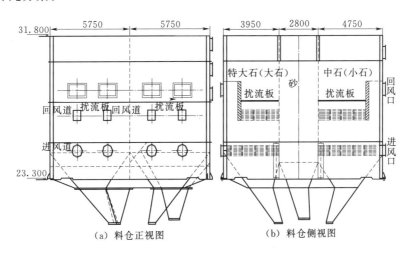

图 10.20 方案 1 扰流板设置示意图

（高程单位：m；长度单位：mm）

方案 2：从拌和楼二次风冷料仓两进风道下侧 5cm 处设置 33.5cm ×12cm 扰流板（图 10.21）,通过试验,进、回风道间料流下料很慢,形成了两侧下料快,中间下料慢的局面,未达到整体流效果,同样放弃此方案。

方案 3：为克服因拌和楼料仓卸料斗几何形状决定的靠近中部卸料斗卸料速度快,而远离中部卸料速度慢的料流情况,在方案 2 的基础上进行进一步改进,将扰流板一向两侧仓壁移动 1.5cm,同时在扰流板一下侧 7.5cm 处设置扰流板二,两扰流板水平投影重叠 1.5cm,扰流板二靠近料仓内壁处 3.2cm,移动扰流板一减缓了两侧下料较快的情况,而

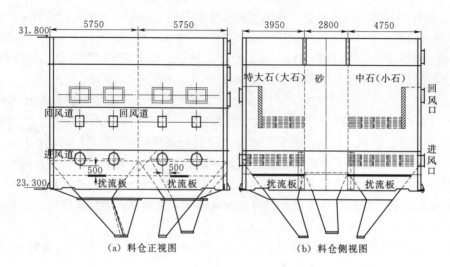

图 10.21　方案 2 扰流板设置示意图

（高程单位：m；长度单位：mm）

扰流板二将料仓中部卸料快的骨料一分为二，对中部骨料卸料快易形成"漏斗状"起阻滞作用。通过实验，骨料基本呈现整体流，仓内骨料得到了比较均匀的预冷效果，满足了骨料在仓内预冷达 60min 的设计要求。具体布置如图 10.22 所示。

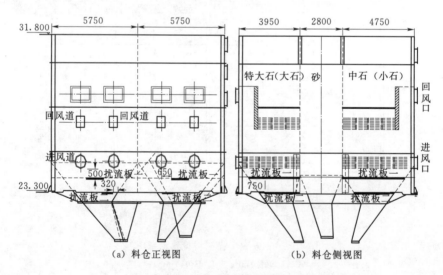

图 10.22　方案 3 扰流板设置示意图

（高程单位：m；长度单位：mm）

综上所述，拌和楼料仓采用方案 3 作为料仓改造依据，通过料仓改造前、后预冷骨料的实测数据统计表明，料仓底部设置双扰流板切实可行，起到了降低骨料预冷温度的作用。

3. 拌和楼料仓改造后节能降耗分析

（1）风冷效果实测数据分析。模型试验成功后，为了进行料仓改造前、后风冷骨料对比分析，对 1 座 $2 \times 6m^3$ 强制式搅拌楼进行改造，通过 1 年以来的实测数据表明，改造后的二次风冷料仓预冷效果较原来有了较大提高，具体实测数据统计见表 10.17 和表 10.18。

表 10.17 系统仅投入二次风冷实测温度统计

项目名称	1 号楼加扰流板			2 号楼加扰流板		
	大石	中石	小石	大石	中石	小石
组数	45	45	45	42	42	42
实测最高温度/℃	9.04	9.96	10.17	10.38	10.35	11.98
实测最低温度/℃	5.27	6.41	7.08	7.03	6.50	7.19
平均温度/℃	7.16	7.79	8.24	7.79	8.46	9.24

表 10.18 系统投入一次、二次风冷实测温度统计

项目名称	1 号楼加扰流板			2 号楼加扰流板		
	大石	中石	小石	大石	中石	小石
组数	33	33	33	34	34	34
实测最高温度/℃	3.80	4.20	6.80	6.60	6.90	7.80
实测最低温度/℃	−2.40	0.02	0.09	−0.40	1.70	1.90
平均温度/℃	1.29	2.48	4.05	3.98	4.73	5.63

（2）节能降耗分析。混凝土制冷系统因施工运行中的各种因素，业内普遍认为，在生产高峰期，二次风冷料仓仅作为一次风冷骨料后的保温作用，而不能使骨料温度降得更低。从生产运行实测数据分析，改造后的二次风冷料仓可将骨料进一步冷却，较改造前降低温度 2~3℃。不但降低了制冷系统装机容量，起到了节能降耗作用，而且节约了大量建安成本。阿海水电站拌和系统二次风冷由原设计 $2000 \times 10^4 kJ/h$（$500 \times 10^4 kcal/h$）优化设计为 $1400 \times 10^4 kJ/h$（$350 \times 10^4 kcal/h$）。拌和楼二次风冷料仓改造前、后所需设备配置对照见表 10.19。

表 10.19 二次风冷料仓改造前、后所需设备配置对照

项目名称	型号	单位	改造前数量	改造后数量	单价/万元	减少合价/万元
压缩机	LG25ⅢA	台	5	3	50.35	100.7
冷凝器	WN500	台	5	3	21.72	43.44
高压循环储液器	ZA8.0	台	5	3	4.7	9.4
低压循环储液器	DX10	台	5	3	8.15	16.3
冷却塔	DBNL₃-1000	座	3	2	22.40	22.4
氨泵	CNF40-200	台	8	5	2.05	6.15
管路	GB8163	t	228	150	1.32	102.96
合计/万元						301.35

注 材料设备单价包括制作、安装费用。

4. 节约成本分析

（1）建安成本分析。表 10.19 材料设备优化数据表明，节约建安成本约 301.35 万元，同时将工期提前约 15 天。

（2）运行成本分析。因阿海水电站拌和系统生产预冷混凝土 350 万 m³，所需骨料为 3500000×l.5＝5250000（t），同时投入一次、二次风冷时加扰流板比不加扰流板平均温度多降低 2℃，则改造后二次风冷可节约运行成本 5250000×0.31×2＝325.5（万元），根据建安及运行成本分析，二次风冷料仓改造后可节约总成本 626.85 万元。

5. 小结

通过模型试验及实际生产数据统计分析，二次风冷料仓设计的挡板扰流取得了良好的预冷效果，骨料实现了"先进先出"的目的，基本形成了整体流下料，满足了料仓风冷设计要求。不但在系统建安中节约了投资，缩短了施工时间，而且在运行过程中节约了大量运行成本，达到了节能降耗的目的。在此对以后拌和楼料仓改造提出以下几点建议。

（1）国内目前生产的 2×4.5m³、2×6m³ 强制式搅拌楼均采用了刺入式进、回风道，而 4×3m³ 自落式搅拌楼采用的附壁式回风道，建议拌和楼设计、生产单位加大拌和楼二次风冷料仓储量设计，同时将所有预冷要求的拌和楼进、回风道均设计为刺入式，相比附壁式风道能达到更好的预冷效果。

（2）拌和楼进料层骨料进料斗设计为全自动封闭式，进料时自动打开阀门进料，未进料时自动关闭进料口，防止冷风流失或热空气被吸入，提高风冷效果。

（3）料仓内设置自动控制系统，实时监控仓内骨料温度，避免欠冷或超冷现象而影响混凝土生产及质量控制。若达到了骨料设计预冷温度后，利用自动控制系统传到制冷系统中控室，制冷机组自动停机（同样适用于一次风冷车间），待温度上升至骨料预冷设计温度上限时自动开机，起到节能降耗的作用。

10.9　水工高性能混凝土节能技术

10.9.1　低热硅酸盐水泥复掺磷渣粉和粉煤灰水工高性能混凝土

1. 研究成果

"低热硅酸盐水泥复掺磷渣粉和粉煤灰水工高性能混凝土研究"首次采用低热硅酸盐水泥复掺磷渣粉和粉煤灰配制水工高性能混凝土，具有低热、后期强度高、抗裂和耐久性能好等特点。研制的水工高性能混凝土与中热水泥配制的混凝土相比，绝热温升可降低 3.5～5.0℃，温度峰值推迟 120～200h，90d 抗压强度提高近 20%，抗拉强度提高 8% 左右，极限拉伸值提高 4%～10%，有利于大体积水工混凝土的温控防裂；其抗硫酸盐侵蚀及抗冻、抗渗、抗裂性能优于中热水泥混凝土。研究成果已在云南阿海水电站围堰初步应用，混凝土性能优良，可简化温控措施，对提高水工混凝土质量具有重要意义，社会经济效益明显，可在水电等行业中推广应用。阿海水电站施工现场如图 10.23 所示。

2. 主要技术经济指标

（1）可以大幅度降低混凝土的水化热温升，预计同比条件下，采用该项技术可以降低混凝土温升高度。在降低水化热的过程中，可以使强度和早期抗裂能力不降低，弹模不增

图 10.23 阿海水电站施工现场

大，混凝土的脆性降低、耐久性提高等。

（2）节省大体积混凝土温控费用，按降低温升 1℃，每立方米混凝土节约 3 元计算，预计降温 4℃，每立方米混凝土可节约 12 元。

（3）提高混凝土的抗裂和耐久性能，减少坝体裂缝，提高质量，增加社会效益。

（4）磷矿渣与粉煤灰等复合的高性能掺合材料的研制与应用有较大的商业价值。

（5）降低素混凝土的材料成本。

3. 技术特点及创新点

（1）高贝利特水泥用磷矿渣与粉煤灰等的复合掺用技术。利用高贝利特水泥水化热极低的特点，并掺用高性能掺合材料，大幅度降低大体积混凝土的温升并利用磷矿渣早期活性高，粉煤灰等二次水化作用的机理，辅以膨胀组分提高水工混凝土抗裂和耐久性能。

（2）大幅度降低混凝土内部温升，并且延迟大坝混凝土内部温峰出现的时间，提高混凝土的抗裂和耐久性能，减少坝体裂缝，对简化温控措施、缩短施工工期、节约成本、保护环境意义重大。通过对高贝利特水泥不同矿物组分水化微观结构及对水泥宏观性能影响的研究，为高贝利特水泥复合掺用粉煤灰和磷矿渣技术提出了理论依据。

（3）通过研究获得了高贝利特水泥、磷矿渣不同细度及复合掺粉煤灰和磷矿渣不同掺配比例对水化热、强度、抗裂、抗硫酸盐侵蚀等性能影响的规律。获得了配制高性能水工混凝土适宜的配合比参数。

10.9.2 铁矿渣石灰岩双掺料混凝土施工技术

1. 研究成果

景洪水电站位于低热河谷区，具有长夏无冬、高气温、高阳光辐射和高蒸发量的特点，并且昼夜温差较大，对水工大体积混凝土尤其是碾压混凝土施工非常不利。由于当地无粉煤灰，受地域条件的限制，外地运来的粉煤灰运距长、价格非常昂贵，景洪工程业主通过对当地材料调查、了解，按照就地取材原则，决定采用锰铁矿渣（铁矿渣）作为混凝土矿物掺合料，但单一使用某种矿渣不能满足景洪水电站混凝土施工进度的需要。经大量的试验研究和多次论证，最终确定采用水淬锰铁矿渣粉或铁矿渣粉与石灰岩粉以 50%：50%（质量比）的比例混合，制成"双掺料"取代粉煤灰进行混凝土的生产。景洪水电站施工现场如图 10.24 所示。

图 10.24　景洪水电站施工现场

为了满足景洪水电站掺用双掺料混凝土施工的需要，从 2004 年 11 月开始进行掺用双掺料混凝土配合比设计试验工作，完成了天然骨料和人工骨料的各种组合的混凝土配合比的设计、试验工作，并且完成其他不同工况的混凝土配合比设计试验工作，满足了工程混凝土施工对配合比的需求。

根据景洪水电站的气候特点，消除了在特殊气候条件下采用双掺料混凝土产生的不利影响，完成了景洪工程混凝土的施工计划；景洪工程 C2 标完成混凝土浇筑总量为 131.55 万 m^3，其中常态混凝土 62.1 万 m^3，碾压混凝土 61.9 万 m^3，自密实混凝土 2100m^3，泵送混凝土（二级配、三级配）7.1 万 m^3，抗冲耐磨混凝土 1800m^3。共计使用锰铁（铁）矿渣双掺料 8.7 万 t。

根据《水工碾压混凝土施工规范》（DL/T 5112—2000）表 8.4.3 "碾压混凝土生产质量管理水平衡量标准"碾压混凝土 28d 强度均方差评定，$C_{90}20W8F100$ 和 $C_{90}15W6F50$ 两种混凝土质量管理水平为 "优秀"；按碾压混凝土 28d 强度变异系数评定，$C_{90}20W8F100$ 和 $C_{90}15W6F50$ 两种混凝土质量管理水平为 "良好"；混凝土强度保证率均满足设计要求；碾压混凝土的各项性能指标均满足设计和规范要求。

常态混凝土各强度等级的混凝土强度均满足设计和规范要求，混凝土强度保证率满足设计要求；混凝土的各项性能指标均满足设计和规范要求。

该项目研究成果将为我国缺乏粉煤灰地区的水工混凝土施工提供较好的解决碾压及常态混凝土的掺合料和温控问题方面的经验。

2. 技术特点及创新点

（1）在景洪水电站所有混凝土中掺用了铁矿渣、石灰岩双掺料，截至目前掺用总量为 8.7 万 t。

（2）在泵送二级配和三级配混凝土中掺用了双掺料，其中掺用双掺料泵送三级配（最大粒径 80mm）混凝土为首次大规模在水工混凝土中使用。

（3）在自密实混凝土中掺用了双掺料。

（4）在抗冲磨混凝土中掺用了双掺料。

（5）通过项目的研究，使掺用双掺料混凝土在掺合料微观形态不利和不利的气候条件下的施工质量满足了规范和设计要求，并且在碾压混凝土仓号中取出全国最长的碾压混凝土芯样。

3. 应用效果

在景洪水电站所有混凝土中掺用了铁矿渣、石灰岩双掺料，掺用总量为 8.7 万 t。通过项目的研究，使掺用双掺料混凝土在掺合料微观形态不利和不利的气候条件下的施工质量满足了规范和设计要求，根据有关报道，景洪水电站"碾压混凝土创全国'第一芯'纪录"，2006 年 10 月 1 日在景洪 C2 标 19 坝段仓号中取出直径 197mm，长度为 14.13m 全国最长的碾压混凝土芯样。

10.10　混凝土冷却系统节能技术

混凝土大坝工程的冷却，包括预冷和后冷，特别是预冷，是个用电大户。像三峡那样的特大工程，就安装了 77049kW 的制冷容量用于预冷。节能和环保是混凝土预冷系统规划所要认真对待的问题，需通过技术创新降低预冷系统的冷耗、能耗指标。

在夏季，混凝土大坝一般都要采取预冷的方法控制混凝土的入仓温度，将混凝土的出机口温度控制在 10℃ 上下，温度控制要求较严的工程或部位，需降到 7℃，甚至更低。在我国长江流域及以南地区，混凝土降温幅度多在 20～25℃，需为每立方米混凝土提供 5 万～6 万 kJ 的有效冷量。目前，制冷容量的利用率一般只有 1/3 左右，以我国三峡二期工程为例，生产 1720m³/h 冷混凝土，总的制冷容量利用率仅为 36%，节能的空间很大。虽然水电大坝工程本身是再生能源的开发项目，但不能因为开源，就可以忽视节流（能）。

1. 能耗和冷耗指标

研究节能，首先是要制定可供比较的能耗指标。我国的制冷设备一般按标准工况配置电动机，实际使用常与标准工况不同，合理的做法是由用户按实际工况选配电动机和辅助设备。否则，不是电动机容量不足，限制了制冷能力的发挥，就是电动机配置过大，功率因数低下，引起电能的过损耗。同一套制冷设备，预冷的方法不同，制冷能力差别也很大，实际需要是要求提供工作工况下的冷量，消耗的是工作工况时的电能。此外，预冷工程能耗不仅仅是制冷系统本身所消耗的电能，为预冷配置的辅助设备，包括运输、冲洗、筛分、风机和泵送途中的冷耗和电能损耗也都应计入冷耗和能耗之中。

制冷的效能系数简称制冷系数，是指单位电能的制冷能力，用 COP 表示，单位为 kW/kW。因为制冷能力和电功率的单位都用 kW，在容易混淆的场合，则用"冷功率"和"电功率"来区分。单位能耗就是制冷系数的倒数。COP 的数值和制冷工况密切相关。从主机（制冷压缩机）来讲，以国产 LG25ⅢA 为例，单位制冷、能耗指标见表 10.20。

制冰的蒸发温度一般为 -20～-25℃，两级风冷中的第二级冷风大致也是这个温度，同样的需冷量，折合标准工况，制冷设备的配置容量需增大约 550A。较低的工作温度与环境的温差又大，相应冷耗也多。制冷水时的蒸发温度一般在 0℃ 左右，制冷设备的配置折合标准工况，只需其 65%，与环境的温差也降低了 1/2，因此冷耗也小。只有第一级地面风冷工作在标准工况上下。同样的需冷量，仅就主机配置而言，不同的冷却方式和制冷工况，每千瓦制冷能力的能耗相差可达 1 倍（0.5/0.25）。标准工况只是厂家用来规范产品规格的名义数据，最终满足工程要求、体现成本的是实际工况下的电能消耗。因此，用能耗指标要比冷耗指标更能全面反映系统实际功效。

表 10.20　　　　　　　　　　　　各种工况的制冷能耗系数

项目	单位	蒸发温度			
		0℃	−5℃	−15℃	−25℃
制冷能力	kW	1500	1300	850	550
轴功率	kW	300	290	260	220
配置电动机功率	kW	375	360	320	275
制冷系数 COP	kW/kW	4	3.6	2.65	2
能耗系数	(W·h)/(W·h)	0.25	0.28	0.38	0.5

注　表中的 COP 按电动机配置功率计算。

2. 预冷工程的冷耗和能耗

混凝土预冷工程的冷耗和能耗指标，是指冷却单位混凝土所消耗的冷量和电能。考虑不同的工程和气象条件，建议按每立方米混凝土降温 1℃ 所消耗的冷量和电能作为评判指标，其单位为 $(kW·h)/(m^3·℃)$ （耗冷量和耗电量单位均是 kW·h），按照单位 $(m^3·℃)$ 统计，结合工程实际（包括气温、降温幅度和工作工况），包含整个预冷系统的冷、电消耗。当然，冷耗、能耗指标对工作在高温和低温段，不同降温幅度的混凝土是有差别的，很显然，从 30℃ 降到 20℃ 比较容易，能耗也低；从 10℃ 降到 7℃ 就困难多了，制冷成本也高得多。研究能耗指标只是用来探讨预冷节能的潜在空间，粗略评估预冷方案的合理性。制冷的费用在很大程度上取决于电能的消耗，有了能耗指标也就能概略地估计出预冷的费用。

混凝土预冷系统常是混凝土系统的一部分。要建立能耗指标，就要区分专用于预冷的和非预冷的系统动力耗费。在已往有关预冷的文献中没有专用于预冷的电能消耗或电动机配置数据，冷量配置也多按标准工况统计，这与实际应用不一致。因此，目前还无法统计出确切的能耗指标。在这里提倡定义统一的冷耗、能耗指标，作为今后节能评估和比较的标尺。表 10.21 为几个工程单位混凝土制冷能力配置（冷耗）（标准工况）指标。

表 10.21　　　　　几个工程单位混凝土制冷能力配置（冷耗）（标准工况）指标

项目	伊泰普工程	葛洲坝工程	水口工程	二滩工程	三峡二期工程	龙滩工程
主要冷却方法	水、风、冰	水、风、冰	水、风、冰	水、风、冰	二级风冷、水	二级风冷、冰
冷混凝土生产能力/(m³/h)	1080	180	240	540/720	1720	660/510
配置制冷能力/kW	33700	10950	7550	11075	77049	31800
温降/℃	25	24	20	15	23	18/20
冷耗指标/[(kW·h)/m³]	1.25	2.53	1.56	1.37	1.95	2.67
能耗指标/[(kW·h)/(m³·℃)]	0.61	1.25	0.77	0.67	0.96	1.31
制冷能力利用率/%	53	28	45	68/51	36	26

注　二滩、伊泰普工程制冷能力按工作工况统计，其余均按标准工况统计；二滩工程数据，分母系将其冷混凝土生产能力降低到 75% 计算。

理论上每升降 1℃，单位混凝土实际净需冷量约为 2520kJ/（m³·℃）（与混凝土原材料的热学性能有关），折合冷功率为 0.7（kW·h）/（m³·℃）。目前，我国制冷容量的配置均在 1.5（kW·h）/（m³·℃）以上，因此冷量利用率不到 50%。由于缺乏详细的辅助设备电耗资料，作为相对比较，表 10.21 中的能耗指标，均按辅机功率为制冷电功率的 30% 计算，即辅机系数为 1.3。因此，按标准工况计算的能耗指标多在 0.6（kW·h）/（m³·℃）以上。需要说明的是，能耗和冷耗指标的可比性与名义规模和实际生产供应能力关系甚大。现在很多工程简单地按搅拌楼铭牌生产能力适当降低（如按 3/4 计）规模作为冷混凝土生产能力。如果搅拌能力配置保守一些，预冷规模也就会大一些，计算的指标就会偏低。例如，一个按 7℃ 设计的工程，如果实际冷混凝土浇筑强度比计划的低很多，或者仅在短时间供应大量混凝土，则降到 4℃、5℃ 也会很容易地做到。

3. 节能措施

（1）预冷混凝土的进度安排。多数水电工程的混凝土只在 5—10 月需要预冷，而且预冷要求较高的一般集中在前 1～3 年，预冷设备利用时间较短。因此，结合气温条件安排浇筑进度，对降低预冷设施规模极为重要。实际上，在用计算程序优化浇筑块安排时，可将温度控制作为边界条件之一，高温时段适度降低浇筑强度。以水口工程为例，单位耗冷量为 1.56kW，计划 1991 年 7 月浇筑强度为 8.6 万 m³，需冷负荷 8854.6kW，实际配置制冷设备的总能力只有 7560kW（包括备用）。若按气温条件将各月的浇筑强度作适当调整（表 10.22），则最高冷负荷就可降到 7000kW，达到实际月高峰强度 9 万 m³ 的目标。而 6—9 月的冷负荷均在 7000kW 左右，这样设备可得到充分发挥，冷功率利用率可稳定在 80% 以上。

表 10.22　　　　　　　　　　冷混凝土浇筑计划按气温调整表

月份	6	7	8	9	10
月浇筑强度/10⁴ m³	7.2	8.6	7.2	6.4	8.6
气温/℃	25.6	28.7	28.1	25.8	21.2
混凝土自然温度/℃	28	30.8	30.4	28.3	23.1
降温幅度/℃	17	19.8	19.4	17.3	9.7
冷负荷/kW	6364.8	8854.6	7263.4	5757.4	4337.8
调整浇筑强度/10⁴ m³	8	6.8	7	7.2	9
调整后冷负荷/kW	7072	7001.28	7061.6	6477.12	4539.6

（2）利用冰库调节冷负荷。由于制冰蒸发温度低，加冰降温原本是个耗能的措施，但是，片冰生产的辅助功率很低，以某片冰机为例计算能耗，见表 10.23。

表 10.23　　　　　　　　　　以某片冰机为例计算的能耗指标

项目	单位	指标	项目	单位	指标
需冷功率	kW	1215	合计	kW	641
压缩机配置功率	kW	579	其中辅助功率	kW	641−579＝62

续表

项目	单位	指标	项目	单位	指标
冷凝器功率	kW	32	辅机系数		641/579＝1.1
制冰机功率	kW	10	制冷系数 COP		1215/641＝1.89
储运处理设备	kW	20	能耗系数	kW/kW	0.53

片冰生产的制冷系数 COP 虽低，只有 2.0，但辅机（电耗）的制冷系数很小，只有 1.1，进入搅拌机后片冰的融解热可全部被混凝土利用，冷耗很少，因此能耗系数较低，只有 0.53kW/kW，与风冷比能耗不算太高。

利用冰库调节负荷节能主要有以下原因。

1) 片冰可快速调节出机口温度，在高浇筑强度、高气温日或高气温时刻临时加冰降低混凝土温度，起到削减基本负荷和调节高峰负荷作用。

2) 片冰的特点是可以储存。利用大型冰库蓄冷，既可降低总的制冷负荷，减少设备配备，又可利用晚间的低气温提高制冷效率，更重要的是可以利用廉价的谷荷电能削减高峰用电负荷，降低运行成本。

3) 可以设想，在进行预冷系统规划时，多采用耗能和费用低的水冷和地面风冷设施承担制冷的基本负荷，只是在高峰短暂时刻，利用片冰补充冷量，满足低温要求。

(3) 增加水冷或地面风冷的供冷比重。如果需要采用二级冷却，无论水冷还是地面风冷，都要尽量让第一级冷却承担绝大部分的预冷负荷，在可能的条件下，只让搅拌楼风冷起到料仓保温的作用。由于水冷的能耗较低，其 COP 达 4，但只能用于首级冷却，也只有在料温较高的场合，才能体现出它的降低能耗的优势。搅拌楼风冷是终冷，冷风温度多在 -15℃ 以下，COP 大约只有 2，冷效一般仅为 60%~70%。地面风冷如以蒸发温度 -10~15℃ 计，COP 可增至 3 左右，能耗降低 50%。搅拌楼风冷，如以回风温度为 -5~-6℃ 计，每摄氏度冷风热焓变化的焓值为 1.47kJ/kg；地面风冷，按风温为 -5℃、回风温度为 9~10℃ 计的热焓变化增至 2.01kJ/kg，则单位冷风提供的冷量增至 1.37 倍。显然，采用地面风冷，可以使用较小的风量，且冷风漏损和机械热损也较低，从而减少了能耗。

(4) 优化设计参数。

1) 骨料风冷的冷耗和能耗与骨料的冷却能力、初始温度、终温，料仓的结构及所用的冷风风速、风温关系甚大。在既定的骨料物性和环境条件下，最重要的参数是冷风的进风温度和所采用的风速。现以某工程设计为例说明：为满足 250m³/h 冷混凝土要求，将 124.5t/h 的 G1 骨料从 9℃ 冷却到 0℃，料仓截面面积为 20m²，采用一般常用的热力学和物理参数，计算了进风温度 -18℃、-15℃、-10℃、-8℃ 4 档，由计算程序自动优化风速，得出的主要参数见表 10.24。对于 124.5t/h 的 G1 骨料冷却，从 9℃ 冷却到 0℃，在任何工况下，均需要有效净冷功率为 273.8kW（实际工况），由于进风温度不同，因此各项损耗是不同的。由表 10.24 可知，在该例条件下，进风温度为 -15℃ 左右是最优的，所需冷功率为 415kW，相应制冷电功率为 208kW，相应风机功率为 42kW，总电功率为 250kW，COP＝1.67，综合能耗系数为 0.6。冷风温度增降，冷功率和总电功率都有较大幅度的增长。优化计算表明，不同条件下，各有其冷耗、能耗最低的冷风风温和风速。另一算例显示，骨料初始温度为 28℃，冷却终温为 9℃，料仓截面面积为 40m²，最优冷风温度为 −5℃。

表 10.24

进风温度和能耗、冷耗算例

项 目	进风温度			
	−18℃	−15℃	−10℃	−8℃
骨料冷却能力/(t/h)	124.5			
初始温度/℃	9			
冷却终温/℃	0			
净需冷量/kW	273.8			
漏损/kW	100.7	77.4	115.3	154
机械热损/kW	43.1	27.7	105.9	265
结霜冷损/kW	16.4	17.3	21.9	25.7
其他冷损/kW	24.0	18.4	36.5	66.8
总需冷功率/kW	457.6	415	553.4	786
制冷电功率/kW	243	208	266	338
冷风量/(10⁴m³/h)	9.36	7.56	12.3	17.1
总风阻/Pa	1100	1425	3110	5802
风速/(m/s)	1.0	1.1	1.7	2.4
风机功率/kW	40	42	150	385
回风温度/℃	−10	−5.6	−3.7	−2.9
冷效/%	60.0	66.1	49.5	34.8
料柱高度/m	2.2	3	3	3
总电功率/kW	283	250	416	722
能耗比	1.13	0.1	1.67	2.89

2）风速是非常敏感的参数，因为风机功率近似于风速的 3 次方，其余各项损耗几乎都和风速有关。冷风的漏损则与风量（也就是风速）成正比；风量大了，相应冷风系统的表面积会增加，从而增加了吸热损失。漏风（补加的新鲜空气）也是析湿和结霜损耗的重要构成。因此，风速（风量）和风温一样，成了冷效高低的主要因素。

3）由表 10.24 可知，−15℃的冷风和 −8℃比，风速需从 1.0m/s 增加到 2.4m/s，风机功率从 42kW 增加到 385kW，机械热损几乎增加了 10 倍。因为风温高了，传热温差降低，要求更高的风速来补偿，一方面要增加热损失，另一方面要多配备 10 倍的风机功率来保证足够的风量和风压。风速高固然可以提高骨料的放热速度，更多地带走骨料放出的热量，但整个冷却过程需在热平衡的条件下进行。一般来说，大石的粒径大，放热速度慢，冷却主要受放热速度控制；如果要求降温幅度过大，不得不加大风速，结果过量的冷风势必引起较多的冷量和能量损耗。小石的放热速度虽快，但因风阻高、风速低，受热平衡制约，如降温幅度过大，常因没有足够的风量将所放出的热量带走，片面加大风速，同样会引起冷耗和能耗的增加，得不偿失。显然，要提高冷效，就要选用合适的风速。但风速的优化不是孤立的，它和料层厚度、料仓截面、冷却骨料种类和能力、降温幅度、冷风机的热交换面积和效率，特别是与所采用的进风温度有密切的关系，在计算中，风速是随风温的变化而自动优化的。按经验，对于 G1～G4 各级骨料，比较适宜的风速分别是 0.9～1.2m/s、0.8～1.0m/s、0.65～0.75m/s、0.45～0.55m/s。这样，每米料层的料阻可控制在 200～300Pa。

（5）合理除霜。在风冷系统中，冷风机是最关键的冷却设备，一旦蒸发温度调整好了，其他条件不变，进、出风温则随冷风机的热交换效率而变化。由于冷风机工作在低温、高湿、多尘的环境中，常采用加大翅片间距，以适应结霜和粉尘的黏结，因此热交换器的紧凑系数较小。由于骨料风冷前一般都经过冲洗和脱水，尤其是采用喷淋冷却，骨料表面比较干净，因此在翅片间积灰的矛盾得到了缓解，但结霜的危害始终存在。霜层的热导率只及管壁的 1/500，因此无论空气冷却器采用什么样的结构和材料，在制造工艺上如何改进，如果不解决好结霜问题，空气冷却器的任何优点都将被霜层的热阻所覆盖。一般在高湿环境下运行的空气冷却器，2h 后的产冷量减半，5h 后只有 1/3。此外，结霜还要损失大约 4%～8% 的冷量。除了合理设计、制造、配置冷风机外，提高传热效率的关键是如何处理好霜层。

在冷风机运行初期，由于霜层加糙了翅片表面，因此加速了通过翅片间的风速，强化了热传导过程。如果经常使霜层厚度维持在 2mm 以下，则传热系数可提高 50%，这就要求经常除霜。除霜通常有热氨化霜、水冲霜以及热氨和水冲霜相结合等方法。伊泰普工程每隔 3h 化、冲霜一次，每次 20min，三仓轮流进行；但冲霜要损耗一些冷量。建议把冷风机的霜层当做蓄冷器来利用，将化霜过程变成供冷过程，利用化霜回收冷量，冷却骨料，又不中断冷却。具体方法是供氨采用上进下出，每隔一定时间（如保持霜层厚度不超过 2cm）停止供氨，但停氨不停风。冷风通过料层吸热升温，通过冷风机化霜降温，低温风进料仓再循环冷却骨料。当然，利用霜层冷却应尽量安排在低负荷或生产间隙进行，并辅以水冲霜，冲洗粉尘，保持空气冷却器表面洁净。

（6）采用调频电源调整水泵和风机的转速。风机和水泵的功耗是制冷的主要辅助损耗，尤其是风机不仅自身耗电，还要转化热量，需增加冷量补偿。此外，料层的气流阻力与物料的组成关系甚大，料层的厚度在运行中不断变化，很难保证风机稳定工作。仅以料层变化为例，如设计冷却区厚度为 3m，局部当量料层阻力为 2m。目前有不少工程，由于未按连续供料设计，因此常采用将冷却区料位增加一倍的方法来补偿轮流进料引起的波动，即使不考虑其他影响因素，则最高料层阻力为 8m，最低料层阻力为 5m，风阻变化达 8/5=1.6 倍。一般的风机性能很难适应这么大的风阻变化。设想风机按最高料位配置，当料位下降、风量增加、风机功率随 3 次方上升，则可能导致能耗的恶性循环。最经济有效的方法是采用调频电源，调整风机的转速。如果采用水冷，则需用调频电源来调整水泵转速，以降低能耗。

10.11　自然通风节能技术

自然通风是建筑节能的一种有效手段，对于降低能耗，提高室内舒适度都有着非常重要的作用。自然通风是一项古老的技术，与复杂、耗能的空调技术相比，自然通风是能够适应气候的一项廉价而成熟的技术措施，与空调系统相比，其可以在降低能源消耗的同时为室内引入新风，有利于人体生理和心理健康。通常认为自然通风具有三大主要作用：①提供新鲜空气；②生理降温；③释放建筑结构中蓄存的热量。

（1）利用风压的自然通风。当风吹向建筑物时，空气的直线运动受到阻碍而围绕着建筑向上方及两侧偏转，迎风侧的气压就高于大气压力形成正压区，而背风侧的气压则降低形成负压区，使整个建筑产生了压力差。压力差的大小与建筑型式、建筑与风的夹角以及周围建筑布局等因素相关。当风垂直吹向建筑正面时，迎风面的中心处正压最大，在屋角及屋脊处负压最大。我们通常所说的"穿堂风"就是典型的风压通风。

（2）利用热压的自然通风。热压通风即通常所说的烟囱效应（stack effect），其原理为室内外温度不一，二者的空气密度存在差异，室内外的垂直压力梯度也相应有所不同，此时，若在开口下方再开一小口，则室外的空气就从此下方开口进入，而室内空气就从上方开口排出，从而形成"热压通风"。室内外空气温差越大，则热压作用越强，在室内外温差相同和进气、排气口面积相同的情况下，如果上下开口之间的高差越大，热压越大。

热压通风经常需要借助于建筑物的中庭、阳光间和烟囱等装置的作用，采用被动式热压自然通风装置，利用太阳能形成被动式热压自然通风（passive thermal force of ventilation）。

（3）风压与热压结合的混合自然通风。利用风压和热压进行自然通风往往是相互补充的，在实际情况中他们是共同作用的。一般来说，在建筑进深较小的部位多利用风压来直接通风，而在进深较大的部位则多利用热压来达到通风效果。

（4）机械辅助的自然通风。对于大型公共建筑，由于通风路径过长，流通阻力较大，单纯依靠自然的风压和热压往往不足以实现自然通风。而且对于室外空气污染严重的城市中，直接的自然通风会将室外污染的空气和噪声传入室内，不利于健康环境的营造，因此常采用一种机械辅助式自然通风系统。该系统有一套完整的空气循环通道，辅以符合生态思想的空气处理手段（如土壤预冷、预热、深井水换热等），并借助一定的机械方式加速室内通风。

自然通风技术在运用的过程中，要充分结合当地气候、环境条件，采取相适应的技术措施，才能保证自然通风达到良好的生态效能。自然通风在考虑诸如气候、建筑朝向、室外绿化、通风构造细部等要素的影响外，越来越多地考虑以下两点要素：①太阳能强化自然通风；②计算机模拟自然通风。计算机模拟技术，特别是计算立体力学（CFD）对自通通风设计有着非常重要的作用，它利用连续性方程、动量方程、能量方程等控制方程对空气动力进行分析，然后利用计算机软件进行计算机模拟，得出可视化的直观效果，对建筑师设计出合理的建筑风环境提供了重要的参考。因此，随着计算机模拟技术的不断发展，计算机模拟对自然通风的设计无疑会产生巨大的推动作用。

自然通风技术作为一种与气候相适宜的生态技术，在实际运用的过程中，应该结合太阳能、建筑材料、自然采光、地下蓄冷蓄热、自动控制等技术，并运用计算机模拟技术，对实际的案例进行分析，定量地对其进行深入的研究。相信随着生态、可持续发展理念的不断发展，自然通风这种廉价、健康的通风方式将会越来越多地被利用。

10.12　施工供水自流供水节能技术

以苗尾水电站石沙场沟供水系统设计为例。

1. 工程概况

苗尾水电站位于云南省大理白族自治州云龙县旧州镇境内的澜沧江河段上，枢纽建筑物主要由砾质土心墙堆石坝、左岸溢洪道、冲沙兼放空洞、引水系统及地面厂房等组成。砾质土心墙堆石坝坝顶高程 1414.80m，最大坝高 139.80m，电站装机容量 1400MW（4×350MW）。该工程高峰时段主要强度指标为：土石方月平均开挖强度约 74.39 万 m³，月平均填筑强度约 40.44 万 m³，混凝土月平均浇筑强度约 7.98 万 m³，施工期高峰人数5000 人。苗尾水电站坝址左岸上下游分别有三棵枪河与石沙场沟，沟常年流水，水质良好，汛期水量能够满足苗尾水电站施工供水的要求。

2. 供水规模

苗尾工程施工阶段用水主要供应生产、生活与消防用水，包括施工区营地生活、绿化、消防用水，辅助企业、土石方开挖、填筑及混凝土浇筑、养护等施工用水以及道路洒水等。根据计算成果，确定施工期内高峰日用水量约 2.5 万 m³/d，考虑到石沙场沟汛期沟水较丰，可满足整个工程用水需要，因此石沙场沟供水系统供水规模按照可满足整个工程高峰用水量 2.5 万 m³/d（约合 1055m³/h）设计。苗尾工程年度高峰日用水量负荷曲线柱状图如图 10.25 所示。

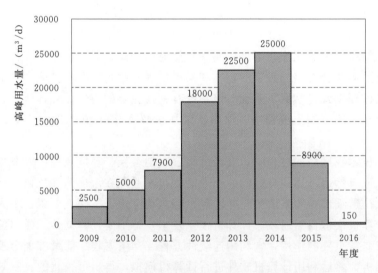

图 10.25　苗尾工程年度高峰日用水量负荷曲线柱状图

3. 供水水源

苗尾工程施工区域内除澜沧江可提供足够的水源外，工程区附近沿江两岸分布着诸多支沟，包括右岸的丹坞堑沟、窝夏沟、鲁羌沟、苗尾沟、湾坝河以及左岸的李子树沟、石沙场沟、三棵枪河等。根据水文统计资料，汛期内各支沟水量相对充裕，除了满足附近居民生活及灌溉用水之外，还有部分剩余水量可供施工用水需要，但在枯水期和农田灌溉期，除了左岸的三棵枪河水量基本满足工程施工用水需要外，其他支沟水量均不足或偏小。三棵枪河、石沙场沟各月施工流量见表10.25。

表 10.25   三棵枪河、石沙场沟各月施工流量表

流量/（m³/s） 保证率/% 月 份	三棵枪河			石沙场沟		
	50	75	85	50	75	85
1	0.960	0.889	0.844	0.177	0.164	0.156
2	0.729	0.653	0.612	0.135	0.121	0.113
3	0.593	0.467	0.445	0.110	0.086	0.082
4	0.462	0.363	0.320	0.085	0.067	0.059
5	0.580	0.428	0.404	0.107	0.079	0.075
6	0.790	0.493	0.428	0.146	0.091	0.079
7	1.350	0.997	0.827	0.249	0.184	0.153
8	2.010	1.560	1.460	0.372	0.289	0.270
9	1.860	1.450	1.310	0.343	0.268	0.243
10	2.260	1.670	1.380	0.417	0.308	0.256
11	1.580	1.310	1.180	0.291	0.243	0.218
12	1.110	0.978	0.936	0.205	0.181	0.173
年平均	1.190	0.940	0.850	0.220	0.173	0.156

为查明水质状况，取两组地表水进行水质分析。根据检测，地表水感官性状指标中，除肉眼可见物和微生物指标超出限定外，其他指标均符合要求。水源总大肠菌群为 350～>1600 MPN/100mL，根据《地表水环境质量标准》（GB 3838—2002），属Ⅲ～Ⅳ类水，基本符合小型供水水源的水质要求，但作为生活饮用水要进行卫生和净化处理。

为确保供水流量满足工程需要，选用石沙场沟和三棵枪河联合供水，石沙场沟距离用水区域较近，枯水期来水量较小，但汛期来水量较大，引水较易，故先期建设，作为筹建期石沙场沟供水系统供水水源，主体工程施工期则作为主要供水水源之一和三颗枪河联合供水。

4. 供水规划

筹建期供水系统为主体工程施工期供水系统的一部分，采用石沙场沟沟水为水源。在石沙场沟高程约 1460.00m 修建一座溢流挡水堰拦蓄沟水，利用输水钢管自流引水至工程区，并在工程区设置净水站，原水经净水站净化、消毒处理后，供给筹建期用水需要。筹建期供水系统输水管道设计供水规模以满足工程高峰施工期用水量 25500m³/d 进行设计。主体工程施工期供水系统采用石沙场沟及三棵枪河为水源联合供水。除筹建期供水系统外，另在三棵枪河高程约 1495.00m 修建一座溢流挡水堰拦蓄河水，利用输水钢管自流引水左岸 2 号叉点，与筹建期供水系统引水管道连接后联合供水。三棵枪河 85% 保证率流量较大，基本能满足工程用水需要，沟水水质较好，可直接作为生产用水。工程供水管道最大设计供水规模 25500m³/d。

5. 实施及改造情况

苗尾水电站石沙场沟供水系统于 2010 年 6 月实施，2010 年 11 月完工并投入运行。因苗尾大桥车辆来往比较频繁，车辆通过时桥面发生震动，桥上管道容易损坏，据此在桥面管道相应部位增加柔性接头，设置抱箍进行固定；为保证供水系统的运行安全，在下游面大桥两端 D325 管道上新增加两个手动蝶阀。另外，通水试验时造成沿途部分供水管道内水压过高，致使苗尾大桥左岸桥头以及左岸雾化区的钢制柔性接头和部分支墩损坏。之后通过在左岸管道上增加减压阀，更换承压力更大的柔性接头，增加排气阀等措施改造以后，供水系统至 2014 年 4 月一直运行平稳，可以满足工程施工用水的要求。

从 2014 年 5 月后，在三棵枪河沿线涉及农田灌溉用水较多，挡水堰位置实际可引水量较小，加之供水设施局部损坏以及砂石加工系统用水量增幅较大等综合因素作用下，造成自流供水系统的供水能力不足。设计单位在充分调查现场情况下，提出了采用大江取水的补充供水方案，即设置斜坡道取水泵站，从澜沧江取水。当三棵枪河来水量较大时，优先利用三棵枪自流水作为工程施工及生活用水；当枯水期来水量不足时，则启用大江供水系统，从澜沧江取水，供给砂石加工系统及其他施工、生产用水。因此，大江供水系统的设置实质上是苗尾工程三棵枪河自流供水系统的备用系统。

10.13　施工供电系统节能技术

10.13.1　供配电系统总体规划的节能设计

根据负荷容量、供电距离及分布、用电设备特点等因素合理设计供配电系统，做到系统尽量简单可靠、操作方便。变配电所应尽量靠近负荷中心，以缩短配电半径，减少线路损耗。合理选择变压器的容量和台数，以适应由于季节性造成的负荷变化时能够灵活投切变压器，实现经济运行，减少由于轻载运行造成的不必要的电能损耗。

1. 供电电压等级与节能

根据负荷容量、供电距离及用电设备等因素，合理设计供配电系统和选择供电电压等级。供电电压越高则线路电流越小，线路上损耗的电能也就越少。变电所应尽量靠近负荷中心，以缩短供电半径，减少线路损失。在供电电压的范围内，提高供电电压的等级可以达到节能的目的，但却要增加投资，对此必须进行方案经济比较。供电电压与负荷大小、输送距离有一定的关系，见表 10.26。

表 10.26　　　　　　　　　　　线路电压、输送功率与输送距离关系表

线路电压/kV	线路结构	输送功率/kW	输送距离/km
0.38	架空线	≤100	≤0.25
	电缆线	≤175	≤0.35
6	架空线	≤2000	3～10
	电缆线	≤3000	≤8
10	架空线	≤3000	5～15
	电缆线	≤5000	≤10

线路电压/kV	线路结构	输送功率/kW	输送距离/km
35	架空线	2000～15000	20～50
63	架空线	3500～30000	30～100
110	架空线	10000～50000	50～150
220	架空线	100000～500000	200～300

2. 线路设计的选择与节能

输电线路有架空线路与电缆线路两种，导线电缆的截面选择过大，虽然可以达到节能的目的，但却会增加投资；而选择太小又会影响可靠运行，缩短使用寿命、危害安全并带来经济损失。设计时，架空导线截面应按经济电流密度合理选择，较长距离的大电流回路或 35kV 以上的高压电缆应选择经济截面。

线路设计时应遵循以减少线路损耗为原则。由于配电线路有电阻，当有电流通过时就会产生功率损耗，其计算公式为

$$\Delta P = 3I^2 R \times 10^{-3} \tag{10.3}$$

式中：ΔP 为三相输电线路的功率损耗，kW；I 为线电流，A；R 为线路电阻，Ω。

其中线路电阻 R 在通过电流不变时，线路长度越长则电阻值越大。如果在一个工程中，由于线路上下纵横交错（一般工程的线路总长不低于万米，大工程更是不计其数），所造成的电能损耗是相当可观的，所以减少线路能耗必须引起设计人员的足够重视。在具体工程中，线路上的电流一般是不变的，那么要减少线损，就只能尽量减少线路电阻。而线路的电阻 $R = pL/S$，即与导线电阻率 p、导线长度 L 成正比，与导线截面 S 成反比。要减少电阻值，应从以下几方面考虑。

（1）尽量选用电阻率 p 较小的导线。

（2）尽可能减少导线长度。在设计中，线路应尽量走直线而少走弯路。另外，在低压配电中，尽可能不走或少走回头路。变电所应尽可能地靠近负荷中心，以减少供电半径。

（3）增大导线截面积。对于较长的线路，在满足载流量、热稳定、保护配合及电压降要求的前提下，在选定线截面时加大一级线截面。这样做虽然增加了线路费用，但由于节约能耗而减少了年运行费用，综合考虑节能经济时还是合算的。

10.13.2　变配电设计中的节能设计

1. 变压器的节能设计

减少变压器的有功损耗。变压器的有功损耗按式（10.4）计算：

$$\Delta P = P_0 + \beta^2 P_k \tag{10.4}$$

式中：ΔP 为变压器的有功损耗，kW；P_0 为变压器的空载损耗，kW；P_k 为变压器的短路损耗，kW；β 为变压器的负载率。

（1）P_0 作为变压器的空载损耗，又称铁损，它由铁芯涡流损耗及漏磁损耗组成，其值与铁芯材料及制造工艺有关，与负荷大小无关。所以，在选用变压器时，最好选择节能型变压器。

（2）P_k 是变压器额定负载传输的损耗，又称变压器线损，它取决于变压器绕组的电

阻及流过绕组电流的大小，并与负荷率平方成正比。因此，在选择变压器时应选用阻值较小的绕组，如铜芯变压器。$\beta^2 P_k$ 用微分求其极值时，是在 $\beta=50\%$ 时每千瓦的负荷。此时，变压器的能耗最小，但在 $\beta=50\%$ 负载率时，仅减少了变压器的线损，而并未减少变压器的铁损，因此也不是最节能的。综合初装费、变压器、高低压柜、土建投资及运行费用，又要使变压器在使用期内预留适当的余量，变压器最经济节能运行的负载率一般在 75%～85%之间。

（3）在选择变压器容量和台数时，应根据负荷情况，综合考虑投资和年运行费用，对负荷合理分配，选取容量与电力负荷相适应的变压器，使其工作在高效低耗区内。

2. 电动机与节能

减少电动机能量损耗的主要途径是提高电动机的工作效率和功率因数。设计时，应选用高效率的电动机，应根据负荷特性合理选择电动机，避免大马拉小车的现象。在工业用电动机中，异步电动机是最常用的一种，异步电动机的功率因数和效率是电动机运行中的两个主要经济指标，且二者密切相关，在改善异步电动机效率的同时也改善了功率因数。异步电动机所引起的无功功率约占工业企业无功功率的70%以上。在异步电动机轻载或空载时，功率因数很低，空载时功率因数只有 0.2～0.3；满载时功率因数很高，为 0.85～0.89。所以，设计时要正确选择异步电动机的容量，容量不能过大，应尽可能满负荷运行。一般异步电动机的额定功率和功率因数按负荷系数在 75%～100%范围内设计，故电动机额定输出功率应选择负荷功率的 1.10～1.15 倍为宜。

但是，在具体工程中，电动机通常都是由专业设备所配套的，由设备制造商统一供应的，所以节能措施只能贯彻在运行过程中。除了就地电容器补偿以减少线路损耗外，主要是减少电动机轻载和空载运行，因为，在轻载运行下，电动机效率是极低的。切实可行的办法是采用变频调速控制电动机，在负载率变化时自动调节转速使其与负载变化相适应，以提高电动机轻载时的效率，从而达到节约电能的目的。

3. 合理选择低压电器

低压电器是量大面广的基础元件，就每只低压电器而言，所消耗的电能并不大，但总的用量大，采用成熟、有效、可靠的节能型低压电器是节电设计中不可忽视的部分。

4. 提高供配电系统的功率因数

功率因数提高了，可以减少线路无功功率的损耗，从而达到节能的目的。前面提到的输电线路损耗 ΔP 中包含了线路传输有功功率时引起的线损和线路传输无功功率时引起的线损。传输有功功率是为了满足设备功能所必需的，是不变的。而在供配电系统中的某些用电设备如电动机、变压器、灯具的镇流器等都具有电感性，会产生滞后的无功电流，它要从系统中经过高低压线路传输到用电设备末端，无形中又增加了线路的功率损耗。然而，这部分损耗是可以避免的，可以通过以下两种方法来降低消耗。

（1）减少用电设备无功损耗，提高用电设备的功率因数。在设计中，应尽可能采用功率因数高的用电设备，如同步电动机等，电感性用电设备可选用有补偿电容器的用电设备（如配有电容补偿的荧光灯）等。

（2）用静电电容器进行无功补偿。电容器可产生超前无功电流以抵消用电设备的滞后无功电流，从而提高功率因数，同时减少整体无功电流。在具体设计时可采用高压集中补偿、低压分散补偿和低压成组补偿等方式，可根据具体情况选择补偿方式。

1）高压集中补偿是将并联电容器集中装设在高压变配电所的高压母线上，主要对电力系统起补偿作用，即补偿高压母线前（电源前方）所有线路上的无功功率，这种方式主要适用于大型变电所。

2）低压分散补偿是将并联电容器分散安装在各用电设备附近，它能够补偿安装部位前的所有高低压线路及变压器的无功功率，补偿范围大，效果好，但投资大且不便于维护，这种方式主要用于有特殊要求或就地无功较大的场所。

（3）低压成组补偿是将并联电容器组装设在变电所低压母线上，它能补偿变电所低压母线前包括变压器和用户高压配电线路在内的所有无功功率，其补偿比集中补偿大，但比低压分散补偿小。这种补偿方式应用较为广泛。

10.13.3 照明节能设计

照明节能设计就是在保证不降低作业面视觉要求、不降低照明质量的前提下，力求减少照明系统中光能的损失，从而最大限度地利用光能。通常有以下几种节能措施。

（1）充分利用自然光，这是照明节能的重要途径之一。在设计中，电气设计人员应多与其他专业人员配合，做到充分合理地利用自然光，使之与室内人工照明有机地结合，从而大大节约人工照明电能。

（2）照明设计规范规定了各种场所的照度标准、视觉要求、照明功率密度等。照度标准是不可随意降低的，也不宜随便提高。要有效地控制单位面积灯具安装功率，在满足照明质量的前提下，一般房间（场所）应优先采用高效发光的荧光灯（如T5、T8管）及紧凑型荧光灯；高大车间、厂房及室外照明等一般照明宜采用高压钠灯、金属卤化物灯等高效气体放电光源。

（3）推广使用低能耗、性能优的光源用电附件，如电子镇流器、节能型电感镇流器、电子触发器及电子变压器等，公共建筑场所内的荧光灯宜选用带有无功补偿的灯具，紧凑型荧光灯应优先选用电子镇流器，气体放电灯宜采用电子触发器。

（4）改进灯具控制方式，采用各种节能型开关或装置也是一种行之有效的节电方法。根据照明使用特点，可采取分区控制灯光或适当增加照明开关点。

10.14 地下厂房通风空调系统中的节能技术

周宁水电站厂房为引水式地下厂房，埋深约300m，厂房内安装两台混流式水轮发电机组，每台发电机额定出力为12.5万kW，地下厂房包括主厂房、副厂房、主变洞、母线室和尾水闸门洞等。厂房的交通洞断面尺寸为7.3m×6.8m，长约760m；安全排风出线洞断面尺寸为7.0m×5.9m，长约582m，同时具有安全通道、电缆出线洞、排风洞和排烟洞的功能。

1. 地下厂房通风空调方案

地下厂房在夏季采用空调方式，用水库水作为空调冷水（从尾水洞取水），采用全空气直流系统。主厂房采用一台ZK60组合式空调机来处理新风，空气处理量为$6 \times 10^4 \mathrm{m}^3/\mathrm{h}$，制冷量约为250kW。处理后的空气由送风管送至主厂房拱顶，再由拱顶送风管下部的

14 个格栅风口以 7～8m/s 的速度向下射流，空调风由此送入发电机层，出线层、水轮机层和主阀层均由安装在夹墙上的轴流风机从发电机层引风。出线层的小部分空调风从各自的进风口进入水轮机副厂房，吸收其余热余湿后由夹墙上的轴流风机排入夹墙，进而排入拱顶的安全排风洞，其余大部分空调风进入母线道，吸收母线道的余热后，由排风机排入安全排风出线支洞上的安全排烟洞，再由安全排风机室内的排风兼排烟风机排出厂房。水轮机层空调风吸收余热余湿后从吊物孔和楼梯间进入出线层，进而从母线道排走。主阀层的空调风吸收余热余湿后从吊物孔和楼梯间进入水轮机层，再由水轮机层进入出线层，同样从母线道排走。副厂房采用一台 ZK40 组合式空调机来处理新风，空气处理量为 $4×10^4$ m^3/h，制冷量约为 80kW。处理后的空气由送风管送至副厂房各个房间，吸收各自的余热余湿后，通过装在夹墙上的轴流风机排至拱顶的安全排风洞，再由安全排风机室内的排风机排出厂房。副厂房的运行值班室另设置一台水冷单元式空调机，供其在冬季和过渡季节副厂房未投入空调方式运行时单独使用。

在过渡季节和冬季采用机械通风方式。主厂房的组合式空调机及空调供水泵均停止运行，从安装场进厂入门进风至发电机层，其余通风机照常运转。副厂房的组合式空调供水泵停止运行，空调机及其他通风机照常运转。

主变压器室对空气的温度、湿度要求不高，由单独的主变交通洞进风，进行机械排风。每个主变压器室设一台排风机将热风排入安全排风出线支洞上的安全排烟洞，再由安全排风机室内的排风兼排烟风机排出厂房。厂房气流组织横剖面图如图 10.26所示。

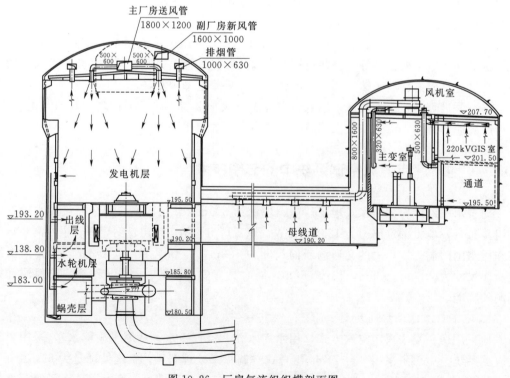

图 10.26　厂房气流组织横剖面图

2. 节能设计

在周宁水电站地下厂房的通风空调设计中，因地制宜地采用了节能设计。

（1）利用地下厂房的交通洞做进风洞。由于交通洞为深埋式建筑，空气与交通洞的岩壁存在热交换，可使夏季室外空气被冷却而冬季室外空气被加热。经计算，夏季室外 $1.5 \times 10^4 m^3/h$ 的空气流经交通洞时，与交通洞的岩壁进行不结露情况下的热交换，空气变化过程为等湿降温过程，经过长约 760m 的交通洞后，如图 10.27 所示，室外空气状态点由 W 点变到 W' 点，室外空气计算温度由原来的 33℃ 下降为 26.5℃，达到初步降温的效果，减少了约 338kW 的厂房空调冷负荷。

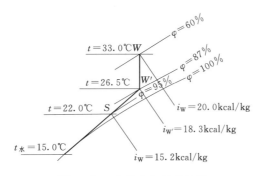

图 10.27 室外空气处理过程

（2）周宁水电站的水库为多年调节水库，调节库容为 3200 万 m^3，正常蓄水位为 633.00m。周宁水库紧接在上一级水电站——芹山水电站的尾水之后（芹山坝址与周宁坝址相距仅 7.53km），而芹山水电站的水库是穆阳溪龙头水库，为多年调节的大型水库，总库容为 2.61 亿 m^3，水库正常蓄水位为 755.00m，水库深层水温较低，所以流入周宁水电站水库的水温也较低。由表 10.27 可知，周宁水电站下泄水温最高仅为 12.5℃，具有丰富的天然冷源，所以可采用水库水作为空调冷水，既节省了冷水机组的投资，又节省了运行费用，还节省了布置空间和土建投资。考虑到冷水经输水管路有温升等并留一定裕量，取冷水设计温度为 15℃。

表 10.27　　　　周宁水库平水年河道天然水温和水电站下泄水温

月份	1	2	3	4	5	6	7	8	9	10	11	12
天然河道水温/℃	7.1	8.4	12.1	16.4	19.4	21.6	24.9	23.8	22.2	18.4	14.5	9.7
电站下泄水温/℃	9.4	4.7	7.3	11.3	11.2	11.5	11.3	11.6	12.0	12.2	12.5	10.0

（3）选用组合式空调机时，用喷淋段代替表冷段也是有效利用天然冷源的一个环节。由于喷淋室内空气能和冷水充分接触，充分地进行热交换，所以换热效率大大提高，能更充分地利用水库水的冷量。水喷淋还可以起到净化空气的作用，能去掉空气中的灰尘和异味，使空气变得清新，这是表冷器所无法达到的效果。当交通洞末端空气温度为 26.5℃，相对湿度为 87% 时，从焓湿图上可查得，此时的空气露点温度为 24.5℃，而冷水设计温度为 15℃，所以空气经过喷淋室时的变化过程为降温除湿过程，如图 10.27 所示。处理后的空气状态点由 W' 点变到 S 点，空气温度为 22.0℃，相对湿度为 95%。过高的相对湿度

采用设置在发电机层的自动型除湿机来降低。

（4）为了在过渡季节控制机械通风方式与空调方式的转换和满足自动化控制，在主厂房内设置了 6 个温湿度传感器，副厂房内设置了 2 个温湿度传感器，利用温湿度传感器来控制组合式空调机内的送风机和喷淋供水泵的启停。当主厂房或副厂房的任何一个测点的温度大于 30℃或相对湿度大于 75％时，喷淋供水泵和组合式空调机内风机运行；当主厂房和副厂房的所有测点的温度都小于 25℃且相对湿度都小于 65％时，组合式空调机内风机运行，喷淋供水泵停止；当主厂房的所有测点的温度都小于 20℃且相对湿度都小于 70％时，主厂房的组合式空调机内风机和喷淋供水泵均停止运行，安装场处进厂大门打开自然进风。

（5）在主厂房的通风系统设计中，主厂房发电机层送风方式采用顶送风方式，即将送风管布置在发电机层拱顶，由送风管下部的风口向下高速射流送风。由于水电站地下厂房的送风量较大，送风管的尺寸也较大，采用顶送风方式可利用拱顶空间，避免大量占用有用空间，减少了地下厂房开挖量，研究结果表明，顶送风的效果是令人满意的。出线层、水轮机层和主阀层只设送风机，不设排风机，利用吊物孔和楼梯间让风自然上升至出线层，从母线道排走，也节省了排风机的运行费用。

（6）主变压器室对空气的温、湿度要求不高，根据《水力发电厂厂房采暖通风与空气调节设计规程》，满足排风温度小于 40℃即可。由于该电站主变压器为水冷式变压器，冷却水的温度仅为 15℃左右，带走了大部分热量，散发到室内的热量并不太大，且夏季室外空气经过交通洞后的温度已降为 26.5℃，经计算，每个主变压器室只需 $1 \times 10^4 \, \mathrm{m^3/h}$ 的通风量即可使室内温度达到规范要求。因此，主变压器室采用自然进风，机械排风的方式。用机械通风代替空调方式，同样也节省了空调设备的投资、运行费用，还节省了布置空间和土建投资。

3．节能效益

在投资方面，节省了制冷量约 668kW 的冷水机组的投资，设备费用约 40 万元。在运行费用方面，节省的冷水机组的输入功率约为 150kW，若冷水机组运行时间每年按满负荷运行 1500h 计算，则每年可节电约 22.5 万 kW·h，可节省电费约 15 万元。在土建投资方面也节省了大量资金。

4．运行情况

周宁水电站于 2005 年 3 月投产运行，地下厂房通风空调系统也已经历了考验，运行人员对厂房的气流组织和温湿度都较为满意。周宁水电站运行人员记录了 2006 年 8 月 5—15 日地下厂房主要作业场所的温湿度值。从表 10.28 可见，地下厂房的温湿度是符合规范要求的，主变压器室靠机械通风能满足要求。

表 10.28　　　　　　　　2006 年 8 月 6 日 3 个时间点实测的温湿度值摘录

项目	时间	10:39		18:20		22:05	
序号	作业场所	温度/℃	湿度/％	温度/℃	湿度/％	温度/℃	湿度/％
1	发电机层	27	78	27	75	28	76
2	出线层	28	66	28	68	29	68

续表

项目	时间	10:39		18:20		22:05	
序号	作业场所	温度/℃	湿度/%	温度/℃	湿度/%	温度/℃	湿度/%
3	水轮机层	26	80	26	80	26	80
4	主阀层	27	72	27	72	27	75
5	1号母线道	28	64	28	64	28	63
6	2号母线道	28	67	28	67	28	66
7	1号主变室	33	60	33	60	32	69
8	2号主变室	36	59	36	59	33	60

5. 结论与建议

（1）厂房通风空调设计是成功的。深埋式地下通道降温效果良好，应尽量利用。

（2）有条件时可采用深层水库水等天然冷源作冷水，此时，喷水室有较大的优越性，不但换热效率高，而且能净化空气。

（3）地下厂房顶送风方式是可行的，不但气流流态良好，还可减少地下厂房工程量，节省土建投资。

10.15　水电运行管理节能技术

二滩水电站位于雅砻江下游，安装6台55万kW水轮发电机组，建成之初其装机容量约占川渝电网容量的1/4，担负着电网的调频、调峰和事故备用任务。1998年8月18日第一台机组并入系统投入商业运行，1999年年底6台机组全部投产。自二滩水电厂投产以来，80%以上的运行时段（包括枯水季节）担任系统第一调频厂，使川渝电网的频率合格率达到99.99%，电压合格率提高了3个百分点。通过对二滩水电厂近年来的运行状况和运行数据分析，说明水电厂在合理安排运行方式，熟练掌握运行操作，更新改造落后设备，提高设备检修质量等运行维护中，各个生产环节都蕴藏着极大的节能潜力，有着不可忽视的节能途径和节能效果。

1. 减少旋转备用机组台数

减少旋转备用机组台数，是水电厂节能的重要途径之一，对平、枯水月份其节能效果更为明显。

二滩水电厂正常投入川渝电网以来，主要向成都和重庆地区送电。由于输电距离长，在刚投产的几年里，即使在枯水期的低谷时段，全厂总负荷也只有几十万千瓦，最低时仅几万千瓦甚至空载，系统仍要求二滩水电厂保持3台机组（曾极少出现过开2台机组）运行，作为系统旋转备用并进相运行以调整系统电压，实际上开2台机组也完全可以达到要求。尽管二滩水电厂投产后使川渝电网的电压合格率提高了3个百分点，但也是在二滩水电厂牺牲一定经济效益情况下实现的。

雅砻江1—6月、11月和12月一般为的枯、平水月份，按每天低谷时段（23时至次日 7 时）8h 计算，则每年枯、平水月份低谷运行时间为 1936h。

如果二滩水电厂在枯、平水月份的低谷时段少开一台机，按二滩水电厂机组设计空载耗水量（32m³/s）计算，则每年节约水量为 32×3600×1936＝22302.72（万 m³）。

按照二滩水电厂平均发电耗水率［约 2.5m³/（kW·h）］计算，这些水可发电 22302.72/2.5＝8921（万 kW·h）。

另外，二滩水电厂机变系统技术供水取自尾水管，依靠水泵抽水提供冷却水，相应设备的功率为：机组单台水泵电机功率 220kW、主变压器单台水泵电机功率 55kW、主变压器冷却器油泵单台电机功率 4.45kW、发电机出口断路器冷却风机功率为 7.5kW。

只要机变系统投运，即使空载运行，这些电机也必须随之投运，这样一台机变冷却系统电动机运行总功率约为 220＋55＋4.45＋7.5＝287（kW）。

可见每年仅平、枯期低谷时段，二滩水电厂少空载运行一台机，就可以节约厂用电为 287×1936＝555632（kW·h）。

上述节水多发的电能和节约的厂用电能均处于水电厂来水较少的月份，同时也是系统缺电的季节，相应电价也较高。所以水电厂枯水季节能，其社会效益和经济效益非常显著。

2. 改变厂用电运行方式

二滩水电厂机变系统为发电机—变压器单元接线。厂用电有 6 段主母线（1M、2M、3M、4M、5M、6M），接线方式为单母线分段接线，母线间均有联络开关和刀闸，并配有备自投装置。每段母线的主供电源分别取自 6 台机变分支线厂用高压变压器（以下简称"厂高变"），两端的 1M 和 6M 还各有一路施工用外来电源，这样 6 段主母线每段母线都有 3 个电源。高压厂用电系统接线合理，配置齐全，运行方式灵活，供电电源可靠。

二滩水电厂主变压器（500kV/18kV）和厂高变（18kV/6.3kV）均为单相变压器组接线，主变容量为 3×214000 kVA，厂高变容量为 3×1050kVA。机组正常停机备用时，只断开发电机出口开关，主变和厂高变继续在网上运行。如果根据季节变化和机组并网台数的不同，停用主变和厂高变，则可减少主变和厂高变的空载损耗，同时可停运相应的辅助设备。这种运行方式在平、枯水季节开机台数较少时是可行的，即使有一台机组检修，每年在枯、平水月份的低谷时段内，也至少可以停运一个主变单元而不影响厂用电的可靠供电。

如果停运一台主变压器，则相应的厂高变、主变压器冷却技术供水水泵和主变冷却器也随之停运。停运设备功率为：主变 241.5kW（实测三相空载损耗）、厂高变 2kW（实测三相空载损耗）、主变压器冷却技术供水水泵 55kW（配套电机）、主变冷却器 4.45kW（配套电机），即停运功率约为 241.5＋2＋55＋4.45＝303（kW）。

仅按前述每年枯、平水月份低谷时间为 1936h 计算，可节约电能为 303×1936＝586608（kW·h）。如果停运多台，则节能效果更为显著。

当然这样的运行方式增加了运行人员的操作，但在国家倡导节能减排的今天也是必要的，其经济效益也是显而易见的。

3. 缩短机组并网过程

电力系统水电机组较其他机组具有启停方便快捷的特点，所以系统一般由水电机组承担调频、调峰和事故备用任务，因而水电机组开、停比较频繁，2003 年 11 月某日开停机达到 22 次。2001—2007 年二滩水电厂开、停机次数统计见表 10.27。

表 10.29　　　　　　　　　2001—2007 年二滩水电厂开、停机次数统计

机组编号	1 号机	2 号机	3 号机	4 号机	5 号机	6 号机	年合计
2001 年	96	182	101	148	252	74	853
2002 年	155	194	115	117	201	156	938
2003 年	230	146	132	151	175	190	1024
2004 年	135	98	107	156	149	135	780
2005 年	154	95	66	86	126	158	685
2006 年	83	131	92	68	134	94	602
2007 年	75	160	58	136	135	181	745
单机合计	928	1006	671	862	1172	988	5627

从表 10.29 可以看出，二滩水电厂 2001—2007 年平均每年开、停机操作约 800 台次，开机操作应为 400 台次。

二滩水电厂的机组从启动到并入系统一般需要 3 min 左右。在开机并网过程中，如果自动控制系统（如调速、励磁、监控等）故障或机组辅助设备系统（如温度、流量、液位、压力等）异常，运行值班人员就必须到现场检查确认或调整，这样将延长开机并网时间，往往超过 10min，遇到问题较大时超过 0.5h 也是常事。

假设每次开机缩短 1min，按照二滩机组设计空载耗水量（32m³/s）计算，每年仅开机就可节约水量为 $32 \times 60 \times 400 = 76.8$（万 m³）。

仍按平均发电耗水率 2.5 m³/（kW·h）计算，相当于这些水可多发电量为 768000/2.5 = 30.72（万 kW·h）。

如果每次开机时能顺利并网带负荷，停机时能按程序正常进行，则每年开、停机节约的水量及多发的电量也是不可忽视的。

二滩水电厂在投产的近 10 年内，对全厂发电机励磁调节器、水轮机调速器、机组计算机监控系统和技术供水等辅助系统进行了更新改造和完善，这样既保证了设备的安全运行，同时也提高了机组开、停机成功率，缩短了开停机时间，减少了开、停机过程耗水量。

另外，加强运行值班人员的业务技术培训，熟练掌握运行操作，积累运行经验，迅速处理开、停机过程出现的问题，同样增强了水电厂的节能效果。

4. 提高导水机构检修质量

水电厂备用机组一般采用停机备用方式。如果水轮机导水机构的漏水过大，机组在停机备用状态将损失一定的水量，也即损失一定的电量。

二滩水电厂在停机过程中，曾遇到 2 号机和 3 号机转速分别下降到额定转速的 17.1% 和 15.2% 时不再下降的现象，分析可能是机组漏水量过大的原因。随后对水轮机组进行漏水量测试，发现 2 号机和 3 号机漏水量分别达到 1.6m³/s 和 1.3m³/s，超过了设计漏水量（小于 0.6m³/s）。2001—2007 年二滩水电厂 6 台机总共停机备用小时数统计见表 10.30。

表 10.30　　　　　　2001—2007 年二滩水电厂 6 台机总共停机备用小时数统计

年份	2001	2002	2003	2004	2005	2006	2007	平均
停机备用/h	8734.40	10909.24	9499.74	9246.32	8536.20	7884.05	9431.45	9177.34

从表 10.30 中可看出，二滩水电厂每年平均停机备用时间约为 9177h。

如果每台水轮机导水机构平均漏水量减少 $0.5\text{m}^3/\text{s}$，则每年停机备用可减少的漏水量为 $0.5 \times 3600 \times 9177 = 1652$（万 m^3）。

仍按平均发电耗水率 $2.5\text{m}^3/(\text{kW} \cdot \text{h})$ 计算，这些水可增加发电量为 $1652/2.5 = 660.8$（万 $\text{kW} \cdot \text{h}$）。

可见，由于导水机构漏水而损失的电量也是非常可观的。所以，提高水轮机导水机构检修质量，也是水电厂节水、节电非常重要的途径。

第11章 水电工程节能降耗分析及节能评估工程案例

本章主要以近年来在建或已建的水电工程为例，阐述水电工程节能降耗篇编制及节能评估报告编制的工程案例。

11.1 节能降耗篇编制工程案例

11.1.1 雅砻江杨房沟水电站节能降耗分析

1. 工程总体节能降耗作用

杨房沟水电站装机容量1500MW，电站建成后以发电为主，供电范围主要为四川电网，并与四川省内其他水电站一起通过四川电网参与"西电东送"。设计水平年杨房沟水电站可替代同等规模火电装机，每年可提供68.557亿kW·h的清洁电能，减少受电区的火电装机容量，节省受电区电力系统的燃煤消耗，减少一氧化碳（CO）、碳氢化合物（C_nH_m）、氮氧化合物（NO_x）、二氧化硫（SO_2）等排放量，减轻煤矿、火电、交通建设压力和环境污染，促进西部生态环境的建设。杨房沟水电站建成后，参与四川电网进行"川电外送"，可减小受电端的火电电源建设规模，从而节约煤炭资源，更可减少因燃煤而带来的负面环境效应，非常有利于环境保护。

杨房沟水电站建成后，可替代同等规模的火电机组，替代火电年均发电量约72亿kW·h，相应每年可节约标准煤约220万t，按100年计算共可节约标准煤约2.2亿t，每年可减少排放二氧化碳（CO_2）570万t、一氧化碳（CO）约800t、碳氢化合物（C_nH_m）约270t、氮氧化合物（NO_x）约2.80万t、二氧化硫（SO_2）约5.00万t，对减轻环境污染有巨大作用，符合我国可持续发展战略。

2. 主要节能降耗措施

工程设计贯彻"节能、生态、经济"的设计理念，在枢纽布置、水工建筑物设计方案比选、设备及材料选取时充分考虑节能、节地、生态环保要求，力求把杨房沟工程设计成一个"资源节约、环境友好"的工程。

（1）枢纽布置及主要建筑物设计节能措施。在枢纽布置、主要建筑物设计过程中，始终贯彻执行节能标准，将节能降耗指标作为方案选择的重要考察内容，设计过程中对大坝枢纽、引水系统、发电厂房等主要建筑物均进行了多方案经济、技术、节能指标比较，主要采取以下节能降耗措施。

1）对混凝土拱坝进行多方案体型优化，在满足设计基本条件的基础上，尽量减少混凝土方量，降低水泥这种高耗能材料的用量。

2）优化拱坝建基面，尽可能减少大坝基础开挖量和大坝混凝土方量。

3）通过坝身开孔泄洪减少了因布置坝外泄洪建筑物而增加的开挖、支护等工程量。

4）水垫塘、二道坝设计时减少对河床以及岸坡的开挖。水垫塘雾化区边坡经研究只局部采用混凝土衬砌，同时尽量减少对边坡的开挖和支护。

5）优化输水系统结构设计，降低输水系统的水头损失；优化引水隧洞衬砌型式，减少渗漏；优化尾水岔管型式，减小水头损失；优化尾水闸门室布置，减小明挖工程量。

6）引水隧洞除下平段采用钢板衬砌外，其余采用钢筋混凝土衬砌。

7）厂区地下洞室较多，各洞室均采取最短距离布置，洞室布置较为紧凑，洞室之间设置多条连接通道；通过合理布置通风系统，可以使地下厂房洞室群通风顺畅，保证空气相对流通，可降低通风除湿设备运行的能耗。

8）设计有完善的地下厂房防/排水系统，可明显改善因外水内渗引起的厂房内部温度的降低及湿度的增加，减少厂内通风防潮能耗。

9）厂房及主变洞室内的洞壁均设有防潮隔层，可防止湿冷的空气进入厂房，进而减少通风防潮的能耗。

（2）机电设备及辅助设备系统节能降耗措施。

1）比选接入系统和电气主接线，优化机组参数，减少能耗。根据电站装机容量规模及在系统中的作用，通过技术经济比较及可靠性计算分析，推荐的电气主接线为：发电机与主变压器的组合采用两机一变联合单元接线，即 1 号和 2 号机变组成一个联合单元、3 号和 4 号机变组成另一个联合单元。500kV 侧采用 3/2 接线，使用 GIS 设备，该接线低压侧设备布置简单清晰，发电机的投运操作灵活、简单。GIS 设备运行安全可靠、维护工作量小、布置面积省，适合该电站枢纽布置特点，有利于电站安全稳定可靠运行，并可减少永久征地，节约宝贵的土地资源。

选择相对较高的水轮机效率。参考已建、在建电站相近水头段水轮机及厂家提供的效率值，该阶段推荐水轮机最高效率不低于 95%，额定工况效率不低于 92.5%。

在低损耗材料选用中，定子铁芯采用低损耗高导磁率的优质冷轧钢板，定子绕组导体采用电解铜，磁极线圈采用紫铜排。定子采用无外加电动风机的径、轴向通风方式，通风冷却系统做到冷却效果好及效率高，通过减少通风冷却系统损耗达到降低机械损耗的目的。

调速器液压操作系统中均设置了压力油罐，以减少油泵运行次数和时间，当压力油罐的油位降低到设定值时，由油泵启动补油，降低电能损耗，提高使用寿命。

杨房沟水电站装机年利用小时数 4571h，主变压器空载运行时间长。设计时选择低损耗的主变压器，铁芯选用优质、薄型、高导磁、晶粒取向、经激光处理的冷轧硅钢片，单位铁损不大于 0.9W/kg，控制变压器空载损耗，变压器综合效率不小于 99.7%。主变压器布置在主变洞内，和发电机之间使用离相封闭母线相连，可有效降低发电电动机到主变压器之间的低压电气损耗。主变压器采用水冷方式，可有效降低因采用空冷而使用大功率通风散热设备，从而达到节能的目的。

2）辅助系统设计及设备选择充分考虑节能特性。大容量电动机及风机设备采用变频运行方式。照明系统采用分级分块控制方式，采用高效节能型产品，非常规监视区域采用声光开关控制照明。

厂房通风系统充分利用现有进风通道（进厂交通洞和通风兼安全洞）的自然降温去湿

效应（夏季），尽量减少空调机械制冷量，降低厂房空调电负荷。利用低温库水（河水）的冷却能力，作为空调系统的冷源。厂房通风空调设备设置了自动控制系统，对大型重要设备均可调节和监控，实现总体节能高效运行。

辅助系统设备及材料选择中强调节能特性，要求动力设备运行工况点（流量、扬程）落在高效区，满足工程技术指标要求。

（3）工程建设节能设计及措施。在主要施工设备选型及其配套方面主要采取以下措施。

1）坝体混凝土施工设备选择及配套。

a. 杨房沟工程以常态混凝土浇筑、拱坝坝型为主体进行施工设备组合配套。

b. 施工设备的技术性能能适合工作的性质、施工对象的特点、施工场地大小和物料运距等施工条件，充分发挥机械效率，保证施工质量；所选配套设备的综合生产能力，应满足施工强度的要求。

c. 所选设备应技术先进，生产效率高，操纵灵活，机动性高，安全可靠，结构简单，易于检修和改装，防护设备齐全，废气噪音得到控制，环保性能好。

d. 注意经济效益，所选机械的购置和运行费用合理，劳动量和能源消耗低，并通过技术经济比较，优选出单位工程量或时间成本最低的机械化施工方案。

e. 选用适用性比较广泛、类型比较单一的通用机械，并优先选用成批生产的国产机械，必须选用国外机械设备时，应尽量选择同类、同型号且配件供应等技术服务有较好保证的设备。

f. 注意各工序所用的机械配套的合理性，充分发挥设备的生产潜力。

2）引水发电系统施工设备选择及配套。

a. 选用的开挖机械设备其性能和工作参数应与开挖部位的岩石物理力学特性、选定的施工方法和工艺相符合，并应满足开挖强度和质量要求。

b. 开挖过程中各工序所采用的机械应既能充分发挥其生产效率，又能保证生产进度，特别注意配套机械设备之间的配合，不留薄弱环节。

c. 从设备的供给来源、机械质量、维修条件、操作技术、能耗等方面进行综合比较，选取合理的配套方案。

d. 在满足施工需求的前提下，尽量选用少的机械设备种类，以利于生产效率的提高和方便维修管理。

在主要施工技术及工艺选择上主要采取以下节能措施。

1）施工方案设计时，充分考虑到节能降耗，以降低工程造价。

2）施工设备选型及配套设计时，按各单项工程工作面、施工强度、施工方法进行设备配套选择，使各类设备均能充分发挥效率。

3）在施工设备的选型上，选择效率高、耗能小的设备。

杨房沟工程在进行地下洞室开挖时，在工程开挖料满足质量要求时，最大限度地利用开挖料作为工程骨料加工、围堰填筑的主要料源，以减少因大量开采石料所造成的能耗及对环境的影响；地下洞室施工时，有条件时应优先贯通顶部的通风洞井及底部的排水通道，尽早实现自然通风和自然排水，减少风机和排水泵的工作量，从而降低了电耗；施工支洞尽量采用顺坡布置，以减少重车出渣的能量消耗，降低排水难度，减少排水设备和运行费用，起到降低能耗的作用；在混凝土安排施工进度时，尽量不要将大体积的混凝土浇筑时间安排在夏季，不能完全避开时，可以分块薄层安排在早晚间施工，并采取一些物理措施降温，尽量减少使用制冷系统来生产预冷混凝土等，这些均可很大程度地减少电耗。

3. 节能降耗效益分析

杨房沟水电站电站装机容量1500MW，工程开发任务为发电。根据雅砻江干流中游河段各梯级水电站可能的开发时序，"龙头"水库两河口水电站将先于杨房沟水电站建成、投产。在考虑杨房沟水电站单独运行时，其多年平均年发电量为 59.652 亿 kW·h，其中枯水期（11月至次年5月）发电量为 9.249 亿 kW·h；在考虑杨房沟水电站与两河口水电站联合运行时，其多年平均年发电量为 68.557 亿 kW·h。

杨房沟水电站的水量利用率可达到99.05%（为发电流量与可用发电流量的比值），使雅砻江的水量得到较充分利用。根据 2025 年水平的四川电网电力电量平衡结果，杨房沟水电站装机容量1500MW是系统的必需容量，电站有效电量均能被电网吸收，电量利用系数较高。

杨房沟水电站建成后，可替代同等规模的火电机组，替代火电年均发电量约 72 亿 kW·h，相应每年可节约标准煤约220万 t，按100年计算共可节约标准煤约2.20亿 t，每年可减少排放二氧化碳（CO_2）570万 t、一氧化碳（CO）约800t、碳氢化合物（C_nH_m）约270t、氮氧化物（NO_x）约2.80万 t、二氧化硫（SO_2）约5万 t，对减轻环境污染有巨大作用。

（1）工程建设节能降耗效益分析。杨房沟工程采取的施工方法可行，布置规划合理，选用的施工设备先进、能耗低，采用了经济指标先进合理的施工方案。工程建设主要耗能为土石方、混凝土工程，主要耗能种类有柴油、电等。经估算工程建设能耗总量为：柴油 4.33 万 t，电 2.85 亿 kW·h，折合标准煤 18 万 tce。工程建设万元 GDP 能耗 0.17tce，该能耗指标远低于四川省"十一五"期末万元 GDP 能耗 1.28tce 的耗能指标，亦低于全国"十一五"期末万元 GDP 能耗 0.98tce 的耗能指标。故根据耗能总量和能源利用率的统计分析对比，其耗能指标满足国家及相关行业标准，所选用的设备及其配套的施工工艺及技术方案，将使工程建设节能降耗取得显著效益。

杨房沟水电站工程建设能耗量汇总见表11.1，分年度能耗量汇总见表11.2。

表 11.1　　　　　　杨房沟水电站工程建设能耗量汇总

序号	项目	柴油/万 t	电/(万 kW·h)
1	主体及临时工程施工	3.87	3637.46
2	砂石加工系统		3651.20
3	混凝土生产系统		4646.20
4	修配及加工企业		2215.86
5	施工供风系统	0.46	7596.99
6	施工供水系统		1174.44

序号	项 目	柴 油/万 t	电/(万 kW·h)
7	施工临时建筑		1352.88
8	施工生活、办公建筑设施		4273.74
9	合 计	4.33	28548.77

表 11.2　　　　　　　　　杨房沟水电站工程建设分年度能耗量汇总

年 度	柴 油/万 t	电/(万 kW·h)
第 1 年	0.37	1494.58
第 2 年	0.96	3645.67
第 3 年	0.77	2912.08
第 4 年	0.80	2590.76
第 5 年	0.80	5257.09
第 6 年	0.46	7868.31
第 7 年	0.16	4357.39
第 8 年	0.01	422.89
合 计	4.33	28548.76

（2）工程运行节能降耗效益分析。工程运行节能降耗主要为提高管理水平，提高节能意识，降低电站主要生产辅助设备用能指标和提高建筑物的用能节能特性。工程运行主要能耗种类为电能，另包括少量的水和润滑油等，以及职工生活用能等。根据电站设计规模、厂用负荷等情况，分析并参考类似规模水电站的运行统计，采取一定的节能设计和措施后，该电站的综合厂用电率指标可控制在不大于 0.52%，发电厂用电率指标可控制在不大于 0.2%。经估算，该电站工程运行年电耗量为 4573.41 万 kW·h，折合标准煤 5621.00tce；透平油年耗油量约 8.4t，绝缘油年耗油量约 18.6t，年总耗油量约 27t，折合标准煤 39.73tce。

杨房沟水电站工程运行能耗量汇总见表 11.3 和表 11.4。

表 11.3　　　　　　　　　杨房沟水电站工程运行电能消耗量汇总

序号	项 目	设备名称	年消耗电量/(万 kW·h)	备注
一	主要生产设备			
1.1		主变压器	2671.26	
1.2		主母损耗	228.13	
1.3		分支母线	0.99	
1.4		GIS 联合单元	1.79	不计入厂用电
1.5		地面 GIS 设备	6.15	
1.6		500kV 电缆	57.58	
	小 计		2965.90	

序号	项　目	设备名称	年消耗电量 /(万 kW·h)	备注
二	辅助生产设备			
2.1		水轮发电机组附属设备	279.08	
2.2		水力机械辅助系统设备	230.73	
2.3		电站桥式起重机	25.73	
2.4		主要生产场所照明设备	220.61	
2.5		主要电气设备	158.84	
2.6		通风空调系统	529.74	
2.7		给排水系统	11.25	
2.8		金属结构	13.98	
2.9		电　梯	7.20	
	小　计		1477.16	
三	附属生产、损耗设施			
3.1		配套办公、生活设施	130.35	
	合　计		4573.41	

表 11.4　　　　　　　　　　　杨房沟水电站工程运行油量消耗汇总

序号	项　目	设备名称	年用油量/t
1	辅助生产设备消耗的油品	柴油	1.23
2	附属生产、生活设施消耗的油品	汽油	72.00
		柴油	11.68

11.1.2　绩溪抽水蓄能电站节能降耗分析

1. 项目总体节能降耗效益分析

绩溪抽水蓄能电站总体节能降耗效益主要体现在以下几方面。

（1）绩溪抽水蓄能电站送电华东电网可替代系统煤电装机 1800MW，在电网中承担调峰填谷任务，每年可吸纳 40.20 亿 kW·h 低谷电量，提供 30.15 亿 kW·h 的高峰电能，节约发电标准煤 21.6 万 t，按标准煤价格 800 元/t 考虑，每年可节约系统燃料费 17280 万元。

（2）绩溪抽水蓄能电站为华东电网提供清洁电能后，可减少受电区的火电装机容量，节省受电区电力系统的燃煤消耗，从而有助于减少一氧化碳（CO）、碳氢化合物（C_nH_m）、氮氧化物（NO_x）、二氧化硫（SO_2）等排放量，缓解电力行业面临的二氧化硫（SO_2）、二氧化碳（CO_2）排放压力，减少空气污染，提高受电区的环境质量，同时可减轻煤矿、火电、交通建设压力，促进供电和受电地区经济的可持续发展。

（3）绩溪抽水蓄能电站具有运行灵活、启动快、跟踪负荷能力强的特点，该电站的建设，可缓解电网调峰压力，增加系统的紧急事故备用容量，电站有效电量均能被电网吸收，电量利用系数较高。

2. 工程设计中的节能降耗措施

工程设计中主要采用以下节能降耗措施。

（1）绩溪抽水蓄能电站建设条件优良，在站址选择上具有较好的节能特性。电站建成后主要服务于华东电网（安徽省、江苏省、上海市），在电网中承担调峰、填谷、调频、调相和事故备用等任务。

（2）从枢纽设计来看，绩溪抽水蓄能电站上水库成库条件好、库盆防渗处理简单；下水库施工条件优越，工期短、投资省；电站水头高；从枢纽布置上具有良好的经济性和较好的节能特性。

（3）通过合理选择水库防渗形式，减少水库渗漏量。

（4）通过合理选择坝型，减少库岸高边坡开挖风险和项目征地范围，减少土地资源占用。

（5）通过优化输水系统结构设计，降低输水系统的水头损失；通过优化引水隧洞衬砌型式，减少渗漏；通过优化下库进出水口体型，减少水头损失。

（6）选择合理的厂房位置及轴线，方便运行管理，降低工程投资；选择合理的厂区布置方案，减少占地面积，提高综合利用率。

（7）在建筑材料设计选择时充分考虑工程和当地现有条件，具有明显的节地、节材特性。

（8）在满足枢纽布置和施工总布置需要的前提下，本着少征地、少占良田的原则开展建设征地设计工作。

（9）在运行过程中，制定合理的调度运用计划，使发电机组正常高效运转，最大限度地发挥效益。从节水潜力角度考虑，主要是节约生活区的生活用水。

（10）推荐的电气主接线可靠性高，运行灵活，统计故障率和年停运时间较小，期望受阻电能综合指标相对较低，并且在需要时能够切除一组单元的空载主变，可减少空载时间和空载损耗。

（11）选择相对较高的水泵水轮机、发电电动机的效率；选用效率高的变压器；大容量电动机及水泵设备的启动方式均采用变频启动设备，设备选择节能型产品，并能够全面采用 PLC 控制，提高自动化水平并减少厂用电能耗。

3. 工程建设节能降耗设计及有关措施

电站工程建设节能降耗设计主要反映在施工总体布置、主体工程施工技术方案及设备选择、施工工厂设施、施工营地及其他临时建筑物等方面。电站的建设过程是一个消耗能源的过程，其主要消耗的能源有汽油、柴油、水和电能等，因此在施工组织设计中的节能设计重点就在于选择经济高效的施工技术，将节能降耗落实到施工材料、设备、工艺等技术措施上，降低工程造价，提高能源的综合利用效率和企业的综合效益。

绩溪工程施工时间长，能源消耗较大，在工程设计方案比选中，首选了施工方法可行、施工设备先进（耗能低）、经济指标最低的方案。在方案设计中，合理调度、合理安排施工时间和秩序，以降低对能源的消耗。

绩溪工程除了采用节能降耗措施的最优方案外，还采取以下措施达到节能降耗效果。

（1）科学合理配备人员及生活设备设施，尽量采用节能设备，降低经营成本，节约能耗,提高效率。

(2) 加强节能管理,建立健全节能管理(包括节能资金、能源消耗成本管理、节能工作责任、节能宣传与培训、能源专责工程师等)制度。

(3) 根据国家有关规定,制定先进合理的产品能耗限额,实行能源消耗成本管理;制定节能降耗计划和任务并组织实施。

(4) 转变思想,提高资源忧患意识、节能意识和责任意识,形成良好的节能习惯。

4. 工程运行节能降耗设计

工程运行节能降耗主要为提高管理水平,提高节能意识,降低电站主要生产辅助设备用能指标和提高建筑物的用能节能特性。工程运行主要能耗种类为电能,另包括少量的水和润滑油等,以及职工生活用能等。

5. 节能效果综合评价

工程建设主要耗能种类有柴油、电等。经估算,工程建设能耗总量为:柴油25497.4t,电 10434.4 万 kW·h,折合标准煤约 5.3 万 tce。

绩溪抽水蓄能电站工程建设能耗量汇总见表 11.5,分年度能耗量汇总见表 11.6。

表 11.5　　　　　　　绩溪抽水蓄能电站工程建设能耗量汇总

序号	项　目	柴　油/万 t	电/(万 kW·h)
1	主体及临时工程施工	25490.2	2440.9
2	砂石加工系统		567.0
3	混凝土生产系统		222.5
4	修配及加工企业		2276.0
5	施工供风系统	7.2	2502.0
6	施工供水系统		951.0
7	施工临时建筑		335.0
8	施工生活、办公建筑设施		1140.0
9	合　计	25497.4	10434.4

表 11.6　　　　　　　绩溪抽水蓄能电站工程建设分年度能耗量汇总

年　度	柴油/万 t	电/(万 kW·h)
筹建期	285.0	69.6
第 1 年	7091.8	1871.0
第 2 年	13055.6	3121.4
第 3 年	3750.4	1984.6
第 4 年	833.8	1572.9
第 5 年	278.3	945.3
第 6 年	171.2	646.3
第 7 年	31.3	223.3
合　计	25497.4	10434.4

电站工程运行能耗主要是厂用电，经估算，电站工程正常运行每年生产生活用电约为5755.97万kW·h，电站运营期生产生活年耗电量共177475.7万kW·h，折合标准煤约7080tce；柴油21.36t，折合标准煤约31tce。工程运行万元工业增加值能耗为0.070tce/万元，该能耗指标低于安徽省2010年单位GDP能耗指标0.973tce/万元。

绩溪抽水蓄能电站工程运行电能消耗量汇总见表11.7。

表11.7　　　　　　　　　　绩溪抽水蓄能电站工程运行电能消耗量汇总

序号	设 备 名 称	年消耗电量/(万 kW·h)	备　注
1	主变压器、主母线、500kV高压电缆、550kVGIS设备	3389.952	
2	发电生产过程中用电设备	2216.0203	
2.1	水泵水轮机-发电电动机组附属设备	134.73	
2.2	水力机械辅助设备	1048.5428	
2.3	桥式起重机	6.21	
2.4	电气设备	472.6	
2.5	生产区通风空调系统	541.1833	
2.6	给排水系统	3.0222	
2.7	金属结构设备	9.732	
3	其他设备设施	150	
4	1~3项用电量小计（综合厂用电能耗）	5755.9723	
5	综合厂用电率		1.91%

11.1.3　澜沧江苗尾水电站节能降耗分析

1. 项目总体节能降耗效益分析

苗尾水电站是澜沧江上游河段一库七级开发方案中的最下游一级电站，装机容量1400MW，电站开发任务以发电为主，主要供电南方电网。澜沧江干流上游如美、古水、黄登电站投入前，苗尾水电站多年平均年发电量59.99亿kW·h，其中枯水期（11月至次年5月）电量18.98亿kW·h；上游如美、古水、黄登电站投入后，多年平均年发电量65.56亿kW·h，其中枯水期（11月至次年5月）电量27.02亿kW·h。

苗尾水电站静态投资为1391395万元，单位千瓦投资9939元。按如美、古水、黄登电站投入后的多年平均年发电量计，单位电能投资2.319元/(kW·h)，经营期平均出厂电价0.417元/(kW·h)，贷款偿还期25年，全部投资财务内部收益率8.00%，资本金财务内部收益率8.76%，电站经济指标较好，是云南电网一个较好的大型水电电源点。

苗尾水电站不同运行时期的水量利用率可达到88.5%~96.1%（为发电流量与可用发电流量的比值），澜沧江水量得到较充分的利用。根据2025年水平的云南电网和广东电网电力电量平衡结果，苗尾水电站装机容量1400MW是系统的必需容量，电站有效电量均能被电网吸收，电量利用系数较高。

苗尾水电站可替代同等规模火电装机，每年可提供59.99亿~65.56亿kW·h的清洁电能，从而可减少受电区的火电装机容量，节省受电区电力系统的燃煤消耗，减少一氧化碳（CO）、碳氢化合物（C_nH_m）、氮氧化物（NO_x）、二氧化硫（SO_2）等排放量，减轻煤矿、火电、交通建设压力和环境污染。

2. 工程设计中的节能降耗措施

苗尾工程设计贯彻"节能、生态、经济"的设计理念，在枢纽布置、水工建筑物设计方案比选、设备及材料选取时充分考虑节能、节地、生态环保要求，力求把苗尾工程设计成一个"资源节约、环境友好"的工程。

3. 枢纽布置及工程设计节能措施

在枢纽布置、主要建筑物设计过程中，始终贯彻执行节能标准，将节能降耗指标（此指标主要融入投资、工期及运行维护费用等指标中）作为方案选择的重要考察内容，设计过程中主要采取以下节能降耗措施。

（1）选择合理的枢纽布置格局。就左岸岸坡溢洪道方案、左岸坝肩溢洪道与电站进水口相邻布置方案、左岸坝肩溢洪道与电站进水口分开布置方案等 3 个枢纽布置格局进行了比选，3 个枢纽布置格局在技术上均是可行的，左岸岸坡溢洪道方案水流归槽条件好，施工导流方案更易落实，施工工期少 2 个月，可比投资节省 3.85 亿元，作为推荐方案。

（2）冲沙兼放空洞及引水系统优化设计。苗尾工程将冲沙洞和放空洞结合布置，避免了分别布置冲沙洞和放空洞的常规设计方案，达到缩短工期、方便施工和节省造价的目的，从而达到节能效果。

苗尾工程利用坝址区 S 形转弯的有利地形，在左岸回石山梁山体内布置引水钢管，在河床内布置地面厂房，引水系统总长仅为 406.6m；4 台机组进水口拦污栅相互连通，最大限度地降低过栅流速。采取上述措施后，使机组在额定流量时引水系统水头损失只有 1.85m，仅占额定水头的 1.9%，有效减少了引水系统能量损耗，从而达到高效、节能的效果。

（3）发电厂房优化设计。经方案比选，选用 GIS 室布置在上游副厂房的地面二层平面内，升压站的主变压器布置在其上游 1324.30m 高程回填平台上，主变压器可进入装卸间检修；屋顶出线场布置在上游副厂房屋面上，地面高程 1348.00m。因 GIS、主变及屋面出线场均布置在厂房处，不但低压母线长度短，投资少，而且对外交通方便，可明显降低电站工程运行的能耗。

4. 机电设备节能降耗设计

机电设备节能降耗设计主要有以下几方面。

（1）水轮发电机组设计。该工程单机容量 350MW，水轮机工作水头范围为 81.6～104.6m。在对比转速和比速系数进行分析比较的基础上，选择技术经济合适的水轮机参数水平和机组结构型式。在保证机组安全稳定运行的前提下，通过优化水力参数和发电机电磁计算，选择低损耗的定子矽钢片材料等措施，提高水轮机和发电机效率，以减少能量消耗。

（2）辅助系统设计。电站水力机械辅助设备管路系统，根据经济流速选择合适的管径，通过优化布置减小管路损失。尽量选择摩阻较小的管材，如无缝钢管、不锈钢管或复合管、内衬塑钢管、塑料管等内表面光滑的产品，以达到减少管路损失的目的。大容量电动机及水泵设备的启动方式均采用软启动，设备选择节能型产品。

（3）电气主接线及 500kV 开关站。根据该电站装机容量规模及在系统中的作用，通过技术经济比较及可靠性计算分析，500kV 开关站采用 SF6 气体绝缘金属封闭开关设备

（GIS），推荐的电气主接线为：发电机与主变压器的组合采用单元接线，即共 4 个发电机-变压器组接线；500kV 侧 GIS 采用 4 串 3/2 断路器接线，该接线每一回进出线均由两台断路器供电，形成双重连接的多环形接线，可靠性高，运行调度灵活，检修方便。GIS 设备运行安全可靠、维护工作量小、布置面积省，适合该电站枢纽布置特点，有利于电站安全稳定可靠运行；并可减少施工征地面积，节约宝贵的土地资源，有利于环境保护。

（4）主变压器设计。发电机-变压器组合方式为单元接线，主变压器的额定容量应与发电机容量 400MVA 相匹配。

主变压器空载运行，将产生电能的损耗。设计时选择低损耗的主变压器，铁芯选用优质、薄型、高导磁、晶粒取向、经激光处理的冷轧硅钢片，单位铁损不大于 1.0W/kg，控制变压器空载损耗，变压器综合效率不小于 99.7%。

主变压器布置在上游厂房与后山坡之间，和发电机之间使用离相封闭母线相连，可有效降低发电电动机到主变压器之间的低压母线电能损耗。设计推荐主变压器采用水冷方式，可有效降低因采用空冷而使用大功率通风散热设备，从而达到节能的目的。

（5）厂用电设计。电站规模大，厂用负荷点多、容量大，且布置分散，为了缩短低压配电线路距离、减少电压及电能损失、提高供电可靠性，经综合比选，苗尾电站设置高压及低压二级厂用电压供电方式。考虑到 10kV 电压等级比 6kV 电压降及损耗小，因此高压厂用电压选用 10kV。低压厂用电压按常规选用交流 380/220kV，按不同区域不同特性的负荷分别设置独立低压配电系统，设置上游厂房端公用电、下游厂房端公用电、1～4 号自用电、检修、坝区、坝体廊道入口箱式变及全厂照明独立配电系统。预计厂用电系统计算负荷不大于 6000kVA，电站年运行厂用电消耗不大于1300 万 kW·h。

在满足负荷供电需要和可靠性要求的前提下，合理选择厂用变压器容量，并选择损耗较低的干式变压器，如 10 型低损耗电力变压器，符合国家变压器能效限值及节能评价值要求。

（6）电气二次设计。根据设备的运行频率，对于经常性负荷，如电梯、桥机等采用变频器进行电机的控制。通过对变频器 PID 参数的设置，可实现电机的软启动、加/减速及软停机 3 个过程，避免了电流的冲击及轴承等机械部件的磨损，延长了设备的使用寿命，节省了维护成本，设备启动过程中可节省电能 40%以上。

电站全面采用数字化的控制、保护系统等二次设备，以降低工程运行的二次设备能耗。按照"无人值班"（少人值守）的原则，进行计算机监控系统的总体设计和系统配置，全面提高电厂的自动化水平和劳动生产率。为了便于值守人员集中监视，电站设置一套功能完善的工业电视系统，以便对全厂重要机电设备及电站各处环境进行监视，并满足消防和安全警卫的需要。

电站计算机监控系统与工业电视系统、火灾自动报警系统等交换信息，实现资源共享和系统间的自动联动。减少了现场巡视人员的工作量，实现了集约化管理，提高了效率。

（7）启闭设备。在设备布置、选型设计过程中，为降低能耗，采取以下措施。

1）选择合理的闸门结构、布置型式，降低闸门的工程量。

2）选择合理的闸门支承型式，以减少启闭机的启闭容量。

3）合理布置启闭机位置，优化启闭机容量和行程（扬程）。

4）启闭设备采用变频控制，以降低启动电流，提高运行效率，达到降低能耗的目的；同时变频技术的采用，可以减少电机启动、制动时的冲击，优化设备的运行状态，从而延长设备的使用寿命，降低日常维护和保养费用。

5. 工程建设节能降耗设计及措施

苗尾工程在主要施工技术及工艺选择上主要采取以下节能措施。

（1）工程在确定主体工程施工方法时除了考虑经济合理地实现工程的总体设计方案，保证工程质量与施工安全外，还考虑满足节能要求，以降低工程造价。

1）施工方案设计时，充分考虑到节能降耗，以降低工程造价。

2）施工设备选型及配套设计时，按各单项工程工作面、施工强度、施工方法进行设备配套选择，使各类设备均能充分发挥效率。

3）在施工设备的选型上，选择效率高，耗能小的设备。

（2）工程在进行大坝填筑料源规划时，在工程开挖料满足质量要求时，最大限度地利用开挖料作为该工程大坝堆石料及过渡料的主要料源，以减少因大量开采石料所造成的能耗及对环境的影响。同时，在安排土石方调运规划时，尽可能缩短开挖石料填筑的运距，以减少由此造成的能耗。

（3）在混凝土安排施工进度时，尽量不要将大体积的混凝土浇筑时间安排在夏季高温时段，不能完全避开时，可以分块薄层安排在早晚间施工，并采取一些物理措施降温，尽量减少使用制冷系统来生产预冷混凝土等，这些均可很大程度地减少电耗。

根据苗尾工程的施工特点，工程建设的建设管理过程中可采取以下节能措施。

（1）根据国家有关规定，制定先进合理的产品能耗限额，提出合理的节能指标（可按各工程的实际平均先进指标作为标准），考核各用能单位。实行能源消耗成本管理，制定节能降耗计划和任务并组织实施。

（2）加强施工中质量控制，避免返工、补修等情况出现，返工既浪费原材料、增加能耗又影响工期。

（3）定期对施工机械设备进行维修和保养，减少设备故障的发生率，保证设备安全连续运行。

（4）开挖爆破采用先进技术，合理布孔，降低炸药单耗，减少工作量。加强工作面开挖渣料管理工作，严格区分可用渣料和弃料，并按渣场规划和渣料利用的不同要求，分别堆存在指定渣（料）场，减少中间环节，方便物料利用。

（5）根据设计推荐的施工设备型号，配备合适的设备台数，以保证设备的连续运转，减少设备空转时间，最大限度地发挥设备的功效。

（6）生产设施应尽量选用新设备，避免旧设备带来的出力不足、工况不稳定、检修频繁等对系统的影响而带来的能源消耗。

（7）合理安排施工任务，做好资源平衡，避免施工强度峰谷差过大，充分发挥施工设备的能力。

（8）混凝土浇筑应合理安排，相同标号的混凝土尽可能安排在同一时段内施工，避免混凝土拌和系统频繁更换拌制不同标号的混凝土。

（9）加强组织管理场内交通及道路维护，确保道路通畅，使车辆能按设计时速行驶，减少堵车、停车、刹车，从而节约燃油。

（10）生产、生活建筑物的设计尽可能采用自然照明。

（11）合理配置生活电器设备，生活区的照明应安装声光控或延时自动关闭开关，室内外照明采用节能灯具。

（12）充分利用太阳能，减少用电量。

（13）科学合理配备人员及生活设备设施，尽量采用节能设备，降低经营成本，节约能耗，提高效率。加强现场施工、管理及服务人员的节能教育。施工人员应转变思想，提高资源忧患意识、节能意识和责任意识，以形成良好的节能习惯。

（14）加强节能管理，建立健全节能管理（包括节能资金、能源消耗成本管理、节能工作责任、节能宣传与培训、能源专责工程师等）制度，成立节能管理领导小组，实时检查监督节能降耗执行情况，根据不同施工时期，明确相应的节能降耗工作重点。

（15）加强节能降耗宣传，禁止耗能过高的机械设备入场。对于耗电设备，有条件时尽量选用变频电机。

（16）加强对职工节能知识培训，特别是对主要耗能机械操作工的节能操作培训；加强用能考核，实施节能奖惩制度等。

6. 工程建设节能降耗分析

苗尾工程采取的施工方法可行，布置规划合理，选用的施工设备先进、能耗低，采用经济指标先进合理的施工方案。工程建设主要耗能为土石方、混凝土，主要耗能种类有柴油、电等。经估算，工程建设能耗总量为：柴油 4.96 万 t，电 2.87 亿 kW·h，折合标准煤约 11 万 tce。经计算，工程建设的总能耗与工程建设的 GDP 比值为 0.79tce/万元，该能耗指标远低于云南省"十一五"期末万元 GDP 能耗 3.15tce 的耗能指标。故根据耗能总量和利用率的统计分析对比，其耗能指标远低于有关标准，所选用的设备及其配套的施工工艺及技术方案，将使工程建设节能降耗取得显著效益。

苗尾水电站工程建设能耗量汇总见表 11.8，分年度能耗量汇总见表 11.9。

表 11.8　　　　　　　　苗尾水电站工程建设能耗量汇总

序号	项　目	柴油/万 t	电/（万 kW·h）
1	主体及临时工程施工	4.90	1147.73
2	砂石加工系统		4700
3	混凝土生产系统		5900
4	修配及加工企业		10700
5	施工供风系统	0.06	2000
6	施工供水系统		600
7	施工临时建筑		350
8	施工生活、办公建筑设施		3300
9	合　计	4.96	28697.73

表 11.9　　　　　　　　　苗尾水电站工程建设分年度能耗量汇总

年　　度	柴油/万 t	电/(万 kW·h)
第 1 年	0.13	830.86
第 2 年	0.44	2900.92
第 3 年	0.80	4800.83
第 4 年	1.16	6558.53
第 5 年	1.30	7300.21
第 6 年	0.90	5068.93
第 7 年	0.14	723.67
第 8 年	0.05	286.66
第 9 年	0.04	227.12
合　　计	4.96	28697.73

7. 工程运行节能降耗分析

工程运行节能降耗主要为提高管理水平，提高节能意识，降低电站主要生产辅助设备用能指标和提高建筑物的节能特性。工程运行主要能耗种类为电能，另包括少量的水和润滑油，以及职工生活用能等。根据电站设计规模、厂用负荷等情况，分析并参考类似规模水电站的运行统计，采取一定的节能设计和措施后，该电站的综合厂用电率指标可控制在不大于 1.6%，发电厂用电率指标可控制在不大于 0.2%。经估算，该电站生产辅助系统年电能能耗总量不大于 1300 万 kW·h。

11.1.4　金沙江白鹤滩水电站节能降耗分析

1. 项目总体节能降耗效益分析

白鹤滩水电站的开发任务以发电为主，兼顾防洪，并促进地方经济社会发展和移民群众脱贫致富。工程建成后可发展库区航运，具有改善下游通航条件和拦沙等综合效益。电站装机容量 16000MW，单机容量 1000MW，多年平均年发电量 625.21 亿 kW·h，保证出力 5500MW。可明显改善下游溪洛渡、向家坝、三峡、葛洲坝 4 个梯级电站的供电质量，使下游各梯级电站保证出力增加 853MW，发电量增加 24.3 亿 kW·h，枯水期（12月至次年 5 月）电量增加 92.1 亿 kW·h。

白鹤滩水电站是金沙江水电开发的骨干工程，是继长江三峡水电站及溪洛渡水电站之后又一千万千瓦级巨型水电工程。电站建成后将供电华东、华中和南方电网，并兼顾当地电网的用电需求，在同等满足电力系统用电需求的情况下，可替代火电年均发电量 642.89 亿 kW·h，每年可节约原煤约 2900 万 t，折合标准煤约 2100 万 tce，从而可减少受电区的火电装机容量，节省受电区电力系统的燃煤消耗，每年可减少二氧化碳（CO_2）约 4283 万 t、一氧化碳（CO）约 0.7 万 t、碳氢化合物（C_nH_m）约 0.26 万 t、氮氧化合物（以 NO_2 计）约 26.2 万 t、二氧化硫（SO_2）约 38.6 万 t 的排放，减轻煤矿、火电、交通建设压力和环境污染，促进生态环境的建设。白鹤滩水电站也是我国 2020 年左右可能投产的装机容量最大的水电站，按 2020 年我国水电装机容量应达到 3.5 亿 kW 的目标计算，白鹤滩水电站装机容量占 4.57%，尽早建设投产对实现减排目标具有积极的意义。

白鹤滩水电站环境效益显著,建设白鹤滩水电站是实现我国节能减排目标的重要措施之一,符合我国《"十二五"规划纲要》的要求。

2.工程设计中的节能降耗措施

白鹤滩工程设计贯彻"节能、生态、经济"的设计理念,在枢纽布置、水工建筑物设计方案比选、设备及材料选取时充分考虑节能、节地、生态环保要求,力求把白鹤滩工程设计成一个"资源节约、环境友好"的工程。

(1)枢纽布置及工程设计节能措施。在坝址坝型选择、坝线选择、枢纽布置、主要建筑物设计过程中,始终贯彻执行节能标准,将节能降耗指标(此指标主要融入投资、工期及运行维护费用等指标中)作为方案选择的重要考察内容,设计过程中主要采取以下节能降耗措施。

1)选择合理的坝址坝型。推荐的中坝址混凝土双曲拱坝方案,枢纽建筑物布置紧凑,较好地解决了峡谷河段泄洪消能问题,高边坡范围相对较小,施工总布置余地较大,工程量最少,施工强度相对较低,施工进度安排灵活,工期最短。

2)优化坝轴线。选定的上坝线方案,坝肩避开了左岸边坡强卸荷发育区,降低了工程处理难度,提高了拱坝整体安全度和左岸坝肩稳定条件,可比工程投资较下坝线方案少5.07亿元。

3)选择合理的枢纽布置格局。选定的白鹤滩混凝土双曲拱坝+两岸地下厂房+坝身孔口和左岸泄洪洞的枢纽总体布置格局较好适应了狭窄河谷高陡山坡的地形地质条件,将泄洪洞消能区引出峡谷段,解决了泄洪洞出口消能防冲和水流归槽问题,同时减小了泄洪洞布置对左岸边坡稳定的影响,泄洪洞运行不受上游水位制约,降低了泄洪洞弧门推力,在下游河道防护处理、发电进水口布置及进流条件、地下厂房防渗、施工条件等方面具有较明显的优势,有利于节能降耗。

4)选择合理的地下厂房开发方式。首部地下厂房开发方式,工程可比造价低,较中部、尾部开发方式可比投资分别减少3.54亿元与3.10亿元,技术经济条件较优;尾水隧洞与导流隧洞结合段长,建筑物布置紧凑、合理,运行管理方便,尾水隧洞出口围堰布置相对简单;引水隧洞混凝土衬砌段布置在防渗帷幕上游,防渗帷幕可有效降低坝基和两岸坝肩的渗透压力,提高坝肩和两岸高边坡稳定性。

5)优化大坝建基面。优化拱坝建基面,在地质条件、应力变形满足前提条件下尽可能减少大坝基础开挖量和大坝混凝土方量。

6)优化大坝断面体型。对混凝土拱坝进行多方案体型优化,在满足设计基本条件的基础上,尽量减少混凝土方量,降低水泥这种高耗能材料的用量。

7)确定坝身合理可行的最大泄量。根据坝址地形地质条件,在满足下游消能的前提下,充分发挥坝身泄洪能力,减小坝外泄洪设施规模,以减少布置坝外泄洪设施的工程量,降低工程造价。

8)泄洪设施布置兼顾枢纽泄洪和应急降低库水位要求。最终确定的不设泄水底孔,利用现有泄洪设施和机组共同承担应急降低库水位任务是可行的,减少了工程投资。

9)优化输水系统洞线布置和衬砌型式。可行性研究设计中优化了输水系统洞线布置和衬砌型式,并对隧洞尺寸进行了经济技术比选。有效控制了输水系统的水头损失和渗漏量。经比选，推荐压力管道竖井和下平段均采用钢板衬砌，大大降低围岩渗透失稳风险的同时，可显著减少渗漏量。

10）优化尾水洞检修闸门室布置型式。可行性研究推荐方案尾水出口采用洞内布置，有效减小了明挖规模，降低了施工和工程运行的安全风险，提高工期目标实现的保证率，且有利于环境保护。

11）永久、临时工程相结合。尾水隧洞总长 11053m，结合导流隧洞总长达 3008m，占尾水隧洞总长的 27%，尾水隧洞结合导流隧洞的布置形式可使近 2km 长的导流隧洞洞段实现一洞二用，显著减小电站尾水系统地下洞室群和隧洞出口明挖工程规模，有利于节省工程投资和环境保护。

（2）机电设备节能降耗设计。

1）水轮发电机组设计。白鹤滩水电站水轮机最高效率不低于 96%，额定效率不低于 93.5%。发电机额定效率不低于 98.7%。

白鹤滩水电站选用效率高、运行高效区宽的混流式水轮机。同时，在机组运行中，可以通过优化调度，使水轮机运行在性能较优范围内，提高电站综合利用效率。

机组的主要过流部件采用抗磨蚀的性能较优的不锈钢材料，以提高机组的抗磨蚀性能，延长机组的大修周期和使用寿命。

导叶选用三支点结构，有利于导水机构的刚度和稳定性，减少导叶的变形和漏水量。为使导叶漏水量最小，导叶立面出水边一端密封设计为斜面结构。上、中导叶轴瓦采用自润滑轴套，下轴套采用带清洁槽的自润滑轴套。中、下轴颈处采用 U 形密封圈密封，中轴套上端还设有 O 形橡胶密封圈密封，确保中轴套处不漏水。

调速器和圆筒阀液压操作系统中设置了压力油罐，以减少油泵运行次数和时间，减少电能消耗，提高使用寿命。

在发电机低损耗材料选用中，定子铁芯采用低损耗高导磁率的优质冷轧钢板，定子绕组导体采用电解铜，磁极线圈采用紫铜排。定子采用无外加电动风机的径、轴向通风方式，通风冷却系统做到冷却效果好及效率高，通过减少通风冷却系统损耗达到降低机械损耗的目的。

发电机励磁方式采用自并励晶闸管静止整流励磁装置。励磁装置将采用三相全控桥接线，正常停机时采用晶闸管逆变灭磁，可有效地将转子绕组中的磁能，通过逆变方式反送回电网中，既实现快速灭磁，又降低了能耗。

2）水力机械辅助系统设计。水力机械辅助系统主要采取以下节能措施。

a. 桥机起升、运行机构均采用全数字全变频调速方式。同时，在吊运 160t 以下部件时，优先采用副钩进行吊运，以减少电能消耗。

b. 压缩空气系统设计中设置贮气罐，以减少空压机运行次数和时间，降低电能损耗。

c. 供水泵、排水泵等技术参数选择时，使水泵的经常运行工况在水泵的较高效率区，避免因远离高效区造成的电能损耗及对水泵本身的损坏。

d. 施工期做好土建防渗处理，减少渗漏排水量，减少渗漏排水泵启动运行时间。

e. 所选检修和渗漏排水深井泵的流量和扬程合适，并在集水井上设置液位自动测量装置，各排水泵均根据水位自动运行。

f. 30kW 及以上大容量电动机及水泵设备的启动方式均采用软启动，且均选用变频电机，设备选择节能型产品。

g. 在管路设计上，根据经济流速选择合适的管径；尽量选择摩阻较小的管材，如无缝钢管、不锈钢管或复合管、内衬塑钢管、塑料管等内表面光滑的产品，并通过优化布置，减小管路损失，以降低技术供水泵容量。

h. 平常注意设备维护保养，使其保持最高效率运行。

i. 在电站运行过程中，采取对辅助系统设备及管路进行定期巡视、检测和处理的措施，及时发现、处理设备缺陷，从而降低辅助系统设备的运行时间，减少油、水和电的损耗。

通过采取以上措施，白鹤滩水电站水力机械辅助系统可有效降低厂用电的消耗，达到节能降耗的目的。

3）电气主接线及 500kV 开关站。推荐的电气主接线为：发电机与主变压器的组合采用单元接线。500kV 侧采用 GIS 设备，布置在地下厂房内。GIS 设备运行安全可靠、维护工作量小、布置面积省，适合该电站枢纽布置特点，有利于电站安全稳定可靠运行，并可减少永久征地，节约宝贵的土地资源。

4）主变压器参数、结构与材料选择。发电机-变压器组合方式采用单元接线，主变压器的额定容量与发电机容量 1111.1MVA 相匹配。该阶段主变压器的型式选择单相变压器组，额定容量为 375MVA。

主变压器空载运行，将产生电能的损耗。设计时选择低损耗的主变压器，铁芯选用优质、薄型、高导磁、晶粒取向、经激光处理的冷轧硅钢片，单位铁损不大于 0.9W/kg，控制变压器空载损耗，变压器综合效率不小于 99.7%。

主变压器布置在主变洞内，和发电机之间使用离相封闭母线相连，可有效降低发电机到主变压器之间的低压电气损耗。设计推荐主变压器采用水冷方式，可有效降低因采用空冷而使用大功率通风散热设备，从而达到节能的目的。

5）厂用电设计。采用二级厂用电压供电方式。高压厂用电压选用 10kV。低压厂用电压按常规选用 380/220kV，按不同区域不同特性的负荷分别设置独立低压配电系统，设置主厂房公用电、主变洞公用电、机组自用电、检修、尾水洞出口、尾调室配电、坝区及全厂照明独立配电系统。

在满足负荷供电需要和可靠性要求的前提下，合理选择厂用变压器容量，并选择损耗较低的干式变压器，以符合国家变压器能效限值及节能评价值要求。

大容量电动机及风机设备采用软启动或变频运行方式以节省电能。

6）电气二次设计。节省了大量常规电磁型继电器和接触器，减少了外围电路，降低了能耗，减小设备无谓动作的几率，降低了能耗。

对变频器 PID 参数的设置，可实现电机的软启动、加/减速及软停机 3 个过程，避免了电流的冲击及轴承等机械部件的磨损，延长了设备的使用寿命，节省了维护成本，设备启动过程中可节省电能 40% 以上。

电站全面采用数字化的控制、保护系统（设备）等二次设备，以降低工程运行的二次设备能耗。

采用资源共享和系统间的自动联动，减少了现场巡视人员的工作量，实现了集约化管理，提高了效率。

7）启闭设备。在设备布置、选型设计过程中，采取以下节能降耗措施。

a. 选择合理的闸门结构、布置型式，降低闸门的工程量。

b. 选择合理的闸门支承型式，以减少启闭机的启闭容量。

c. 合理布置启闭机位置，优化启闭机容量和行程（扬程）。

（3）电站暖通系统、照明系统设计。

1）暖通系统。在厂房通风空调系统方案选择时主要考虑系统满足运行、安全可靠、设备先进、管理方便、运行节能的原则。在确定暖通空调设计方案以及选用主要设备材料时，根据《公共建筑节能设计标准》及相关设备能效等级的要求选用。

2）照明系统。采用分级分块控制方式，非常规监视区域照明采用声光控开关、地面照明采用定时开关等；采用光效高、寿命长的电光源，如金属卤化物灯、荧光灯、钠灯以及节能灯，来替代白炽灯等高耗能灯具；采用电子镇流器来代替高耗能的电感镇流器，气体放电灯加装补偿电容，以提高功率因数。

（4）电站给排水系统设计。给排水系统的工况点（流量、扬程）尽量落在高效区，对于其他给水排水处理设备中需要动力的设备，在满足工程技术指标要求的前提下，尽量选择功率较小的低能耗设备。

对于给排水系统管材的选择，应尽量选择摩阻较小的管材；对于阀门等附件的选择，在满足使用功能的前提下，应尽量选择局部水头损失较小的产品，这样可达到减少水泵扬程的目的。

对于业主营地生活给排水系统中的热水系统设计，应贯彻节能理念，对于热水系统加热设备的选择，在有条件的前提下，应尽可能利用太阳能或热泵等节能设备，或尽量选择低能耗加热设备。

3. 工程建设节能设计与措施

主要施工设备选型及其配套主要采取以下节能措施。

（1）坝体混凝土施工设备选择及配套。白鹤滩工程大坝混凝土占全工程混凝土总量约44%，因此坝体混凝土施工设备的选择对总体混凝土生产的能耗量的控制起着举足轻重的作用，应予以足够的重视。白鹤滩工程坝体混凝土施工设备选择及配套主要遵循以下原则。

1）白鹤滩工程以常态混凝土浇筑、拱坝坝型为主体进行施工设备组合配套，所选的设备配套应有利于设备的调动，减少资源浪费。

2）施工设备的技术性能能适合白鹤滩工程的工作性质、施工对象的特点、施工场地大小和物料运距等施工条件，充分发挥机械效率，保证施工质量；所选配套设备的综合生产能力，应满足施工强度的要求。

3）所选设备应技术先进，生产效率高，操纵灵活，机动性高，安全可靠，结构简单，易于检修和改装，防护设备齐全，废气噪音得到控制，环保性能好。

4）注意经济效益，所选机械的购置和运行费用合理，劳动量和能源消耗低，并通过技术经济比较，优选出单位工程量或时间成本最低的机械化施工方案。

5）选用适用性比较广泛、类型比较单一的通用机械，并优先选用成批生产的国产机械，必须选用国外机械设备时，应尽量选择同类、同型号且配件供应等技术服务有较好保证的设备。

6）注意各工序所用的机械配套的合理性，充分发挥设备的生产潜力。

大坝混凝土浇筑需要大量的运输车辆、浇筑设备、平仓及振捣设备。设计时主要依据浇筑强度、运输强度等来确定运输车辆载重吨位，浇筑、平仓及振捣设备型号和功率。该工程采用了以平移式缆机为主，汽车起重机、固定式塔机、履带式起重机为辅的起重设备的配套；混凝土入仓及振捣设备主要采用了胎带机、混凝土布料机、振捣车、振捣机及平仓机等；混凝土运输主要采用了以后卸式混凝土自卸车为主，混凝土搅拌车为辅的设备配套。

（2）土石方工程施工设备选择及配套。白鹤滩工程土石方明挖工程主要配备钻孔设备、挖装设备、集渣设备和运输设备等。设计时以 $3\sim5m^3$ 挖掘机为主要的挖装设备，另依据弃渣运输距离的远近，道路通行能力，车辆装载配套等因素，确定以 $15\sim25t$ 自卸汽车为主要的运输工具。石方开挖以液压潜孔钻为主要的钻孔设备，并配以手风钻和气腿钻作为辅助。

石方洞挖工程主要配备钻孔设备、挖装设备、集渣设备、运输设备和通风设备等。设计时主要考虑洞身断面大小，作业循环时间以及出渣强度等因素，来确定各种设备的型号和功率。石方洞挖配备多臂钻和液压潜孔钻作为洞身上、下层钻孔的设备，并配以手风钻辅助，以 $1.6m^3$ 反铲、$3m^3$ 装载机、$4m^3$ 侧卸式装载机作为主要的挖装机械，以 $25\sim32t$ 自卸汽车为主要的运输工具，根据工作风量和风压选择轴流式风机作为主要的通风设备。

土石方填筑工程主要配备挖装设备、碾压设备和运输设备等。设备配置需满足施工高峰强度的要求，振动碾的碾型和碾重主要根据料物特性、分层厚度、压实要求等条件确定。白鹤滩工程土石方填筑主要以 $4m^3$ 挖掘机、$3\sim4m^3$ 装载机为主要的挖装设备，以 $15\sim45t$ 自卸汽车为主要的运输工具，以 $15\sim25.2t$ 振动碾为主要的碾压设备。

主要施工技术及工艺选择主要采取以下节能措施。

（1）土石方工程的主要施工技术及工艺。

1）根据地形条件，不同部位因地制宜地制定土石方开挖方案，白鹤滩工程主要采用梯段爆破，汽车出渣的施工方案。出渣路线结合施工道路布置，以求路线较短、顺达，从而降低油耗。

2）白鹤滩工程在进行地下洞室开挖时，通过科学试验，方案认证的前提下，在工程开挖料满足质量要求时，最大限度地利用了地下洞室开挖料作为该工程除大坝混凝土外的骨料加工、围堰填筑的主要料源，从而减少因大量开采石料所造成的能耗及对环境的影响。

3）大跨度主体洞室（如厂房、主变、尾调室、尾闸室等）利用运行期通风及永久通道，在其顶部位置布置通往地面的竖井和平洞，创造条件尽早或提前与洞室贯通，以便利用自然通风，改善施工条件的同时，也减少了通风设备的投运量，从而降低了电能消耗。

4）大型地下洞室通风分期规划，风机设备分阶段投入，提高设备负荷率，在满足通风设计要求的同时，通风系统确保设备接入和总运行费用最省及确保施工过程中通风效果最佳。

5）多工作面同时施工的通风系统中，在满足施工要求的前提下，最大洞深时将排烟、运输等控制用风量的工序适当错开后进行通风计算，确定合理的通风规模，坚持节约投资、节约能源。

6）优先贯通底部的排水通道，尽早实现自然排水，减少排水泵的工作量，从而降低电耗。

7）施工支洞尽量采用顺坡布置，以减少重车出渣的能量消耗，降低排水难度，减少排水设备和运行费用，起到降低能耗的作用。

8）在地下洞室群施工时，在满足永久洞室稳定的前提下，根据施工程序安排，结合永久洞室的布置，尽量利用永久洞室作为施工通道，以减少临建工程量，亦可减少临建工程建设的能耗。

9）合理规划场内交通运输道路。

10）导流隧洞与尾水隧洞的永临结合。

（2）金属结构及机电设备安装的主要施工技术及工艺。

1）金属结构及机电设备安装时应充分利用已有的起重设备和起吊能力。白鹤滩工程采用了大坝浇筑混凝土用的缆机来抬吊安装于坝体孔洞的大型金属结构的方案。

2）利用永久性启闭设备进行安装。充分考虑永久性启闭设备提前安装的可能性，并利用永久性启闭设备进行安装。白鹤滩工程泄洪深孔事故闸门安装由坝顶门机完成，在坝顶门机投入运行后进行，闸门构件采用平板拖车运输至坝顶平台后采用门机吊装。尾水洞检修闸门、尾水管检修闸门的启闭机由汽车起重机吊装，闸门由启闭机在门槽顶部拼装成整体，闸门试槽及下闸由启闭机完成。

3）机电设备安装在工位安排上尽量利用现有的工位资源，合理安排需要利用工位的施工工序。

4）选用调度灵活、使用效率高的设备，以此达到节能降耗的目的。

4．工程建设节能降耗分析

白鹤滩工程施工布置规划合理，选用的施工设备先进、能耗低，采用了经济指标先进合理的施工方案。工程建设主要耗能为土石方、混凝土工程，主要耗能种类有柴油、电等。经估算，工程建设能耗总量为：柴油 54.60 万 t，电 22.79 亿 kW·h，折合标准煤 1075700tce。经计算，工程建设的总能耗与主体及临建工程施工万元 GDP 的比值为 0.20tce/万元，该指标远低于全国、四川省、云南省"十一五"期末万元 GDP 能耗 0.98tce、2.64tce、3.15tce 的能耗指标。根据耗能总量和利用率的统计分析对比，白鹤滩工程所选用的设备及其配套的施工工艺及技术方案，将使工程建设节能降耗取得显著效益。

白鹤滩水电站工程建设能耗量汇总见表 11.10，分年度能耗量汇总见表 11.11。

表 11.10　　　　　　白鹤滩水电站工程建设能耗量汇总

序号	项　　目	柴油/万 t	电/(万 kW·h)
1	主体及临时工程施工	54.48	47679.08
2	砂石加工系统		32002.60

序号	项　目	柴油/万 t	电/(万 kW·h)
3	混凝土生产系统		33936.13
4	修配及加工企业		14628.62
5	施工供风系统	0.12	31815.48
6	施工供水系统		50597.87
7	施工临时建筑		2588.92
8	施工生活、办公建筑设施		14679.00
9	合　计	54.60	227927.70

表 11.11　　　　　　　　　　白鹤滩水电站工程建设分年度能耗量汇总

年　度	柴油/万 t	电/(万 kW·h)
第一2 年	0.02	842.96
第一1 年	0.44	3257.58
第 1 年	2.91	12188.23
第 2 年	5.38	11321.05
第 3 年	10.01	18958.72
第 4 年	7.73	20503.47
第 5 年	7.58	18512.50
第 6 年	4.98	24565.69
第 7 年	3.54	29156.02
第 8 年	3.83	33938.25
第 9 年	3.33	27861.05
第 10 年	3.18	18726.90
第 11 年	1.27	5321.15
第 12 年	0.25	1585.78
第 13 年	0.15	1188.35
合　计	54.60	227927.70

5. 工程运行节能降耗分析

工程运行节能降耗主要为提高管理水平，提高节能意识，降低电站主要生产辅助设备用能指标和提高建筑物的用能节能特性。工程运行主要能耗种类为电能，另包括少量的透平油、润滑油、柴油及汽油等，以及职工生活用能等。根据电站设计规模、厂用负荷等情况，分析并参考类似规模水电站的运行统计，采取一定的节能设计和措施后，该电站的综合厂用电率指标可控制在不大于 0.625%，发电厂用电率指标可控制在不大于 0.260%。，能耗水平符合国家节能法律、法规和相关政策的规定。

经估算，年平均电能消耗总量为 39067.64 万 kW·h，折标准煤 48014.13tce，年消耗汽油 576t，折标准煤 847.53tce，年消耗柴油 199.48t，折标准煤 290.66tce。综合厂用电率为0.625%，厂用电占发电量比重很小，能耗指标低，能源利用效率高。

白鹤滩水电站工程运行能耗消耗量汇总见表11.12和表11.13。

表11.12　　　　　　　　　白鹤滩水电站工程运行电能消耗量汇总

项目	序号	设备名称	年消耗电量/(万 kW·h)	备注
生产性设备电能损失	1.1	电能输送设备（不计入厂用电）		
	1.1.1	主变压器	18199.20	
	1.1.2	封闭母线设备	2000.90	
	1.1.3	GIS 设备	251.68	
	1.1.4	GIL 设备	2349.49	
	小计		22801.27	
辅助生产设备消耗的电能	2.1	机组附属系统设备	1656.08	
	2.2	电站桥式起重机	80.06	
	2.3	水力机械辅助系统设备		
	2.3.1	技术供水系统	3694.36	
	2.3.2	排水系统	683.14	
	2.3.3	压缩空气系统	56.62	
	2.3.4	油系统	4.55	
	2.4	主要电气设备	797.86	
	2.5	生产性建筑照明设备	2335.08	
	2.6	通风空调系统	3144.73	
	2.7	金属结构	73.73	
	2.8	电梯系统	40.79	
	2.9	给排水系统	39.60	
	小计		12606.60	
附属生产设备消耗的电能	4.1	新建村变电所	258.90	
	4.2	永久水厂	120.20	
	4.3	其他生产生活设备	3280.67	
	小计		3659.77	
合计	电力		39067.64	

表11.13　　　　　　　　　白鹤滩水电站工程运行油量消耗汇总

序号	项目	设备名称	年用油量/t
1	辅助生产设备消耗的油品	柴油	6.40
2	附属生产、生活设施消耗的油品	汽油	576
		柴油	193.08

6. 节能效果综合评价

经计算，电站工程建设和工程运行总能耗折合标准煤约2550269.60tce，与工程投产后工程运行经济效益现值的比值为 0.10tce/万元，该能耗指标低于全国、四川省、云南省"十一五"期末万元 GDP 能耗 0.98tce、1.28tce、1.44tce 的耗能指标，所选用的设备及其配套的工艺及技术方案将使电站节能降耗取得显著效益。

11.1.5 金沙江龙开口水电站节能降耗分析

1. 项目总体节能降耗效益分析

龙开口水电站是金沙江中游河段规划梯级的第六级，装机容量 1800MW，电站建成后以发电为主，主要供电南方电网。金沙江干流中游"龙头"水库龙盘电站投入前，龙开口水电站多年平均年发电量 73.96 亿 kW·h，其中枯水期（11 月至次年 5 月）电量 22.02 亿 kW·h；龙盘电站投入后，多年平均年发电量 82.70 亿 kW·h，枯水期（11 月至次年 5 月）电量 42.48 亿 kW·h。

龙开口水电站工程静态总投资为 1383868 万元，电站单位千瓦投资 7688 元/kW。电站单位电能投资 1.673 元/（kW·h）。经营期上网电价 0.340 元/（kW·h），贷款偿还期 23 年，全部投资财务内部收益率 8.02%，资本金投资财务内部收益率 10.36%，电站经济指标较好，是云南电网一个较好的大型水电电源点。

龙开口水电站不同运行时期的水量利用率可达到 88.7%～99.8%（为发电流量与可用发电流量比值），使金沙江水量得到较充分的利用。根据 2020 年水平的云南电网和广东电网电力电量平衡结果，龙开口水电站装机容量 1800MW 是系统的必需容量，电站有效电量均能被电网吸收，电量利用系数较高。

建设龙开口水电站如考虑送电广东电网可替代系统煤电装机 1620MW，广东电网每年可节约发电标准煤 230 万～255 万 t，按标准煤价格 800 元/t 考虑，每年可节约系统燃料费 18.4 亿～20.4 亿元。

2. 工程设计中的节能降耗措施

工程设计贯彻"节能、生态、经济"的设计理念，在枢纽布置、水工建筑物设计方案比选、设备及材料选取时充分考虑节能、节地、生态环保要求，力求把龙开口工程设计成一个"资源节约、环境友好"的工程。

（1）枢纽布置节能降耗设计。从枢纽设计来看，电站具有水库成库条件好、工程地质条件优良、枢纽布置紧凑、施工条件优越、工期短等优越建设条件，从枢纽布置上具有良好的经济性和较好的节能特性。

优选大坝断面体型和建基面高程，减少基础开挖量和大坝混凝土量。

合理进行坝体材料分区设计，充分利用碾压混凝土筑坝。龙开口工程大坝混凝土总量 385.32 万 m³，其中碾压混凝土量 283.99 万 m³，约占混凝土总量的 74%，大大降低了水泥这种高耗能材料的用量。

充分利用选定坝址的有利地形，在碾压混凝土重力坝坝身布置引水钢管、坝后布置地面厂房，引水系统总长仅为 129.34m，其中钢衬段长 108.93m。全部 5 台机组进水口拦污栅悬出坝面，相互连通，可互相补水，最大限度地降低过栅流速，进口段采用圆滑的曲线，以减少水损。采取上述措施后，使机组在额定流量时引水系统水头损失只有 1.69m，仅占额定水头的 2.5%，有效减少了引水系统能量损耗，从而达到高效、节能的效果。

（2）机电设备节能降耗设计。

1）比选接入系统和电气主接线，优化机组参数，减少能耗。电站按 500kV 和 220kV 两级电压接入系统，其中 500kV 规划出线 3 回，本期出线 2 回，分别至鲁地拉电站和拟建的仁和开关站各 1 回，备用或联变 1 回；220kV 规划出线 1～2 回，本期预留位置。电站投产后，除满足云南电网用电需求外，可通过云南电网以"网对网"形式参与"云电外送"或和云南其他水电站一起打捆外送广东。

电站电气主接线为：该电站机变组合推荐采用 2 个联合单元接线和 1 个单元接线的混合接线（"1＋2＋2"联合单元接线）方案，500kV 侧采用 3 串 3/2 断路器接线，可靠性高，运行灵活，统计故障率和年停运时间较小，期望受阻电能综合指标相对较低，并且在需要时能够切除一组单元的空载变，可减少空载时间和空载损耗。

选择相对较高的水轮机效率。参考已建、在建电站相近水头段水轮机及厂家提供的效率值，该阶段推荐水轮机最高效率不低于 95.2％，额定工况效率不低于 92.5％。

提高发电机的效率关键是降低电气损耗和机械损耗。在低损耗材料选用中，定子铁芯采用低损耗高导磁率的优质冷轧钢板，定子绕组导体采用电解铜，磁极线圈采用紫铜排。定子采用无外加电动风机的径、轴向通风方式，通风冷却系统做到冷却效果好及效率高，通过减少通风冷却系统损耗达到降低机械损耗的目的。该阶段推荐发电机加权平均效率不小于 98.6％。

龙开口水电站装机年利用小时数 4109h，主变压器空载运行时间长。设计时选择低损耗的主变压器，铁芯选用优质、薄型、高导磁、晶粒取向、经激光处理的冷轧硅钢片，单位铁损不大于 0.9W/kg，控制变压器空载损耗，变压器综合效率不小于 99.7％。主变压器布置在厂坝间地面，采用水冷方式，可有效降低因采用空冷而使用大功率通风散热设备，达到节能的目的。

2）辅助系统设计及设备选择充分考虑节能特性。机组透平油润滑系统冷却采用电站水库水自冷却方式。大容量电动机的启动方式均采用变频启动设备。照明系统采用分级分块控制方式，尽可能采用高效节能型产品，非常规监视区域采用声控开关控制照明。

上游厂房通风空调选用直接吸取低温廊道风，经风管送至母线道和变配电设备室，厂用电节电效果明显。厂房通风空调设备设置了自动控制系统，对大型重要设备均可调节和监控，实现总体节能高效运行。

辅助系统设备及材料选择中强调节能特性，要求动力设备运行工况点（流量、扬程）落在高效区，满足工程技术指标要求。

3. 工程建设节能设计与措施

在主要施工设备选型及其配套方面主要采取以下措施。

（1）坝体混凝土施工设备选择及配套。

1）以碾压混凝土浇筑为主，以常态混凝土为辅进行组合配套。

2）施工设备的技术性能能适合工作的性质、施工对象的特点、施工场地大小和物料运距等施工条件，充分发挥机械效率，保证施工质量；所选配套设备的综合生产能力，应满足施工强度的要求。

3）所选设备应技术先进，生产效率高，操纵灵活，机动性高，安全可靠，结构简单，易于检修和改装，防护设备齐全，废气噪音得到控制，环保性能好。

4）注意经济效益，所选机械的购置和运行费用合理，劳动量和能源消耗低，并通过技术经济比较，优选出单位工程量或时间成本最低的机械化施工方案。

5）选用适用性比较广泛、类型比较单一的通用机械，并优先选用成批生产的国产机械，必须选用国外机械设备时，应尽量选择同类、同型号且配件供应等技术服务有较好保证的设备。

6）注意各工序所用的机械配套的合理性，充分发挥设备的生产潜力。

大坝混凝土浇筑需要大量运输车辆、碾压设备和平料设备。设计时主要依据不同坝料的上坝强度、运输强度和碾压强度、铺料层厚度等来确定运输车辆载重吨位，碾压、平料设备型号和功率。该工程混凝土入仓主要采用自卸汽车＋负压溜槽、自卸汽车＋胶带机、自卸汽车直接入仓等方式，上述工艺均为节能降耗的重要措施。常态混凝土主要依靠自卸汽车运输，利用缆机、门机或履带式起重机吊运入仓，提高了设备利用率及工作效率，并充分发挥各种机械的效能，达到了节能降耗的目的。

（2）引水发电系统施工设备选择及配套。以土石方明挖为主的工程配备钻孔设备、挖装设备、集渣设备和运输设备等。设计时以挖掘机为主要的挖装设备，另依据弃渣运输距离的远近，道路通行能力，车辆装载配套等因素，确定以自卸汽车为主要的运输工具。

1）选用的开挖机械设备其性能和工作参数应与开挖部位的岩石物理力学特性、选定的施工方法和工艺相符合，并应满足开挖强度和质量要求。

2）开挖过程中各工序所采用的机械应既能充分发挥其生产效率，又能保证生产进度，特别注意配套机械设备之间的配合，不留薄弱环节。

3）从设备的供给来源、机械质量、维修条件、操作技术、能耗等方面进行综合比较，选取合理的配套方案。

4）在满足施工需求的前提下，尽量选用少的机械设备种类，以利于生产效率的提高和方便维修管理。

在主要施工技术及工艺选择上主要采取以下节能措施。

（1）施工方案设计时，充分考虑到节能降耗，以降低工程造价。

（2）施工设备选型及配套设计时，按各单项工程工作面、施工强度、施工方法进行设备配套选择，使各类设备均能充分发挥效率。

（3）在施工设备的选型上，选择效率高、耗能小的设备。

龙开口工程在进行混凝土骨料料源规划时，在工程开挖料满足质量要求时，最大限度地利用开挖料作为骨料料源，以减少因大量开采石料所造成的能耗及对环境的影响；在大坝施工安排施工进度时，尽量不要将大体积的混凝土浇筑时间安排在夏季，不能完全避开时，可以分块薄层安排在早晚间施工，并采取一些物理措施降温，尽量减少使用制冷系统来生产预冷混凝土等，这些均可很大程度地减少电耗，另外在碾压混凝土施工时，该工程采用自卸汽车＋负压溜槽的施工方法，此项入仓工艺也是节能降耗的一项重要措施。

4. 工程建设节能降耗分析

龙开口工程采取的施工方法可行，布置规划合理，选用的施工设备先进、能耗低，采

用了经济指标先进合理的施工方案。工程建设主要耗能为土石方、混凝土工程，主要耗能
种类有柴油、电等。经估算，工程建设能耗总量为：柴油 2.87 万 t，电 2.29 亿 kW·h。
根据耗能总量和利用率的统计分析对比，其耗能指标远低于有关标准，所选用的设备及其
配套的施工工艺及技术方案，将使工程建设节能降耗取得显著效益。

龙开口水电站工程建设能耗量汇总见表 11.14，分年度能耗量汇总见表 11.15。

表 11.14　　　　　　　　　　　龙开口水电站工程建设能耗量汇总

序　号	项　目	柴油/万 t	电/（万 kW·h）
1	主体及临时工程施工	2.87	617.08
2	砂石加工系统	—	8940
3	混凝土生产系统	—	7005
4	修配及加工企业	—	1358
5	施工临时建筑	—	400
6	施工生活、办公建筑设施	—	4600
7	合计	2.87	22920.08

表 11.15　　　　　　　　　　　龙开口水电站工程建设分年度能耗量汇总

年　度	柴　油/万 t	电/（万 kW·h）
第 1 年	0.33	1115.0
第 2 年	0.89	3488.8
第 3 年	0.72	5740.9
第 4 年	0.62	8116.7
第 5 年	0.31	3647.6
第 6 年	0.00	812.0
合计	2.87	22920.0

5. 工程运行节能降耗分析

工程运行节能降耗主要为提高管理水平，提高节能意识，降低电站主要生产辅助设备
用能指标和提高建筑物的用能节能特性。工程运行主要能耗种类为电能，另包括少量的水
和润滑油等，以及职工生活用能等。

龙开口水电站工程运行主要厂用电设备有电站水力机械辅助系统设备、电气设备、通
风空调设备、给排水系统等。经估算，龙开口工程运行年综合电能能耗总量约为 76202.62
万 kW·h，综合厂用电能耗约为 4354.72 万 kW·h，电站的综合厂用电率指标可控制在
不大于 0.59%，国内类似机组类似规模电站综合厂用电率约为 0.60%～0.70%，透平油
年使用量不大于 23.5m³，绝缘油年使用量不大于 27m³。

龙开口水电站工程运行能耗量汇总见表 11.16。

表 11.16 龙开口水电站工程运行能耗量汇总

序号	设备名称	年消耗能量	折标准煤系数	折标准煤/tce
1	水轮发电机组	71847.9 万 kW·h	1.229	88301.1
2	主要耗能设备	3202.3 万 kW·h		
2.1	水轮发电机组附属设备	386.8 万 kW·h	1.229	475.4
2.2	主变和主母线	2815.5 万 kW·h	1.229	3460.2
3	辅助生产和附属生产设施	894.34 万 kW·h	1.229	1099.1
3.1	水力机械辅助设备	168.79 万 kW·h	1.229	207.4
3.2	电气设备	378.70 万 kW·h	1.229	465.4
3.3	生产区通风空调系统	266.85 万 kW·h	1.229	328.0
3.4	金属结构设备	80.00 万 kW·h	1.229	98.3
4	2~3 项用电量小计（生产用电能耗）	4096.64 万 kW·h	1.229	5034.8
5	其他生产、生活设施	258.08 万 kW·h	1.229	317.2
5.1	生活污水、中水处理设备	14.24 万 kW·h	1.229	17.5
5.2	营地办公、生活设施	243.84 万 kW·h	1.229	299.7
6	4~5 项电量小计（综合厂用电能耗）	4354.72 万 kW·h	1.229	5351.9
7	综合厂用电率		0.59%	
8	1、4、5 项耗电量小计	76202.62 万 kW·h		93653.0
9	汽油	20.0t	1.4714	29.4
10	总计			93682.4

11.2 节能评估报告编制工程案例

11.2.1 大渡河沙坪二级水电站节能评估

1. 评估范围和内容

沙坪二级水电站的评估范围和内容为：能源供应情况评估，包括沙坪二级水电站所在地能源资源条件以及对项目所在地能源消费的影响评估；沙坪二级水电站建设方案节能评估，包括项目选址、总平面布置、生产工艺、用能工艺和用能设备等方面的节能评估；沙坪二级水电站能源消耗和能效水平评估，包括能源消费量、能源消费结构、能源利用效率等方面的分析评估；沙坪二级水电站节能措施评估，包括技术措施和管理措施评估等。

2. 能源供应情况分析评估

沙坪二级水电站与上游双江口、瀑布沟水电站联合运行后，保证出力 124.5MW，多年平均年发电量 16.10 亿 kW·h，供电范围为四川电网。电站建成投产后，可以有效满足乐山市的部分负荷需求，减轻四川主网对乐山电网的送电潮流压力。同时，电站接入四川电网后，可通过 500kV 网架送往四川省其他地区，满足四川省负荷需求。与瀑布沟水电站联合运行可进行丰枯调节、峰谷调节，为四川电网提供安全可靠的优质电能，是满足四川省国民经济持续稳定发展用电需求的电源项目。

沙坪二级水电站位于乐山西部金口河及峨边地区，该地区水力资源丰富，但由于地理环境、气候条件及历史原因的限制和影响，经济和社会发展远落后于全国平均水平，人民生活水平很低。沙坪二级水电站的建设可吸纳大量的资金投入，扩大内需，改善交通条件，增加地方政府的财政收入，能大力促进当地经济发展，提高人民生活水平、带动周边地区脱贫致富。

　　沙坪二级水电站消耗的能源仅为每年消耗厂用电能约 2733.5 万 kW·h（主要为机组发电期间的厂用电消耗），技术供水利用完水能后排放至下游河道，故不消耗河水，其余耗能为每年耗损的少量绝缘油、润滑油，以及生活营地的生活用水、厨房可能消耗的极少量的燃油或燃气，在项目年综合能源消费量中所占的比例也极低，因此项目年综合能源消费量中可忽略不计燃油、燃气和水的能耗，而沙坪二级水电站每年为当地电网提供 16.10亿 kW·h 电量，因此沙坪二级水电站对当地的能源消费的影响极小。

　　3. 项目建设方案节能评估

　　沙坪二级水电站与上游双江口、瀑布沟水电站联合运行，电站保证出力 124.5MW，多年平均年发电量 16.10 亿 kW·h；考虑参加调峰运行后，电站保证出力为 108.8MW，多年平均年发电量为 15.11 亿 kW·h，电站发电效益良好。电站建成后，多年平均年发电量 16.10 亿 kW·h，可替代同等规模的火电机组，替代火电年均发电量约 17.39 亿 kW·h，相应每年可节约原煤约 56.4 万 t，减少排放二氧化碳（CO_2）约 112.7t、减少氮氧化合物（NO_x）年排放量约 2817.5t，减少二氧化硫（SO_2）年排放量约 7518.7t，减少烟尘年排放量约 3751.3t。此外，每年还可节约用水，并减少相应的废水排放和温排水，进而减少了由于温排水的排放所引起的严重热污染。上述数据表明，该工程的建成，不仅能节约煤炭资源，更可减少燃煤的负面环境效应，非常有利于环境保护。未来 20 年，我国将实行"保障供应、节能优先、结构优化、环境友好"的可持续发展能源战略，燃煤及热排放所造成生态污染的消除，本身就是巨大效益。

　　沙坪二级水电站总装机容量为 345MW，选用 6 台单机容量 58MW 灯泡贯流式机组。在电站不发电时，将由电网倒送电作为厂用电电源。

　　沙坪二级水电站水轮机最高效率不低于 95.2%，额定效率不低于 92.5%，发电机效率不低于 98%，已达到国内外先进水平。在水能转换成电能的过程中，水轮机和发电机都因能量转换，有一定的能量损耗，估算沙坪二级水电站机组年损耗的能量折合电量约 1.32亿 kW·h，为年发电量的 8.2%。同时，在能量转换过程中，除了机组的能量损耗外，还需要消耗和损耗部分能量，对沙坪二级水电站来说主要是消耗和损耗电能。沙坪二级水电站单位电能投资 2.59 元/（kW·h），明显低于火电、核电、太阳能、风能的单位电能投资。

　　沙坪二级水电站选用适合 30m 水头段的国际上最先进的灯泡贯流式机组，加权平均效率高，充分利用了水能，多年平均年发电量增加约 6400 万 kW·h，节约折合标准煤（当量值）约 7865.5tce。

　　4. 项目能源消耗及能效水平评估

　　水电站利用闸坝蓄水的势能发电，水轮发电机组消耗的能源为能量转换所需消耗的水的势能、机械能以及电磁损耗，电能输送设备（主变压器和主母线）的损耗，其他消耗的能源主要为厂用电设备所需的电能，以及设备润滑等所需的少量油品。

沙坪二级水电站工程运行主要厂用电设备有电站水力机械辅助系统设备、电气设备、通风空调设备、给排水系统等。

沙坪二级水电站利用闸坝蓄水的势能发电，选用灯泡贯流式机组，水能的利用率达到91%，处于国内领先水平。

沙坪二级水电站工程运行年综合电能能耗总量约为15981.41万kW·h，其中水轮发电机组效率损耗约为13203.61万kW·h，综合厂用电能耗约为2777.8万kW·h，综合厂用电率为1.73%，较中高水头段水电站的综合厂用电率高，但扣除因灯泡贯流式机组的特殊结构，发电机的通风冷却不能依靠自身的通风系统冷却定子、转子，需要设置强迫冷却系统而增加的厂用电消耗，以及机组附属设备系统的能耗后，其年厂用电能耗约为1677.85万kW·h，厂用电率为1.04%，在低水头水电站中处于先进水平。另外，沙坪二级水电站因选用灯泡贯流式机组每年增加清洁能源电量6400万kW·h，而6台机组通风冷却系统和附属设备年消耗电能约1100万kW·h，仅占17.2%。

电站透平油年耗油量不大于21.6t，绝缘油年耗油量不大于6.0t，耗油量较低。

电站年综合能耗为3442.8tce，每年向电网输送的电能为16.1亿kW·h，出厂电价为0.4644元/（kW·h），项目万元产值综合能耗为0.046tce，远低于2009年四川省万元产值综合能耗1.338tce，以及乐山市万元产值综合能耗2.253tce；按电站经营期30年计算，该项目万元工业增加值能耗为0.062tce，也远低于2009年四川省单位工业增加值能耗2.170tce，以及乐山市2009年万元工业增加值能耗3.806tce。因此，沙坪二级水电站的建设有利于项目所在地完成节能降耗目标的实现。

总之，沙坪二级水电站工程运行能效水平较高，符合国家节能法律、法规和相关政策的要求。总体能效水平与国内同类型水电站相比，处于先进水平。

5. 节能措施评估

沙坪二级水电站技术装备在国内属先进水平，能耗指标符合限额要求。但各项指标的实现需要在具体实施过程中切实执行，并且加强管理力度，以确保节能减排工作的有效执行，加强企业对管理节能工作的重视。

沙坪二级水电站节能措施主要体现在系统设计和设备选型等环节。采取的节能措施充分利用了现有先进技术，满足国家节能法律、法规和相关政策要求。多年年平均年发电量为16.10亿kW·h，年平均能源消耗总量为2777.8万kW·h，折标准煤3413.9tce，综合单位年发电量能耗指标为9.0%，电站的综合厂用电率指标为1.73%，略高于同等规模装设轴流转桨式机组或混流式机组水电站，带来的正面效益为每年约比选用轴流转桨式机组多发电0.64亿kW·h，能效水平总体较高。以上设计指标均达到同行业国内先进水平。

沙坪二级水电站选用水轮机效率较高、运行高效区较宽、机电设备及土建投资较少的灯泡贯流式水轮发电机组，初步估算灯泡贯流式机组比轴流式机组工程投资可节省约29400万元。另外，选用灯泡贯流式机组较轴流转桨式机组加权平均效率高约4%，多年平均年发电量增加约0.64亿kW·h，节约折合标准煤（当量值）约7865.5tce。

其他节能技术和管理措施的成本均较低，其产生的经济效益远高于节能成本。

6. 评估结论

评估结论主要有以下几方面。

（1）沙坪二级水电站设计中始终贯彻节能环保理念，其能耗水平在国内同类型水电站中处于先进水平。

（2）工程运行主要耗能为厂用电，经能耗统计计算，综合厂用电率为 1.73%，略高于同等规模装设轴流转桨式机组或混流式机组水电站，带来的正面效益为因选用灯泡贯流式机组每年约比选用轴流转桨式机组多发电 0.64 亿 kW·h，能效水平总体较高，有利于节能降耗。

（3）水电系清洁可再生能源，与火电相比每年可节约标准煤 56.4 万 t，减少燃料等不可再生能源的消耗，避免了大量废水、废气、废渣、粉尘以及有毒气体的产生及排放，节能减排效益显著。

（4）建设单位十分重视能源的节约管理，资源合理利用，供应汽、水、电管理制度深入细致，执行检查到人，奖罚标准明确，节能、节水措施具体、合理、有效。

（5）评估认为，项目符合节能法律、法规和产业政策，符合合理用能标准和节能设计规范。"可行性研究报告"对能耗的关键点选择正确，能耗计算准确，节能措施合理可行，节能效果明显。

1）项目符合国家产业、行业政策和相关节能要求，符合《中国节能技术政策大纲》和行业节能技术规范。

2）项目所选工艺、技术先进、可靠。符合国家、地方和行业节能设计规范、标准。

3）项目选用设备能够严格执行国家明令推广或淘汰的设备、产品目录。

4）项目主要消耗能源为电 2777.8（万 kW·h）/a，项目年综合能源消费总量 3442.8tce，能源供应充足。

综上所述，沙坪二级水电站在建设过程中和投产运行后符合节能降耗、减排要求，缓解电煤运输压力，改善环境状况，提高了能源利用效率和经济效益，节能降耗效益显著，对促进周边地区经济的发展，改善地方的生态环境亦起着积极作用，落实了节约资源的基本国策，工程的兴建将有望成为建设资源节约型、环境友好型的水电工程项目，建议尽早开发。

11.2.2　雅砻江杨房沟水电站节能评估

1. 评估范围和内容

杨房沟水电站的评估范围和内容有以下几方面。

（1）能源供应情况评估，包括杨房沟水电站所在地能源资源条件以及对项目所在地能源消费的影响评估。

（2）杨房沟水电站建设方案节能评估，包括项目选址、总平面布置、生产工艺、用能工艺和用能设备等方面的节能评估。

（3）杨房沟水电站能源消耗和能效水平评估，包括能源消费量、能源消费结构、能源利用效率等方面的分析评估。

（4）杨房沟水电站节能措施评估，包括技术措施和管理措施评估等。

2. 能源供应情况分析评估

四川省是全国优势资源富集区之一，水力资源更加得天独厚。常规能源资源主要包括水能、煤炭、天然气和石油等，能源资源具有"水多、气较丰、煤少、油缺"的特点。四川省能源资源构成比例为：水力资源占 75.98%，煤炭资源占 23.27%，天然气占 0.75%。

根据《四川省"十二五"节约能源规划 2012 年实施计划》，"2012 年，全省单位国内生产总值（GDP）能耗累计下降 3.5%。按照 2005 年价格计算，由 2011 年的 1.221tce/万元下降至 1.178tce/万元"。

根据《四川省"十二五"能源发展规划》，四川省 2010 年能源消费总量为 17892 万tce，2015 年能源需求总量为 26401 万 tce，在"十二五"期间新增能源消费总量约 8509万 tce，年均增长率约为 8.09%。

杨房沟水电站开发任务主要为发电，电站装机容量 1500MW，与上游"龙头"梯级两河口水电站联合运行时，电站多年平均年发电量为 685570 万 kW·h。杨房沟水电站消耗的能源主要为每年消耗的厂用电，约为 4573.41 万 kW·h（为电站年发电量的 0.667%），折标准煤 5620.72tce，其余为交通工具和厂用电备用电源——柴油发电机组消耗的少量汽油（72t）、柴油（12.91t），折标准煤 124.75tce。根据《四川省"十二五"能源发展规划》，"十二五"期间能源消费总量年均增加 8.09%，2015 年全省能源消费增量控制数为 8509 万 tce。杨房沟水电站能源消耗量对当地能源消费增量的影响很小。

根据《四川省"十二五"节约能源规划》预测，到 2015 年四川省单位 GDP 能耗 0.8745tec/万元。根据规划，"十三五"期间全国单位 GDP 能耗将下降 16.6%，据此预计到 2020 年四川省单位 GDP 能耗为 0.7293tec/万元。

项目运行期间单位增加值能耗指标为 0.052tce/万元，为四川省 2020 年单位 GDP 能耗的 7.13%，项目的建设对当地完成"十三五"GDP 能耗指标有积极的影响。

3. 项目建设方案节能评估

杨房沟水电站是雅砻江干流中游河段规划"一库七级"开发方案中的第 6 个梯级水电站，工程开发任务为发电。电站建成后主要供电四川电网，参与四川电网的"川电外送"，并通过"网对网"方式与西北电网进行电力电量交换。

杨房沟水电站的水量利用率可达到 99.1%（为发电流量与可用发电流量的比值），使雅砻江的水量得到较充分利用。根据 2025 年水平的四川电网电力电量平衡结果，杨房沟水电站装机容量 1500MW 是系统的必需容量，电站有效电量均能被电网吸收，电量利用系数较高。

杨房沟水电站在枢纽布置和主要建筑物设计时，从枢纽布置、坝型坝线选择、建筑物结构设计等方面综合考虑了节能降耗的因素。在满足枢纽功能和建筑物安全的前提下，为了达到节能、节地、节材、节水及资源综合利用的目的，设计时进行了多种布置方案的研究比较。

在河流规划的河段范围内，通过上、中、下 3 个坝址的技术经济比较，从工程枢纽布置、投资、水能利用等方面分析，推荐的上坝址方案有利于充分利用水能资源。

杨房沟水电站枢纽布置方案有利于增加电站的年发电量，降低电能输送设备、通风除湿设备等的能耗，达到提高资源利用率，节能减排的目的。

水电站是将水能转换为电能的综合工程设施，包括为利用水能生产电能而兴建的一系列水电站建筑物及装设的各种水电站设备。利用这些建筑物集中天然水流的落差形成水头，汇集、调节天然水流的流量，并将它输向水轮机，经水轮机与发电机的联合运转，将集中的水能转换为电能，再经变压器、开关站和输电线路等将电能输入电网。

水电是调节性最好的电源之一。水电通常在电网中扮演重要角色，以承担调峰、调频、事故备用等重要功能。

杨房沟水电站装机容量 1500MW，与两河口水电站联合运行时，保证出力 523.3MW，年利用小时数 4570h，多年平均年发电量 685570 万 kW·h，电站效益较好。

杨房沟水电站设计始终贯彻节能降耗理念，从水能利用、加工转换设备—水轮发电机组及其附属设备，到电能输送设备、保证电站安全稳定运行所需的辅助设备，均选择高效低耗能设备。所选设备能耗较低，均满足国家节能降耗要求。

4. 项目能源消耗及能效水平评估

杨房沟水电站属于以清洁能源为基础的电源建设项目，其特点在于是以可再生的水资源为主的水电项目。水电站利用大坝蓄水的势能发电，其能源消耗主要有以下几类。

（1）加工转换设备能耗，即水轮发电机组消耗的能源为能量转换过程中所消耗的水的势能、机械能、电磁损耗，及其附属设备所消耗的电能。

（2）主要生产设备能耗，即电站电能输送设备（主变压器、封闭母线、高压电缆及 GIS）在电能传输、升压和分配过程中的电能损耗。

（3）辅助生产设备能耗，即为维持电站加工转换设备和主要生产设备正常运转的辅助生产设备（包括水力机械设备、通风设备、控制保护和通信设备、金属结构设备、照明和厂用电设备、生活消防供排水系统等）在生产过程中消耗的电能。

（4）附属生产、生活设施能耗，即为维持电站公共建筑物和正常运转的生产设施和设备（包括配套生产生活设施和生产运行用车船等）所需的电能与少量汽油、柴油。

杨房沟水电站利用大坝蓄水的势能发电，与两河口联合运行后，水量利用率达 99.1%，处于国内领先水平。

经估算，杨房沟水电站工程运行年综合厂用电能耗约为 4573.41 万 kW·h，折算为标准煤约 5620.72tce（当量值），电站的综合厂用电率指标可控制在不大于 0.667%，国内类似机组类似规模电站综合厂用电率约为 0.60%～0.70%，杨房沟水电站工程运行总能耗较低，在国内处于先进水平，符合国家节能法律、法规和相关政策的要求。

杨房沟水电站工程运行年消耗电能总量为 4573.41kW·h，消耗柴油总量为 12.91t，消耗汽油总量为 72t，项目综合能耗 15217.00tce（等价值）。根据《四川省"十二五"能源发展规划》，"十二五"期间能源消费总量年均增加 8.09%，2015 年全省能源消费增量控制数为 8509 万 tce。项目的能源消耗量对当地能源消费增量的影响很小。

电站每年向电网输送的电能为 680996.59 万 kW·h（扣除厂用电量后），经营期上网电价为 0.474 元/（kW·h），按电站经营期 30 年计算，该项目单位增加值能耗为 0.052tce（等价值）。根据《四川省"十二五"节约能源规划》预测，到 2015 年四川省单位 GDP 能耗 0.8745tce/万元。根据规划，"十三五"期间全国单位 GDP 能耗将下降 16.6%，以此预计到 2020 年四川省单位 GDP 能耗为 0.7293tce/万元。项目运行期间单位增加值能耗指标为 0.052tce/万元，为四川省 2020 年单位 GDP 能耗的 7.13%，项目的建设对当地完成"十三五"GDP 能耗指标有积极的影响。因此，杨房沟水电站的建设有利于项目所在地完成节能降耗目标的实现。

总之，杨房沟水电站的年能效与国内同类型水电站相比，处于先进水平。

5．节能措施评估

杨房沟水电站设计始终贯彻节能降耗理念，从水能利用、转换设备—水轮发电机组，到保证电站安全稳定运行所需的耗能设备，均选择高效低耗能设备。

项目技术装备在国内属先进水平，能耗指标符合限额要求。但各项指标的实现需要在具体实施过程中切实执行，并且加强管理力度，以确保节能减排工作的有效执行，加强电站对管理节能工作的重视。

杨房沟水电站节能措施主要体现在系统设计和设备选型等环节。采取的节能措施充分利用了现有先进技术，满足国家节能法律、法规和相关政策的要求。杨房沟水电站多年平均年发电量为 685570 万 kW·h，年平均电能消耗总量为 4573.41 万 kW·h，折标准煤 5620.72tce，年消耗柴油 12.91t，折标准煤 18.81tce，消耗汽油 72t，折标准煤 105.94tce，年综合能源消耗总量按当量值为 5745.47tce，单位增加值能耗按等价值计算为 0.052tce/万元。杨房沟水电站设计指标均达到同行业国内先进水平。

根据《四川省"十二五"节约能源规划》预测，到 2015 年四川省单位 GDP 能耗 0.8745tec/万元。根据规划，"十三五"期间全国单位 GDP 能耗将下降 16.6％，以此预计到 2020 年四川省单位 GDP 能耗为 0.7293tec/万元。根据国务院发布的《节能减排"十二五"规划的通知》，到 2015 年全国万元国内生产总值能耗下降到 0.869tce，比 2010 年下降 16％，据此推算至 2020 年全国万元国内生产总值能耗为 0.73tce，杨房沟水电站能耗指标远低于全国和四川省的"十二五"规划能耗目标值，也远低于预测的四川省 2020 年能耗指标。

杨房沟水电站选用效率较高、运行高效区较宽的混流式水轮发电机组，其他节能技术和管理措施的成本均较低，其产生的经济效益远高于节能成本。

6．评估结论

评估结论主要有以下几方面。

(1) 杨房沟水电站设计中始终贯彻节能环保理念，其能耗水平在国内同类型水电站中均处于先进水平。

(2) 工程运行主要耗能为厂用电，经能耗统计计算，综合厂用电率小于 0.667％。故厂用电占发电量比重很小，能耗指标低，能源利用效率高。

(3) 建设单位十分重视能源的节约管理，资源合理利用，供应汽、水、电管理制度深入细致，执行检查到人，奖罚标准明确，节能、节水措施具体、合理、有效。

(4) 评估认为，项目符合节能法律、法规和产业政策，符合合理用能标准和节能设计规范。"可行性研究报告"对能耗的关键点选择正确，能耗计算准确，节能措施合理可行，节能效果明显。

1) 项目符合国家产业、行业政策和相关节能要求，符合《中国节能技术政策大纲》和行业节能技术规范。

2) 项目所选工艺、技术先进、可靠。符合国家、地方和行业节能设计规范、标准。

3) 项目选用设备能够严格执行国家明令推广或淘汰的设备、产品目录。

4) 项目主要消耗能源为电 4573.41 万 (kW·h) /a，柴油 12.91t，汽油 72t，项目年综合能源消费总量 5745.47tce，能源供应充足。

综上所述，杨房沟水电站投产运行后符合节能降耗、减排要求，改善环境状况，提高了能源利用效率和经济效益，节能降耗效益显著，对促进周边地区经济的发展，改善地方的生态环境亦起着积极作用，落实了节约资源的基本国策，工程的兴建将有望成为建设资源节约型、环境友好型的水电工程项目，建议尽早开发。

11.2.3　绩溪抽水蓄能电站节能评估

1. 评估范围和内容

绩溪抽水蓄能电站的评估范围和内容有以下几方面。

（1）电站能源消费对当地能源消费的影响评估。

（2）电站建设方案节能评估，包括电站选址、总平面布置、生产工艺、用能工艺和用能设备等方面的节能评估。

（3）电站能源消费量、能源消费结构和能源利用效率的分析评估。

（4）节能的技术措施和管理措施的评估。

2. 能源供应情况分析评估

绩溪抽水蓄能电站位于安徽省绩溪县伏岭镇，地处皖南山区，距合肥市的直线距离约为 240km，距南京、杭州、上海三市的直线距离分别为 210km、140km、280km。一方面，该电站区位优越，受电、供电、电网均较为便捷，并可缓解华东电网调峰压力，拟以 2 回 500kV 出线接入 500kV 宁国河沥变电所并入安徽电网及华东电网。

（1）电力。绩溪抽水蓄能电站的投入，由于其良好的调峰填谷效益，对提高电网风力资源利用率、帮助区外水电合理消纳以及配合核电、煤电经济运行，从而对缩小华东电网峰谷差，对改善电网的供电质量有着积极意义。2020 年，绩溪抽水蓄能电站参与电网调峰运行，可使华东电网火电机组的调峰幅度由 43.5% 降低为 34% 左右，可为系统节约标准煤 21.6 万 t。

（2）水。绩溪抽水蓄能电站上、下水库均位于登源河支流赤石坑沟上。上水库流域面积 1.8km²，多年平均年入库水量 161 万 m³；下水库流域面积 7.8km²（含上库），多年平均年入库水量 644 万 m³（含上库）。绩溪抽水蓄能电站下水库坝址处多年平均流量 0.204m³/s，经对电站进行初期蓄水水量平衡计算，下水库坝址水量可以满足该电站建设和运行的需要。

电站枯水期运行时，如果来水不能补充蒸发、渗漏损失水量，可利用水损备用库容发电满足电力系统用电需求。水损备用水量用完后，可在次年汛期蓄足。电站水库补水方式是自流补水，无需水泵。因此，绩溪抽水蓄能电站的建设对该地区及其下游的用水不会产生影响。

（3）柴油。经估算，绩溪抽水蓄能电站年消耗柴油总量为 21.36t。根据相关统计资料，2011 年安徽省柴油产量为 2082157t，绩溪电站柴油用量仅占安徽省柴油产量的 0.01‰，对地区柴油消费的影响很小。

（4）汽油。绩溪抽水蓄能电站工程运行的交通运输工具主要以汽油为消耗能源。经初步估算，电站工程运行的交通工具包括生产用车、员工班车、备品备件运输工具车等，年消耗汽油约为 39.45t，对当地汽油供应影响很小。

3. 项目建设方案节能评估

绩溪抽水蓄能电站由上水库、下水库和输水发电系统组成。上水库位于登源河的北支流、近东西向展布的赤石坑沟内；下水库位于赤石坑沟口的上岭前、下岭前村所在的山涧盆地；上、下水库间高差约 600m。输水发电系统位于上、下水库之间赤石坑沟北岸的山体内。

项目选址位于皖电东送输电通道上，推荐的枢纽布置方案满足枢纽各功能要求，布置紧凑，占地较少，开挖、支护工程量及基础处理量最小，节能效果最优，对能源消费的影响最小。

上水库选择钢筋混凝土面板堆石坝，利用库区开挖料筑坝兴建，实现了变"废"为"宝"，达到了节能的目的。

下水库选择钢筋混凝土面板堆石坝，利用进出水口和部分上库开挖料筑坝兴建，实现了变"废"为"宝"，同时大坝面板和库岸面板平顺连接，水库渗漏得到更加有效控制，达到了节能的目的。

水道线路选择在满足地形地质条件要求的前提下，水道线路尽可能顺直，减少弯道，线路长度尽可能短；上、下库进出水口的体型设计和布置，尽可能是水流平顺，边界条件对称，在进流时不产生吸气旋涡，出流时流速分布均匀，各种工况下表面回流强度低，通过数值模拟分析，优化进/出水口体型，降低水头损失。高压岔管为水道系统水头损失较大部位，在设计时通过水力学的数值模拟分析，优化岔管体型，降低水头损失，减小管道的能量损失。

由于地下厂房区的地质条件较好，地下厂房采用岩壁吊车梁，以减少洞室的开挖宽度，从而减少厂房系统的土建工程量，降低施工难度和能耗，同时也减少工程运行的通风、照明等能耗。

4. 项目能源消耗和能源水平评估

绩溪抽水蓄能电站属于以清洁能源为基础的电源建设项目，其特点不仅在于是以可再生的水资源为主的水电项目，更主要的是能够通过能量转换改善系统电力质量，变廉价丰余的低谷电量为高价紧缺的高峰电量，并辅助发挥调频调相等辅助功能，保障电网安全稳定运行。结合华东的能源资源和抽水蓄能电站的特点，该项目能源消耗种类主要有电力、柴油、新水。

经计算，项目建成后，年需消耗各种能源的综合能耗总量为 125975tce（当量值），其中年消耗电力 10.248 亿 kW·h，柴油 21.36t，利用循环水 840 万 m³。

抽水蓄能电站不是真正意义上的发电电源，而是电力系统的能量转换器。在华东电网的负荷低谷，绩溪抽水蓄能电站可将电网的低谷"电能→变压器升压→电动机旋转机械能→水泵抽水→水力势能→水轮机旋转机械能→发电机组发电→变压器升压→电能"，在负荷高峰通过输电线路发送电网。

根据能量平衡成果表，供入能量转换前当量值为 494809 tce，加工转换后的当量值为 373983tce，电力转换效率为 75.58%；根据《中国能源统计年鉴 2011》和各地方统计局的统计数据，2010 年我国能源加工转换总效率为 72.86%，发电及电站供热能源加工转换效率为 42.43%，浙江省和安徽省燃煤火电机组能源加工转换效率分别为 38.56% 和

38.86%。该电站电力转换效率为75.58%，能源转换效率为46.05%，达到国内先进水平。

绩溪抽水蓄能电站的节能指标均为国内先进水平，对地区能源消耗和实现节能减排目标影响较小。

5. 主要节能措施评估

绩溪抽水蓄能电站节能措施主要体现在系统设计和设备选型等环节。采取的节能措施充分利用了现有先进技术，满足国家节能法律、法规和相关政策的要求。年平均利用低谷抽水电量40.2亿kW·h，多年平均年发电量为30.37亿kW·h，年平均上网电量29.95亿kW·h，年平均消耗电力总量为10.248亿kW·h，（其中厂用电消耗4164万kW·h），年消耗油21.6t，年综合能源消耗总量按当量值为125975tce，折算成等价值为443309 tce，单位工业增加值能耗按当量值计算为1.250 tce/万元，按等价值计算为4.400tce/万元；单位产品综合能耗按当量值为0.415tce/（万kW·h），按等价值为1.460tce/（万kW·h）。

2010年安徽省单位工业增加值能耗1.820 tce/万元（当量值）；目前国内大部分300MW等级机组（脱硫）的供电煤耗基本值为3.25 tce/（万kW·h），600MW等级及以上机组（超临界）的供电煤耗基本值为3.19 tce/（万kW·h）。绩溪抽水蓄能电站设计指标均达到同行业国内先进水平。

绩溪抽水蓄能电站采取的节能措施的经济性主要体现在设备的运行管理中，成本较低，经济投入较小，对节能效果影响显著，其产生的经济效益远高于节能成本。初估因提高电站的综合效率每年可产生效益约900万元。

6. 评估结论

评估结论主要有以下几方面。

（1）绩溪抽水蓄能电站工程建设方案、设计方案所遵循的国家法律法规、规程规章及技术规范选择适宜，充分考虑了抽水蓄能电站在系统发挥效益的原理和自身的具体特点。

（2）绩溪抽水蓄能电站的开发任务是承担系统调峰填谷、调频、调相、负荷备用和紧急事故备用等任务，并根据电网需求配合风电运行，促进资源有效利用。因此，抽水蓄能电站不是真正意义上的发电电源，而是电力系统的能量转换器。根据初步计算，仅考虑绩溪抽水蓄能电站对系统内火电的影响，则该电站投入运行可使电力系统每年节省标准煤21.6万t，考虑系统节煤效益，使电站能源利用率提高至46.07%，系统电能质量得以改善，说明该电站建设是实现电网节能减排目标的有力保证。

（3）绩溪抽水蓄能电站建成后，年需消耗各种能源的综合能耗总量按当量值为125975tce，折算成等价值为443309 tce，与丰宁抽水蓄能电站能源消耗总量值137746tce（当量值）相当，单位工业增加值能耗按当量值计算为1.250 tce/万元，按等价值计算为4.400 tce/万元；单位产品综合能耗按当量值为0.415tce/（万kW·h），按等价值为1.460tce/（万kW·h），与丰宁抽水蓄能电站单位产品综合能耗0.402tce/（万k·Wh）（当量值）相当，电站单位工业增加值能耗低于2010年安徽省单位工业增加值能耗（1.820 tce/万元）；电站电力转换效率为75.58%，高于2010年安徽省的相关能量转换指标。综合来讲，绩溪抽水蓄能电站的节能指标达到国内先进水平。

（4）由于华东电网内抽水蓄能电站抽水电源主要来自于燃煤火电，虽然通过"调峰"

"填谷"运行，改善火电机组运行条件，从而节省了电网燃料消耗，但仍产生能耗增加值，根据测算该项目 m 值（项目新增能源消费量占所在地"十二五"能源消费增量控制数比例）为 1.06%，大于 1% 小于 3%，n 值（项目增加值能耗影响所在地单位 GDP 能耗的比例）为 0.15%，大于 0.1 小于 0.3，能耗增加值对安徽省节能目标仅有一定影响。

（5）项目符合国家、地方及行业的节能相关法律法规、政策要求、标准规范；未采用国家明令禁止和淘汰的落后工艺及设备；所用设备的工艺及能效水平较高，满足当地能耗限额标准要求。

（6）项目采取的节能措施合理，效果显著，具有可操作性。

11.2.4　金沙江白鹤滩水电站节能评估

1. 评估范围和内容

白鹤滩水电站的评估范围和内容有以下几方面。

（1）能源供应情况评估，包括白鹤滩水电站所在地能源资源条件以及对项目所在地能源消费的影响评估。

（2）白鹤滩水电站建设方案节能评估，包括项目选址、总平面布置、生产工艺、用能工艺和用能设备等方面的节能评估。

（3）白鹤滩水电站能源消耗和能效水平评估，包括能源消费量、能源消费结构、能源利用效率等方面的分析评估。

（4）白鹤滩水电站节能措施评估，包括技术措施和管理措施评估等。

2. 能源供应情况分析评估

白鹤滩水电站是我国继长江三峡和金沙江溪洛渡水电站之后的第三座千万千瓦级巨型水电站，电站建设条件良好，技术经济指标优越，发电效益巨大，是我国能源建设中为解决华东、华中地区能源短缺，实施"西电东送"战略部署的一个举足轻重的工程。电站装机容量 16000MW，多年平均年发电量 625.21 亿 kW·h，保证出力 5500MW。

由于系统规划设计工作尚在进行之中，考虑到白鹤滩水电站地处四川、云南两省之间的金沙江界河上，四川、云南两省又分处于国家电网和南方电网两大电网的覆盖范围内，金沙江二期工程（白鹤滩、乌东德工程）送电方向及电能消纳方案未明确之前，推荐白鹤滩水电站的供电范围为华东电网、华中东四省电网和南方电网，并兼顾当地电网的用电需求。

白鹤滩水电站位于金沙江下游四川省宁南县和云南省巧家县境内。该地区水力资源丰富，但由于地理环境、气候条件及历史原因的限制和影响，经济和社会发展远落后于全国平均水平，人民生活水平很低。白鹤滩水电站的建设可吸纳大量的资金投入，扩大内需，改善交通条件，增加地方政府的财政收入，能大力促进当地经济发展，提高人民生活水平、带动周边地区脱贫致富。

白鹤滩水电站消耗的能源为每年消耗厂用电能约 39067.64 万 kW·h（主要为机组发电期间的厂用电消耗），技术供水利用完水能后排放到下游河道，故不消耗河水，其余耗能为每年耗损的少量绝缘油、润滑油，以及生活营地的生活用水、厨房可能消耗的极少量的燃油或燃气，在项目年综合能源消费量中所占的比例也极低，因此项目年综合能源消费量中可忽略不计燃油、燃气和水的能耗，而白鹤滩水电站每年为电网提供足够的电量，因此白鹤滩水电站对当地的能源消费的影响极小。

3. 项目建设方案节能评估

白鹤滩水电站装机容量 16000MW，多年平均年发电量 625.21 亿 kW·h，保证出力 5500MW。工程建成后，可使下游 4 个梯级电站保证出力增加 853MW、年发电量增加 24.3 亿 kW·h，枯水期（12 月至次年 5 月）发电量增加 92.1 亿 kW·h，明显改善下游各梯级电站的电能质量。

白鹤滩水电站工程运行多年平均年发电量 625.21 亿 kW·h，可替代同等规模的火电机组，替代火电年均发电量约为 642.59 亿 kW·h，相应每年可节约原煤约 2900 万 t，节约燃料费约 246.5 亿元，减少二氧化碳（CO_2）排放量约 4283 万 t，减少一氧化碳（CO）排放量约 0.7 万 t，减少氢化合物（C_nH_m）排放量约 0.26 万 t，减少氮氧化合物（以 NO_2 计）约 26.2 万 t，减少二氧化硫（SO_2）排放量约 38.6 万 t。

此外，每年还可节约用水，并减少相应的废水排放和温排水，进而减少了由于温排水的排放所引起的严重热污染。上述数据表明，白鹤滩工程的建成，不仅能节约煤炭资源，更可减少燃煤的负面环境效应，非常有利于环境保护。未来 20 年，我国将实行"保障供应、节能优先、结构优化、环境友好"的可持续发展能源战略，燃煤及热排放所造成生态污染的消除，本身就是巨大效益。

白鹤滩水电站设计始终贯彻节能降耗理念，从水能利用、加工转换设备—水轮发电机组及其附属设备，到电能输送设备、保证电站安全稳定运行所需的辅助设备，均选择高效低耗能设备。所选设备能耗较低，均满足国家节能降耗要求。

4. 项目能源消耗及能效水平评估

白鹤滩水电站属于以清洁能源为基础的电源建设项目，其特点在于是以可再生的水资源为主的水电项目。水电站利用大坝蓄水的势能发电，其能源消耗主要有以下几类。

（1）加工转换设备能耗，即水轮发电机组消耗的能源为能量转换过程中所消耗的水的势能、机械能、电磁损耗，及其附属设备所消耗的电能。

（2）主要生产设备能耗，即电站电能输送设备（主变压器、封闭母线、高压电缆及 GIS）在电能传输、升压和分配过程中的电能损耗。

（3）辅助生产设备能耗，即为维持电站加工转换设备和主要生产设备正常运转的辅助生产设备（包括水力机械设备、通风设备、控制保护和通信设备、金属结构设备、照明和厂用电设备、生活消防供排水系统等）在生产过程中消耗的电能。

（4）附属生产、生活设施能耗，即为维持电站公共建筑物和正常运转的生产设施和设备（包括配套生产生活设施和生产运行用车船等）所需的电能与少量汽油、柴油。

根据能量平衡成果表，供入能量转换前当量值为 8379459.65tce，加工转换后的当量值为 7830814.02tce，电力转换效率为 94.01%；根据《中国能源统计年鉴 2011》和各地方统计局的统计数据，2010 年我国能源加工转换总效率为 72.86%，发电及电站供热能源加工转换效率为 42.43%，四川省和云南省燃煤火电机组能源加工转换效率分别为 38.56% 和 38.86%。电站电力转换效率为 94.01%，能源转换效率为 93.45%，达到国内先进水平。

综上所述，白鹤滩水电站的节能指标均为国内先进水平，对地区能源消耗影响较小，且有利于实现节能减排目标。

5. 节能措施评估

白鹤滩水电站设计始终贯彻节能降耗理念，从水能利用、能源转换设备—水轮发电机组，到保证电站安全稳定运行所需的耗能设备，均选择高效低耗能设备，并且对枢纽布置和主要建筑物设计采取一定的节能降耗措施。

白鹤滩水电站多年平均年发电量为 625.21 亿 kW·h，年平均电能消耗总量为 39067.64 万 kW·h，折标准煤 48014.13 tce，年消耗汽油 576t，折标准煤 847.53tce，年消耗柴油 199.48t，折标准煤 290.66tce。电站年综合能源消耗总量按当量值为 49152.32tce，折算成等价值为 126154.64tce，单位增加值能耗按当量值为 0.0493tce/万元；单位产品综合能耗按当量值为 0.0079tce/（万 kW·h），按等价值为 0.0203tce/（万 kW·h）。白鹤滩水电站设计指标均达到同行业国内先进水平。

2010 年四川省单位工业增加值能耗 1.996 tce/万元、2010 年云南省单位工业增加值能耗 2.201 tce/万元；四川省主力火电机组发电煤耗 2010 年为 330gce/（kW·h），2015 年目标为下降到 325gce/（kW·h）；云南省主力火电机组发电煤耗 2010 年为 355gce/（kW·h）；目前国内大部分 300MW 等级机组（脱硫）的供电煤耗基本值为 3.25 tce/（万 kW·h），600MW 等级及以上机组（超临界）的供电煤耗基本值为 3.19 tce/（万 kW·h）。2010 年全国万元国内生产总值能耗为 1.04 tce/万元；按国务院《节能减排"十二五"规划》，到 2015 年全国万元国内生产总值能耗下降到 0.869 tce/万元，比 2010 年下降 16%。白鹤滩水电站能耗指标不仅远低于四川省、云南省和全国的 2010 年能耗指标，也远低于全国的 2015 年能耗目标值。

白鹤滩水电站采取的节能措施的经济性主要体现在设备的运行管理中，成本较低，经济投入较小，对节能效果影响显著，其产生的经济效益远高于节能成本。

6. 评估结论

评估结论主要有以下几方面。

（1）白鹤滩水电站设计中始终贯彻节能环保理念，其能耗水平在国内同类型水电站中均处于先进水平。

（2）工程运行主要耗能为厂用电，经能耗统计计算，综合厂用电率为 0.624%，厂用电占发电量比重很小，能耗指标低，能源利用效率高。

（3）水电系清洁可再生能源，与火电相比每年可节约标准煤 2900 万 t，减少二氧化碳（CO_2）排放量约 4283 万 t，减少燃料等不可再生能源的消耗，避免了大量废水、废气、废渣、粉尘以及有毒气体的产生及排放，节能减排效益显著。

（4）建设单位十分重视清洁能源的开发、能源的节约管理和资源合理利用，供应汽、水、电管理制度深入细致，执行检查到人，奖罚标准明确，节能、节水措施具体、合理、有效。

（5）评估认为，项目符合节能法律、法规和产业政策，符合合理用能标准和节能设计规范。"可行性研究报告"对能耗的关键点选择正确，能耗计算准确，节能措施合理可行，节能效果明显。

1）项目符合国家产业、行业政策和相关节能要求，符合《中国节能技术政策大纲》

和行业节能技术规范。

2）项目所选工艺、技术先进、可靠。符合国家、地方和行业节能设计规范、标准。

3）项目选用设备能够严格执行国家明令推广或淘汰的设备、产品目录。

4）项目主要消耗能源为电 39067.64 万（kW·h）/a，当量值为 48014.13 tce，项目年综合能源消费总量 49152.32tce，主要耗能为水电站从可再生的水能转换而来的电能，能源供应充足。

综上所述，白鹤滩水电站在建设过程中和投产运行后符合节能降耗、减排要求，缓解电煤运输压力，改善环境状况，提高了能源利用效率和经济效益，节能降耗效益显著，对促进周边地区经济的发展，改善地方的生态环境亦起着积极作用，落实了节约资源的基本国策，工程的兴建将有望成为建设资源节约型、环境友好型的水电工程项目，建议尽早开发。

第 12 章 研究成果总结与展望

12.1 研究成果总结

本书研究成果主要有以下几方面。

（1）节约资源是我国的一项长期基本国策，节能优先一直是我国能源发展的重要方针。可再生能源的开发利用是实现"节能、降耗、环保、增效"的重要手段，水电是目前节能减排的切实首选。

我国节能减排"十二五"规划提出了"十二五"节能减排约束性目标，以缓解资源环境约束，应对全球气候变化，促进经济发展方式转变，建设资源节约型、环境友好型社会，增强可持续发展能力。可以说，节能是解决我国能源问题的有效途径，是我国可持续发展的关键。

能源替代型方式减排（即大力发展可再生能源）是目前中国最适合的选择。而除水电外的其他可再生能源受技术和成本的因素制约，在短期内难以成为主力军。而我国水力资源丰富，开发程度低，水电运行成本低、可靠性高，具备大规模开发的技术和市场条件。

统计资料表明，目前全世界水力发电满足了约 20% 的电力需求，有 55 个国家一半以上的电力由水电提供，其中 24 个国家这一比重超过 90%。而我国水能资源世界第一，技术可开发量 5.42 亿 kW，以目前的 1.85 亿 kW（常规水电）计算水电开发利用率也还只有 34% 左右，仍远低于发达国家 60%～70% 的平均水平。目前，金沙江、澜沧江、雅砻江、大渡河、怒江、雅鲁藏布江、黄河上游 7 条江河干流规划电站总装机容量 29680 万 kW，年规划发电量 13838 亿 kW·h；目前在建水电站装机容量 6395 万 kW，年发电量 2947 亿 kW·h；待建水电站装机容量 23285 万 kW，年发电量 10891 亿 kW·h。为实现 2020 年节能减排目标，届时水电装机容量须达到 3.8 亿 kW。只有下决心有序开发利用水电，才能进一步改善我国的能源结构，因此水电是目前经济条件下实现节能减排的首选。

（2）根据水电工程节能降耗分析的政策、法规体系，开展反映水电工程特点的节能降耗分析应用研究，有助于及时总结水电工程节能降耗实践经验，促进科技成果转化，提高节能降耗分析水平。

《中华人民共和国节约能源法》自 1998 年 4 月 1 日开始施行以来，国家发展改革委根据《国务院关于加强节能工作的决定》，发出了《关于加强固定资产投资项目节能评估和审查工作的通知》（发改投资〔2006〕2787 号），明确规定了可行性研究报告或项目申请报告必须包括节能分析篇（章）及节能评估文件。因此，水电工程建设作为能源建设中的重要组成部分，加强节能降耗设计并落实在工程建设各阶段，具有重要性和紧迫性。

水电行业在设计、施工、设备选型、运行、维护等方面都积累了一定的经验。水电水利规划设计总院以水电规科〔2007〕0051 号文颁布了《水电工程可行性研究节能降耗分析篇章编制暂行规定》，现行的《水电工程可行性研究报告编制规程》（DL/T 5020—2007）中已列入了节能降耗分析篇。

水电工程项目涉及的能耗设备种类、耗能参数在不同的建设期及建成后的工程运行期相差较大，通过工程实例的数据采集，建立数据库，可以为拟建工程的能耗指标及能耗量提供一些基础性资料。能耗分析计算研究可以为水电行业提供一些操作性强、有实际应用价值的计算方法，有了一个相对统一的计算方法，不同工程才有了对比基础，其节能评估才有意义。通过对工程节能措施、非工程节能措施、建筑物节能、管理节能、设备节能及施工节能的研究，有利于水电行业节能降耗整体水平的提高，亦有利于更多节能产品、技术及材料的研制和发展。这些成果能更好地促进水电行业的节能降耗，从而获得更好的能源利用效益。同时，也为水电行业的节能降耗分析及固定资产投资项目节能评估的编制提供直接的素材，更好地落实水利水电工程节能设计标准。

（3）水电工程节能降耗分析的深度应满足《水电工程可行性研究节能降耗分析篇章编制暂行规定》（水电规科〔2007〕0051 号）和现行的《水电工程可行性研究报告编制规程》（DL/T 5020—2007）的要求。

水电工程节能设计应包括以下要点内容。

1）应根据电站的运行特性及在电力系统中的作用和运行调度，分析其替代不可再生能源项目的建设和运行情况，计算分析节煤效益以及对受电地区能耗和温室气体减排效益的影响等。

2）水电工程可行性研究阶段应重点从工程技术方案设计、施工技术方案设计、主要电气设备选型、辅助系统设计、厂房暖通空调、照明设计、工程施工管理和运行管理设计等方面体现节能降耗设计原则，通过技术经济环境节能等综合比较论证，选择设计方案。

3）应根据水电工程施工组织设计，从主体工程施工、施工工厂设施、生产性建筑和生活配套设施等方面，分析工程建设能耗种类、数量，基本明确主要耗能设施，分析能源利用效率。

4）应根据水电工程设计方案，从机组附属设备、主要电气设备、全厂生产辅助设备、厂坝区公用设施、生产性建筑和生活配套设施等方面，分析工程运行能耗种类、数量和特点，明确主要耗能设备（施），分析能源利用效率。

5）水电工程能耗应分为工程建设能耗和工程运行能耗。工程建设能耗包括建筑材料能耗、建筑物能耗、施工生产过程能耗、施工辅助生产系统能耗、施工期生产性建筑物能耗和工程建设管理营地能耗；工程运行能耗包括生产性能耗和非生产性能耗与损耗。节能降耗分析应分别明确其用能品种和用能总量。

6）应根据工程建设、工程运行能耗种类、数量和总量（折算到标准煤），分析确定能耗指标，分析评价工程建设、工程运行能源利用综合效率，明确节能目标，制定节能计划，提出节能具体措施和要求。水电工程综合能耗指标应满足国内生产总值能耗综合指标要求。

（4）水电工程节能降耗分析是以工程能耗指标是否符合节能设计要求为基础，结合工程项目在国家、地方所起的作用，宏观评价工程项目是否符合国家、地方关于节能减排的法律、法规的要求；对工程的总体布置、施工组织、机电设备选型及运行中采用的节能措施等进行综合评价，是否满足节能降耗要求。

水电工程节能降耗分析应满足以下要求。

1) 设计依据的准确性和有效性。设计单位要遵循现行节能法规、节能设计标准和有关节能要求，严格按照节能设计标准和节能要求进行节能设计。节能设计所采用的依据必须是国家、地方现行设计规范有效版本，涉及的相关领域或行业或专业的法规、规范、标准等应齐全完整，且应注重准确性和适应性，符合工程实际。

2) 国家政策的响应性和符合性。节能设计的原则和指导思想首先是要响应和符合国家相关大政方针、产业政策，符合公共利益；设计理念应突出节约能源、促进能源的合理和有效利用的意识，切实把国家节能政策落实到设计中。注重国家推广节能工作中已证明技术成熟、效益好、见效快的节能技术；限制和淘汰效益低、落后的工艺技术设备；推广适合我国国情的国外先进技术；鼓励节能技术进步，鼓励发展技术成熟、效果显著的节能技术和节能管理技术，鼓励引进国外先进的节能技术，禁止引进国外落后的用能技术、材料和设备。

3) 节能指标的合理性和科学性。节能设计必须要提出项目节能的指标以及落实措施，并应在项目建设的各个阶段严格执行。节能指标的确定除应满足相关标准和规定（特别是强制性标准和条文规定），还须充分考虑水电工程的特点和建设项目具体情况以及经济因素、造价指标，并适当考虑节能技术方向近、远期结合问题，为中长期的节能技术作必要的技术储备，确保节能指标的合理性和科学性。相关设计参数的选用应恰当、合理，具有较强的针对性；节能指标分析、计算的方法应符合相关规定；分析、计算的结论应进行必要的比选及合理性分析。

4) 节能措施的先进性和可靠性。节能措施要充分体现技术进步，依靠技术进步来降低能源消耗是措施节能的根本途径；通过技术和经济及环境的比较、论证，择优选定具有先进性与可靠性的节能措施；对国家公布淘汰的耗能结构、设备、材料、技术等严禁使用。节能措施应具有对应性，针对结构节能、材料节能、设备与电气节能等不同情况，分别提出相应的、可行的节能技术措施。节能措施在满足安全可靠的同时，还要满足便于施工、便于管理的要求。

5) 设计内容的完整性和关联性。设计内容应充分体现设计与施工和管理的整体性，不可或缺。

(5) 水电工程能耗可分为工程建设能耗和工程运行能耗，节能降耗分析应分别明确其用能品种和用能总量，综合能耗指标应满足工程所在地国内生产总值能耗综合指标要求。

1) 能耗指标。水电工程建设、运行能耗系指枢纽工程建设和运行中直接消耗的电能、燃煤和燃油，不包括其他间接耗能和其他能耗。表征能源利用效率的指标主要有单位产值耗能、单位产品耗能、主要用能设备耗能、单位建筑面积耗能以及水电站综合效率等。

2) 工程建设总体节能降耗作用和效益分析。

a. 应根据工程特点和运行特性，分析电站在电力系统中的地位和作用。

b. 应对工程规划与枢纽总布置方案、主要建筑物设计、机电及金属结构设计、施工组织设计、工程管理设计中采取的主要节能措施所产生的节能降耗作用和效益进行分析与评价。

c. 应分析工程作为节能项目所具有的经济效益、社会效益和环境效益，对国民经济发展和地方经济建设的促进作用等。

3）节能综合效果评价。

a. 应根据工程设计方案，从主要建筑物设计、主体工程施工、施工工厂设施、生产性建筑物和生活配套设施等方面，说明工程建设需消耗的能源种类和数量，以及能耗总量。

b. 应根据工程设计方案、设备配置和运行管理要求，从机组、电气设备、生产辅助设备、公用设施、生产性建筑和生活配套设施等方面，说明工程运行需消耗的能源种类和数量，以及能耗总量。

c. 工程综合能耗指标可按式（12.1）计算：

$$\eta = E/B \tag{12.1}$$

式中：η 为工程综合能耗指标；E 为项目计算期内能耗总量，等于工程建设的能耗总量与工程投产后工程运行的能耗总量之和（吨标准煤）；B 为计算期内工程产生的国民经济净效益，等于项目综合效益扣除运行费用（万元），按国家或地方制定的国内生产总值能耗综合指标基准年的价格水平计算。

d. 计算工程投产后所能产生的清洁能源总量，分析替代不可再生能源项目方案，分析工程在当地、受电地区电力系统中的节能效益和环保效益影响等。

e. 节能效果综合评价应将工程的综合能耗指标与国家、工程所在地的国内生产总值能耗综合指标进行对比，作出节能效果宏观评价和综合评价。

f. 水电工程的综合能耗应满足国内生产总值能耗综合指标要求。

（6）节能在我国能源发展中处于首要位置，因此节能技术也是我国科技创新的重点领域。我国整体能源利用效率较低，节能潜力巨大，节能技术在我国具有广阔的前景。

本书总结归纳了以下水电工程节能技术。

1）RCC 坝汽车＋满管溜槽入仓技术。

2）胶凝砂砾石筑坝技术。

3）堆石混凝土筑坝技术。

4）双聚能预裂与光面爆破综合技术。

5）料场开采"溜井（槽）-平洞"垂直重力输送技术。

6）长距离胶带机技术。

7）砂石加工系统节能技术。

8）风冷料仓节能技术。

9）水工高性能混凝土技术。

10）混凝土冷却系统节能技术。

11）自然通风节能技术。

12）施工供水自流供水节能技术。

13）施工供电系统节能技术。

14）地下厂房通风空调系统中的节能技术。

15）水电运行管理节能技术。

（7）节能降耗分析应与工程设计同步进行，落实"四节一环保"的绿色施工措施。绿色施工主要有以下节能措施。

1）制订合理施工能耗指标，提高施工能源利用率。

2）优先使用国家、行业推荐的节能、高效、环保的施工设备和机具，如选用变频技术的节能施工设备等。

3）施工现场分别设定生产、生活、办公和施工设备的用电控制指标，定期进行计量、核算、对比分析，并有预防与纠正措施。

4）在施工组织设计中，合理安排施工顺序、工作面，以减少作业区域的机具数量，相邻作业区充分利用共有的机具资源。安排施工工艺时，应优先考虑耗用电能的或其他能耗较少的施工工艺。避免设备额定功率远大于使用功率或超负荷使用设备的现象。

5）根据当地气候和自然资源条件，充分利用太阳能、地热等可再生能源。

（8）水电工程在工程建设及工程运行期应重点落实国内已成熟的建筑节能技术。

（9）通过系统收集与分析我国现行节能降耗政策、法律法规及技术标准，发现与水电行业相关的工程建设领域，如建筑、水运、铁路、水泥、石油、钢铁、机械、有色金属等行业在节能设计时，一般仅分析工程达产投运后的能耗，而未分析建设期的能耗。而水电工程的编规则明确规定，需分析工程建设期（施工期）的能耗。

12.2 建议与展望

本书建议与展望有以下几方面。

（1）高度重视大型水电施工节能减排工作。大型水电作为可再生能源之一，属国家节能减排工作中大力发展项目。鉴于大型水电施工历时长，工程量大，节能减排空间比较大，应严格落实各项节能减排措施，进一步发挥其节能减排作用。充分重视工程优化设计，采取激励措施，促进资源的综合利用；加强污染治理设施的运行管理，促进减排工作。

（2）实施以终端节能为重点的节能优先战略。坚持在经济社会发展中，遵循科学的生产和生活方式，改变经济增长对能源投入的过度依赖，限制不合理的能源消费需求，倡导理性消费、节约消费、适度消费，以更集约高效的能源利用方式实现更高的能源经济效益，推进能源的可持续利用。终端环节节能具有倍数很大的放大效应，终端设备（风机、泵、压缩机等）每提高 1% 的相对效率就相当于能源生产环节提高 4%～5% 的相对效率；节约 1kW•h 电相当于节约 3 倍左右的一次能源。

（3）推广使用高效节能、环境友好型机械、设备。目前我国水电建设已发展到高度机械化施工阶段，面对水电发展新的机遇，水电工程机械、设备需要与发展水电与环境、生态保护兼容。因此，如何选好施工机械设备，以达到高效、节能的要求，以最少的施工设备，完成最大的工程量，取得最佳的经济效益，是一个非常值得研究的问题，它直接关系到电站的建设工期和建设投资。

（4）加强水电工程运行能耗管理。降低我国水电工程能耗水平，一方面要优化能源结构，以运行供暖为例，推动优质能源和可再生能源在建筑供暖中的应用，因地制宜发展太阳能与地源热泵供暖，降低燃煤分散供暖的比例；另一方面要积极推广各种高效节能产品，充分发挥节能技术在运行节能中的作用。同时，通过发展先进能量管理系统，提高运行能耗管理水平。

（5）进一步开展水电工程节能降耗科学研究和实践总结。建议进一步开展水电工程节能降耗科学研究和实践总结，并适时在《水电工程节能降耗分析设计导则》（NB/T 35022—2014）的基础上编制水电行业节能设计规范。同时，建议投入科研力量建立水电工程能耗量计算资料数据库，做到工程建设期及工程运行能耗量计算的电算化，实现能耗分析计算的快速、准确及规范。

附录 A

中华人民共和国节约能源法

（国家主席令〔2007〕第 77 号）

第一章　总　　则

第一条　为了推动全社会节约能源，提高能源利用效率，保护和改善环境，促进经济社会全面协调可持续发展，制定本法。

第二条　本法所称能源，是指煤炭、石油、天然气、生物质能和电力、热力以及其他直接或者通过加工、转换而取得有用能的各种资源。

第三条　本法所称节约能源（以下简称节能），是指加强用能管理，采取技术上可行、经济上合理以及环境和社会可以承受的措施，从能源生产到消费的各个环节，降低消耗、减少损失和污染物排放、制止浪费，有效、合理地利用能源。

第四条　节约资源是我国的基本国策。国家实施节约与开发并举、把节约放在首位的能源发展战略。

第五条　国务院和县级以上地方各级人民政府应当将节能工作纳入国民经济和社会发展规划、年度计划，并组织编制和实施节能中长期专项规划、年度节能计划。

国务院和县级以上地方各级人民政府每年向本级人民代表大会或者其常务委员会报告节能工作。

第六条　国家实行节能目标责任制和节能考核评价制度，将节能目标完成情况作为对地方人民政府及其负责人考核评价的内容。

省、自治区、直辖市人民政府每年向国务院报告节能目标责任的履行情况。

第七条　国家实行有利于节能和环境保护的产业政策，限制发展高耗能、高污染行业，发展节能环保型产业。

国务院和省、自治区、直辖市人民政府应当加强节能工作，合理调整产业结构、企业结构、产品结构和能源消费结构，推动企业降低单位产值能耗和单位产品能耗，淘汰落后的生产能力，改进能源的开发、加工、转换、输送、储存和供应，提高能源利用效率。

国家鼓励、支持开发和利用新能源、可再生能源。

第八条　国家鼓励、支持节能科学技术的研究、开发、示范和推广，促进节能技术创新与进步。

国家开展节能宣传和教育，将节能知识纳入国民教育和培训体系，普及节能科学知识，增强全民的节能意识，提倡节约型的消费方式。

第九条　任何单位和个人都应当依法履行节能义务，有权检举浪费能源的行为。

新闻媒体应当宣传节能法律、法规和政策，发挥舆论监督作用。

第十条　国务院管理节能工作的部门主管全国的节能监督管理工作。国务院有关部门在各自的职责范围内负责节能监督管理工作，并接受国务院管理节能工作的部门的指导。

县级以上地方各级人民政府管理节能工作的部门负责本行政区域内的节能监督管理工作。县级以上地方各级人民政府有关部门在各自的职责范围内负责节能监督管理工作，并接受同级管理节能工作的部门的指导。

第二章　节　能　管　理

第十一条　国务院和县级以上地方各级人民政府应当加强对节能工作的领导，部署、协调、监督、检查、推动节能工作。

第十二条　县级以上人民政府管理节能工作的部门和有关部门应当在各自的职责范围内，加强对节能法律、法规和节能标准执行情况的监督检查，依法查处违法用能行为。

履行节能监督管理职责不得向监督管理对象收取费用。

第十三条　国务院标准化主管部门和国务院有关部门依法组织制定并适时修订有关节能的国家标准、行业标准，建立健全节能标准体系。

国务院标准化主管部门会同国务院管理节能工作的部门和国务院有关部门制定强制性的用能产品、设备能源效率标准和生产过程中耗能高的产品的单位产品能耗限额标准。

国家鼓励企业制定严于国家标准、行业标准的企业节能标准。

省、自治区、直辖市制定严于强制性国家标准、行业标准的地方节能标准，由省、自治区、直辖市人民政府报经国务院批准；本法另有规定的除外。

第十四条　建筑节能的国家标准、行业标准由国务院建设主管部门组织制定，并依照法定程序发布。

省、自治区、直辖市人民政府建设主管部门可以根据本地实际情况，制定严于国家标准或者行业标准的地方建筑节能标准，并报国务院标准化主管部门和国务院建设主管部门备案。

第十五条　国家实行固定资产投资项目节能评估和审查制度。不符合强制性节能标准的项目，依法负责项目审批或者核准的机关不得批准或者核准建设；建设单位不得开工建设；已经建成的，不得投入生产、使用。具体办法由国务院管理节能工作的部门会同国务院有关部门制定。

第十六条　国家对落后的耗能过高的用能产品、设备和生产工艺实行淘汰制度。淘汰的用能产品、设备、生产工艺的目录和实施办法，由国务院管理节能工作的部门会同国务院有关部门制定并公布。

生产过程中耗能高的产品的生产单位，应当执行单位产品能耗限额标准。对超过单位产品能耗限额标准用能的生产单位，由管理节能工作的部门按照国务院规定的权限责令限期治理。

对高耗能的特种设备，按照国务院的规定实行节能审查和监管。

第十七条　禁止生产、进口、销售国家明令淘汰或者不符合强制性能源效率标准的用能产品、设备；禁止使用国家明令淘汰的用能设备、生产工艺。

第十八条　国家对家用电器等使用面广、耗能量大的用能产品，实行能源效率标识管理。实行能源效率标识管理的产品目录和实施办法，由国务院管理节能工作的部门会同国务院产品质量监督部门制定并公布。

第十九条 生产者和进口商应当对列入国家能源效率标识管理产品目录的用能产品标注能源效率标识，在产品包装物上或者说明书中予以说明，并按照规定报国务院产品质量监督部门和国务院管理节能工作的部门共同授权的机构备案。

生产者和进口商应当对其标注的能源效率标识及相关信息的准确性负责。禁止销售应当标注而未标注能源效率标识的产品。

禁止伪造、冒用能源效率标识或者利用能源效率标识进行虚假宣传。

第二十条 用能产品的生产者、销售者，可以根据自愿原则，按照国家有关节能产品认证的规定，向经国务院认证认可监督管理部门认可的从事节能产品认证的机构提出节能产品认证申请；经认证合格后，取得节能产品认证证书，可以在用能产品或者其包装物上使用节能产品认证标志。

禁止使用伪造的节能产品认证标志或者冒用节能产品认证标志。

第二十一条 县级以上各级人民政府统计部门应当会同同级有关部门，建立健全能源统计制度，完善能源统计指标体系，改进和规范能源统计方法，确保能源统计数据真实、完整。

国务院统计部门会同国务院管理节能工作的部门，定期向社会公布各省、自治区、直辖市以及主要耗能行业的能源消费和节能情况等信息。

第二十二条 国家鼓励节能服务机构的发展，支持节能服务机构开展节能咨询、设计、评估、检测、审计、认证等服务。

国家支持节能服务机构开展节能知识宣传和节能技术培训，提供节能信息、节能示范和其他公益性节能服务。

第二十三条 国家鼓励行业协会在行业节能规划、节能标准的制定和实施、节能技术推广、能源消费统计、节能宣传培训和信息咨询等方面发挥作用。

第三章 合理使用与节约能源

第一节 一般规定

第二十四条 用能单位应当按照合理用能的原则，加强节能管理，制定并实施节能计划和节能技术措施，降低能源消耗。

第二十五条 用能单位应当建立节能目标责任制，对节能工作取得成绩的集体、个人给予奖励。

第二十六条 用能单位应当定期开展节能教育和岗位节能培训。

第二十七条 用能单位应当加强能源计量管理，按照规定配备和使用经依法检定合格的能源计量器具。

用能单位应当建立能源消费统计和能源利用状况分析制度，对各类能源的消费实行分类计量和统计，并确保能源消费统计数据真实、完整。

第二十八条 能源生产经营单位不得向本单位职工无偿提供能源。任何单位不得对能源消费实行包费制。

第二节 工 业 节 能

第二十九条 国务院和省、自治区、直辖市人民政府推进能源资源优化开发利用和合理配置，推进有利于节能的行业结构调整，优化用能结构和企业布局。

第三十条 国务院管理节能工作的部门会同国务院有关部门制定电力、钢铁、有色金属、建材、石油加工、化工、煤炭等主要耗能行业的节能技术政策，推动企业节能技术改造。

第三十一条 国家鼓励工业企业采用高效、节能的电动机、锅炉、窑炉、风机、泵类等设备，采用热电联产、余热余压利用、洁净煤以及先进的用能监测和控制等技术。

第三十二条 电网企业应当按照国务院有关部门制定的节能发电调度管理的规定，安排清洁、高效和符合规定的热电联产、利用余热余压发电的机组以及其他符合资源综合利用规定的发电机组与电网并网运行，上网电价执行国家有关规定。

第三十三条 禁止新建不符合国家规定的燃煤发电机组、燃油发电机组和燃煤热电机组。

第三节 建 筑 节 能

第三十四条 国务院建设主管部门负责全国建筑节能的监督管理工作。

县级以上地方各级人民政府建设主管部门负责本行政区域内建筑节能的监督管理工作。

县级以上地方各级人民政府建设主管部门会同同级管理节能工作的部门编制本行政区域内的建筑节能规划。建筑节能规划应当包括既有建筑节能改造计划。

第三十五条 建筑工程的建设、设计、施工和监理单位应当遵守建筑节能标准。

不符合建筑节能标准的建筑工程，建设主管部门不得批准开工建设；已经开工建设的，应当责令停止施工、限期改正；已经建成的，不得销售或者使用。

建设主管部门应当加强对在建建筑工程执行建筑节能标准情况的监督检查。

第三十六条 房地产开发企业在销售房屋时，应当向购买人明示所售房屋的节能措施、保温工程保修期等信息，在房屋买卖合同、质量保证书和使用说明书中载明，并对其真实性、准确性负责。

第三十七条 使用空调采暖、制冷的公共建筑应当实行室内温度控制制度。具体办法由国务院建设主管部门制定。

第三十八条 国家采取措施，对实行集中供热的建筑分步骤实行供热分户计量、按照用热量收费的制度。新建建筑或者对既有建筑进行节能改造，应当按照规定安装用热计量装置、室内温度调控装置和供热系统调控装置。具体办法由国务院建设主管部门会同国务院有关部门制定。

第三十九条 县级以上地方各级人民政府有关部门应当加强城市节约用电管理，严格控制公用设施和大型建筑物装饰性景观照明的能耗。

第四十条 国家鼓励在新建建筑和既有建筑节能改造中使用新型墙体材料等节能建筑

材料和节能设备，安装和使用太阳能等可再生能源利用系统。

第四节　交 通 运 输 节 能

第四十一条　国务院有关交通运输主管部门按照各自的职责负责全国交通运输相关领域的节能监督管理工作。

国务院有关交通运输主管部门会同国务院管理节能工作的部门分别制定相关领域的节能规划。

第四十二条　国务院及其有关部门指导、促进各种交通运输方式协调发展和有效衔接，优化交通运输结构，建设节能型综合交通运输体系。

第四十三条　县级以上地方各级人民政府应当优先发展公共交通，加大对公共交通的投入，完善公共交通服务体系，鼓励利用公共交通工具出行；鼓励使用非机动交通工具出行。

第四十四条　国务院有关交通运输主管部门应当加强交通运输组织管理，引导道路、水路、航空运输企业提高运输组织化程度和集约化水平，提高能源利用效率。

第四十五条　国家鼓励开发、生产、使用节能环保型汽车、摩托车、铁路机车车辆、船舶和其他交通运输工具，实行老旧交通运输工具的报废、更新制度。

国家鼓励开发和推广应用交通运输工具使用的清洁燃料、石油替代燃料。

第四十六条　国务院有关部门制定交通运输营运车船的燃料消耗量限值标准；不符合标准的，不得用于营运。

国务院有关交通运输主管部门应当加强对交通运输营运车船燃料消耗检测的监督管理。

第五节　公 共 机 构 节 能

第四十七条　公共机构应当厉行节约，杜绝浪费，带头使用节能产品、设备，提高能源利用效率。

本法所称公共机构，是指全部或者部分使用财政性资金的国家机关、事业单位和团体组织。

第四十八条　国务院和县级以上地方各级人民政府管理机关事务工作的机构会同同级有关部门制定和组织实施本级公共机构节能规划。公共机构节能规划应当包括公共机构既有建筑节能改造计划。

第四十九条　公共机构应当制定年度节能目标和实施方案，加强能源消费计量和监测管理，向本级人民政府管理机关事务工作的机构报送上年度的能源消费状况报告。

国务院和县级以上地方各级人民政府管理机关事务工作的机构会同同级有关部门按照管理权限，制定本级公共机构的能源消耗定额，财政部门根据该定额制定能源消耗支出标准。

第五十条　公共机构应当加强本单位用能系统管理，保证用能系统的运行符合国家相关标准。

公共机构应当按照规定进行能源审计，并根据能源审计结果采取提高能源利用效率的措施。

第五十一条　公共机构采购用能产品、设备，应当优先采购列入节能产品、设备政府采购名录中的产品、设备。禁止采购国家明令淘汰的用能产品、设备。

节能产品、设备政府采购名录由省级以上人民政府的政府采购监督管理部门会同同级有关部门制定并公布。

第六节　重点用能单位节能

第五十二条　国家加强对重点用能单位的节能管理。

下列用能单位为重点用能单位：

（一）年综合能源消费总量一万吨标准煤以上的用能单位；

（二）国务院有关部门或者省、自治区、直辖市人民政府管理节能工作的部门指定的年综合能源消费总量五千吨以上不满一万吨标准煤的用能单位。

重点用能单位节能管理办法，由国务院管理节能工作的部门会同国务院有关部门制定。

第五十三条　重点用能单位应当每年向管理节能工作的部门报送上年度的能源利用状况报告。能源利用状况包括能源消费情况、能源利用效率、节能目标完成情况和节能效益分析、节能措施等内容。

第五十四条　管理节能工作的部门应当对重点用能单位报送的能源利用状况报告进行审查。对节能管理制度不健全、节能措施不落实、能源利用效率低的重点用能单位，管理节能工作的部门应当开展现场调查，组织实施用能设备能源效率检测，责令实施能源审计，并提出书面整改要求，限期整改。

第五十五条　重点用能单位应当设立能源管理岗位，在具有节能专业知识、实际经验以及中级以上技术职称的人员中聘任能源管理负责人，并报管理节能工作的部门和有关部门备案。

能源管理负责人负责组织对本单位用能状况进行分析、评价，组织编写本单位能源利用状况报告，提出本单位节能工作的改进措施并组织实施。

能源管理负责人应当接受节能培训。

第四章　节能技术进步

第五十六条　国务院管理节能工作的部门会同国务院科技主管部门发布节能技术政策大纲，指导节能技术研究、开发和推广应用。

第五十七条　县级以上各级人民政府应当把节能技术研究开发作为政府科技投入的重点领域，支持科研单位和企业开展节能技术应用研究，制定节能标准，开发节能共性和关键技术，促进节能技术创新与成果转化。

第五十八条　国务院管理节能工作的部门会同国务院有关部门制定并公布节能技术、节能产品的推广目录，引导用能单位和个人使用先进的节能技术、节能产品。

国务院管理节能工作的部门会同国务院有关部门组织实施重大节能科研项目、节能示范项目、重点节能工程。

第五十九条　县级以上各级人民政府应当按照因地制宜、多能互补、综合利用、讲求效益的原则，加强农业和农村节能工作，增加对农业和农村节能技术、节能产品推广应用的资金投入。

农业、科技等有关主管部门应当支持、推广在农业生产、农产品加工储运等方面应用节能技术和节能产品，鼓励更新和淘汰高耗能的农业机械和渔业船舶。

国家鼓励、支持在农村大力发展沼气，推广生物质能、太阳能和风能等可再生能源利用技术，按照科学规划、有序开发的原则发展小型水力发电，推广节能型的农村住宅和炉灶等，鼓励利用非耕地种植能源植物，大力发展薪炭林等能源林。

第五章　激　励　措　施

第六十条　中央财政和省级地方财政安排节能专项资金，支持节能技术研究开发、节能技术和产品的示范与推广、重点节能工程的实施、节能宣传培训、信息服务和表彰奖励等。

第六十一条　国家对生产、使用列入本法第五十八条规定的推广目录的需要支持的节能技术、节能产品，实行税收优惠等扶持政策。

国家通过财政补贴支持节能照明器具等节能产品的推广和使用。

第六十二条　国家实行有利于节约能源资源的税收政策，健全能源矿产资源有偿使用制度，促进能源资源的节约及其开采利用水平的提高。

第六十三条　国家运用税收等政策，鼓励先进节能技术、设备的进口，控制在生产过程中耗能高、污染重的产品的出口。

第六十四条　政府采购监督管理部门会同有关部门制定节能产品、设备政府采购名录，应当优先列入取得节能产品认证证书的产品、设备。

第六十五条　国家引导金融机构增加对节能项目的信贷支持，为符合条件的节能技术研究开发、节能产品生产以及节能技术改造等项目提供优惠贷款。

国家推动和引导社会有关方面加大对节能的资金投入，加快节能技术改造。

第六十六条　国家实行有利于节能的价格政策，引导用能单位和个人节能。

国家运用财税、价格等政策，支持推广电力需求侧管理、合同能源管理、节能自愿协议等节能办法。

国家实行峰谷分时电价、季节性电价、可中断负荷电价制度，鼓励电力用户合理调整用电负荷；对钢铁、有色金属、建材、化工和其他主要耗能行业的企业，分淘汰、限制、允许和鼓励类实行差别电价政策。

第六十七条　各级人民政府对在节能管理、节能科学技术研究和推广应用中有显著成绩以及检举严重浪费能源行为的单位和个人，给予表彰和奖励。

第六章　法　律　责　任

第六十八条　负责审批或者核准固定资产投资项目的机关违反本法规定，对不符合强制性节能标准的项目予以批准或者核准建设的，对直接负责的主管人员和其他直接责任人员依法给予处分。

固定资产投资项目建设单位开工建设不符合强制性节能标准的项目或者将该项目投入生产、使用的，由管理节能工作的部门责令停止建设或者停止生产、使用，限期改造；不能改造或者逾期不改造的生产性项目，由管理节能工作的部门报请本级人民政府按照国务院规定的权限责令关闭。

第六十九条 生产、进口、销售国家明令淘汰的用能产品、设备的，使用伪造的节能产品认证标志或者冒用节能产品认证标志的，依照《中华人民共和国产品质量法》的规定处罚。

第七十条 生产、进口、销售不符合强制性能源效率标准的用能产品、设备的，由产品质量监督部门责令停止生产、进口、销售，没收违法生产、进口、销售的用能产品、设备和违法所得，并处违法所得一倍以上五倍以下罚款；情节严重的，由工商行政管理部门吊销营业执照。

第七十一条 使用国家明令淘汰的用能设备或者生产工艺的，由管理节能工作的部门责令停止使用，没收国家明令淘汰的用能设备；情节严重的，可以由管理节能工作的部门提出意见，报请本级人民政府按照国务院规定的权限责令停业整顿或者关闭。

第七十二条 生产单位超过单位产品能耗限额标准用能，情节严重，经限期治理逾期不治理或者没有达到治理要求的，可以由管理节能工作的部门提出意见，报请本级人民政府按照国务院规定的权限责令停业整顿或者关闭。

第七十三条 违反本法规定，应当标注能源效率标识而未标注的，由产品质量监督部门责令改正，处三万元以上五万元以下罚款。

违反本法规定，未办理能源效率标识备案，或者使用的能源效率标识不符合规定的，由产品质量监督部门责令限期改正；逾期不改正的，处一万元以上三万元以下罚款。

伪造、冒用能源效率标识或者利用能源效率标识进行虚假宣传的，由产品质量监督部门责令改正，处五万元以上十万元以下罚款；情节严重的，由工商行政管理部门吊销营业执照。

第七十四条 用能单位未按照规定配备、使用能源计量器具的，由产品质量监督部门责令限期改正；逾期不改正的，处一万元以上五万元以下罚款。

第七十五条 瞒报、伪造、篡改能源统计资料或者编造虚假能源统计数据的，依照《中华人民共和国统计法》的规定处罚。

第七十六条 从事节能咨询、设计、评估、检测、审计、认证等服务的机构提供虚假信息的，由管理节能工作的部门责令改正，没收违法所得，并处五万元以上十万元以下罚款。

第七十七条 违反本法规定，无偿向本单位职工提供能源或者对能源消费实行包费制的，由管理节能工作的部门责令限期改正；逾期不改正的，处五万元以上二十万元以下罚款。

第七十八条 电网企业未按照本法规定安排符合规定的热电联产和利用余热余压发电的机组与电网并网运行，或者未执行国家有关上网电价规定的，由国家电力监管机构责令改正；造成发电企业经济损失的，依法承担赔偿责任。

第七十九条 建设单位违反建筑节能标准的，由建设主管部门责令改正，处二十万元以上五十万元以下罚款。

设计单位、施工单位、监理单位违反建筑节能标准的，由建设主管部门责令改正，处十万元以上五十万元以下罚款；情节严重的，由颁发资质证书的部门降低资质等级或者吊销资质证书；造成损失的，依法承担赔偿责任。

第八十条 房地产开发企业违反本法规定，在销售房屋时未向购买人明示所售房屋的节能措施、保温工程保修期等信息的，由建设主管部门责令限期改正，逾期不改正的，处三万元以上五万元以下罚款；对以上信息作虚假宣传的，由建设主管部门责令改正，处五万元以上二十万元以下罚款。

第八十一条 公共机构采购用能产品、设备，未优先采购列入节能产品、设备政府采购名录中的产品、设备，或者采购国家明令淘汰的用能产品、设备的，由政府采购监督管理部门给予警告，可以并处罚款；对直接负责的主管人员和其他直接责任人员依法给予处分，并予通报。

第八十二条 重点用能单位未按照本法规定报送能源利用状况报告或者报告内容不实的，由管理节能工作的部门责令限期改正；逾期不改正的，处一万元以上五万元以下罚款。

第八十三条 重点用能单位无正当理由拒不落实本法第五十四条规定的整改要求或者整改没有达到要求的，由管理节能工作的部门处十万元以上三十万元以下罚款。

第八十四条 重点用能单位未按照本法规定设立能源管理岗位，聘任能源管理负责人，并报管理节能工作的部门和有关部门备案的，由管理节能工作的部门责令改正；拒不改正的，处一万元以上三万元以下罚款。

第八十五条 违反本法规定，构成犯罪的，依法追究刑事责任。

第八十六条 国家工作人员在节能管理工作中滥用职权、玩忽职守、徇私舞弊，构成犯罪的，依法追究刑事责任；尚不构成犯罪的，依法给予处分。

第七章 附 则

第八十七条 本法自 2008 年 4 月 1 日起施行。

附录 B

国务院关于加强节能工作的决定

（国发〔2006〕28 号）

各省、自治区、直辖市人民政府，国务院各部委、各直属机构：

为深入贯彻科学发展观，落实节约资源基本国策，调动社会各方面力量进一步加强节能工作，加快建设节约型社会，实现"十一五"规划纲要提出的节能目标，促进经济社会发展切实转入全面协调可持续发展的轨道，特作如下决定：

一、充分认识加强节能工作的重要性和紧迫性

（一）必须把节能摆在更加突出的战略位置。我国人口众多，能源资源相对不足，人均拥有量远低于世界平均水平。由于我国正处在工业化和城镇化加快发展阶段，能源消耗强度较高，消费规模不断扩大，特别是高投入、高消耗、高污染的粗放型经济增长方式，加剧了能源供求矛盾和环境污染状况。能源问题已经成为制约经济和社会发展的重要因素，要从战略和全局的高度，充分认识做好能源工作的重要性，高度重视能源安全，实现能源的可持续发展。解决我国能源问题，根本出路是坚持开发与节约并举、节约优先的方针，大力推进节能降耗，提高能源利用效率。节能是缓解能源约束，减轻环境压力，保障经济安全，实现全面建设小康社会目标和可持续发展的必然选择，体现了科学发展观的本质要求，是一项长期的战略任务，必须摆在更加突出的战略位置。

（二）必须把节能工作作为当前的紧迫任务。近几年，由于经济增长方式转变滞后、高耗能行业增长过快，单位国内生产总值能耗上升，特别是今年上半年，能源消耗增长仍然快于经济增长，节能工作面临更大压力，形势十分严峻。各地区、各部门要充分认识加强节能工作的紧迫性，增强忧患意识和危机意识，增强历史责任感和使命感。要把节能工作作为当前的一项紧迫任务，列入各级政府重要议事日程，切实下大力气，采取强有力措施，确保实现"十一五"能源节约的目标，促进国民经济又快又好地发展。

二、用科学发展观统领节能工作

（三）指导思想。以邓小平理论和"三个代表"重要思想为指导，全面贯彻科学发展观，落实节约资源基本国策，以提高能源利用效率为核心，以转变经济增长方式、调整经济结构、加快技术进步为根本，强化全社会的节能意识，建立严格的管理制度，实行有效的激励政策，充分发挥市场配置资源的基础性作用，调动市场主体节能的自觉性，加快构建节约型的生产方式和消费模式，以能源的高效利用促进经济社会可持续发展。

（四）基本原则。坚持节能与发展相互促进，节能是为了更好地发展，实现科学发展必须节能；坚持开发与节约并举，节能优先，效率为本；坚持把节能作为转变经济增长方式的主攻方向，从根本上改变高耗能、高污染的粗放型经济增长方式；坚持发挥市场机制作用与实施政府宏观调控相结合，努力营造有利于节能的体制环境、政策环境和市场环

境；坚持源头控制与存量挖潜、依法管理与政策激励、突出重点与全面推进相结合。

（五）主要目标。到"十一五"期末，万元国内生产总值（按 2005 年价格计算）能耗下降到 0.98 吨标准煤，比"十五"期末降低 20% 左右，平均年节能率为 4.4%。重点行业主要产品单位能耗总体达到或接近本世纪初国际先进水平。初步建立起与社会主义市场经济体制相适应的比较完善的节能法规和标准体系、政策保障体系、技术支撑体系、监督管理体系，形成市场主体自觉节能的机制。

三、加快构建节能型产业体系

（六）大力调整产业结构。各地区和有关部门要认真落实《国务院关于发布实施〈促进产业结构调整暂行规定〉的决定》（国发〔2005〕40 号）要求，推动产业结构优化升级，促进经济增长由主要依靠工业带动和数量扩张带动，向三次产业协同带动和优化升级带动转变，立足节约能源推动发展。合理规划产业和地区布局，避免由于决策失误造成能源浪费。

（七）推动服务业加快发展。充分发挥服务业能耗低、污染少的优势，努力提高服务业在国民经济中的比重。要以专业化分工和提高社会效率为重点，积极发展生产服务业；以满足人们需求和方便群众生活为中心，提升生活服务业。大中城市要优先发展服务业，有条件的大中城市要逐步形成以服务经济为主的产业结构。

（八）积极调整工业结构。严格控制新开工高耗能项目，把能耗标准作为项目核准和备案的强制性门槛，遏制高耗能行业过快增长。对企业搬迁改造严格能耗准入管理。加快淘汰落后生产能力、工艺、技术和设备，不按期淘汰的企业，地方各级人民政府及有关部门要依法责令其停产或予以关闭，依法吊销排污许可证和停止供电，属实行生产许可证管理的，依法吊销生产许可证。积极推进企业联合重组，提高产业集中度和规模效益。

（九）优化用能结构。大力发展高效清洁能源。逐步减少原煤直接使用，提高煤炭用于发电的比重，发展煤炭气化和液化，提高转换效率。引导企业和居民合理用电。大力发展风能、太阳能、生物质能、地热能、水能等可再生能源和替代能源。

四、着力抓好重点领域节能

（十）强化工业节能。突出抓好钢铁、有色金属、煤炭、电力、石油石化、化工、建材等重点耗能行业和年耗能 1 万吨标准煤以上企业的节能工作，组织实施千家企业节能行动，推动企业积极调整产品结构，加快节能技术改造，降低能源消耗。

（十一）推进建筑节能。大力发展节能省地型建筑，推动新建住宅和公共建筑严格实施节能 50% 的设计标准，直辖市及有条件的地区要率先实施节能 65% 的标准。推动既有建筑的节能改造。大力发展新型墙体材料。

（十二）加强交通运输节能。积极推进节能型综合交通运输体系建设，加快发展铁路和内河运输，优先发展公共交通和轨道交通，加快淘汰老旧铁路机车、汽车、船舶，鼓励发展节能环保型交通工具，开发和推广车用代用燃料和清洁燃料汽车。

（十三）引导商业和民用节能。在公用设施、宾馆商厦、写字楼、居民住宅中推广采用高效节能办公设备、家用电器、照明产品等。

（十四）抓好农村节能。加快淘汰和更新高耗能落后农业机械和渔船装备，加快农业提水排灌机电设施更新改造，大力发展农村户用沼气和大中型畜禽养殖场沼气工程，推广省柴节煤灶，因地制宜发展小水电、风能、太阳能以及农作物秸秆气化集中供气系统。

（十五）推动政府机构节能。各级政府部门和领导干部要从自身做起、厉行节约，在节能工作中发挥表率作用。重点抓好政府机构建筑物和采暖、空调、照明系统节能改造以及办公设备节能，采取措施大力推动政府节能采购，稳步推进公务车改革。

五、大力推进节能技术进步

（十六）加快先进节能技术、产品研发和推广应用。各级人民政府要把节能作为政府科技投入、推进高技术产业化的重点领域，支持科研单位和企业开发高效节能工艺、技术和产品，优先支持拥有自主知识产权的节能共性和关键技术示范，增强自主创新能力，解决技术瓶颈。采取多种方式加快高效节能产品的推广应用。有条件的地方可对达到超前性国家能效标准、经过认证的节能产品给予适当的财政支持，引导消费者使用。落实产品质量国家免检制度，鼓励高效节能产品生产企业做大做强。有关部门要制定和发布节能技术政策，组织行业共性技术的推广。

（十七）全面实施重点节能工程。有关部门和地方人民政府及有关单位要认真组织落实"十一五"规划纲要提出的燃煤工业锅炉（窑炉）改造、区域热电联产、余热余压利用、节约和替代石油、电机系统节能、能量系统优化、建筑节能、绿色照明、政府机构节能以及节能监测和技术服务体系建设等十大重点节能工程。发展改革委要督促各地区、各有关部门和有关单位抓紧落实相关政策措施，确保工程配套资金到位，同时要会同有关部门切实做好重点工程、重大项目实施情况的监督检查。

（十八）培育节能服务体系。有关部门要抓紧研究制定加快节能服务体系建设的指导意见，促进各级各类节能技术服务机构转换机制、创新模式、拓宽领域，增强服务能力，提高服务水平。加快推行合同能源管理，推进企业节能技术改造。

（十九）加强国际交流与合作。积极引进国外先进节能技术和管理经验，广泛开展与国际组织、金融机构及有关国家和地区在节能领域的合作。

六、加大节能监督管理力度

（二十）健全节能法律法规和标准体系。抓紧做好修订《中华人民共和国节约能源法》的有关工作，进一步严格节能管理制度，明确节能执法主体，强化政策激励，加大惩戒力度。研究制订有关节能的配套法规。加快组织制定和完善主要耗能行业能耗准入标准、节能设计规范，制定和完善主要工业耗能设备、机动车、建筑、家用电器、照明产品等能效标准以及公共建筑用能设备运行标准。各地区要研究制定本地区主要耗能产品和大型公共建筑单位能耗限额。

（二十一）加强规划指导。各地区、各有关部门要根据"十一五"规划纲要，把实现能耗降低的约束性目标作为本地区、本部门"十一五"规划和有关专项规划的重要内容，明确目标、任务和政策措施，认真制定和实施本地区和行业的节能规划。

（二十二）建立节能目标责任制和评价考核体系。发展改革委要将"十一五"规划纲要确定的单位国内生产总值能耗降低目标分解落实到各省、自治区、直辖市，省级人民政府要将目标逐级分解落实到各市、县以及重点耗能企业，实行严格的目标责任制。统计局、发展改革委等部门每年要定期公布各地区能源消耗情况；省级人民政府要建立本地区能耗公报制度。要将能耗指标纳入各地经济社会发展综合评价和年度考核体系，作为地方各级人民政府领导班子和领导干部任期内贯彻落实科学发展观的重要考核内容，作为国有大中型企业负责人经营业绩的重要考核内容，实行节能工作问责制。发展改革委要会同有关部门抓紧制定实施办法。

（二十三）建立固定资产投资项目节能评估和审查制度。有关部门和地方人民政府要对固定资产投资项目（含新建、改建、扩建项目）进行节能评估和审查。对未进行节能审查或未能通过节能审查的项目一律不得审批、核准，从源头杜绝能源的浪费。对擅自批准项目建设的，要依法依规追究直接责任人的责任。发展改革委要会同有关部门制定固定资产投资项目节能评估和审查的具体办法。

（二十四）强化重点耗能企业节能管理。重点耗能企业要建立严格的节能管理制度和有效的激励机制，进一步调动广大职工节能降耗的积极性。要强化基础工作，配备专职人员，将节能降耗的目标和责任落实到车间、班组和个人，并加强监督检查。有关部门和地方各级人民政府要加强对重点耗能企业节能情况的跟踪、指导和监督，定期公布重点企业能源利用状况。其中，对实施千家企业节能行动的高耗能企业，发展改革委要与各相关省级人民政府和有关中央企业签订节能目标责任书，强化节能目标责任和考核。

（二十五）完善能效标识和节能产品认证制度。加快实施强制性能效标识制度，扩大能效标识在家用电器、电动机、汽车和建筑上的应用，不断提高能效标识的社会认知度，引导社会消费行为，促进企业加快高效节能产品的研发。推动自愿性节能产品认证，规范认证行为，扩展认证范围，推动建立国际协调互认。

（二十六）加强电力需求侧和电力调度管理。充分发挥电力需求侧管理的综合优势，优化城市、企业用电方案，推广应用高效节能技术，推进能效电厂建设，提高电能使用效率。改进发电调度规则，优先安排清洁能源发电，对燃煤火电机组进行优化调度，限制能耗高、污染重的低效机组发电，实现电力节能、环保和经济调度。

（二十七）控制室内空调温度。所有公共建筑内的单位，包括国家机关、社会团体、企事业组织和个体工商户，除特定用途外，夏季室内空调温度设置不低于 26 摄氏度，冬季室内空调温度设置不高于 20 摄氏度。有关部门要据此修订完善公共建筑室内温度有关标准，并加强监督检查。

（二十八）加大节能监督检查力度。有关部门和地方各级人民政府要加大节能工作的监督检查力度，重点检查高耗能企业及公共设施的用能情况、固定资产投资项目节能评估和审查情况、禁止淘汰设备异地再用情况，以及产品能效标准和标识、建筑节能设计标准、行业设计规范执行等情况。达不到建筑节能标准的建筑物不准开工建设和销售。严禁生产、销售和使用国家明令淘汰的高耗能产品。要严厉打击报废机动车和船舶等违法交易活动。节能主管部门和质量技术监督部门要加大监督检查和处罚力度，对违法行为要公开曝光。

七、建立健全节能保障机制

（二十九）深化能源价格改革。加强和改进电价管理，建立成本约束机制；完善电力分时电价办法，引导用户合理用电、节约用电；扩大差别电价实施范围，抑制高耗能产业盲目扩张，促进结构调整。落实石油综合配套调价方案，理顺国内成品油价格。继续推进天然气价格改革，建立天然气与可替代能源的价格挂钩和动态调整机制。全面推进煤炭价格市场化改革。研究制定能耗超限额加价的政策。

（三十）加大政府对节能的支持力度。各级人民政府要对节能技术与产品推广、示范试点、宣传培训、信息服务和表彰奖励等工作给予支持，所需节能经费纳入各级人民政府财政预算。"十一五"期间，国家每年安排一定的资金，用于支持节能重大项目、示范项目及高效节能产品的推广。

（三十一）实行节能税收优惠政策。发展改革委要会同有关部门抓紧制定《节能产品目录》，对生产和使用列入《节能产品目录》的产品，财政部、税务总局要会同有关部门抓紧研究提出具体的税收优惠政策，报国务院审批。严格实施控制高耗能、高污染、资源性产品出口的政策措施。研究建立促进能源节约的燃油税收制度，以及控制高耗能加工贸易和抑制不合理能源消费的有关税收政策。抓紧研究并适时实施不同种类能源矿产资源计税方法改革方案。根据资源条件和市场变化情况，适当提高有关资源税征收标准。

（三十二）拓宽节能融资渠道。各类金融机构要切实加大对节能项目的信贷支持力度，推动和引导社会各方面加强对节能的资金投入。要鼓励企业通过市场直接融资，加快进行节能降耗技术改造。

（三十三）推进城镇供热体制改革。加快城镇供热商品化、货币化，将采暖补贴由"暗补"变"明补"，加强供热计量，推进按用热量计量收费制度。完善供热价格形成机制，有关部门要抓紧研究制定建筑供热采暖按热量收费的政策，培育有利于节能的供热市场。

（三十四）实行节能奖励制度。各地区、各部门对在节能管理、节能科学技术研究和推广工作中做出显著成绩的单位及个人要给予表彰和奖励。能源生产经营单位和用能单位要制定科学合理的节能奖励办法，结合本单位的实际情况，对节能工作中作出贡献的集体、个人给予表彰和奖励，节能奖励计入工资总额。

八、加强节能管理队伍建设和基础工作

（三十五）加强节能管理队伍建设。各级人民政府要加强节能管理队伍建设，充实节能管理力量，完善节能监督体系，强化对本行政区域内节能工作的监督管理和日常监察（监测）工作，依法开展节能执法和监察（监测）。在整合现有相关机构的基础上，组建国家节能中心，开展政策研究、固定资产投资项目节能评估、技术推广、宣传培训、信息咨询、国际交流与合作等工作。

（三十六）加强能源统计和计量管理。各级人民政府要为统计部门依法行使节能统计调查、统计执法和数据发布等提供必要的工作保障。各级统计部门要切实加强能源统计，充实必要的人员，完善统计制度，改进统计方法，建立能够反映各地区能耗水平、节能目标责任和评价考核制度的节能统计体系。要强化对单位国内（地区）生产总值能耗指标的审核，确保统计数据准确、及时。各级质量技术监督部门要督促企业合理配备能源计量器具，加强能源计量管理。

（三十七）加大节能宣传、教育和培训力度。新闻出版、广播影视、文化等部门和有关社会团体要组织开展形式多样的节能宣传活动，广泛宣传我国的能源形势和节能的重要意义，弘扬节能先进典型，曝光浪费行为，引导合理消费。教育部门要将节能知识纳入基础教育、高等教育、职业教育培训体系。各级工会、共青团组织要重视和加强对广大职工特别是青年职工的节能教育，广泛开展节能合理化建议活动。有关行业协会要协助政府做好行业节能管理、技术推广、宣传培训、信息咨询和行业统计等工作。各级科协组织要围绕节能开展系列科普活动。要认真组织开展一年一度的全国节能宣传周活动，加强经常性的节能宣传和培训。要动员全社会节能，在全社会倡导健康、文明、节俭、适度的消费理念，用节约型的消费理念引导消费方式的变革。要大力倡导节约风尚，使节能成为每个公民的良好习惯和自觉行动。

九、加强组织领导

（三十八）切实加强节能工作的组织领导。各省、自治区、直辖市人民政府和各有关部门要按照本决定的精神，努力抓好落实。省级人民政府要对本地区节能工作负总责，把节能工作纳入政府重要议事日程，主要领导要亲自抓，并建立相应的协调机制，明确相关部门的责任和分工，确保责任到位、措施到位、投入到位。省级人民政府、国务院有关部门要在本决定下发后 2 个月内提出本地区、本行业节能工作实施方案报国务院；中央企业要在本决定下发后 2 个月内提出本企业节能工作实施方案，由国资委汇总报国务院。发展改革委要会同有关部门，加强指导和协调，认真监督检查本决定的贯彻执行情况，并向国务院报告。

国　务　院

2006 年 8 月 6 日

附录 C

国家发展改革委关于加强固定资产投资项目
节能评估和审查工作的通知

（发改投资〔2006〕2787 号）

各省、自治区、直辖市、计划单列市及新疆生产建设兵团发展改革委、经贸委（经委），国务院有关部门、直属机构，中央各直属企业：

为加强节能工作，根据《国务院关于加强节能工作的决定》，现就加强固定资产投资项目节能评估和审查工作有关问题通知如下：

一、要充分认识加强固定资产投资项目节能评估和审查工作的重要性。加强节能工作是深入贯彻科学发展观、落实节约资源基本国策、建设节约型和谐社会的一项重要措施，也是国民经济和社会发展一项长远战略方针和紧迫任务。固定资产投资项目节能评估和审查工作是加强节能工作的重要组成部分，对合理利用能源、提高能源利用效率，从源头上杜绝能源的浪费，以及促进产业结构调整和产业升级具有重要意义。

二、按照《国务院关于加强节能工作的决定》要求，开展好固定资产投资项目节能评估和审查工作。国家发展改革委审批、核准和报请国务院审批、核准的固定资产投资项目，可行性研究报告或项目申请报告必须包括节能分析篇（章）；咨询评估单位的评估报告必须包括对节能分析篇（章）的评估意见；国家发展改革委的批复文件或报国务院的请示文件必须包括对节能分析篇（章）的批复或请示内容。

节能分析篇（章）的编写、咨询评估机构的评估和国家发展改革委的审查都要本着合理利用能源、提高能源利用效率的原则，依据国家合理用能标准和节能设计规范进行。

节能分析篇（章）应包括项目应遵循的合理用能标准及节能设计规范；建设项目能源消耗种类和数量分析；项目所在地能源供应状况分析；能耗指标；节能措施和节能效果分析等内容。

三、地方政府审批、核准的项目节能评估和审查要求。地方政府有关部门可参照国家发展改革委审批、核准项目的要求，制定本地区的固定资产投资项目节能评估和审查办法，结合现有固定资产投资项目的审批、核准程序，依据国家和地方的合理用能标准和节能设计规范，开展节能评估和审查工作。

四、认真抓好固定资产投资项目节能评估和审查工作的监督管理。对未进行节能审查或未通过节能审查的项目一律不得审批、核准，更不得开工建设。对擅自批准项目建设或不按照节能审查批复意见建设的，要追究直接责任人的责任。触犯法律的，要依法给予处罚。

要加强项目建设和运行过程中的监督检查，确保节能措施与能效指标的落实；对违反已批复节能措施的建设内容和生产行为，要责令停止施工并限期整改，同时依法追究相关

276

单位的法律责任。

本通知自 2007 年 2 月 1 日起开始执行，在此之后报送国家发展改革委审批、核准的项目可行性研究报告和项目申请报告必须按要求编制节能分析篇（章）。否则，国家发展改革委将不予受理。

特此通知。

中华人民共和国国家发展和改革委员会

2006 年 12 月 12 日

附录D

固定资产投资项目节能评估和审查暂行办法

（国家发展和改革委员会令第6号）

第一章 总 则

第一条 为加强固定资产投资项目节能管理，促进科学合理利用能源，从源头上杜绝能源浪费，提高能源利用效率，根据《中华人民共和国节约能源法》和《国务院关于加强节能工作的决定》，制定本办法。

第二条 本办法适用于各级人民政府发展改革部门管理的在我国境内建设的固定资产投资项目。

第三条 本办法所称节能评估，是指根据节能法规、标准，对固定资产投资项目的能源利用是否科学合理进行分析评估，并编制节能评估报告书、节能评估报告表（以下统称节能评估文件）或填写节能登记表的行为。

本办法所称节能审查，是指根据节能法规、标准，对项目节能评估文件进行审查并形成审查意见，或对节能登记表进行登记备案的行为。

第四条 固定资产投资项目节能评估文件及其审查意见、节能登记表及其登记备案意见，作为项目审批、核准或开工建设的前置性条件以及项目设计、施工和竣工验收的重要依据。

未按本办法规定进行节能审查，或节能审查未获通过的固定资产投资项目，项目审批、核准机关不得审批、核准，建设单位不得开工建设，已经建成的不得投入生产、使用。

第二章 节 能 评 估

第五条 固定资产投资项目节能评估按照项目建成投产后年能源消费量实行分类管理。

（一）年综合能源消费量3000吨标准煤以上（含3000吨标准煤，电力折算系数按当量值，下同），或年电力消费量500万千瓦时以上，或年石油消费量1000吨以上，或年天然气消费量100万立方米以上的固定资产投资项目，应单独编制节能评估报告书。

（二）年综合能源消费量1000至3000吨标准煤（不含3000吨，下同），或年电力消费量200万至500万千瓦时，或年石油消费量500至1000吨，或年天然气消费量50万至100万立方米的固定资产投资项目，应单独编制节能评估报告表。

上述条款以外的项目，应填写节能登记表。

第六条 固定资产投资项目节能评估报告书应包括下列内容。

（一）评估依据。

（二）项目概况。

（三）能源供应情况评估，包括项目所在地能源资源条件以及项目对所在地能源消费的影响评估。

（四）项目建设方案节能评估，包括项目选址、总平面布置、生产工艺、用能工艺和用能设备等方面的节能评估。

（五）项目能源消耗和能效水平评估，包括能源消费量、能源消费结构、能源利用效率等方面的分析评估。

（六）节能措施评估，包括技术措施和管理措施评估。

（七）存在问题及建议。

（八）结论。

节能评估文件和节能登记表应按照本办法附件要求的内容深度和格式编制。

第七条 固定资产投资项目建设单位应委托有能力的机构编制节能评估文件。项目建设单位可自行填写节能登记表。

第八条 固定资产投资项目节能评估文件的编制费用执行国家有关规定，列入项目概预算。

第三章 节 能 审 查

第九条 固定资产投资项目节能审查按照项目管理权限实行分级管理。由国家发展改革委核报国务院审批或核准的项目以及由国家发展改革委审批或核准的项目，其节能审查由国家发展改革委负责；由地方人民政府发展改革部门审批、核准、备案或核报本级人民政府审批、核准的项目，其节能审查由地方人民政府发展改革部门负责。

第十条 按照有关规定实行审批或核准制的固定资产投资项目，建设单位应在报送可行性研究报告或项目申请报告时，一同报送节能评估文件提请审查或报送节能登记表进行登记备案。

按照省级人民政府有关规定实行备案制的固定资产投资项目，按照项目所在地省级人民政府有关规定进行节能评估和审查。

第十一条 节能审查机关收到项目节能评估文件后，要委托有关机构进行评审，形成评审意见，作为节能审查的重要依据。

接受委托的评审机构应在节能审查机关规定的时间内提出评审意见。评审机构在进行评审时，可以要求项目建设单位就有关问题进行说明或补充材料。

第十二条 固定资产投资项目节能评估文件评审费用应由节能审查机关的同级财政安排，标准按照国家有关规定执行。

第十三条 节能审查机关主要依据以下条件对项目节能评估文件进行审查。

（一）节能评估依据的法律、法规、标准、规范、政策等准确适用。

（二）节能评估文件的内容深度符合要求。

（三）项目用能分析客观准确，评估方法科学，评估结论正确。

（四）节能评估文件提出的措施建议合理可行。

第十四条 节能审查机关应在收到固定资产投资项目节能评估报告书后 15 个工作日内、收到节能评估报告表后 10 个工作日内形成节能审查意见，应在收到节能登记表后 5

个工作日内予以登记备案。

节能评估文件委托评审的时间不计算在前款规定的审查期限内，节能审查（包括委托评审）的时间不得超过项目审批或核准时限。

第十五条　固定资产投资项目的节能审查意见，与项目审批或核准文件一同印发。

第十六条　固定资产投资项目如申请重新审批、核准或申请核准文件延期，应一同重新进行节能审查或节能审查意见延期审核。

第四章　监　管　和　处　罚

第十七条　在固定资产投资项目设计、施工及投入使用过程中，节能审查机关负责对节能评估文件及其节能审查意见、节能登记表及其登记备案意见的落实情况进行监督检查。

第十八条　建设单位以拆分项目、提供虚假材料等不正当手段通过节能审查的，由节能审查机关撤销对项目的节能审查意见或节能登记备案意见，由项目审批、核准机关撤销对项目的审批或核准。

第十九条　节能评估文件编制机构弄虚作假，导致节能评估文件内容失实的，由节能审查机关责令改正，并依法予以处罚。

第二十条　负责节能评审、审查、验收的工作人员徇私舞弊、滥用职权、玩忽职守，导致评审结论严重失实或违规通过节能审查的，依法给予行政处分；构成犯罪的，依法追究刑事责任。

第二十一条　负责项目审批或核准的工作人员，对未进行节能审查或节能审查未获通过的固定资产投资项目，违反本办法规定擅自审批或核准的，依法给予行政处分；构成犯罪的，依法追究刑事责任。

第二十二条　对未按本办法规定进行节能评估和审查，或节能审查未获通过，擅自开工建设或擅自投入生产、使用的固定资产投资项目，由节能审查机关责令停止建设或停止生产、使用，限期改造；不能改造或逾期不改造的生产性项目，由节能审查机关报请本级人民政府按照国务院规定的权限责令关闭；并依法追究有关责任人的责任。

第五章　附　　　则

第二十三条　省级人民政府发展改革部门，可根据《中华人民共和国节约能源法》《国务院关于加强节能工作的决定》和本办法，制定具体实施办法。

第二十四条　本办法由国家发展和改革委员会负责解释。

第二十五条　本办法自 2010 年 11 月 1 日起施行。

附件 1

固定资产投资项目节能评估报告书内容深度要求

一、评估依据

相关法律、法规、规划、行业准入条件、产业政策，相关标准及规范，节能技术、产品推荐目录，国家明令淘汰的用能产品、设备、生产工艺等目录，以及相关工程资料和技术合同等。

二、项目概况

（一）建设单位基本情况。建设单位名称、性质、地址、邮编、法人代表、项目联系人及联系方式，企业运营总体情况。

（二）项目基本情况。项目名称、建设地点、项目性质、建设规模及内容、项目工艺方案、总平面布置、主要经济技术指标、项目进度计划等（改、扩建项目需对项目原基本情况进行说明）。

（三）项目用能概况。主要供、用能系统与设备的初步选择，能源消耗种类、数量及能源使用分布情况（改、扩建项目需对项目原用能情况及存在的问题进行说明）。

三、能源供应情况分析评估

（一）项目所在地能源供应条件及消费情况。

（二）项目能源消费对当地能源消费的影响。

四、项目建设方案节能评估

（一）项目选址、总平面布置对能源消费的影响。

（二）项目工艺流程、技术方案对能源消费的影响。

（三）主要用能工艺和工序及其能耗指标和能效水平。

（四）主要耗能设备及其能耗指标和能效水平。

（五）辅助生产和附属生产设施及其能耗指标和能效水平。

五、项目能源消耗及能效水平评估

（一）项目能源消费种类、来源及消费量分析评估。

（二）能源加工、转换、利用情况（可采用能量平衡表）分析评估。

（三）能效水平分析评估。包括单位产品（产值）综合能耗、可比能耗，主要工序（艺）单耗，单位建筑面积分品种实物能耗和综合能耗，单位投资能耗等。

六、节能措施评估

（一）节能措施

1. 节能技术措施。生产工艺、动力、建筑、给排水、暖通与空调、照明、控制、电气等方面的节能技术措施，包括节能新技术、新工艺、新设备应用，余热、余压、可燃气体回收利用，建筑围护结构及保温隔热措施，资源综合利用，新能源和可再生能源利用等。

2. 节能管理措施。节能管理制度和措施，能源管理机构及人员配备，能源统计、监测及计量仪器仪表配置等。

（二）单项节能工程

未纳入建设项目主导工艺流程和拟分期建设的节能工程，详细论述工艺流程、设备选型、单项工程节能量计算、单位节能量投资、投资估算及投资回收期等。

（三）节能措施效果评估

节能措施节能量测算，单位产品（建筑面积）能耗、主要工序（艺）能耗、单位投资能耗等指标国际国内对比分析，设计指标是否达到同行业国内先进水平或国际先进水平。

（四）节能措施经济性评估

节能技术和管理措施的成本及经济效益测算和评估。

七、存在问题及建议

八、结论

九、附图、附表

厂（场）区总平面图、车间工艺平面布置图；主要耗能设备一览表；主要能源和耗能工质品种及年需求量表；能量平衡表等。

附件 2

项目编号：＿＿＿＿＿＿＿＿＿＿

固定资产投资项目节能评估报告表

项目名称：＿＿＿＿＿＿＿＿＿＿＿＿＿＿＿＿＿＿

建设单位：＿＿＿＿＿＿＿＿＿＿（盖章）

编制单位：＿＿＿＿＿＿＿＿＿＿（盖章）

年　　月　　日

项目名称				
建设单位				
法人代表			联系人	
通讯地址	省（自治区、直辖市）　　市（县）			
联系电话		传真		邮政编码
建设地点				
项目投资管理类别		审批□	核准□	备案□
项目所属行业				
建设性质	新建□　改建□　扩建□		项目总投资	

工程建设内容及规模

项目主要耗能品种及耗能量

节能评估依据	相关法律、法规等
	行业与区域规划、行业准入与产业政策等
	相关标准与规范等
能源供应情况分析评估	项目建设地概况及能源消费情况（单位地区生产总值能耗、单位工业增加值能耗、水耗、单位建筑面积能耗、节能目标等）
	项目所在地能源资源供应条件
	项目对当地能源消费的影响
项目用能情况分析评估	工艺流程与技术方案（对于改扩建项目，应对原有工艺、技术方案进行说明）对能源消费的影响
	主要耗能工序及其能耗指标
	主要耗能设备及其能耗指标
	辅助生产和附属生产设施及其能耗指标
	总体能耗指标（单位产品能耗、主要工序单耗、单位建筑面积面积能耗、单位产值或增加值能耗等）
节能措施评估	节能技术措施分析评估（生产工艺、动力、建筑、给排水、暖通与空调、照明、控制、电气等方面的节能技术措施）
	节能管理措施分析评估（节能管理制度和措施，能源管理机构及人员配备，能源计量器具配备，能源统计、监测措施等）
结论与建议	

附件 3

固定资产投资项目节能登记表

项目编号：

项目名称：　　　　　　　　　　　　　　　　　　　填表日期：　　年　　月　　日

<table>
<tr><td rowspan="9">项目概况</td><td>项目建设单位</td><td colspan="3">（盖章）</td><td>单位负责人</td><td></td></tr>
<tr><td>通讯地址</td><td colspan="3"></td><td>负责人电话</td><td></td></tr>
<tr><td>建设地点</td><td colspan="3"></td><td>邮编</td><td></td></tr>
<tr><td>联系人</td><td colspan="3"></td><td>联系人电话</td><td></td></tr>
<tr><td>项目性质</td><td colspan="3">□新建　　□改建　　□扩建</td><td>项目总投资</td><td>万元</td></tr>
<tr><td>投资管理类别</td><td>审批□</td><td colspan="2">核准□</td><td colspan="2">备案□</td></tr>
<tr><td>项目所属行业</td><td colspan="3"></td><td>建筑面积/m²</td><td></td></tr>
<tr><td>建设规模及</td><td colspan="5"></td></tr>
</table>

<table>
<tr><td rowspan="16">年耗能量</td><td>能源种类</td><td>计量单位</td><td>年需要实物量</td><td>参考折标准煤系数</td><td>年耗能量（吨标准煤）</td></tr>
<tr><td></td><td></td><td></td><td></td><td></td></tr>
<tr><td></td><td></td><td></td><td></td><td></td></tr>
<tr><td></td><td></td><td></td><td></td><td></td></tr>
<tr><td></td><td></td><td></td><td></td><td></td></tr>
<tr><td></td><td></td><td></td><td></td><td></td></tr>
<tr><td colspan="4">能源消费总量（吨标准煤）</td><td></td></tr>
<tr><td>耗能工质种类</td><td>计量单位</td><td>年需要实物量</td><td>参考折标准煤系数</td><td>年耗能量（吨标准煤）</td></tr>
<tr><td></td><td></td><td></td><td></td><td></td></tr>
<tr><td></td><td></td><td></td><td></td><td></td></tr>
<tr><td></td><td></td><td></td><td></td><td></td></tr>
<tr><td></td><td></td><td></td><td></td><td></td></tr>
<tr><td></td><td></td><td></td><td></td><td></td></tr>
<tr><td></td><td></td><td></td><td></td><td></td></tr>
<tr><td colspan="4">耗能工质总量（吨标准煤）</td><td></td></tr>
<tr><td colspan="4">项目年耗能总量（吨标准煤）</td><td></td></tr>
</table>

项目节能措施简述（采用的节能设计标准、规范以及节能新技术、新产品并说明项目能源利用效率）：

其他需要说明的情况：

节能审查登记备案意见：

　　　　　　　　　　　　　　　　　　　　　　　　　　　　　　　　　（签　章）
　　　　　　　　　　　　　　　　　　　　　　　　　　　　　　　　　年　月　日

注　各种能源及耗能工质折标准煤参考系数参照《综合能耗计算通则》（GB/T 2589）。

附录 E

固定资产投资项目节能评估工作指南（2014 年本）

1 概述

根据《固定资产投资项目节能评估和审查暂行办法》（以下简称《能评办法》），本指南对固定资产投资项目节能评估工作（以下简称"节能评估工作"）的一般性原则、内容、工作程序，以及评估文件的编制方法和要求等进行了说明，为节能评估工作提供参考。

本指南对编制节能评估报告书更有针对性。编制节能评估报告表和填写节能登记表时，可以参考本指南的原则要求和分析思路进行。

2 术语和定义

下列术语和定义适用于本指南。

2.1 节能评估

节能评估由项目建设单位负责组织，由节能评估机构根据节能法规、标准等，对固定资产投资项目的能源利用是否科学合理进行分析评估，并编制节能评估报告书、节能评估报告表。项目建设单位可自行填写节能登记表。

2.2 节能审查

节能审查由负责节能审查的政府部门进行，该部门根据节能法规、标准等，对项目节能评估文件进行审查并形成审查意见，或对节能登记表进行登记备案。

2.3 节能评审

节能评审属节能审查环节，为节能审查服务，审查意见作为节能审查的重要依据。评审机构在进行评审时，可以要求项目建设单位就有关问题进行说明或补充材料。

2.4 节能评估文件

指节能评估报告书或节能评估报告表。

2.5 项目年综合能源消费量

指达产或投入正常运行后，项目建设范围内年所消费的各种能源的总量。

2.6 单位增加值能耗

指生产（创造）一个计量单位的增加值所消耗的能源，计算方法为综合能源消费量（等价值）与增加值（可比价）的比值。建筑、交通类项目可不计算单位增加值能耗。

2.7 基础数据

指与项目综合能源消费量、能效指标等计算直接相关的数据。

2.8 基本参数

指能决定基础数据，或对基础数据有重大影响的参数。

3 评估原则

节能评估工作应遵循专业性、真实性、完整性和实操性原则。

3.1 专业性

节能评估机构应组建专业齐备、能力合格、工程经验丰富的评估团队。评估团队应覆盖项目所属行业的各工艺专业，以及热能、电气和技术经济等节能评估工作所需专业。评估人员原则上应具有相应的专业技术资格，熟悉节能评估工作的内容深度要求、技术规范、评价标准和程序方法等，具备分析和评估项目能源利用状况，提出有针对性的节能措施，合理选择、核算基本参数和基础数据，计算项目综合能源消费量、能效指标和经济指标，判断项目能效水平等专业能力。

节能评估机构应尽早介入项目前期工作，从节能角度对建设方案等提出建议，发挥专业作用。

3.2 真实性

节能评估机构应当从项目实际出发，对项目相关资料、文件和数据的真实性做出分析和判断，本着认真负责的态度对项目用能情况等进行研究、计算和分析，明确节能评估所需基本参数、基础数据等，确保评估结果的客观和真实。

当项目可行性研究报告等技术文件中记载的资料、数据等能够满足节能评估的需要和精度要求时，应通过复核校对后引用；不能满足要求时，应通过现场调研、核算等其他方式获得数据，并重新计算相关指标。类比数据、资料应分析其相同性或者相似性。

对于综合能源消费量、能效指标、节能效果等，应通过分析、计算给出定量结果。计算过程应清晰完整，符合现行统计方法制度及相关标准规定。

3.3 完整性

节能评估内容应包括核算项目年能源消费总量，评价项目能效水平，全面分析项目生产工艺、工序和用能装置（设备）等的能源利用状况、匹配性等，提出建设方案、用能工艺和设备，以及节能措施等方面的调整意见，分析节能效果等。改、扩建工程应对改扩建前、后的能效水平进行对比分析和评估，并研究利用旧有设施和设备等的可行性等。

项目建设单位应根据节能审查和评审意见，及时组织节能评估机构修改、完善节能评估文件。

3.4 实操性

节能评估机构应根据项目特点，提出科学、合理、可操作的节能措施，建设方案、用能工艺调整意见和能源计量器具配备方案，为下阶段设计、招标及施工、验收考核等提供具体操作依据，不能仅做原则性、方向性的描述。

节能评估文件应观点鲜明，对于评估文件提出的能效指标、节能措施等，应明确要求项目建设单位在项目建设过程中落实，并作为相关部门竣工验收及考核的依据。

4 评估方法

4.1 评估方法

通用的主要评估方法包括标准对照法、类比分析法、专家判断法等。在实际评估工作开展过程中，要根据项目特点和评估需要，选择适用的评估方法。

标准对照法：是指通过对照相关节能法律法规、政策、行业及产业技术标准和规范等，对项目的能源利用是否科学合理进行分析评估。要点包括：项目建设方案与相关行业规划、准入条件以及节能设计标准等对比；设备能效与能效标准一级能效水平（节能评价值）对比；项目能耗指标与相关能耗限额标准对比等。

类比分析法：是指在缺乏相关标准规范的情况下，通过与处于同行业领先或先进能效水平的既有工程进行对比，分析判断所评估项目的能源利用是否科学合理。类比分析法应判断所参考的类比工程能效水平是否达到国际领先或先进水平，并具有时效性。要点可参照标准对照法。

专家判断法：是指在没有相关标准规范和类比工程的情况下，利用专家经验、知识和技能，对项目能源利用是否科学合理进行分析判断的方法。采用专家判断法，应从生产工艺、用能情况、用能设备等方面，对项目的能源使用做出全面分析和计算。

4.2　计算方法

节能评估中常用的计算方法主要包括：综合分析法、能量平衡法等。

综合分析法：是指参照有关标准、规范等，根据项目所在地气候区属情况、建设规模、工艺路线及设备工艺水平等，适当选取、计算基础数据和基本参数，确定主要能效指标，用能工艺、设备能效要求等。

能量平衡法：是指使用能量平衡表或项目所属行业通用的平衡分析方法，分析项目各种能源介质输入与产出间的平衡，能源消耗、有效利用能源和各项损失之间的数量平衡情况等，计算项目能源利用率、能量利用率，分析各工艺环节的用能情况，查找节能潜力。

5　评估文件分类

由国家发展改革委负责节能审查的项目，建设单位应根据拟建项目建成达产后的年能源消费情况，按照《能评办法》规定的节能评估分类管理要求，选择编写相应的节能评估文件。具体分类要求见表 1。

表 1　　　　　　　　　　　　　　**节能评估文件分类表**

文件类型	年能源消费量 E（当量值）			
	实物能源消费量			综合能源消费量 /tce
	电力/（万 kW·h）	石油/t	天然气/万 m³	
节能评估报告书	$E \geqslant 500$	$E \geqslant 1000$	$E \geqslant 100$	$E \geqslant 3000$
节能评估报告表	$200 \leqslant E < 500$	$500 \leqslant E < 1000$	$50 \leqslant E < 100$	$1000 \leqslant E < 3000$
节能登记表	$E < 200$	$E < 500$	$E < 50$	$E < 1000$

项目年综合能源消费量或实物能源消费量中任何一项达到额度，即应编制相应的评估文件。

如需编制节能评估报告书或节能评估报告表，建设单位应委托有能力的机构进行编制；如需进行节能登记，建设单位可自行填写节能登记表报送备案。

由地方政府有关部门负责节能审查的项目，依照当地有关规定进行分类。

6　工作程序

节能评估工作一般分为 4 个阶段，即组建评估团队、资料收集、文件编制、完善文件。具体如下：

（1）组建评估团队。接受项目建设单位委托后，评估机构应根据项目特点，组建符合专业性要求的评估团队。项目节能评估期间，评估团队应保持人员稳定。

（2）资料收集。主要工作包括收集项目有关材料，确定评估文件类型，赴项目现场进行调研，制定工作方案等。本阶段应重点了解项目所在地有关情况、项目建设方案及工作进展，收集和掌握项目节能评估必要的基础数据和基本参数等。

（3）文件编制。主要工作包括评估项目情况、计算有关指标，形成评估结论、编制评估文件等。年综合能源消费量在 5000tce（等价值）以上的项目，应分专业评估并相互会签。评估期间，节能评估机构应与项目建设单位、可研编制单位等充分沟通。编制完成后的节能评估文件应分别加盖节能评估机构和项目建设单位公章。

（4）完善文件。节能评估文件报送节能审查后，节能评估机构仍应跟踪项目进展情况，并及时对文件进行调整，确保能够反映项目实际。节能评估机构应组织各专业人员参加节能评审会，并根据节能评审和审查阶段所提意见，及时对评估文件进行修改和完善。

7　评估要点

7.1　收集相关资料

7.1.1　基本情况

收集项目基本情况及用能方面的相关资料，主要包括建设单位基本情况，项目基本情况，用能情况，所在地的气候、地域区属等主要特征，以及经济、社会发展和能源、水资源概况，环保要求等。

7.1.2　评估依据和支持性材料

收集相关支持性资料并确定项目节能评估依据，主要包括：相关法律、法规、产业政策、标准及规范，国家明令淘汰的用能产品、设备、生产工艺目录，节能有关推荐目录，以及项目有关立项资料、技术文件等。

节能评估有关法规、政策、标准、规范等资料可参见《工作资料汇编（目录）》（略）。

7.2　现场调研

7.2.1　现状调查

主要了解建设进展情况，如项目申请报告论证情况，项目工艺及设备的选择和采购情况，设计、施工所处阶段，建设场地现状等。

7.2.2　能源资源情况现场调查

（1）项目计划使用能源的成分构成、特性及热值分析等。

（2）调查项目周边是否有可利用的余热、余能等，判断能否结合外部条件提高能源利用效率、减少能源浪费。

7.2.3　类比工程现场调研

采用类比分析法选择基础数据、基本参数和对比指标时，应赴类比工程现场进行调研，收集有关数据和信息，并取得相关佐证材料。

7.2.4　改、扩建项目现场调查

改、扩建项目应在改扩建前进行现场调查，了解改扩建前能源利用状况及存在的问题，研究利用旧有设施和设备等的可行性等。

7.3　建设方案节能评估

7.3.1　工艺方案节能评估

工艺方案指项目主要工艺流程和技术方案，包括选择的生产规模、工艺路线、主要工艺参数等。工艺流程、技术方案等较为简单的项目可将工艺方案和用能工艺、设备等部分节能评估内容合并编制。

分析项目推荐选择的工艺方案是否符合行业规划、准入条件、节能设计规范、环保等相关要求，从节能角度分析该工艺方案与可行性研究报告推荐的其他建设方案的优劣，并与当前行业内先进的工艺方案进行对比分析，提出完善工艺方案的建议。

7.3.2　总平面布置节能评估

结合节能设计标准等有关标准、规范，从节能角度对项目总平面布置方案进行分析评估，并提出节能措施建议。

7.3.3　主要用能工艺、设备节能评估

具体分析项目各主要用能工艺（生产工序）的流程及主要用能设备的选型等是否科学合理，提出节能措施建议。分析项目使用热、电等能源是否做到整体统筹、充分利用。

计算分析项目工序能耗指标，以及主要用能设备、通用设备等的能效水平。

对于改、扩建项目，研究分析是否能充分利用旧有设施和设备等，避免重复建设。

7.3.4　辅助生产和附属生产设施节能评估

分别对为项目配套的控制系统、建筑、给排水、照明及其他辅助生产和附属生产设施进行分析和评估，并提出节能措施。评估流程与方法参考 7.3.3。

7.3.5　能源计量器具配备方案评估

按照《用能单位能源计量器具配备与管理通则》（GB 17167）等，结合行业特点和要求，编制能源计量器具配备方案，列出能源计量器具一览表（见附件 3，略）等。

7.4　节能措施评估

7.4.1　能评前节能技术措施

对能评前已采用的节能技术措施进行全面梳理，评价能评前节能技术措施的合理性、可行性及节能效果等。

7.4.2　能评阶段节能措施

依据项目节能评估、评审、审查等环节提出的意见和建议，针对项目在节能方面存在的问题、可以继续完善的环节等，汇总能评阶段所提出的节能措施、建设方案调整意见、设备选型建议等。

7.4.3　节能措施效果评估

分析计算能评阶段节能措施的节能效果等。

7.4.4　节能管理方案评估

按照《能源管理体系要求》（GB/T 23331）、《工业企业能源管理导则》（GB/T 15587）

等有关要求，提出项目能源管理体系建设方案，能源管理中心建设以及能源统计、监测等节能管理方面的措施和要求。

7.5 能源利用状况测算及能效水平评估

7.5.1 能评前能源利用状况

复核能评前项目年综合能源消费量和主要能效指标等的测算过程及数据结果。

7.5.2 能评后能源利用状况

核算项目基础数据、基本参数等。计算项目年综合能源消费量、主要能效指标、增加值能耗、能量利用率等，说明能源消费结构，并使用能量平衡分析法分析项目各环节能量使用情况。计算过程复杂的，应另附计算书。

当项目存在能源加工转换，或能源用作原材料情况时应参考《项目年能源消费统计表》［见附件 1（略）］等，测算年综合能源消费量；其他项目可根据行业特点依照所属行业计算方法测算年综合能源消费量。

7.5.3 能效水平分析评估

对项目主要能效指标的能效水平进行分析评估，并进行评价（如国内领先、国内先进、国内一般、国内落后、国际领先、国际先进）。未达到先进水平的，应客观、细致地分析原因。

7.6 能源消费影响评估

7.6.1 对所在地能源消费增量的影响预测

（1）将能评阶段计算得出的项目年能源消费增量与项目所在地能源消费增量控制数进行对比，分析判断项目新增能源消费对所在地能源消费的影响。

（2）了解项目所在地煤炭或能耗等的等量或减量置换有关要求。对置换方案进行论证说明，并调研实际落实情况。

7.6.2 对所在地完成节能目标的影响预测

分析项目年综合能源消费量、增加值和单位增加值能耗等指标对所在地完成节能目标的影响。

7.7 形成评估结论

评估结论应在概括全部评估工作的基础上，简要、准确、客观地总结项目能源利用情况及对所在地的影响，从节能角度做出项目是否可行的结论。

评估结论一般应包括项目建设概括、采取的节能措施及效果、能效指标和能效水平、能源消费总量及结构，对所在地能源消费及节能目标的影响，是否符合相关法规、政策和标准、规范等内容。

8 格式、体例要求

8.1 格式要求

节能评估报告表和节能登记表应按照《能评办法》附件 2（略）、附件 3（略）格式要求编制或填写。

节能评估报告书具体格式要求如下：

（1）页面设置。基本页面为 A4 纸，纵向，页边距为默认值，即上下均为 2.54cm，左右均为 3.17cm；如遇特殊图表可设页面为 A4 横向。

（2）正文。正文内容采用四号宋体 1.5 倍行距；文中单位应采用国家法定单位表示；文中数字能使用阿拉伯数字的地方均应使用阿拉伯数字，阿拉伯数字均采用 Times New Roman 字体。

（3）图表。文中图表及插图置于文中段落处，图表随文走，标明表序、表题，图序、图题。

表格标题使用四号宋体，居中，表格部分为小四或五号楷体，表头使用 1.5 倍行距，表格内容使用单倍行距；表格标题与表格、表格与段落之间均采用 0.5 倍行距；表格注释采用五号或小五宋体；表格引用数据需注明引用年份；表中参数应标明量和单位的符号。

（4）打印。文件应采取双面打印方式。

项目可行性研究报告中已有的附件内容，原则上在节能评估文件的附件中只列出目录清单即可。

8.2　体例样式（略）

附录 F

关于颁布《水电工程可行性研究节能降耗分析
篇章编制暂行规定》的通知

（水电规科〔2007〕0051 号）

各有关单位：

为了贯彻落实科学发展观，合理开发利用水能资源，在工程建设和运行管理中节约能源资源，根据《中华人民共和国节约能源法》《国务院关于加强节能工作的决定》（国发〔2006〕28 号）和《国家发展改革委关于加强固定资产投资项目节能评估和审查工作的通知》（发改投资〔2006〕2787 号），水电水利规划设计总院组织制定了《水电工程可行性研究节能降耗分析篇章编制暂行规定》，现予以颁布试行。

各单位在实施过程中可将有关问题及时反馈至水电水利规划设计总院，以便今后进一步修订完善。

附件：水电工程可行性研究节能降耗分析篇章编制暂行规定（略）

2007 年 9 月 26 日

参 考 文 献

［1］ 住房和城乡建设部，国家质量监督检验检疫总局 . GB/T 50649—2011 水利水电工程节能设计规范 ［S］. 北京：中国计划出版社，2001.

［2］ 国家发展和改革委员会 . DL/T 5020—2007 水电工程可行性研究编制规程 ［S］. 北京：中国电力出版社，2007.

［3］ 水电水利规划设计总院，可再生能源定额站 . 水电建筑工程概算定额（上、下册）［M］. 北京：中国电力出版社，2008.

［4］ 水电水利规划设计总院，中国电力企业联合会水电建设定额站 . 水电工程施工机械台时费定额 ［M］. 北京：中国电力出版社，2005.

［5］ 水利水电建设总局 . 水利水电工程施工组织设计手册 ［M］. 北京：中国水利水电出版社，1994.

［6］ 禹雪中，廖文根，骆辉煌 . 我国建立绿色水电认证制度的探讨 ［J］. 水力发电，2007，33（7）：1-2.

［7］ 陈敏，孙志禹 . 大型水电施工节能减排实践 ［C］//中国环境科学学会学术年会优秀论文集（2008）. 北京：中国环境科学出版社，2008：204-207.

［8］ 方利国 . 节能技术应用与评价 ［M］. 北京：化学工业出版社，2010：28-30，38-45，62-67.

［9］ 杨志荣 . 节能与能效管理 ［M］. 北京：中国电力出版社，2009：23-24.

［10］ 刘振亚 . 中国电力与能源 ［M］. 北京：中国电力出版社，2012.

［11］ 国家发展改革委经济运行调节司，等 . 中国节约能源与政策解析 ［M］. 北京：中国电力出版社，2013.

［12］ 联合证券 . 节能减排，水电是切实首选——水电行业深度研究报告之一 ［R］. 2009.

［13］ 国家统计局能源统计司 . 中国能源统计年鉴 2012 ［M］. 北京：中国统计出版社，2012.

［14］ 中国能源研究会 . 中国能源发展报告 2013 ［M］. 北京：中国电力出版社，2013.

［15］ 中国水力发电工程学会秘书处 . 中国水力发电信息（2012 年报）［M］. 北京：中国电力出版社，2013.

［16］ 江红辉 . 节能技术实用全书 ［M］. 北京：科学技术文献出版社，1993：15-16，18-19，49-51.

［17］ 邢运民，陶永红 . 现代能源与发电技术 ［M］. 西安：西安电子科技大学出版社，2007.

［18］ 国家发展和改革委员会 . DL/T 990—2005 双吊点弧形闸门后拉式液压启闭机（液压缸）系列参数 ［S］. 北京：中国电力出版社，2006.

［19］ 交通部 . JTJ 309—2005 船闸启闭机设计规范 ［S］. 北京：人民交通出版社，2006.

［20］ 交通部 . JTJ 306—2001 船闸输水系统设计规范 ［S］. 北京：人民交通出版社，2002.

［21］ 国家发展和改革委员会 . DL/T 5399—2007 水电水利工程垂直升船机设计导则 ［S］. 北京：中国电力出版社，2008.

［22］ 电力工业部电力规划设计总院 . 电力系统设计手册 ［M］. 北京：中国电力出版社，1998.

［23］ 任金明，金珍宏，吴迪 . 2012. 水电工程节能降耗分析与研究 ［J］. 水利规划与设计，2012.（5）：1-2.

［24］ 金珍宏 . 白鹤滩水电站施工期涉及的节能技术及措施 ［J］. 水电能源科学，2012（8）：204-205.

［25］ 金珍宏 . 白鹤滩水电站施工期能耗量分析方法 ［J］. 水利水电技术，2012（11）：35-36.

［26］ 赵凯，金珍宏，任金明 . 苗尾水电站节能降耗分析设计 ［J］. 中国水力发电年鉴，2011，

16：545.

[27] 金珍宏．白鹤滩水电站运行期能耗指标分析［J］．水利规划与设计，2013（4）：39.

[28] 宋名辉，雷文训，钟春海．满管溜槽输送混凝土技术在戈兰滩工程的应用［J］．云南水力发电，2008，24（增刊）：63-64.

[29] 宋名辉，雷文训，钟春海．满管溜槽输送混凝土应用技术研究［J］．水利水电施工，2010（1）：26-28.

[30] 计平．金安桥水电站大坝碾压混凝土施工综述［J］．水利水电施工，2008（4）：23-25.

[31] 张建龙，田育功，马伶俐．金安桥大坝碾压混凝土快速施工关键技术［J］．水力发电 2011，37（1）：42-45.

[32] 金峰，安雪晖，石建军，等．堆石混凝土及堆石混凝土大坝［J］．水利学报，2005，36（11）：78-83.

[33] 金峰，黄绵松，安雪晖，等．堆石混凝土的工程应用［R］．大坝技术及长效性能国际研讨会，2001.

[34] 尹蕾．堆石混凝土的应用现状与发展趋势［J］．水利水电技术，2012，43（7）：1-4.

[35] 贾金生，马锋玲，李新宇，等．胶凝砂砾石坝材料特性研究及工程应用［J］．水利学报，2006，37（5）：578-582.

[36] 李新宇，任金明，陈永红．胶凝砂砾石筑坝技术进展及西部高寒高海拔地区应用展望［J］．水利规划与设计，2012（5）：32-36.

[37] 冯炜．胶凝砂砾石坝筑坝材料特性研究与工程应用［D］．中国水利水电科学研究院，2013.

[38] 秦健飞．双聚能预裂与光面爆破综合技术［J］．采矿技术，2007，7（3）：58-60.

[39] 秦健飞．双聚能预裂与光面爆破新技术评析［J］．水利水电施工，2008（1）：17-22.

[40] 高文生．《建筑业 10 项新技术》（2010 版）之地基基础和地下空间工程技术，［J］．施工技术，2011，40（336）：14.

[41] 童书泉．水布垭水利枢纽采用溜井-平洞运输方式的探讨［J］．长沙铁道学院学报，2000，18（1）：108-102.

[42] 赵幼森．大直径高段溜井破碎系统在大型水电站的应用［J］．采矿技术，2009，9（3）：24-25.

[43] 冯钧．锦屏一级水电站大奔流沟料场运输方案研究［J］．人民长江，2013，44（14）：29-31.

[44] 郝汝铤，王爱玲．选择了"溜井（槽）-平峒"开拓就是选择了节能——水泥矿山"溜井（槽）-平峒开拓系统、矿石自重运输方式"论述［J］．中国水泥，2008（1）：83-86.

[45] 何跃，王新国，常玉坤．燕子崖砂石加工系统技术创新及运行管理［J］．水力发电，2013，39（2）：61-63.

[46] 张斌，温付友，宁占元．一次风冷料仓设计优化与节能降耗分析［J］．水利水电技术，2010，41（9）：72-75.

[47] 温付友，王大力．拌和楼二次风冷料仓改造与节能降耗分析［J］．水利水电技术，2011，42（2）：42-45.

[48] 殷洁，林星平，唐芸，等．双掺料在景洪水电站工程中的研究与应用［J］．水力发电，2008，34（4）：32-36.

[49] 谢凯军，李建平，王永，等．景洪双掺料水工砼施工应用技术研究［J］．水利水电施工，2007（3）：78-80.

[50] 张强，罗乙川，周正全．浅谈双掺料在糯扎渡水电站混凝土中的应用［J］．四川水力发电，2011，30（6）：65-67.

[51] 林育强，郭定明，郭少臣，等．磷渣粉在沙沱水电站大坝碾压混凝土中的研究及应用［J］．贵州水力发电，2012，26（1）：67-70.

[52] 中国水力发电工程学会施工专业委员会，翁定伯．大体积混凝土预冷技术［M］．北京：中国电力

出版社，2012.

[53] 翁定伯．混凝土冷却和节能 [J]．建设机械技术与管理，2007 (5)：108 - 113.

[54] 张磊，包俊，徐亮，等．苗尾水电站石沙场沟供水系统设计 [J]．中国水力发电年鉴，2011，16：226.

[55] 陈雁高，王鹏，余淑娟．2008.供配电系统设计中的几种节能方式 [J]．四川水力发电，2008，27 (6)：76 - 78.

[56] 张泽中，张亮，齐青青，等．龙羊峡-刘家峡梯级水库补偿调度节能能力分析 [J]．水力发电，2011，37 (3)：65 - 68.

[57] 王战友．自然通风技术在建筑中的应用探析 [J]．建筑节能，2007，35 (7)：20 - 23.

[58] 曹楚生．水利水电蓄能运行有利于节能减排和可持续发展 [N]．黄河报，2008 - 09 - 25.

[59] 张意舟．浅析周宁水电站地下厂房通风空调系统中的节能设计 [J]．福建省水力发电工程学会2006 年学术论文汇编，2006：100 - 103.

[60] 陈源林．水电厂运行维护节能探讨与实践 [J]．水电站机电技术，2009，32 (2)：60 - 61.

[61] 陆淞敏．重视节能评估熟悉评估方法 [J]．宁波节能，2011 (4)：22 - 23.